THE TANGLED TREE

A RADICAL NEW HISTORY OF LIFE

纏結的演化樹

分子生物學如何翻新了演化論

梅茇仁／譯

DAVID QUAMMEN

大衛・逵曼

導讀

撼動生命大樹的「雜訊」交織成一張網

歷經兩年餘疫情籠罩，關閉在斗室的一個悶熱午後，忽接飛鴿傳書，邀我寫一篇推薦導讀文。我已從博物館研究公職中退隱江湖有年，又自忖是這一專業的門外漢、好奇客而已。誠然有些惶恐、心虛，又存在一絲絲躍躍一試的心情。原版四百六十一頁的大書，從紐約自然史博物館書房購入，擺在我書架上有年。一年前已眉批、註記過一遍，興味至今依舊盎然。「渡」人，搭一座橋，引導看熱鬧的普羅大眾，進到觀門道的堂奧，自是我多年來對科普書的熱情。

視窗

先從四本書談起，這四本書擺在案頭經年，被歸攏在同一區塊框架中。《生命之源：能量、演化與複雜生命之起源》，為英國倫敦大學連恩教授力作（貓頭鷹，二〇一六中文版）。他在眾多學者專注於DNA遺傳密碼，探究複雜分子之演化時，獨具慧眼，直指「能量」才是核心本質，建構起其「生命的大能量」理論。空谷足音，扣人心弦。《雜訊：人類判斷的缺陷》，三位行為科學家共同執筆（天下文化二〇二一中文版），直指人們在冒然闖入不同視窗，各式雜訊所造成判斷的影響。在評論本書的一位芝加哥大學榮譽教授科因提及「……達爾文式垂直移轉DNA方式，作為提供演化的訊息。而水平基因轉移，從不同物種中獲取的DNA，是演化的雜訊，可能朦朧了訊息本身，但是這些雜訊並不會讓訊息本身被淹沒……」。讓吾人深思不已。框架上最右邊的兩本書，一原版，一譯本，或許可以歸之於「貓頭鷹」的雙眼凝視——我不確定，總編輯的精心挑選，是一種偶然？抑或是獨具慧眼，有先見之明？左眼：《物種源始》的經典再現；右眼：《纏結的演化樹》的典範轉移。物種源始是最完整繁體中文本（二〇二一年三月），採用一八六〇年第二版為基礎的譯本，加上收錄第三版添增的「簡史」，確實是最原汁原味的經典巨作。歷經一百六十二年之後，撼動經典，意圖「連根拔起」的《纏結的演化樹》中譯本，急待出爐。讀者們，當怎麼去品味呢!?

本書《纏結的演化樹：分子生物學如何翻新了演化論程》，是完整講述當代最新生命科學研究的成果。概說引言中，開宗明義就指出了當今科學中嶄新的大突破。引用所稱「分子系譜分類學」方法，一探生命系譜最初始的演化關係。三項大發現震驚了整個科學界，也似乎撼動了達爾文一百五十餘年所創建的那棵生命之樹的隱喻。第一項驚奇是界定了生命第三域，古菌。第二項驚奇，是發現了「水平基因轉移」。第三項驚奇，是可能牽涉到我們人類自身種屬遙遠的祖型——我是誰？

我從何處來？直言之，演化是一個神奇的戲法，較諸近兩個世紀以來，我們所理解、了悟、掌握的更加糾結。達爾文錯了嗎？我們要相信誰？

科學信仰的本質在於：所有科學的結論，都是一種暫存的假說！在科學的領地中，花團錦簇，枝葉扶疏。沒有終極的答案與真理；沒有永恆不變，不朽之事。迥異於聖賢、偉人、英雄之名，這就是生命演化的真諦：恆變。

浮光掠影

本書作者打從二〇一三年開始探究糾纏之樹的歷程。書中再再顯現了要給予卡爾・渥易斯學術成就的歷史定位。書中涉入了超過三個世紀的傳奇，提及了逾一百六十位的科學家。作者大衛・逵曼塑形一帖迷人的故事情節，在七幕大戲八十四帖劇碼中，很高明地循著兩條軸線鋪陳開展：一是見「微」知著的演化歷程；一是人性關懷的科學家們日常生活簡史，呈現活生生的一個平凡人。

第一幕（一到八章）。故事回溯到一八三七年七月，達爾文著名的私密筆記本「B」，那是思索生命演化歷程的雛形，他所稱的「變異」（transmutation）。樹形生命，首次出現在第二十一頁的底端，好一個分支的隱喻。隔年，一八三八年十一月，在筆記本「E」中，他解決了「物種是如何必要演化」的三片拼圖：遺傳的連續性，父子相承；變異的確實發生；以及種群的過度繁盛，以致於奮戰求存。這棵頗富古老詩意的樹形圖像，突然間在二十世紀晚期，被一小群科學家發現到糟了，聖像錯了!?

第二幕（九到二十七章）。故事自此進入到生命另類型式的探究，進入到DNA、基因密碼等的分子層級了。一九五三年，克里克與華生雙人探戈，舞出雙螺旋基因構造。其後發表的「論蛋白質之合成」，被認為是等同牛頓的「自然哲學之數學原理」，重磅登場。緊接其後的「分子鐘」假說（一九六三至一九六四年間），讓我們這群終日沉迷於化石定年迷夢的古生物學者，一夕夢碎!?就在這期間，渥易斯登場了。他窩在伊利諾州的簡陋實驗室，十年寒窗（一九六八到一九七七年間）無人問。作者藉由訪談中，描繪出一幅人性面相的科學家之日常。當「古菌」類群——生命的第三域的石破天驚大發現，在媒體誇大其詞的標題下，一連串災難隨之附身。當科學家碰上了媒體記者聳動的吹噓，前者必輸無疑！

第三幕（二十八到三十六章）。故事開展到基因的融合與獲取。七〇年代叱吒風雲的女中豪傑馬古利斯登上了舞台。她所提出的「內共生作用」或許可以視為針對水平基因轉移的科學上驗明正身。或許如同多布忍斯基所言，除非從演化視窗之洞察，否則生物學不具太大意義。更進一步，我思索渥易斯的終極思維，除非與哲學嫁接，否則演化論不太可能堅若磐石。（參見晚年，他與薩普琢磨合寫的傳記，雖然從未完成，書名擬定：「超越上帝與達爾文」。讚美主！

第四幕（三十七到四十八章）。故事軸線再重返生命樹型。回溯到德國終生研究放射蟲（一種海中單細胞矽質小傢伙）的大師，海克爾。他經典的兩冊巨著《放射蟲》（一八六二），正是我書樹中最珍貴的典藏。海克爾一生繪製各式各樣樹形圖像，像是一八六六年的「人類系譜發育史」樹型，被暱稱為「海克爾的大橡樹」成為廣為人知的藝術珍品。

第五幕（四十九到五十九章）。作者很技巧地移轉到流行病學的「傳染性遺傳」研究上。一連串遺傳學家在醫學與病理學／傳染病學領域中摸索，探究基因的物理特性，陸續發現了橫向、水平遺傳的各種機制。之後六〇至七〇年代，開始意識到水平基因轉移的核心意涵。進而，科學家開始質問：我們是否需要一個嶄新的演化理論？一個根植於「達爾文式」的補遺，也就是「網狀演化」模式？抑或另起爐灶，連根拔起那棵惱人的樹？

第六幕（六十到六十九章）。情節再度回到樹型。此時，橫看成嶺側成峰，樹已不成古典樹型，成為了修剪、裝飾型式的樹型。「基因組」數據庫的累積，搖撼了生命之樹。到九〇年代，杜立德試圖奠基、根植於一棵「普世大樹」，至少在生命伊始，幽冥的年代，它更像是一張網。演化既是分支的，也是網狀的！二〇〇九年一月號英國的《新科學人》期刊，毫不掩飾地在封面標示：「達爾文錯了！」附加的小標題加碼：「砍倒生命樹！」這可惹怒了科學界「新四人幫」，丹尼特、科因、道金斯、邁爾斯去信怒稱：你們到底在想什麼……？演化生物學的第三次革命，引信已然點燃了嗎？「神創論」的信徒們，又將幽靈再現了嗎？演化生物學的三大提問，至此隱然若現：達爾文果真是錯了嗎？真核細胞起源的真相為何？最致命觸及痛處的是——對我們「人類」種群概念，到底有甚麼樣的影響？這，正是本書終曲，第七幕（七十到八十四章），合眾為人的故事情節！

新一代微生物學風起雲湧，領地擴展到生態學、系譜分類學與生物地理學的大江大海。而本書主角渥易斯垂垂老矣！已然接近了學術生涯的尾聲。但是，他依然聲嘶力竭地吶喊：生物學的真正目的不是要改變世界，而是要理解這個世界！他最後六個月的痛苦時光，依然擁抱著近乎宗教式、崇高位階的、神聖「三位一體」，生命「三域」的聖像。如此純淨，如此簡單，如此哲學!?

終曲

科學革命存在著兩種關鍵機制的推波助瀾。一是科學技術上的突破發明與創新：手持一支透析、探索的儀器；二是科學思維上的嶄新建構：換一個腦袋，見證大思考者的現身，成就典範轉移的巨擘。

讀者該怎麼閱讀這本科普大書？如何去循著作者大衛・逵曼的使命與意圖去爬梳，撥動起我們理性與感性兩軸線的洞見與心弦。

真理，是天邊的彩霞；

科學，是一種信仰。

信仰，定奪我們對大自然的觀點；

而大自然是神祕的……
或許當如是觀。

程延年於冥古書齋
二〇二二年六月十四日，疫情嚴峻，於子夜燈下

程延年 曾任台中自然科學博物館研究員與成功大學地球科學所合聘教授。論文發表於《自然》、《科學》、《古脊椎動物學報》等學術刊物。現已退休，大隱於市，鮮問紅塵世事。

譯者序

重新建構演化樹

梅茇仁

你可曾在生命中的某個時候，或者是獨處時，或者是孩提時，曾經自問過我是誰，我們為什麼會在這裡？我們為什麼會發展成今日這個樣貌？我們又要往哪裡去？

或者是仰望著星空時，曾好奇為什麼在眾多星辰中，唯有地球孕育了眾多生命？不只是眾多肉眼可見、多采多姿的多細胞生物，更有肉眼看不見，卻活力十足的微生物，這些生物如何出現？彼此之間又有什麼關係？

本書所講的，就是科學家如何用各種不同的方法去揭露生物如何演變，同時也無意間揭露了我們自身身份的故事。大衛・逵曼是美國知名的科學與旅遊作家，他在這本書中，用精彩的文筆，穿插的劇情，親自走訪這段歷史中所有參與過的人物，娓娓道來在分子生物學發展前跟發展後，生物學家如何藉著當時最先進的技術，提出當時認為最先進的想法，同時推翻舊的主張。

不過本書並不只是單純的科普書，它同時還是一本傳記。上個世紀一名重要科學家，也是本書主角，美國伊利諾大學的微生物學家渥易斯的傳記。渥易斯是誰？你可能不認識，大部分的人，甚至是學過生物學的人都未必知道，但是他卻可能是上個世紀對生物演化學說影響最大的人，卻也是最被忽略的科學家，容我們稍後再說。

我們是如何變成今日這副樣貌的呢？「演化」，是一百六十多年前英國的生物學家達爾文，所指出的方向。達爾文觀察到生物之間的相似與差異性，領悟出生物是透過一代一代一點一點的改變，由簡而繁，慢慢演化出來的。他在筆記本上畫了一棵簡單的生命樹之後，彷彿對著後人說：去吧，把它完成吧。從那時候開始，眾多科學家前仆後繼，沿著達爾文所指的方向，企圖完成他給的作業。從達爾文的觀點出發，生物「代代相傳，略有差異，物競天擇，適者生存」，由簡而繁，新的物種不斷誕生，原有的物種消滅。生命樹應該像是一棵不斷開枝散葉的大樹，由樹幹（代表元祖）長出枝條，愈分愈細（代表新物種不斷出現），然後新的枝條長出來，舊的枝條消失（代表被淘汰的物種）。生物的發展，畫出來就像是一份家譜，或是一棵親緣關係樹，枝條愈靠近的，代表關係愈近；愈遠的則愈疏離。這種生命樹，也是我們常在任何生物學教科書，或是自然科學博物館中，都有機會看到的那種生物分類樹，簡單的生物在樹根，複雜的生物在樹梢，猩猩則是我們的鄰居。

但是在這樣看似合理而完美的安排中，其實一直有一些空洞，正在侵蝕生命樹的根基。

首先是那一大群肉眼看不見的微生物，特別是細菌，向來都在生命樹上缺席。有很長一段時間，科學家一直無法在生命樹上幫細菌找到適切的位置，也弄不清它們彼此之間的關係。細菌在顯微鏡下面看起來幾乎一樣，它們的生化反應又讓人捉摸不定。科學家真正弄清細菌彼此之間的關係，有賴日後分子生物學的發展。

另一個問題則是，細菌跟我們差異甚大。這裡的差異，指的不只是尺寸。科學家發現細菌沒有細胞核，因而稱為原核細胞。其他有細胞核的生物，不管是單細胞的草履蟲還是一切我們所熟知的動物植物以及人類，都稱為真核生物，他們都跟細菌差得太多了。你覺得人類跟草履蟲差很多嗎？但是這種差異，比起草履蟲跟細菌之間的差異來說。幾乎小到可以忽略不計。演化或許可以解釋草履蟲如何變成人，但是似乎不足以解釋細菌如何跳到草履蟲。真核細胞是怎麼出現的，成了演化上的一個大哉問。

美國生物學家馬古利斯等人，在一九六七年提出了一個「內共生作用」學說，主張真核細胞的粒線體與葉綠體等小胞器，都是遠古時代某些細菌，生活在另一顆細胞（或細菌）體內，最後演變而來。這樣的理論，大幅推翻了過往我們對演化的認知。照馬古利斯等人的說法，細菌透過「融合」產生真核細胞，生命樹的枝條將會匯合在一起而不是分岔。馬古利斯所帶動的，是二十世紀生物學的第一波革命。

華生跟克里克在一九五三年解開了遺傳物質DNA的結構之後，科學家終於知道那一條條的

ＤＮＡ，是可以把胺基酸一個個接起來，串成蛋白質的藍圖。霎時間，所有的科學家都瘋狂的投入解開這串遺傳密碼的工作，想知道ＤＮＡ密碼如何轉變成蛋白質。但是聰明的克里克，比其他人想得又更遠，他已經看見另一種可能。他在一九五七年的一場演講中，不經意地揭露了一個想法：既然ＤＮＡ是製造蛋白質的藍圖，那ＤＮＡ只要突變一點點，生物的蛋白質長鏈就會有一點不一樣，生物就會「略有差異」。那我們去比對不同生物的蛋白質長鏈，應該會比去比對他們的外表，要更能精準地區分生物彼此的關係吧？到一九六四年，另外一位科學家鮑林也指出，愈早在演化上分家的生物，ＤＮＡ序列差異就會愈大，反之最近才分家的生物，ＤＮＡ差異就愈小，如果突變的速度很規律，我們甚至可以知道他們何時分家。這是一種分子時鐘的概念，也從此奠定了「分子親緣關係學」。不過從時間上來說，克里克的想法可以說領先了其他人至少五到十年。

渥易斯差不多就在此時登場。他在一九六四年到了伊利諾大學後，也有了跟克里克跟鮑林一樣的構想，他想畫出生物之間的關係，甚至想要畫出一棵可以追溯到生命起源的生命樹。他把許多原核細胞（其實就是許多細菌）跟少數的真核細胞的遺傳物質拿來比對（他在這裡使用的，是一種叫做核糖體ＲＮＡ的分子，這非常重要，而且極有遠見，因為核糖體ＲＮＡ對地球上所有生物來說，都非常基本而重要）。經過十幾年的研究，他不只能清楚區分不同細菌彼此的關係，甚至更發現，我們以為的細菌，其實包含了兩種完全不同的生物，一種是細菌，另一種是古菌（原本認為它們可能比細菌更古老，但事實未必）。這兩種生物外型雖相似，基因的組成卻大不相同。渥易斯稱這些古菌為細菌與真核生物之外的「第三種生物」，並在一九七七年提出新的生物分類法，他認為細菌、古菌跟真核生物（包括了一切我們熟知的動物植物），是三大類平行的生物，大家一樣古老，甚至古菌跟真核生物的關係還比較接近，代表兩者分家比較晚。在渥易斯所畫的生命樹上，細菌與古菌占了很大的份量，而一切我們所熟知的生物，則被擠到旁邊的角落。至此，渥易斯掀起了上世紀生物學上的第二場革命，其過程之峰迴路轉，火爆衝突，書中有非常精彩的敘述。

渥易斯的發現之所以重要，是因為他的研究成果不止改寫了生物的分類與演化的歷史，也為解開生命起源之謎打開了一扇門。其他的科學家根據渥易斯所發展出來的技術與觀念，證明了葉綠體跟粒線體確實是來自遠古的細菌，從而也證明了馬古利斯當初的「內共生作用」並非什麼瘋狂的空想。而從基因分析上來看，真核生物更像是細菌跟古菌的雜種嵌合物，若是沒有當年的內共生作用，細菌可能永遠不會跳躍成真核生物。真核生物的出現，似乎並非透過達爾文的天擇演化而來。

諷刺的是，雖然渥易斯的研究可說是直接証實了馬古利斯的理論，但渥易斯本人卻對馬古利斯的研究嗤之以鼻，兩人同為在科學上掀起革命，並長期被主流科學社群排除在外而獨立奮鬥的科學家，卻絕少有惺惺相惜之情。逵曼非常用心地刻畫渥易斯或是馬古利斯等人在科學外人性的一面，是其他科普書中甚少著墨之處。一如他在序言中所說的，「不論科學本身有多　精確或客觀，它終究還是人類的活動。」

儘管渥易斯的發現，在各方面來說都影響重大，甚至促成了生物學的典範轉移，但是他絕對算得上是最默默無名的科學家之一。其中原因錯綜復雜。一如本書有兩個面向，渥易斯的性格也有兩面，有人說他是個古怪科學家，脾氣暴躁、個性乖僻、不善交際以至於難以融入科學社群；卻也有至親好友認為他親切浪漫，熱情聰明，善體人意且慷慨（在某些時候）。渥易斯所處的伊利諾大學，並非當年的分子生物學重鎮，渥易斯本人也從未加入克里克等人所發起的遺傳密碼俱樂部，總是一人孤獨地從事研究。不過最重要的一點，或許是科學的進展太快，科學家很快地發現另一種遺傳模式，在某些程度上「推翻」了渥易斯的理論，那就是水平基因轉移。

水平基因轉移的意思，是基因不只會從親代透過生殖，垂直傳給子代，基因還會透過各種方式，比如透過病毒，從一個生物傳給另一個生物。細菌之間可以迅速獲得抗藥性基因，就是水平基因轉移的好例子。水平基因轉移改寫了我們所認識的遺傳規則，同時對生物演化極為重要，它促成另一種生物學的典範轉移。比如本書中提到法國的科學家海德曼就發現，哺乳動物的胎盤基因，很可能是藉著病毒感染，在數千萬年前把胎盤基因送入哺乳動物祖先體內。如果基因是可以這樣隨意傳來傳去，那鮑林的分子時鐘就變得沒那麼可靠（你怎麼知道DNA的差異，來自規律的突變，還是來自不規律的水平基因轉移？）自然，渥易斯的分類法也就搖搖欲墜。水平基因轉移的發現，讓不少生物學家幾乎想要砍倒已經建立好的生命樹。這是當代生物學的第三波革命，現在正方興未艾。

但是渥易斯堅持，他所選擇的核糖體RNA，因為太過基本而重要，不是那種像抗藥性基因一樣，可以隨便傳來傳去而被改寫的基因，因此他的分析仍有價值。就某方面來說，他很可能沒有錯。但就另一方面來說，一如美國生物學家馬丁所說，如果一種細菌全身上下百分之九十九的基因，都被水平基因轉移換掉了，就算剩下的核糖體RNA不變，那它還能代表這顆細菌嗎？生命樹的問題，現在似乎已經脫離了科學，昇華成哲學層面的問題了。

歷史上，典範轉移會發生，但是很少發生得這麼快，而在渥易斯的研究生涯中竟然出現了兩次，一次是他促成的，一次讓他被推翻。或許是因為發展太快，我們還沒有時間景仰渥易斯的偉大發現，它就被新的發現蓋過了。

生命樹究竟是一棵樹還是一張網，端看你從什麼角度來看。從外表的觀點，生命樹可以適切地描述生物的關係；從基因的角度來看，很可能就像一張網子。關於這問題科學家至今仍然爭論不休。不同的主張不可能都對，但是同時他們也沒有全錯。這樣的衝突，正是科學迷人之處。

很感謝貓頭鷹的編輯群，願意引進這一本優秀又有趣的科普書籍，並讓我有機會來講這個故事。讓學過生物與演化的讀者，能再重溫一次當年科學家所問過的問題，所做過的實驗，所發現的結果。讓沒有接觸過的讀者，能夠隨著這些科學家的腳步一起冒險（並窺視他們在科學活動以外的心路歷程）。

纏結的演化樹

目次

序論

三個意料之外的發現

不論人類對宇宙中可能存在的生命型態有著多麼奔放的想像力，據我們所知，至今生命仍然是一種僅限於地球上的獨特現象而已。儘管許多人提出過各式各樣的推測，或是大玩機率的計算，實際上卻沒有人能拿出任何證據。雖然不管是從數學上來看，或是從化學的角度來考慮，都顯示了在宇宙中其他角落，很有可能存在著其他生命形態。不過呢，就算宇宙中真的有另一種生命好了，我們至今尚無緣探訪牠們。不同於外星球可能出現的生命型態，只能透過猜測，地球上的生命卻是活生生地攤在我們眼前。也許明天，或是明年，又或許遠在你我生命都已逝去很久很久之後，人類會有某些重大發現，讓地球不再霸占今日這種獨特性，但是至少到目前為止，我們所知道的生命的故事，只在地球上展開過，生命只出現在這個規模中等大小的銀河系中一個不起眼的角落裡、這個尺寸不算大的岩石星球上。而據我們所知，這個故事裡的情節，也只發生了一次。

這樣一來，這個故事不管是從大綱上來看，或是從細節上來談，都有些值得我們留意之處。

在這四十億年的時光裡，究竟發生了什麼事，讓生命從遠古起源之初的原始狀態，演變成今日這種複雜多樣又多采多姿的樣貌？這是如何發生的？是哪一系列的意外事件，造就了像人類這種不可思議的生物，或是像藍鯨、暴龍、巨大的紅杉等各種生物？我們知道在演化的漫長歷史中，出現過幾次決定性的過渡事件，出現過近乎不可能的趨同演化，這條路也曾走進過死胡同，發生大規模的滅絕；有過重大事件，當然也有規模雖小，卻留下深遠影響的事件，其中包括澈底改變生物命運的偶發事件，它們在生物體內，或是在化石紀錄中，悄悄地留下些許難以察覺的痕跡。想像一下，當初這些偶發事件若是稍有變動，今日一切都將完全不同，不只我們將不復存在，動物跟植物亦將不復存在。為什麼事情會如此發展，而不是走上另一條不同的道路？宗教對這些問題有他們自己一套解釋，但是站在科學的立場上，這些問題的答案必須被發掘，並且必須受到經驗證據的支持，而不能只是來自聖靈狂喜時的啟發。

這本書所要講述的內容，是關於如何用一種新方法來揭露生命的故事，如何用這個新方法來演繹這段歷史，以及在這個新方法之下揭露的一些出人意料的觀點。這個新方法有個名字，叫做分子親緣關係學。這個拗口的花俏名詞可能會讓你大皺眉頭，我也有同感，不過實際上它的意義十分簡單：就是藉著分析今日生物體內某些由小單元所組成的長串分子，比對生物彼此的相關性，以及發掘生物古老的歷史。這裡所談到的分子，主要就是ＤＮＡ、ＲＮＡ以及一些特別的蛋白質。組成它們的單元，則是核苷酸以及胺基酸，我會在後面詳述這些分子。這種新的研究方法，揭露了某些出人意料的觀點，澈底改變我們原本以為的生命史觀，也改變我們對某些生物系統功能的看法，這些生物，當然也包括我們人類。其中有三個出人意料的重大發現，涉及到我們是誰（我們這些多細胞動物，特別是人類），我們是什麼，以及生物在這顆行星上如何演化的問題。

這三個大發現其中之一，與一種有點特殊的生物相關，這是一大類我們以前不太重視，但現在則稱之為古菌的生物（如果根據正式的命名法則，它們應該屬於古菌域，英文名稱的第一個字母必須大寫為Archaea）。第二個大發現則跟遺傳法則的改變有關，這也是一種前所未知的遺傳模式，現在稱為水平基因轉移。最後一項發現，則是像是某種啟示，它跟我們最古老的祖先有關。我們人類很可能來自某種四十年前連聽都沒聽過的生物。

過去我們一直以為古菌就只是細菌的一支。但是在詳細鑑定它們的身分之後，我們發現若是從微生物的角度來看，今日的生物其實跟科學家過去所認為的大異其趣，而遠古的生物史則更是要全部改寫。過去我們也曾堅信，基因只能循著親代傳給子代的垂直方向傳遞，無法橫跨物種的藩籬；但是當科學家發現水平基因轉移（horizontal gene transfer，或是用專家愛用的縮寫ＨＧＴ）其實是一種稀鬆平常的現象之後，傳統看法業已完全瓦解。最新的觀點認為，所有的動物、植物、真菌，所有由包含ＤＮＡ的細胞核的細胞所組成的複雜生物（這清單當然也包括我們人類），都是古菌這古老又古怪的微生物的後代。這種帶著震驚的情緒，可能有點像是發現你的曾曾祖父其實不是來自立陶宛，而是來自火星。

綜合來說，這三個大發現為我們帶來了更新且更深的不確定性，同時對於我們人類的身分認同、人類的個體性，以及人類的健康，也有深遠的影響。我們並不完全像過去自己所認識的那樣。我們是某種混合的生物，我們的祖先很可能來自這世界某個黑暗的角落，來自一種幾十年前科學家一無所知的生物。演化比我們所想像的要狡猾而難解多了，而這棵生命之樹的枝幹也更為糾結崎嶇。基因不只會垂直傳遞，它們也可以往水平方向傳遞，可以跨越物種之間的藩籬，甚至跨過更遠的距離，越過不同的生物界，有些基因更已經進入我們這一種系之中，從未知的非靈長類生物那裡，跑進靈長類這一支系的基因中。這就像是輸血，或是像是被基因傳染而改變身分（有些科學家比較偏好這種變形的比喻）。關於這種「傳染性遺傳」，我會在後面多談一點。

談到傳染，基因這種橫向移動造成的另一個結果，就是出現為全世界醫療體系帶來嚴重挑戰的抗藥性細菌，這危機原本不動聲色地蔓延，最後終於引起了大騷動。某些危險的病菌像是抗藥性金黃色葡萄球菌（methicillin-resistant *Staphylococcus aureus*，縮寫是MRSA，每年在美國可以奪去一萬一千人的性命，而在世界各地則又造成更多生命損失），可以透過水平基因轉移，一下子就從各種不同細菌那裡拿到一整套抗藥基因。這也就是為何具有多重抗藥性的超級細菌（殺不死的細菌）的問題，會在全世界傳播地如此之快。這些既實際又深刻的現象，挑戰我們過往的認知、迫使我們調整自己對於身而為人的認知，讓我們思考，是什麼導致我們出現，以及生物世界是如何運作的。

生物學界觀念的完全重塑，其實是來自於不同時間點、發生在不同地方的許多事件所造成的。

其中一個事件在這段歷史中或許是最重要的，值得在此一提：那是一九七七年的秋天，地點發生在美國伊利諾州的厄巴納。那裡有一個名叫渥易斯的人，正意氣風發坐在自己桌前，雙腳翹在桌上；在他身後是一塊寫滿字跟畫滿圖的黑板。他當時正讓《紐約時報》的攝影師為他拍照。伴隨這張照片刊在一九七七年十一月三日《紐約時報》上的是一篇報導，該報導稱渥易斯跟他的同事發現了「另一種不同形式的生物」[1]，它們在我們已知生物分類的兩個界以外，組成了「第三界」。這篇文章刊在頭版，就放在富家千金賀斯特綁架案，以及聯合國因為種族隔離政策決定對南非政權實施禁運等重大新聞上方。這表示不管《紐約時報》的讀者能不能理解「另一種不同形式的生物」這麼精簡的描述背後所代表的意義，這都是一條大新聞。這則新聞也標誌了渥易斯聲望的顛峰。安迪·沃荷曾說過：每個人都能成名十五分鐘。這就是渥易斯的十五分鐘，然後回歸平凡的實驗室生活。雖然渥易斯不管為生物史或是為自己的研究領域都帶來巨大的改變，但是除了少數分子生物學領域的專家以外，大部分的人恐怕對他仍是一無所知。

渥易斯是一個複雜的人——他極度熱中工作，並且非常注重隱私；他會緊緊咬住最深刻的問題，運用各種聰明的技術來解答；他看不起科學界某些既有的傳統規範，因此樹立了許多敵人；他不拘小節，想到就說，專注於自己的研究計畫，完全無視大部分人的意見，然後挖出一兩件重大發現，隨即顛覆整個生物學界的看法。不過對他的好友來說，渥易斯是一個輕鬆有趣的人，言詞辛辣卻幽默，喜愛爵士樂、啤酒跟威士忌，喜歡鋼琴但彈得不怎麼樣。對於大部分博士班學生、博士後研究員跟實驗室助理來說，渥易斯是個還不錯的老闆，也是一名很有啟發性的指導者，有的時候（並非總是）很慷慨、聰明也很會照顧人。

以教師這個角色來說，渥易斯雖然身為伊利諾大學的微生物教授，但是大學部的學生卻幾乎沒人認識他。他不會站在一大群興奮又無知的大學部學生面前，耐心地解釋著關於細菌的基本知識。講課或報告這檔事，從來就不是他的強項，或者該說，他一點也不感興趣。即使是在科學研討會上報告研究成果時，他也從未帶給人一種雄辯滔滔、充滿說服力的印象。他不喜歡會議，不喜歡旅行，也不會像許多資深科學家一樣，在自己的實驗室裡營造一種快樂、大家庭式的氣氛，邀人來做專題報告，或是辦耶誕節派對之類的活動。渥易斯家離伊利諾大學只有幾步之遙，只有少數他欽點的年輕同事曾經受邀到他家中作客，在啤酒跟烤肉與歡笑中度過一段愉快的時光。但這些人是特例，不知是幸運還是有什麼吸引了渥易斯，讓這少數朋友得以穿過他那厚重的保護層。

渥易斯到了晚年漸漸變得知名，也開始獲頒各式各樣的獎章，卻始終沒拿到諾貝爾獎。與此同時，他的個性似乎也變得愈來愈難相處，他覺得自己處處受到排擠。雖然他後來也獲選為美國國家科學院院士，加入這個在學界備受景仰的團體，但是此時他都已經六十歲了，這遲來的榮譽頗讓他惱怒。根據某些說法，他變得與家人（妻子與兩個小孩）疏離，也甚少在發表的文獻中提及自己的實驗室成員。他成了一個聰明的怪人。渥易斯的研究成果顛覆了生物學界最基本的概念，也就是關於生命樹的概念。生命樹是一種用來描述生物相關性與分化的樹狀圖。因為這個理由，渥易斯在一九七七年十一月三日於厄巴納這個地方所獲得的榮耀，在本書中占有舉足輕重的地位。

還有許多其他的科學家和他們的研究成果，也都跟渥易斯以及他的生命樹有所連結。比如，一位鮮為人知的英國醫師格里夫茲，在一九二〇年受英國衛生部之託研究肺炎時發現一種前所未見的細菌轉形作用：一株本來無害的細菌，可以在瞬間轉形成另一株致命的肺炎菌。這個發現不只對於當時的公共衛生界來說極為重要（細菌性肺炎是當時的重大死因之一），也為純科學的研究揭露一條發掘真理的線索，不過這一點在當時恐怕連格里夫茲本人也沒有意識到。

關於格里夫茲所發現的細菌轉形現象，其背後機制究竟為何，一直都沒有人知道。到了一九四四年，另一位嚴謹而沉默寡言的科學家艾佛瑞，在紐約的洛克斐勒研究所*做研究時，發現了一種他稱為「轉形因子」的物質，可以讓一株細菌快速地轉形成另一株細菌。這種因子其實就是去氧核糖核酸（DNA）。隨後在不到十年的時間裡，另一位遺傳學家李德伯格的團隊，則更進一步將這種轉形作用稱為「感染性遺傳」，並且證明這種現象在細菌界其實極為普通而常見。當然，後來透過其他研究，我們也知道這現象甚至並不局限於細菌之間，也出現在其他生物身上。與此同時，美國有一位玉米遺傳學家麥克林托克，則在她熱愛的玉米身上發現一種會在染色體上跳來跳去的基因。麥克林托克早年進行這些研究的時候並不怎麼受到學界的支持與認可，不過後來卻因此獲得諾

＊譯注：洛克斐勒大學的前身。

貝爾獎，但此時她已經八十一歲了。

還有另外一位芝加哥大學出身的微生物學家馬古利斯，在各方面都以特立獨行著稱。她跟麥克林托克有一個共通點，那就是兩人都被許多科學同僚視為古怪而固執的女人，因而受盡排擠，在事業路上遭遇許多挫折。馬古利斯受到排擠的原因，是因為她極力鼓吹一個古老的概念，一個長久以來被科學家視為可笑奇想的想法：內共生理論。大致上來說，馬古利斯所認為的內共生，是一種生物融入另一種生物體內，兩者互相合作而生存的生活方式。她所說的在另一種生物體內，所指的不只是某些微生物住在大生物的肚子或是鼻子裡這麼簡單而已，她所指的，是細胞住在另一顆細胞體內。馬古利斯認為，組成所有複雜生物的細胞，組成每個人、每隻動物、每株植物、所有真菌等等生物的細胞，都是一種嵌合的產物，由一種非細菌的容器，在裡面塞滿了各式被捕獲的細菌所組成。這些被捕獲的特殊細菌，在經過長遠的時光之後，已然變成各種奇形怪狀的細胞器官了。想像一下，這就像是有人主張，將一顆牡蠣移植到一頭母牛體內，最後它會變成一顆腎臟而留下來。馬古利斯在一九六七年提出這個想法的時候，當時的人認為這簡直瘋狂極了。不過她想法其實沒錯——或者該說，大部分是沒錯的。

在這一系列的發現中，還有許多科學家也居功厥偉，比較近代的像是桑格、克里克、鮑林、渡邊力，以及更多不及備載的科學家。他們的科學發現，有的可歸功於個人特質，有的則來自科學上的慧眼。再更久一點以前的生物學家，有些名聲沒那麼響亮，像是孔恩、希區考克、奧吉爾，當然也有一些知名的大師如海克爾、魏斯曼以及林奈等人。在他們的演化思想中，我們還可以見到拉馬克那揮之不去的陰影，一直鬼鬼祟祟地跟隨著演化理論的發展。

關於這段科學躍進事件背後所有的科學家、所有推手，有件事相當有趣，值得玩味。他們做研究的方式，顯然深受其生活背景的影響。這是一個非常好的例子，提醒我們不論科學本身有多麼精確或客觀，它終究還是人類的活動。科學不僅只是提問，也是尋找解答。科學是一個過程，而不是一堆證據或定律的集合。如同音樂、詩歌、棒球甚或是西洋棋知名賽局一樣，科學也是一種人類的活動，極其偉大卻也充斥著不完美，其中處處散布著人類斧鑿的痕跡。

人類也並非本書唯一的要角。還有許多其他生物獨特的生命史跟特徵，幫助我闡述了我想在本書中講述的故事。這些生物大部分都是微生物，像是之前提到過的細菌、古菌，以及其他許多微生物等等。你可別因為它們尺寸太小就瞧不起它們，它們對生物學所帶來的影響可大了。這些生物大部分都有個拗口的怪名字（而它們原名都是拉丁名），像是枯草桿菌、鼠傷寒沙門氏菌、瘤胃產甲烷菌等等。不過你也別因為它們的名稱太過艱澀而卻步。我在本書中選擇使用這些名稱，並不是因為我喜歡故弄玄虛，實在是因為它們通常沒有比較通俗的名稱。一般生物的俗名，通常指的都是分類上「種」這個位階，像是南方長頸鹿、橄欖綠鵐，帝王蝶、科摩多龍等等，但是細菌可沒有這種待遇。如果流行性感冒嗜血桿菌可以有個俗名叫做「弗萊明搔鼻子菌」的話，我絕對會是第一個用的人。

還有一個重要人物必需要在這裡提一下。他是一位蓄鬍、身材高挑、同時熱愛思考哲學問題的美國微生物學家，在遙遠的加拿大新斯科細亞省的一所大學做研究。這個人把渥易斯、馬古利斯，以及其他許多新的分子親緣關係學的研究成果串在一起，澈底挑戰生物學核心所隱含的意義。他就是杜立德，一位個性羞怯但卻思想大膽的科學家，喜歡跟人從事在智識上針鋒相對的挑戰。在千禧年剛過之際，杜立德發表了一篇題為〈將生命樹連根拔起〉的文章，激起學界後來一系列的辯論。我是從這篇文章以及許多他發表過的論文中認識這個人，特別是那些關於水平基因轉移及其影響的論文。當看到他的論文時，我第一個想法是「水平什麼東西？」然後我特地飛到哈利法克斯去拜訪他，在他的辦公室裡待了幾天。那時候杜立德已是半退休狀態，但仍然持續指導學生，並且還有一筆相當優渥的研究經費。不過此時他已不再用放射性元素培養細菌，然後透過X射線底片上的顯影研究細菌的基因體（所謂的基因體，就是細菌全部的DNA序列）；他也不再把切碎的分子拿去跑電泳膠（一如他早年做那些先驅實驗時常常在做的）。他現在做最多的事，就是閱讀、思考、寫作，還有畫畫（他也從事藝術攝影，大部分只是為了自娛，偶爾也會辦展覽，但那又完全是另外一項事業了）。事實上，杜立德的影響力，除了傑出的生物學研究以外，有很大一部分原因來自於他比大部分的科學家文筆要好得多，同時他也擅長繪畫，可以將複雜的概念畫成恰到好處、容易理解的程度。杜立德的父親就是一名畫家兼藝術教授，而杜立德小時候也曾經考慮以藝術為終生事業。但是他父親卻認為「這種養家糊口的方式糟透了」。後來到了一九五七年，也就是他十五歲的時候，蘇聯發射史波尼克衛星上太空＊，讓杜立德以及許多同時代的美國人覺得發展科學與工程才是更為迫切而重要的事。不過雖然他後來進入哈佛大學去念生物化學，藝術的念頭卻從未從腦海中消失。最近，為了闡明他那極具顛覆性的念頭跟聰明的想法，他開始畫出不是樹的生命樹。

渥易斯、杜立德、馬古利斯、李德伯格、艾佛瑞、格里夫茲，以及其他眾多科學家，在這個故事裡面都有各自的角色。不過這個故事真正的起源還要再更早以前，在一八三七年的倫敦。這故事開始於一位與眾不同的科學家，發生在一個相當特別的機緣裡。

＊譯注：這是人類發射第一顆進入地球軌道的人造衛星。

第一部

達爾文的草圖

第一章

從一八三七年七月開始，達爾文開始把自己最瘋狂的想法，記在一本標記為「B」的小筆記本中。這本筆記本中記載的事超越了隱私的程度，稱得上是機密，記錄著他最大膽的思想。這本棕色皮質的筆記本有整整兩百八十頁厚實的奶黃色紙張，大小剛好可以收藏在他的口袋中，還具備一個可以上鎖的金屬扣環，便於攜帶又不容易散亂。從這本筆記本的材質跟手工皆屬上乘，可以看出達爾文是一位非常富裕的年輕人，他有一筆自給自足的收入，以自然學家的身分住在倫敦。九個月以前他才剛結束小獵犬號上的旅途，回到英格蘭。

這段上山下海的旅途，占了達爾文人生將近五年的時光，旅途中大部分的時間都花在南美洲的海岸以及內陸、平原與高山上，經過一段頗為迂迴曲折的回程，在為數可觀的地方停留之後才返抵英格蘭。這也是達爾文這段優渥而備受庇蔭的人生中，唯一一次遠行的經驗，但已然足夠。對達爾文來說，這是一次思想啟蒙與轉型的機緣，讓他產生相當重要的想法，並且想要繼續深究下去。這次旅行算是開了他的眼界，讓他見識到一些不可思議的現象，他認為這些現象應該有一個合理的解釋。在旅遊途中，他從澳洲雪梨寫了一封信，寄給當年在劍橋大學念書時的生物學教授兼好友韓斯洛。他在信中提到自己正在研究加拉巴哥群島（位於太平洋中部的一系列火山島）一種叫做嘲鶇（並非達爾文雀）的小鳥，並觀察到一些難解的現象。＊這些喙長而身灰的小鳥，在每個島上的型態都略有不同，但是差異相當細微，讓人覺得牠們似乎是從同一群生物演變出來的。等等，演變？演變出三種嘲鶇？每個島上都略有差異？是的，這幾種嘲鶇的外型雖然明顯不同，但同時又極為類似，類似到讓人覺得牠們之間應有某種關係。達爾文在此對韓斯洛坦承藏在心中的異端邪說：「這現象有損於物種穩定性的理論。」

物種應該是穩定且不變的，這是當時自然史理論的重要基礎，不只是神職人員以及虔誠的信徒如此相信，連科學家也視此主張為理所當然。地球上萬物皆是由上帝透過特別的創造行為所製作出來的，因此理應亙久不變，這是達爾文的時代，聖公會對於科學體系所主張的教會信條。這個信條也就是所謂的特殊創造假說，不過在那個時候，這假說已經不僅只是個假說而已，甚至可以稱為教義了。在達爾文的母校劍橋大學，不管是知名的自然學家或是研究科學文化的哲學家，都贊同並支持這個理論。現在，年輕的探險家達爾文結束漫長的荒野冒險回家了，他在這段旅途中曾跟一群粗野的英國水手混在一起很長一段時光，這也是一開始最讓他那嚴肅的父親所擔憂的事情，不知道會對達爾文造成什麼影響。確實，這段冒險改變了達爾文，不過跟他父親所擔心的不一樣。達爾文並沒有變成一名酒鬼或是浪蕩子，也沒有變得滿口粗話。達爾文心中那份想要四處探索的渴望在肉體上獲得滿足之後，現在轉換到知性上。他想要在當時的科學教條之外，非常謹慎地尋找另外一種解釋。他認為，生物或許**並非**亙久不變、維持上帝創造時的模樣。事實上，隨著時間過去，生物可能會慢慢演變，但是其中的機制為何他卻完全不知。

這種思想非常危險。但是當時達爾文已經二十七歲了，而這段旅途中的所見所聞，也已經澈底改變了他，讓他不知不覺中變得非常大膽。

達爾文在倫敦這個大都會定居下來，就住在離大英博物館不遠的大馬爾波羅街上，方便他可以經常造訪博物館；他哥哥伊拉斯謨斯．達爾文的住所，只隔了幾扇門之遙而已。達爾文加入一些科學社團，像是地質學會、動物學會等等。雖然此時達爾文仍處於無業狀態，不過他其實也不需要工作。他的父親羅伯特．達爾文，是倫敦近郊舒茲伯利鎮上一位富有的醫生，原本完全不贊同這趟小獵犬號之旅，現在反倒非常以這位小兒子為榮，因為這位年輕的自然學家，在英國的科學圈中相當受到重視。達爾文醫生雖然對外人脾氣相當不好，對家人倒是相當慷慨。他妥善地打點兩個兒子的生活，讓他們不虞匱乏。達爾文此時還是單身，有空時經常在倫敦四處漫步，處理他旅行時帶回來的標本，或是將小獵犬號上的日記改寫成遊記，此外，他也不斷反覆思考那個取代特殊創造假說的

＊譯注：嘲鶇（mockingbird）又名反舌鳥，擅長模仿各種聲音。雖然達爾文雀明顯的鳥喙變化，有助於達爾文發展他的理論，該鳥也因此被命名為達爾文雀，但是最早讓達爾文萌生演化思想的，是當地的嘲鶇而非達爾文雀。

極端思想，當然最後這件事只藏於心中。他大量閱讀書籍，在許多筆記本上草草寫著各種證據及句子。「A」筆記本專門記載地質學，「B」筆記本則屬於自己，記載著一系列他稱為「變形」的想法。你從這個詞應該可以猜到他在想什麼。達爾文此時已經開始在構思演化論了。*

達爾文從一八三七年七月開始撰寫B筆記，其中有幾句話間接提到他祖父（也叫做伊拉斯謨斯・達爾文）在幾十年前所出版的《動物學》（又名《生命法則》）這本書。達爾文的祖父是一名醫師，所以《動物學》其實是一本醫學論文，但是在書裡蘊含一些相當挑釁的想法，有點類似演化論的概念。根據《動物學》的說法，所有的溫血動物都「來自一條有生命的絲蟲」[2]，牠們都有「可以持續改進的能力」，而這些能力也都可以傳給後代，「永不止息」！生物可以一代一代地持續改進？這些改變可以傳給後代，永不止息？這些概念，可說是完全抵觸特殊創造假說的說法，不過若是從達爾文祖父這種自由奔放又有點詩意的思想家口中說出，可能就沒有那麼出人意料了。達爾文的祖父雖患有痛風，但是一生仍是風流不斷。達爾文在學生時代就讀過《動物學》，當時他對於祖父這樣大膽的思想，並沒有太表贊同。但是現在再次談到演化這個主題，他卻選擇祖父的書作為起點。在B筆記本的第一頁第一項，就是祖父的書名《動物學》，後面寫著閱讀筆記。

但是達爾文在筆記裡仍然沒幫自己那些狂野的念頭下什麼結論。祖父的書並沒有為「可以持續改進的能力」這句話提出任何實質的機制，而這個機制卻正是年輕的達爾文正在尋找卻尚未理解的。從B筆記本裡面可以看出，達爾文從祖父的書出發，延伸到其他人的著作、發展出其他的猜想與問題；他草草記下許多簡短的句子，文法跟標點經常都不正確。這本筆記並不是為了對外發表，這些訊息都是留給他自己而已。

他在筆記裡問道：「為何生命如此短暫」[3]，但是問句後卻沒加上問號。為何繁殖是如此重要？為何某種動物在大陸上可以一直維持一樣的型態，但是在分隔的小島上卻會變得稍有不同？他想起在加拉巴哥群島短暫停留時所看見的巨龜，雖然這次停留只待了短短的三十五天，但是卻讓他的想法發生翻天覆地的改變。他也想起在那裡看到的嘲鶇。同時自問為何會在阿根廷彭巴草原上看到兩種不同的「鴕鳥」（達爾文所標記的那些不會飛的大鳥，現在稱為鶆鶓），一種住在黑河省的北邊，一種住在南邊？難道上帝創造的生物被分隔開之後會變得不一樣嗎？達爾文寫道：「假設將一對貓野放到一座小島上，讓牠們在那裡自我繁殖數代，再加上一點來自天敵的壓力，誰敢說結果會變成怎樣呢？」他敢。這些貓的後代，也許會變得跟其他貓咪不同？誰知道呢？如果會，他想知道原因。

另外一個重要的問題則是：「每個物種都會改變，那麼在改變的時候，牠們會進步嗎。」貓咪會變成**更好**的貓咪，或至少對於在這座島上來說，更適合繁衍後代？果真如此的話，這要花多久的時間呢？牠們又會變多少？有理論上的極限嗎？如果「這些世代連續的動物，不斷產生新的分

＊譯注：達爾文最早使用的是 transmutation「變形」這個詞，而不是 evolution「演化」。

支」，每種都有「不同的組織改進」，那麼當新型態的動物出現時，舊的會死光嗎？在這裡出現了一個詞，**分支**，這個詞隱含著非常有趣的意涵：它的意義包含了具方向性的生長、分歧，以及樹狀的概念。達爾文不斷地問著自己這些問題，這概念不只適用於貓咪或是鴕鳥，適用於阿根廷的犰狳或是樹獺，適用於澳洲的有袋類動物，適用於加拉巴哥群島上那些巨龜，也適用於福克蘭群島上那些長得像狼一樣的狐狸。這些動物全部都在某方面十分特殊，不過這些特徵都只出現在這種與世隔絕的棲地中，與此同時，這些動物卻又很明顯地可以看出跟牠們的親戚——其他的貓、烏龜或是狐狸等等的動物，極度相似。達爾文看過太多這樣的例子了。他是一個敏銳的觀察家，也是一個反應敏捷的年輕人。他認為自己已經看到了一種模式，而不僅僅只是某些特例而已。他寫道：這簡直就像是有一個「適應性法則」在運作一樣。

　　這一切，以及更多的證據跟猜測，都擠在B筆記本的前二十一頁中。這幾頁大部分都沒有標記日期，所以我們無從得知這個爆炸性的開頭，是在幾天之內或是幾個星期的努力成果。不管怎樣，到目前為止，達爾文都還沒有自己的理論。許多偉大的想法一直衝擊著他，他非常需要將它們整理起來，這重要性不亞於蒐集前面那一大堆誘人的線索。或許，他需要的是某些象徵物。然後，在第二十一頁底下，達爾文寫道：「生物的組織猶如一棵大樹。」[4]

第二章

我們不知道達爾文在寫出這段宣言之後，有沒有向後靠在椅背上，深吸一口氣，感到一陣神清氣爽。或許有吧，他確實有資格這麼做。

達爾文接著在B筆記本上振筆疾寫，這棵樹的「枝幹極不規則」[5]，「有些枝幹遠比其他的枝幹有更多的分岔」。然後他寫道，每一枝枝幹，會漸漸分成愈來愈小的分支，最後變成尾枝。「這就是生物屬」，屬在分類上的位階僅高於種，它有可能是一段小樹枝，也可能只是頂芽。有些頂芽沒長多久就死了，就像物種滅絕一樣，這一支系就此消失，其他的新芽又會冒出來。雖然生物滅絕這種概念在當時並不為當代自然學家或是哲學家所接受，因為上帝透過特殊創造所製作出來的萬物，理應不會失敗才對，因此有些人嚴重懷疑滅絕的可能性，有些人則根本完全不接受，不過達爾文本人卻認為「物種的死亡毫無新奇之處」，就像個體也會死亡一般。尤有甚者，滅絕不僅僅是極其自然之事，更是必要之事；舊物種必須死去，才可能騰出空間讓新的物種生存。達爾文這麼寫道：「生命樹，或許該叫做生命珊瑚更恰當，因為它的枝幹會死亡」，祖先物種從此不復見。達爾文對珊瑚也略知一二，他曾在小獵犬號旅行途中，在東印度洋的基林群島*環礁，以及其他地方見過這種生物。他對珊瑚的印象非常深刻，曾經提出過一些理論解釋珊瑚礁如何形成。在一八四二年，也就是這本筆記本開始撰寫五年後，他將會出版一本談論珊瑚礁的書。拿珊瑚來比喻乍看之下很恰當——這裡他所講的，當然是有分支的珊瑚，而不是盤枝軸孔珊瑚或是片腦紋珊瑚那種珊瑚。因為珊瑚下面的基幹都是鈣化的骨架，看起來就像是那些已經滅絕的古老物種支系，而柔軟的新生珊瑚蟲則不斷向上生長，就像活著的物種一般。不過達爾文本人似乎也察覺到這株「生命珊瑚」的比喻並不那麼鮮明好記。他曾在B筆記本的第二十六頁上畫了一棵有氣無力的珊瑚樹，有著三支分岔，然後用虛線表示下半部已經死掉的枝幹。但在這之後他就將生命珊瑚的想法束之高閣，放棄這種比喻方式了。

用生命樹來描述可能還是比較適合。在一八三七年，這已經是一種廣為接受的表現方式，達爾文大可直接借用這種圖，套在自己的演化理論上，不需要重新發明新的比喻方式。當然，要借用生命樹，代表要澈底改變生命樹在當時所代表的意義。沒關係，他可以一步一步慢慢來。在十頁之後，他用粗筆畫了一棵活潑得多也複雜得多的生命樹。在這棵樹的樹幹上，長了四枝主要的樹枝以及數段小分支。這四枝樹枝又都各自長出許多分支而變成一叢樹枝，達爾文分別將這四叢樹枝標上A、B、C、D的記號。B叢跟C叢都位於樹頂，彼此相鄰著，這代表它們的關係比起其他分支上的生物而言更為接近。A叢是離它們最遠的樹枝，位在與B、C、D叢完全相對的地方，這代表A叢的生物跟它們雖然也有關係，但這關係要遠多了。在這張圖上的字母，應該都只是占位符號而已，可能是代表著現存生物的「種」或是「屬」，像是貓屬、犬屬、狐屬或是大猩猩屬等等。我們並不知道達爾文那時候在想什麼，也很可能這些字母其實不代表任何意義。不管怎樣，達爾文的這個聲明可真是石破天驚呀，深奧卻相當有說服力。現在，你可以看著這張在樹幹跟樹冠之間帶有四個分支的生命樹，想像著生物從一個共有的祖先慢慢演化分歧開來。

在這張草圖的上方，達爾文像是有點靦腆地舉起手指著圖一樣，他寫道：「我想」。

*譯注：又名科科斯群島。

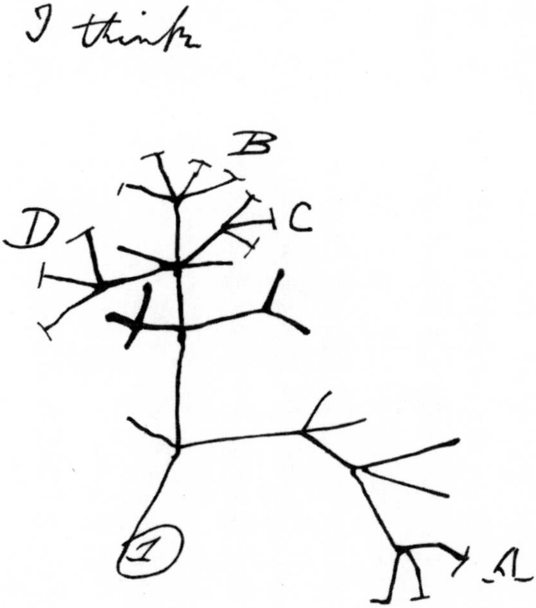

達爾文在一八三七年所繪製的草圖，由韋恩（Patricia J. Wynne）重畫。

第三章

「生命樹」這個詞並不是達爾文發明的，它的意義也非達爾文所創造。不過，達爾文確實在自己的理論中賦予「生命樹」新的意義。如同許多深植於我們思想中的象徵物一樣，生命樹也有個遙遠而古老的過去，它最早可以追溯回亞里斯多德跟《聖經》（為什麼這類事情總是可以扯上亞里斯多德呢？這個嘛，這就是為何他是亞里斯多德呀），它的意義曾改變，曾不斷引起大家的共鳴。在《聖經》裡，這主題像是個大書擋一樣，出現在《聖經》的頭跟尾。生命樹最早出現在〈創世紀〉第三章，就在亞當跟夏娃被逐出伊甸園之時；然後重新出現在〈啟示錄〉，在英文版英王欽定本的最後一頁（對於從此進入西方文化來說，這是個很好的安排）。在〈啟示錄〉第二十二章第一節跟第二節，先知作者描述了他在異象中看見的「生命水」，如同一條清澈的河流般從神的寶座流出來，河的兩側則長了「生命樹」，每月都結果子，樹上的葉子「乃為醫治萬民」。這棵樹很可能代表耶穌，帶給世界茂盛如葉般的祝福；也或許它代表恩典，或是代表教會。這段文字其實相當模糊，而不同的翻譯版本又讓人更摸不著頭腦（到底是一棵樹還是很多棵樹？）不過這裡要說的事很簡單，生命樹就是一個相當古老而帶有詩意的形象，是一個能引起眾人共鳴的詞彙，具有多重意義，並且很早就存在西方文化中了。

亞里斯多德在西元前四百年左右寫下了《動物史》，在這本書裡，生命樹其實不是一棵樹。它比較像是一把大自然的梯子，或者如後來拉丁化的希臘文所稱的**自然之梯**（*a scala naturae*）。亞里斯多德認為，自然界中各種各樣的生物，來自於大自然的無生物（比如土或是火），會「持續不斷一點一點地」演變成像是動物之類的有生物[6]，這個過程因為變化太過細微，因而不可能在這兩種型態之間畫出一條清楚的分界線。這樣的思想從當時一直到中世紀結束之後都廣為眾人接受，相當盛行；比如在十六世紀時的木刻版畫上，就可以看見所謂的「**存有巨鏈**」或是「**智力的升降之梯**」[7]等圖畫，它們往往將世界萬物描述為從無生命的物質像是石頭或水，一階一階往上升，變成植物與野獸，接著上升為人，然後是天使，最後是上帝。從這樣的觀點觀之，生命樹其實是「通往天堂之梯」，這可比齊柏林飛船的那首同名搖滾名曲要早了五個世紀。

到了一七四五年，儘管許多啟蒙時代的思想家都已經可以接受大自然生物的多樣性發展，有如樹木會從側面發芽，長出分岔的枝葉一般；但是瑞士的自然學家邦納卻又再度重提這種線性的、階梯式的模型。邦納在那一年發表了一篇昆蟲論文，裡面有一張拉頁圖解，來解釋他「自然生物等級的概念」[8]。他將萬物從下而上垂直排列，開始於火、風跟水，再上去是土以及各種礦物質，然後是蘑菇、地衣、植物，然後是海葵，接在其後則是條蟲、蝸牛與蛞蝓，再來是魚，他在此特別提出了飛魚，接著是鳥類，在鳥之上則是蝙蝠跟飛鼠，然後是四足哺乳類、猴子、人猿，最後是人。你看出他的邏輯性了嗎？飛魚比其他魚類高級，因為牠會飛；蝙蝠跟飛鼠比鳥類高級，因為牠們是哺乳類；人類跟猩猩是最好的哺乳類，其中人類又比任何生物要高級。邦納雖然靠當律師維生，但是卻更喜歡研究昆蟲與植物。他終生都是日內瓦共和國＊的公民。他的祖先過去因為在法國受到宗教迫害的緣故逃往瑞士，這或許也是他的自然等級終點是人而非上帝的原因。

在邦納的自然等級圖中缺席的除了上帝以外，另一個缺席的則是微生物。雖然早在七年前，荷蘭的顯微鏡先驅雷文霍克就已經用顯微鏡發現了細菌、原蟲以及其他細小的「微動物」[9]，但是邦納卻不怎麼注意這些微生物。我們會聽過雷文霍克的名字，多半都是因為在高中時代讀過克魯伊夫所寫的《微生物獵人傳》（這本書雖然是影響深遠的敲門磚，但其實內容糟糕透頂，充滿了編造的對話與虛構的情節），也或者是因為看過其他科普書籍，不過你可能不記得雷文霍克其實是一名台夫特的布商，他之所以開始製作放大鏡，是為了要能夠更仔細地檢查布料的紗支數。後來他純粹出於好奇心，試著用透鏡去觀察其他物品，卻發現了驚人的現象：在湖水、雨水、自來水中，竟然住滿了細小的各式生物，甚至從自己牙齒上刮下來的細屑中，也有它們的蹤跡。

雷文霍克對於微生物的觀察極具啟發性，他的結果被發表在《皇家學會期刊》上，因而傳遍全歐洲的科學圈。但是這些「小動物」卻似乎引不起邦納的一絲絲興趣，他大概認為這些東西沒重要到可以放到他的自然等級上，甚至連幫它們找一個不起眼的夾縫塞進去，像是介於石綿跟松露之間，都不願意。這種輕忽微生物的行為，其實昭示了從此以後科學家一直都不願意把微生物放到生命之梯上，或是（更困難地）將它們的多樣性展現在生命樹上。我以後會再回來談論這個不情願的現象，因為到了一九七七年，這個情況開始造成很大的問題。

儘管邦納還在使用自然等級來描繪生物的多樣性，但是這種線性的表現方式終究還是慢慢遭到淘汰，由另一種更複雜、更具空間感的圖案取代，那就是樹狀圖。到了十八世紀末十九世紀初期，自然哲學家（今天我們叫他們科學家，不過在當時，科學家這個名詞還不存在）開始試著將生物分門別類，根據牠們的相似性或相異性，分別歸類在不同的組或是小組裡面，形成某種有組織的架構。過去那種線性的安排方式，認為萬物會慢慢變得愈來愈高等，像是一個梯子一樣最後通往上帝的想法，已經無法滿足科學家了。自大航海時代起，歐洲出現知識大爆炸的現象，特別是關於各式各樣的動物、植物，以及來自世界各地生物的知識；學者開始嘗試將這些多到不行的生物知識分門別類，用階層的方式歸類整理，以便在需要的時候可以輕易取用。

不過這些都無關演化的思想，僅僅只是資料管理而已。這些知識後來將會被編輯成冊（而且是一人之手獨力完成的，那就是德國的自然學家洪保德他出版了一套三十冊的巨著，講述他在南美之旅的見聞），而一種摘要、一種讓人可以一目了然的分類原則，就變得相當迫切；簡而言之，他們現在需要一種圖示。而且現在這個圖示必須是二維形式，而非線性形式，因此過去的梯子變成樹

＊譯注：屬於今日瑞士聯邦的二十六州之一。

幹，樹幹開始長出樹枝，樹枝開始分岔成小樹枝。這樣的圖示不只向上、向下，也向旁邊提供更廣的範圍，將已知相當豐富又多變的生物排列在其上。

一直到此時，生命樹仍然只是一個舊符碼，是可以一直追溯回《聖經》裡〈創世紀〉跟〈啟示錄〉時代的老調。生命樹也被用在譜系學這種地方，像是德國公爵家族的家譜之類的。現在在生物分類上面，這棵樹也顯得很有用。首位採用這種圖像的是一位法國人奧吉爾，他所關心的主題是植物的多樣性。他在一八〇一年曾經如此寫道：「看起來使用像是家譜樹這樣的圖形，用來表現階級順序與其演變過程，應該是最適當的方式了。」[10]

奧吉爾是一位相當低調的法蘭西共和國公民。他住在里昂，植物學只是他的副業，但他真正的工作則無人知曉。我們對他的生平知之甚少，即便是百年後一位專研里昂植物學家的歷史學家，也對他毫無頭緒。奧吉爾其人雖然就這樣消失，但是他那本八開大小的著作卻留了下來；他在書中提出一種新的植物分類法，相較於過去僅根據人類的奇想，或是根據慣例而做的分類系統來說，他所遵循的是所謂的「自然秩序」[11]，也就是「根據一種大自然似乎也遵循的秩序」[12]。書中有一張圖來解釋他的這套系統：他的**植物樹**。這棵樹的樹幹與樹枝排列得既規則又挺立，宛如一座猶太教燭台，但是它茂盛的分支與葉子則清楚顯示了植物形式的多樣化。

不過，這棵樹仍然無關生物起源或是遺傳。奧吉爾並非什麼領先時代的演化學家，他所謂的自然秩序，也並不是在說所有的植物原本都來自同一個共祖，然後透過物質上的轉型過程漸漸分化開來。對他來說，上帝就是萬物的造主，而這些多變的型態乃是祂親手一個一個塑造出來的：「有一件明顯且讓人難以懷疑的事實是，當造物主在創造花卉時，在它們差異處的數量上，似乎遵循著一定的比例跟進程。」[13]奧吉爾的貢獻，正如他所自認為的，就是在發現這些比例跟進程：他要創造出一些原則，可以滿足上帝規則的完美性，然後利用這些原則，根據事實來整理植物學的知識，將它們融入一套有條理的系統中。

奧吉爾當然也不是想要從這多變的大自然中找出某種自然規律的第一人。在他之前的自然學家像是亞里斯多德，也曾經將動物分成「無血的」跟「紅血的」兩類[14]。隨後在西元一世紀時，一位名叫狄奧斯克里德斯的希臘醫師，時任羅馬軍醫，曾經四處搜羅超過五百種植物的知識，並根據它們的藥性、可食性以及香料用途，分門別類地記在一本手冊中。這本書曾被後人多次重印與翻譯，並且在其後一千五百年間，公認為是一本可靠的植物學著作。到了文藝復興時代，世人旅行的範圍已經遠遠超過以往，對於自然界細節的觀察也更為仔細，老狄奧斯克里德斯的著作終於讓出舞台給其他更新的植物圖鑑。這些圖鑑基本上都算是植物學的野外指南，因為當時繪畫或木雕技術的進步，可以比以往更完美地呈現植物圖像；不過儘管如此，它們仍然依照實用性而非自然規律編排植物。其中一本是在十六世紀時，由植物學家傅克斯所著的植物誌，裡面羅列了數百種植物，同時帶有精美的插圖並將植物依照字母順序排列。大概兩百多年後，另一位善於組織歸納的學者林奈，曾將一種紫紅色花的屬名命名為 *Fuchsia*，用來向傅克斯致敬。也因此，今日在英文中有一種紫紅色

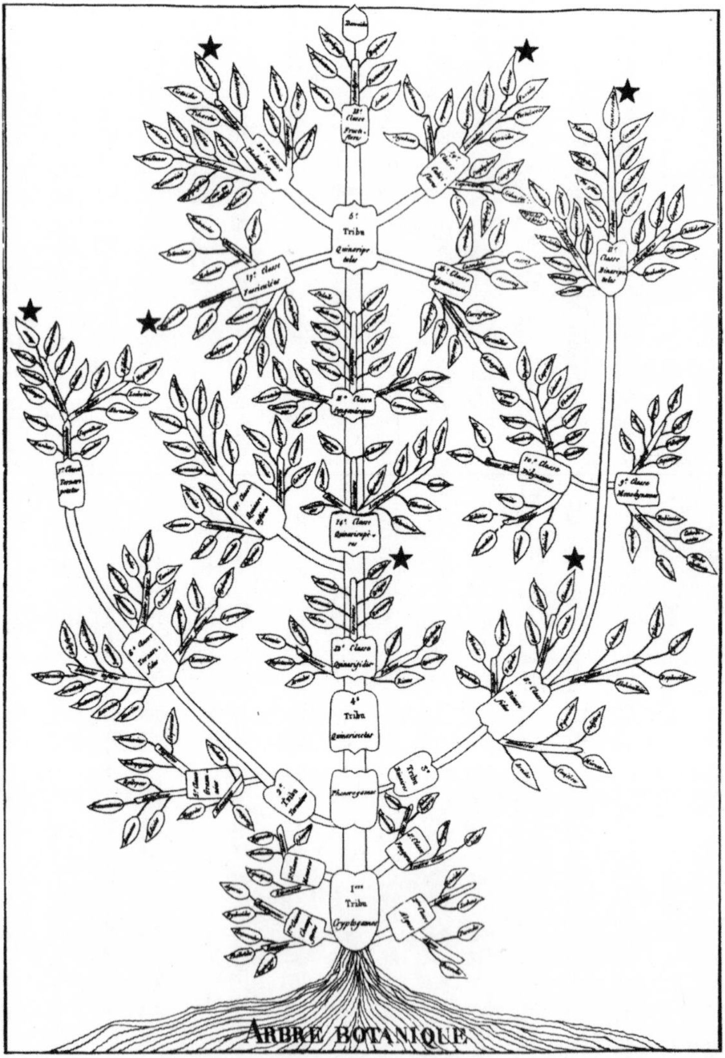

奧吉爾的植物樹，一八〇一。

（Courtesy of the Biodiversity Heritage Library.）

就稱為 fuchsia。*至於林奈這位瑞典學者，年輕時曾經遍遊世界，後來在烏普薩拉大學任教，雖然是傳統植物蒐集家出身，不過他的成就遠不只於此。

林奈的《自然系統》於一七三五年首次出版。這本書相當特別，雖然是一部對開尺寸的大書，但是只有十幾頁，就像一本專放在咖啡桌上的精裝本圖冊一樣。他在書中為萬物定出了三界：植物界、動物界還有礦物界，並將所有屬於這三界的東西分門別類歸入。雖然林奈也為礦物展開了一項分類，不過真正重要的是林奈如何將生物分類成各界。

林奈將動物列在相鄰的兩頁上，分門別類區分成六大欄，每一欄上方都註明了他賦予這個「綱」的名稱，分別是：四足動物綱（Quadrupedia）、鳥綱（Aves）、兩棲綱（Amphibia）、魚綱（Pisces）、昆蟲綱（Insecta）以及蠕蟲綱（Vermes）。四足動物綱又被分成許多目，大都是帶有四肢的動物，其中包括了人形動物目（Anthropomorpha，主要都是靈長類動物）、猛獸目（Ferae，犬類動物像是狼與狐，還有貓科動物像是獅子跟豹，以及熊）和其他的動物分類。林奈的兩棲綱裡面除了兩棲類動物還包含爬蟲類，而他的蠕蟲綱則不只是蟲子、水蛭、吸蟲這些動物，還有一堆雜七雜八的生物像是蛞蝓、海參、海星、藤壺以及許多其他海洋生物。他又把各目的生物繼續分成不同屬（並且給予可辨認的名稱，像是獅屬、熊屬、河馬屬、人屬等等），屬之下再分

---

*譯注：*Fuchsia* 屬就是吊鐘花屬，是根據傅克斯的英文姓 Fuchs 來命名，中文學名看不出此關聯。

成不同種。除了上述六個分類綱以外，林奈還留了半欄的位置，給一群他稱之為「矛盾動物綱」（Paradoxa）的生物，所有出人意料的生物，像是神話中的動物，或是讓人迷惑卻又真實存在的動物，都會被歸到這一欄中，比如獨角獸、薩提爾＊、鳳凰、龍，以及一種巨大的蝌蚪（現代學名為奇異多指節蟾），這種蝌蚪非常奇怪，在變態的時候反而會縮小，結果變成一隻體型小很多的青蛙。在這些欄位上方，有一行拉丁文大大地寫著：「卡爾．林奈　動物界」。這是他所劃分的動物界。這是一次嘗試，處理的範圍很大，包羅萬象；不過就想要把當時已知跟想像中的各種動物分門別類這個企圖上來說，卻稱不上是原創。此外，林奈最擅長的也不是動物學。

林奈的專長在植物。他所規劃的植物界才真的稱得上是一項創新系統，比起動物分類更為詳盡，也更有規則可循。在此，林奈採用了一種被後人稱為「性分類系統」的方式來區分植物。林奈知道花是植物的性器官，所以他使用植物花中的雄性與雌性器官，也就是那些用來呈現與接收花粉、小巧細緻如柄狀的雄蕊跟雌蕊，作為分類依據。林奈將所有的開花植物，根據它們雄蕊的數量、尺寸與排列方式，分出二十三綱，每綱下面再根據雌蕊的不同，區分成不同目。林奈賦予這些分類的名稱為「單雄蕊綱」、「雙雄蕊綱」以及「三雄蕊綱」（拉丁文原意就是一個丈夫、兩個丈夫以及三個丈夫），在這些綱之下則有「單雌蕊目」、「雙雌蕊目」以及「三雌蕊目」（想必你一定已經猜到，拉丁文原意就是妻子的數量）；這樣一來，很容易就會讓人聯想到各式各樣多夫或是多妻的伴侶組合，想必一定讓與他同時代的人在讀到此處時，要麼露出一抹猥褻的笑容，要麼皺起眉頭不表贊同。比如說，四雄蕊綱單雌蕊目的植物，意思就等同四夫一妻。林奈本人似乎對這種性暗示相當樂在其中，而全歐洲也很快地接受了這套獨特的植物命名法則。

至於我們剛剛提到的奧吉爾，則在五十年後才提出自己的植物樹分類系統，並且他似乎將此舉視為挑戰林奈那套過於工整的性分類系統。奧吉爾雖然同意「雄蕊數量是一個相當明顯的特徵」[15]，但是他卻認為「當用來檢視植物時，卻沒那麼好用。」他的意思是，這特徵並非沒有模稜兩可的時候，因此若是以它們作為基準爬梳植物那複雜的生活史時，並不可靠。奧吉爾在書中除了向林奈致敬，也向另一位法國植物學家德杜納福致敬。德杜納福根據植物的花、果實，或是少數解剖學的資料，區分出了大約七百種不同屬的植物。奧吉爾據此再加上自己的系統，藉著許多其他的特徵，作為不同層級之間分類的依據，並且消除層級的演變過程中細微而不確定的地方。「這張圖，我稱之為**植物樹**，它很規則地將同系列的植物分在一起，不同系列的植物則區分開來，同時從主幹上分叉開來，就像在家譜樹上，我們可以看到不同家族如何從自己起源的本家開始分支出去一樣。」[16]

但是在奧吉爾的想法中，這些擁有共祖的後代其實毫不相干。雖然在他的措辭中提到家譜樹，這應該給他自己相當強烈的暗示：所有的分支「從自己起源的本家開始分支出去」，但是在奧吉爾的著作裡，或是在他畫的植物樹中，卻沒有任何證據顯示他贊同過，甚或是想像過演化這件事。

＊譯注：satyr，古希臘神話中半人半羊的生物。

不過演化的概念很快就會出現。當演化的概念浮現出來，生命樹的意義也就隨之改變。這個改變對當時經歷過的人而言，可說是相當激烈且撼動人心，因為這改變直接挑戰當時的傳統信仰，而它也遇到非常強力的抵抗。法國早期偉大的演化學家拉馬克，以及美國的地質學家希區考克（他自詡為基督徒地質學家）[17]兩人的研究，以及他們所繪製的圖畫，都很清楚地呈現了在達爾文提出他的演化論之前的那幾十年間，生命樹的概念如何轉移。

拉馬克的人生經歷相當豐富。他出身於一個有參軍傳統的小貴族家庭，曾投身軍旅，後來又自學成為一名植物學家。在一七九三年「恐怖統治」前夕，他被指派為巴黎自然史博物館的動物學教授。根據他的職銜，他在博物館裡面應該負責「昆蟲、蠕蟲，以及其他的微小動物」[18]。雖然他以前從未研究過這三類生物，不過拉馬克適應得很快，後來甚至還發明了「無脊椎動物」這個詞來描述這些生物。在這一段法國大革命以來最黑暗無光的時日中，拉馬克放棄了植物研究，改為從事研究他所新建立的無脊椎動物分類。這樣雖然僅能賺取微薄的薪水，不過至少在其他科學家像拉瓦節等人紛紛被送上斷頭台之際，他還能保住自己的頭顱。他過去在一七九〇年時的一些作為，很可能也有助於提升他在革命分子中的地位。那時他所任職的巴黎植物園尚名為國王花園（Jardin du Roi），而拉馬克力促將這座花園更名為植物園（Jardin du Plantes）。顯然，他的政治直覺相當準確。拉馬克對於物種的觀點起初相當保守，他原本也認為物種都是由上帝所創造，永遠不會改變。不過在一七九七年之後，一切突然都變了。這很可能是因為他研究了化石跟現代的軟體動物，這些東西似乎有著某種漸漸變形的模式。一八〇〇年五月十一日，當拉馬克第一次講授年度無脊椎動物課程時，他儼然已成為一位演化學者。隨後他發表了三部重要的動物演化學著作，其中影響最廣泛的應該是一八〇九年發表的《動物哲學》這本書。

拉馬克比自己的四位妻子以及七個孩子中的三個都還要長壽，他活過了整個大革命時期，活過拿破崙的時代，以及活過幾乎整個波旁王朝復辟的時期。他是一位俊俏的紳士，嘴角下垂，頭髮一直都相當茂密，直到晚年才漸漸變得稀疏。在生命的最後十年間，拉馬克的雙眼失明，全靠他那位孝順的女兒科內莉·拉馬克的犧牲奉獻，照料這位失明的父親，為他朗讀法文小說。拉馬克逝世於八十五高齡，死後雖然受到另一位重量級科學家聖提雷爾的讚揚，但是除此之外，他的後事並不順遂。拉馬克被葬在蒙帕納斯墓園的公共墓穴而非個人的永久墓穴中。這種公共墓穴都會被定期回收再使用，因此他的遺骸最終大概是被送到巴黎地下墓穴，與成千上萬名窮困潦倒的貧民或是無名氏混在一起。拉馬克並沒有一個可供世人瞻仰的陵墓。據某位傳記作者的說法，世人大概反而希望拉馬克能從記憶中「被遺忘與抹滅」[19]。雖然拉馬克的名聲最終還是慢慢獲得平反，但是對於世上首位嚴肅看待生物演化的演化學家而言，這樣的結局實在有點淒涼。

今日一提到拉馬克，總馬上讓人想起那個以他為名的學說：拉馬克主義，用來概述他關於「獲得性遺傳」的主張。這麼解釋雖容易理解，卻並不太正確。許多人可能依稀記得拉馬克是達爾文的前輩，他率先提出一個爭議性十足，但卻被後來出現的證據所推翻的學說。拉馬克理論錯誤的地方，在於他不切實際地假設後天所獲得的特徵可以遺傳給後代，而達爾文卻不如此主張（不過其實內情並沒有這麼簡單。舉例來說，達爾文其實也曾提過「用進廢退」，將獲得性遺傳視為演化的動力之一）。關於這種獲得性遺傳，大家最熟悉的大概就是拉馬克本人所舉的長頸鹿的例子。拉馬克認為，原始的長頸鹿在乾燥的非洲平原上，為了能吃到高處的樹葉，不斷地努力伸長脖子，到後來牠們的脖子就變長了（僅是假設而已），前肢也跟著變長，因此牠們的後代從生下來開始，就有比較長的脖子跟前肢（當然也是假設）。透過漫畫的解說，拉馬克主義深植於人心，雖然很快地被人屏棄，卻難以被完全忘記。

不過到了十九世紀晚期，拉馬克主義卻又流行起來。此時大家雖然已經可以接受物種會演化這樣的想法，但是卻還無法接受達爾文那獨特的學說。特別是達爾文學說的核心思想，也就是主張天擇是推動演化最主要的機制，更是受盡眾人排斥。天擇理論實在是太過機械論、太直白也太不受控制了，當時許多演化學家都難以下嚥。過去曾有數十年之久的時光，大家能夠接受達爾文對演化的主張，卻無法接受他對演化機制所提出的解釋。不過這一切，如今大概只有歷史學家還記得了吧。

也就是在這種情況之下，拉馬克主義又以新拉馬克主義的姿態出現。對世人來說，用它來解釋演化的機制，是個比較不那麼虛無主義的另類選擇。拉馬克主義就只靠著獲得性遺傳這樣單一而簡單的主張存在著，雖然一直是一個可疑的學說，但卻從不曾消失，甚至到今日都還不時被人提起討論。

不過拉馬克的學說，從來就不只有獲得性遺傳這麼一項主張而已。拉馬克還有其他的理論，而且有些可能更荒謬。拉馬克認為生物會自然生成（自然生成說），同時他也不相信物種會滅絕（至少他不認為這是一種自然過程）。他還主張生物體內有一種「難以捉摸的液體」[20]，可以幫助牠們變形以適應環境。

在拉馬克開始轉向動物研究，突然對演化論開竅之前，曾將所有植物分門別類排列在他一篇早期的植物研究論文中，並且稱此為「真正的演變規則」：沿著一條傳統的生命之梯，從最不完美也最不複雜的植物，排到最完美最複雜的植物。他也將動物排列在另一條梯子上，這是一種「相對應」的對照安排[21]，可以看出動物漸漸進化的形式：從蠕蟲到昆蟲，再經過魚類跟兩棲類，接著是鳥類，最後是哺乳類。這些梯子都沒提到生物從相同的共祖漸漸變形然後分化出去。不過在一八〇九年出版的《動物哲學》一書中，卻出現一幅相當不同的圖案，並不顯眼但是卻十分戲劇性，用來描繪動物的分化。那是一幅有分支的圖案，由上到下，圖中主要的動物群，都被一條虛線連結起來。看起來就像是鬆餅屋餐廳給小孩用的紙餐墊上，常常會出現的連連看遊戲。當小孩把這些點連起來之後，才會發現隱藏於其後的圖案其實是……一架飛機！……是一隻大象！又或是……美國總統華盛頓的頭像！而拉馬克的連連看圖案，連起來之後會發現，潛藏在其後的圖案其實是一棵樹。

在這張圖上，鳥類（Oiseaux）被放在從爬蟲類（Retiles）分化出來的枝幹上。昆蟲（Insectes）則早在軟體動物（Mollusques）出現以前就從主幹分岔出去了。海象等海洋哺乳動物則在主幹上待了比較久，再遠一點則有其他分支通往鯨魚（M. Cétacés），接著是有蹄的哺乳類（M. Ongulés），最後才是其他的哺乳類（M. Onguiculés）。這張圖雖然有許多錯誤，不過它很特別，而且雖然它發展的方向跟樹狀圖上下相反，不過它標誌了當時科學思想的轉變。學者認為，這應該是最早的演化樹。

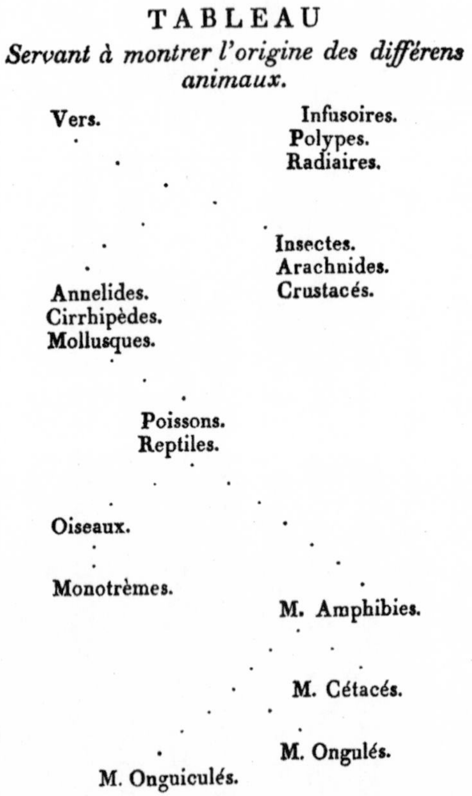

拉馬克的虛線樹狀圖，一八〇九年繪。

第五章

在達爾文出來翻天覆地的數十年前，另一名地質學家愛德華．希區考克所繪的**前**演化樹，則跟拉馬克所提出的第一棵演化樹形成強烈對比。事實上，希區考克在一八四〇年出版的《基礎地質學》中畫的是兩棵分開的生命樹，一棵給植物，一棵給動物。這本書在十九世紀中期可說是相當成功，並且一直再版。希區考克的生命樹也是他自己的原創，不只根據自身對活生生動植物的近距離觀察，也來自於他對化石的豐富知識。他把這兩張圖畫稱為「古生物圖表」[22]，圖上所畫的是動物與植物王國的物種，如何從寒武紀（約從五億四千萬年前開始）一直到當代，隨著時間而分化的過程。

希區考克的樹長得不像典型的樹。典型的樹就是那種像楓樹或是橡樹一般，從下往上開枝散葉地長出一大片華蓋般的樹冠。這兩棵樹，一棵動物、一棵植物，比較像車道旁種植整齊如防風林般的美國白楊。這兩棵防風樹的根基都很厚實，有著堅固的樹幹底座，往上發展出數枝比較纖細的枝幹，每枝看起來雖然都有毛茸茸的葉子，但卻幾乎都沒有分支。這些枝幹有甲殼類、蠕蟲、雙殼貝以及脊椎動物等等，都垂直往上平行生長，看起來好像彼此獨立。不過脊椎動物的那一枝倒是分成了數枝分支，其中一枝後來走向現代哺乳類，在最頂峰處則寫著**人**這個字，並被冠上帶有十字架裝飾的皇冠。

這個戴了皇冠的「人」以及其上的十字架，已經清楚地告訴我們，希區考克對於生命世界的階層持有怎樣的看法。他的地質學理論深深根基於當時一種被稱為自然神學的傳統。根據自然神學的看法，科學的目的乃是為了彰顯造物主上帝的權柄與智慧，並且人類乃是位於所有創造物中最頂峰的位置。希區考克是一名虔誠的新英格蘭北方佬，而他的古生物圖表反映出他在地質學上的發現，以及他認為人類應處於萬物頂峰的看法。

希區考克出生於美國麻州迪爾菲爾德鎮一個貧窮的家庭。他的父親曾經參加過獨立戰爭，退伍之後成為一位帽商，背了一身債務，還要撫養三個兒子。他的錢僅僅只夠送小孩上小學，以及偶爾去上上地方學院的課。除此之外，根據希區考克的回憶，「為了生活除了去做工以外，別無其他可能」[23]。他並不想做自己父親的學徒，跟著成為一位帽商，也不想做任何買賣生意。最後他決定去農場工作。這是他們家所承租的土地，由其中一位哥哥負責耕種。希區考克在此工作了很長一段時間，或者感覺起來像是很長一段時間（他說他記不得工作了幾年）。在閒暇時間中（特別是下雨天跟晚上），年輕的希區考克就會研讀科學跟古典文學。他既有野心又求知若渴，認為自己這些努力是為了進入哈佛大學所準備。後來在一位伯父的影響下，希區考克開始對天文學產生興趣。隨後在一八一一年，希區考克十八歲時，大彗星造訪地球。這個天文奇觀在該年的秋天達到最強的亮度。希區考克從迪爾菲爾德學院借了一些儀器，夜復一夜量測大彗星的路徑。他後來寫道：「我鍥而不捨地堅持著做這件事，以至於把身體都弄壞了。」[24]

這場大病改變了他的宗教觀點。他原本改信一神普救派，現在又回歸到跟自己父親一樣的公理宗。這件事也讓他開始重新規劃自己的人生。他後來放棄前往哈佛念書的計畫，決定回到自己家鄉迪爾菲爾德，在那裡找了一份工作，年方二十三歲就成為當地一所學院的校長。與此同時，他也學習成為一名牧師，並於不久後成為麻州康威鎮上一間公理會的牧師，這間教會就位於通往迪爾菲爾德的路上。從這段時間開始，希區考克終其一生都自認為是個孱弱多病的人，這想法在他腦中縈繞不去，因而他總是不斷地說著死亡將近之類的感覺，儘管如此，他還是長壽地活到七十多歲。某位學者在看過希區考克的人生與事業之後，稱他為「憂鬱症第一名」。[25]

後來他甚至宣稱因為健康的因素，若不立即停止從事傳教、巡視教區或是強化信眾信仰等活動，則會有立即的生命危險（這些都只是出於他個人的判斷），希區考克就這樣在一八二五年秋天，被康威的公理會「解職」了，不過這件事情正好也有助於他的科學研究[26]。沒過多久，剛成立的安默斯特學院決定聘請他來教授化學跟自然史。後來他更成為該校自然神學與地質學的教授，並以這個身分度過餘生。他同時還在安默斯特學院擔任過九年的校長。希區考克剛進入安默斯特學院時，正好也是英國地質學家萊爾出版多冊《地質學原理》之時。這套歷史上舉足輕重的著作，從根本上挑戰了當時以神學為基礎，對地質紀錄的詮釋，當然也包括希區考克自己的研究。

傳統學派對地質學的看法，也就是所謂的災變說，認為地球的歷史中有著一次又一次由造物主

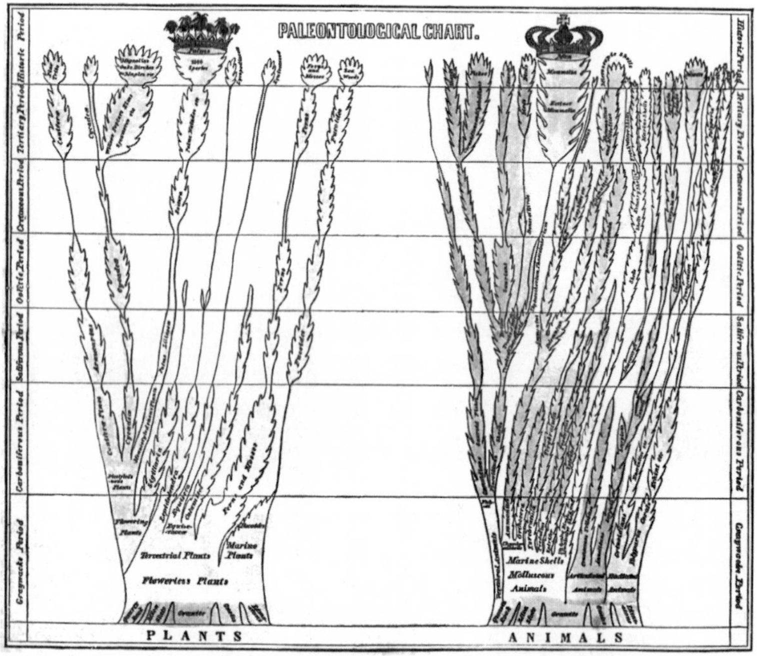

希區考克的「古生物圖表」，一八五七年版。

所降下的劇烈大災難，如同閃電雷轟從天而降一般，其中一個例子就是《聖經》〈創世紀〉裡面提到，諾亞所遭遇的四十日大洪水。那時候的人認為，這些大災難都有其方向性與目的性，上帝可以藉由這種手段掃除地球上的某些創造物（比如恐龍的消失），然後添加某些新的創造物（比如哺乳動物的興起）。而萊爾所提出的另類觀點則是均變說，強調改變地球過往樣貌的是沉積作用或是侵蝕作用，以及偶爾發生的火山爆發等等這類的物理性事件或是過程。這些事件至今仍持續進行著，它們發生的速度跟過去大致相差無幾。這些力量加上其他因素造成生物的滅絕。據萊爾的看法，這些力量與上帝是否想要留下某些動物或植物，一點關係也沒有。

從一八三〇到一八三三年為止，《地質學原理》共出版了三冊。第一冊甫出版，希區考克就看過了，並且對書中的內容深感不悅。希區考克並非年輕地球創造主義者*，他也同意火山作用跟侵蝕作用都是持續不斷的作用。不過他相當擔心萊爾對地球的觀點，將會「否定上帝創世與主宰地球」[27]。在一篇談論大洪水的文章中，希區考克比較了《聖經》文字與地質學紀錄，然後辛辣地批評道：「我們不知道萊爾先生的宗教信仰為何。不過以這種模稜兩可的方式處理《聖經》議題的手法，倒是讓我們想起了無神論者的狡猾與表裡不一。」[28]但是萊爾其實是名虔誠的聖公會信徒，絕非無神論者，這點至少在他寫《地質學原理》時是可以確定的。不過希區考克大概已經察覺到（可能比萊爾本人還要清楚），萊爾的著作很可能會將某些讀者推向無神論、物質主義的那一方去。

其中一位受到萊爾影響的人就是達爾文。達爾文在小獵犬號航行途中讀了萊爾的三冊《地質學原理》，深受其影響，他不只在地質學上贊同均變論，最後甚至發展出了演化論（因為萊爾在書中曾提到了拉馬克的想法，不過並不贊同）。因此，儘管希區考克提到關於萊爾的「狡猾與表裡不

*譯注：年輕地球創造主義者認為，根據《聖經》定義，上帝用七天創世，而地球年齡不會超過一萬年，可說是相當年輕。

一」這件事並不正確，不過關於《地質學原理》會將（至少有一位極為重要的）讀者推入深淵這件事來說，他倒是說對了。

萊爾的三冊《地質學原理》問世七年後，也就是一八四〇年，希區考克出版了他的《基礎地質學》，在本書的摺頁中，他放入了那幅手繪著色、如同美國白楊樹一般的古生物圖表，用來呈現那兩棵無關演化的生命樹。他在圖中畫出各群動物與植物如何隨著地質學時間而變化，這些動植物族群的多樣性與數量雖然有消有長，但卻甚少從一支分化成另一支。希區考克在他的書裡解釋，這些變化出現的原因，來自於上帝的直接干預。根據祂長遠的計畫，藉著加入或抹去某些創造物，讓世界更為完美。在這個略微改動的大綱下，主要的生物從古以來就一直存在，但是新的、「組織比較高等」的物種[29]，則要等到地球已經準備好迎接這些「比較完美」的生物時，才慢慢在途中加入，在這些生物中，「從各方面來講都最完美的，當屬位於所有生物頭上的人類了」。希區考克寫道：「較高等的種族」漸漸被引入世上，「正是因為地球的環境已經改變，變得比較適合這些透過神的智慧所創造出來的、更為完美的物種。」[30]這些神創的特殊生物，在環境改變後才得以適應；上帝並沒有重新構想這星球上的動物或植物，祂僅僅只是調整一下牠們，讓牠們可以適應新出現的生物區位。如果這論點聽起來沒什麼邏輯可言，可別怪罪萊爾或是我。

希區考克的《基礎地質學》在當時十分暢銷。從一八四〇年到一八五〇年代末期，此書重刷了三十版，而且只在語言跟資料上稍作更動。在重刷了這麼多次後，那幅樹狀圖除了顏色稍微調整過以外，其餘部分始終如一。不過不久後發生了一件事情，很可能直接影響希區考克做出一些改變（因為看起來不太可能是巧合）。他在一八六〇年出的第三十一版《基礎地質學》中，做了一項重大的更動。他刪掉了一幅圖。那兩棵樹不見了。

這件事情就是一八五九年達爾文出版了他的《物種起源》。達爾文的書裡面也有一棵樹，不過這棵樹卻帶著極為危險的意義。

第六章

達爾文的書出版時，他已經用了大約半生的時間，在祕密構思自己的理論。當他在一八三七年把那棵樹的草圖畫在B筆記本裡之後，他繼續閱讀、蒐集證據、嘗試用各種模式來解釋、用不同方式表達，又這樣積極地腦力激盪了一年四個月，並把結果持續地寫在同一系列的筆記本上，分別標上「C」、「D」還有「E」等記號，就像是個正在拼著散落一桌拼圖的人。接著，根據一八三八年十一月記載於E筆記本上的紀錄，他忽然完成了這幅拼圖，解開了生物**如何**一定會演化之謎。他找到三項關鍵的拼圖，將其於腦海中結合在一起之後，無意間發現用來解釋演化的機制。

第一塊拼圖是遺傳的連續性。在背景環境相似的情況下，後代會跟他們的親代非常相似。第二塊拼圖則跟第一塊方向恰好相反，那就是個體差異確實存在。生物的後代並不會與親代**分毫不差**。以人類來說，有人是藍眼，有人是棕眼；有人長得較高，有人長得較矮；每人的髮色、鼻型也都不同。至於其他動物也一樣，蝴蝶的翅膀花紋有差異，鳥類的鳥喙尺寸不一，長頸鹿的頸長也都不一樣。生殖繁衍的產品並不那麼精確。同樣的，兄弟姊妹彼此之間也都各不相同，一如子代與親代之間互有差異一般。達爾文認為這兩個因子（也就是遺傳與多樣性），會同時作用並且互相影響，彼此維持著一種具機動性的張力。

第三塊拼圖則是他最近才開始思考，並隨著他涉獵廣泛的閱讀習慣而時有修正。這與族群有關。族群的擴張，經常會耗盡環境中可得的資源。地球上永遠都充滿過多的生物。一隻母貓一次可以生下五隻小貓；一隻母兔則可以生下八隻小兔子；一條鮭魚一次可以產出上千顆的卵。如果這些子代都順利存活，又成功地繁衍下一代，那地球上很快就會有過多的小貓、小兔子跟小鮭魚了。不管生物每胎的數量、不管牠們一輩子可以生幾胎、不管是哪一種生物（當然也包含了人類在內），我們都傾向以等比級數而非等差級數來繁衍後代，也就是二變四、四變八、八變十六，而不是二、三、四、五這樣的方式增加數量。但是我們的生存空間跟食物卻沒有增加太多，就算增加，也沒有如此之快。既然棲地不會自我繁殖，就會變得愈來愈擁擠，生物則會因為飢餓而爭鬥，因而產生競爭、剝奪與痛苦，會有勝者與敗者，也會在繁衍之路上頻頻受挫，甚至更不幸的，在能繁衍以前就早夭。雖有眾多生物誕生，卻只有萬中選一的幸運兒可以留下。讓達爾文意識到這一點的作品就是《人口論》，而它的作者是一位邏輯嚴密的學者兼牧師，馬爾薩斯。

馬爾薩斯這本晦暗的論文，於一七九八年首次出版，在隨後三十年間重刷六版，並且深深影響英國後來的福利政策（他在書中反對當前那種廉價慈善式的〈濟貧法〉，這項法律後來很快就被修改了）。達爾文「出於消遣」，在一八三八年初秋閱讀了《人口論》。[31]世上大概很難再找到這麼有產值的消遣了。他從書中談論人口的章節獲得靈感，加上自己找到的前兩塊拼圖，草草在D筆記本裡記下「從馬爾薩斯那裡推論出來，關於物種之間的戰爭」[32]的想法。達爾文領悟出這樣的「戰爭」並不只限於人類，而是適用於所有生物。機會有限而競爭激烈，他這樣寫道：所有物種都用盡「有如插入十萬楔子的力道，試著將各種合適的結構」[33]插入自然的經濟縫隙中。接著他又寫道：「這些楔子作用的最終原因，必定是為了找出一個最適合的結構，並為了適應此結構而改變。」他這裡所說的「最終原因」，其實基本上講的是最終結果：這些鬥爭會造就適應性最強的種類。這就是達爾文學說的基礎，不過在這裡還只是雛型，表達得相當粗糙。

在完成D筆記本之際，達爾文似乎已經將馬爾薩斯拋諸腦後，不過很快地，在下一本筆記本中他又繞了回來。E筆記本開始於一八三八年十月，這本筆記本有著鐵鏽色的皮套以及一個金屬夾。它是生物學歷史中真正重要的聖物之一。在E筆記本開頭幾頁，達爾文再次反思「族群過度擁擠」[34]這件事，並且不斷地重複提及「我的學說」來暗示他的理論[35]。現在他變得更有信心也更為明確。然後可能是在十一月二十七日或是不久之後，他用他慣有的省略性文法以及怪僻般的精確性，寫道：

三個原則可以解釋一切：

一、祖孫相似

二、傾向細微的改變……特別是身體的改變

三、在親代能支持的程度下大量繁殖

遺傳、變異、過度繁殖。達爾文看出了這三塊拼圖可以如何拼在一起。他把這三塊拼圖放到機關上，轉一下把手，根據條件不同，每個物種都會得到不同的存活率。根據什麼條件？那就是看誰的變異占有最大的優勢。並且，這些變異有可能遺傳給下一代。其最終的結果，就是根據這個選擇性淘汰的過程，遺傳出來的生物會漸漸變形，並且適應周圍環境。達爾文給了這個機關一個名字：天擇。

不過在E筆記本問世二十年之後，尚未有任何人聽過天擇這件事。

第七章

從在那本祕密的E筆記本上寫下這四行文字開始，到第一次對外公開達爾文的理論為止，這中間足足有將近二十年的時間，這樣的延遲著實令人費解。如果再加上將理論以書本的形式出版，那就是二十一年了——《物種起源》一直要到一八五九年十一月才問世。關於這麼長時間的延宕，不管是源自於科學上的理由還是個人的原因，不管是出於種種顧慮或是帶有策略的目的，都已經被諸多作品詳細地討論過了（其中也包括我寫過的）。在此我們可以暫且忽略不談，唯一要提的是，達爾文最後決定將他的理論公諸於世，是因為當時有另外一位年輕的自然學家，即將要發表極為類似的想法，逼得達爾文不得不採取行動。

華萊士經過四年在南美洲亞馬遜地區的田野調查，以及另外四年在馬來群島的研究之後，提出了天擇理論（當然是用他自己發明的詞，而非這兩個字），並將之寫成一篇簡短的論文。根據華萊士很久以後回想起來，天擇的概念是他在印尼摩鹿加群島北部短暫停留時所想到的。那時他正在標本蒐集之旅途中，不幸生了病，受著發燒之苦（或許是瘧疾），而在病中他忽然靈光一閃，有了一個絕佳的想法：物種變異加上過度繁殖，再減去變異失敗的個體，將會產生可遺傳的適應性。等到他退燒、病好了之後，病中模模糊糊所發想出的點子，現在看起來似乎依然有相當的說服力，華萊士於是著手開始撰寫論文，並且希望得以發表。

但是華萊士出身於窮人之家，他是靠著販賣裝飾物——像是鳥類標本、蝴蝶標本、漂亮的甲蟲標本等等物品，來籌措自己的熱帶旅行經費；不像達爾文可以乘坐小獵犬號，來一趟紳士之旅。華萊士的教育程度不高，也沒有人脈。他幾乎不認識英國或是歐洲上流科學圈子中任何一人，這些人也不認識他——至少不是面對面說過話，或是可以稱之為同僚的那種認識。他只不過是一名收集動物標本的賣家、一名自然史商人而已。在維多利亞時代的英國，社會上有著嚴格的階級之分，科學界亦不例外。不過華萊士以前曾經在著名期刊上發表過幾篇論文，其中一篇倒是引起了當時偉大的地質學家萊爾的注意。噢對了，華萊士還認識另外一位名人，雖然沒見過面，卻像很要好的筆友，在信中他對華萊士相當親切。這人就是達爾文。

在一八五八年二月之時，幾乎沒有人知道真正的達爾文其實私底下是一名理論演化學家。只有很少數的圈內好友，像是萊爾這樣的知心密友知道。但是華萊士對此自然是毫無所悉。對他來說，達爾文就是一名相當優秀的自然學家而已，他寫過《小獵犬號之旅》以及其他幾本書，其中還包括了好幾本書探討藤壺的命名學。不久後，當華萊士抵達摩鹿加群島的特爾納特市時，一艘荷蘭商船也剛好抵達。華萊士對自己的發現（如果這還沒被別人先發現的話）感到相當興奮，很希望能將這個危險的假設跟科學界分享。於是他將自己的論文包好，附上一封自薦信，指名給達爾文先生收。

他希望達爾文看過之後，會覺得這篇論文內容值得發表，如果是這樣的話，那他或許會把論文轉給萊爾，而萊爾或許可以幫他發表。

達爾文可能是在一八五八年六月十八日收到這個包裹的，包裹裡面的論文讓他瞬時覺得深受打擊。達爾文覺得自己好像被撕碎、掏空了，那是一種自己的發現被人捷足先登的感覺。但同時，榮譽感又讓他不得不接受華萊士在信中的請求——將這份論文發表出來。達爾文心裡很清楚，一旦這樣做，這個在他腦中醞釀了二十年，卻又尚未準備好公諸於世的劃時代想法，將會全部被歸功於另外一位年輕人。儘管如此，他還是信守承諾將華萊士的論文寄給萊爾，不過同時也將自己的懊惱苦悶之情一併傳達給他。萊爾接收到這篇論文與達爾文的暗示，於是他聯繫另外一位與達爾文交往密切的科學夥伴，也就是植物學家胡克，一起回應正處於絕望之中的達爾文。萊爾建議達爾文不要拘泥榮譽感而自我犧牲，應該小心地站在公平的立場，與華萊士協議共享這份榮耀。最後的結果就是一場彆腳的共同發表會——一八五八年的夏天，他們在英國的科學俱樂部林奈學會上，宣讀了達爾文未發表過的論文節錄，以及華萊士論文的修改版。在這場發表會上，萊爾跟胡克首先進行開場介紹，接著坐下觀賞與聆聽，代理人隨即大聲宣讀本次的論文作品。當晚兩位發表者碰巧都不在場。達爾文此時待在自己家中，他的小兒子才剛被猩紅熱奪去性命；華萊士則還在遙遠的馬來群島不知名處。這次的聯合發表會幾乎沒有引起什麼注意，連在場的數十位林奈學會會員也都興趣缺缺。因為那天晚上的天氣很熱，論文所使用的語言又相當隱晦，邏輯難以理解，因此，很可惜他們那偉大的想法，並未造成軒然大波。

一年五個月以後，達爾文出版了《物種起源》這本書。是這本一八五九年出版的書，而非一八五八年發表的論文或是節錄，觸發了一場達爾文革命。達爾文其實還有另外一本撰寫多年（不過卻也枯燥得多）、關於天擇理論的書籍，相比之下《物種起源》只能算是一本簡明版而已。但是這本簡明版已然足夠，《物種起源》剛剛好就在一個合適的時間、以恰當的形式問世。這本書以「長篇大論」*的形式加上大量的證據，而不是直接以三段論法附加眾多科學論文註解的形式呈現演化論[36]。書中的內容直白，任何一位受過教育的人都能讀懂，因此很快地就成為暢銷書，不斷再版。這本書影響了一整代的科學家，讓他們開始接受演化論（不過卻未必都將天擇視為最重要的機制）。它也被翻譯成其他語言，在外國也深受歡迎，特別是德國。這是為何直到今日，達爾文都被視為史上最偉大的生物學家，而華萊士則難以望其項背，光芒完全被達爾文掩蓋，知名度遠遠無法相比。

那關鍵的「長篇大論」出現在《物種起源》的第四章，本章標題為〈天擇〉，在此，達爾文描述了他理論中最重要的機制。這裡所提到的三項原則，跟他二十年前筆記本裡面所記載的完全一樣，將它們組合起來，再轉動一下把手。達爾文在書中寫道：「天擇能引致性狀的分歧，並且能使

*譯注：長篇大論一詞為達爾文對自己這本書的描述。

改進較少的和中間類型的生物大量絕滅」[37]。物種會慢慢隨時間改變，我們可以從化石紀錄中觀察到。不同的物種各自適應不同的生存區位，用不同的方式過活，因此漸漸分歧，外型與行為都變得不同。過渡型態消失。然後他寫道：「同一綱中一切生物的親緣關係常常用一株大樹來表示。我相信這種比擬在很大程度上表達了真實情況。」[38]*

第八章

達爾文在《物種起源》書中這一章的結尾，用了一整段文字來探討這棵象徵的樹。他說：「綠色的、生芽的小枝可以代表現存的物種」[39]。他從此處開始往回討論：木質化的小枝與枝條可代表最近新滅絕的物種；各枝條會彼此競爭陽光與空間；巨枝會分為大枝，再分為更小枝，但是它們全都來自於同一支粗大的樹幹。「由於不斷生長而生出新芽」，達爾文繼續寫道：這些芽會長成小枝，而這些小枝會長成大枝，有些長得健康，有些長得虛弱，有些長得茂盛，有些則會死亡，「所以我相信，這巨大的**生命之樹**在其傳代中也是這樣，這株大材以它的枯落的枝條填充了地殼，並用它分生不息的美麗枝條遮蓋了地面。」**枝條**在這裡是個非常恰當的字眼。

考量到上下文語境的時候，更可以看出其恰當之處。枝條在達爾文書中的英文原文是 ramification，來自拉丁文 *ramus*，原意是指帶有許多分支的構造，但廣義的意義則有「造成的後果或影響」之意。達爾文的樹，當然造成了影響。

＊譯注：節自周建人、方宗熙、葉篤莊之譯本。

除此之外，一如希區考克的書一樣，達爾文的書中也有一幅樹狀圖插圖。在《物種起源》的第一版中，該圖可說是全書**唯**一稱得上插圖的圖案了。此圖出現在第一一六頁與第一一七頁之間，剛好就在達爾文談到物種如何隨時間而慢慢分化的地方。跟希區考克書中的插圖一樣，本圖也採用摺頁式的安排，只不過達爾文僅用了簡單的黑白兩色而已。這張圖只是張概略草圖，而非精心繪製的樹狀圖，甚至比不上他很久以前畫在自己筆記本上面的那張草稿，達爾文稱這張圖為圖解。這張圖上顯示的，是一些假設性的物種，隨著時間推移由下往上演變（由垂直的虛線表示）並分歧（虛線往左右方向分岔出去）。達爾文不是藝術家，不過就算沒有藝術天賦，他大可用鉛筆跟尺來畫這張圖解。或許在他最初送給印刷工人的原稿上確實是如此作畫，不過出來的成品卻是樹形虛線圖。

這張圖解上有刻度，達爾文解釋，垂直刻度每一格代表的是一千個世代。在這段深遠的時間裡，十一個主要物種從源頭開始發展，八個物種最後走入死巷，也就是說，它們都滅絕了。三葉蟲、菊石、魚龍跟蛇頸龍等動物全部都步上這種不歸路，因此沒有留下任何後代。有一個物種從亙古以來一直都不曾分歧、不曾傾斜，直挺挺地像根豆莖一樣，這代表了這個物種從以前一直堅持到現在都不曾改變過。人稱為活化石之類的生物像是鱟，大概就是這種情況，從四億五千萬年前一直存活至今，不曾改變（至少根據化石來判斷，牠的外觀部分沒有太大的改變）。另外兩種物種，經常出現分支並同時往垂直跟水平方向大肆擴展，占了圖解大部分的面積。這種分支以及向上發展的模式，代表了新演化出來的物種四處探索，占據各個不同的演化區位。這就是演化以及物種為何如

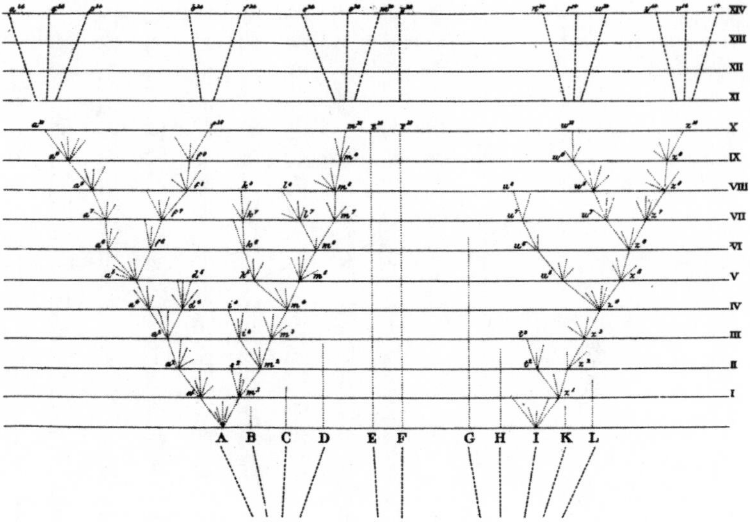

達爾文關於物種分化的圖解，引自《物種起源》，一八五九年出版。

此多樣的全貌了。

現在回到美國麻州，此時希區考克已經讀過達爾文的書了，而這本書讓他非常不舒服。這當然不是希區考克第一次接觸到物種演變的想法（他曾讀過拉馬克的書，也曾聽說過其他瘋狂的想法），但是這個最新的主張，卻是最堅實、最有邏輯性的一個，也因此具有最危險的說服力。希區考克認為，化石紀錄所顯示的，應該是上帝之手所展現的力量，這跟當時許多虔誠的科學家，像是哈佛大學的地質學家阿加西、日內瓦的古生物學家皮克泰，以及達爾文在劍橋大學時的地質學老師賽吉衛看法一致，因此本書的出現讓他非常不悅。

在一八六〇年最新版的《基礎地質學》中，希區考克加入了他對達爾文那本書的回應，不過基本上他只是引用諸多權威學者的論點。他指出皮克泰在魚類化石中找不出任何生物演變的證據，而阿加西曾說過眾多動物的相似之處其實是來自於——猜猜是哪裡？——造物者的意志。「當有這麼多以達爾文為首的人，竟然會想採信物種會漸漸改變這種教義」[40]，希區考克如此寫道：「這種時候最好聆聽一下這些科學大師的意見。」

他的語氣雖溫和卻非常堅定，像是不認同地聳聳肩一般。希區考克只想無視達爾文，同時也鼓勵自己的讀者這樣做。除此之外他還採取了更明確、更防衛性的舉動：他刪掉了自己書中的樹狀圖。從此之後再也沒有「古生物圖表」了，就好像連舊版的「基礎地質學」中都不曾有過一樣。

這樣一來，樹狀圖就歸於達爾文與他的追隨者所有了。它將一直被視為用來表現生命歷史、物種演化、分化以及適應等等現象最好的一種圖示，直到二十世紀晚期為止。然後忽然有一小群科學家發現：糟糕，這圖是錯的。

第二部

另一種形式的生命

第九章

分子親緣關係學（種系發生學），是一門以分子作為證據研究物種演化相關性的學問。這概念最早是克里克在一九五八年發表的一篇論文中所提出。那篇著名的論文其實主要是在探討其他問題，這只是「順道」提出來的概念。克里克就是這樣的一個人，如此聰明，充滿狂放不羈的想像力，常常在彈指之間就改變了生物學發展的軌跡。

一般人對克里克的認識，都是來自於他在一九五三年跟年輕的美國同僚華生一起解開了ＤＮＡ的分子結構這項知名的成就。這個了不起的發現也讓他們終於拿到一九六二年的諾貝爾獎。克里克並沒有浪費太多時間，早在一九五八年，他就經常做著去斯德哥爾摩領獎的夢了。雖然他得獎後依然在鑽研ＤＮＡ，不過他的興趣已經從純粹的分子結構問題，轉向其他更重要的問題。他非常專注，但同時又像是在玩遊戲般地愉悅，一點一滴地試圖解開遺傳密碼之謎。

關於這些遺傳密碼，或許你已經聽過很多次，但未必還記得清楚，讓我再幫你複習一次。它們其實是由四個不同的字母所構成，每個字母代表了一種分子，用專業的化學術語來說，這些分子就是構成ＤＮＡ雙螺旋結構的核苷酸鹼基。這四個字母分別是：A（腺嘌呤，adenine）、C（胞嘧啶，cytocine）、G（鳥糞嘌呤，guanine）以及T（胸腺嘧啶，thymine）。DNA的正式名稱是去氧核糖核酸，我覺得有需要好好解釋一下這名稱的由來。構成DNA的兩股螺旋，都是由核苷酸分子所連接起來的長鏈，它們互相平行排列，並圍繞著中心軸形成螺旋結構彼此纏繞。每一個核苷酸分子上面都接了一個鹼基（就是A、C、G、T）、一個醣分子（就是去氧核糖）以及一個磷酸根（這構成酸的部分）。每個核苷酸上接著的醣分子，都會鍵結在下一個核苷酸的磷酸鹽上面，如此形成一條長鏈。我剛才雖然說這兩條長鏈彼此平行排列，不過嚴格說來，它們其實是**反向**平行排列才對，因為這種「醣分子接到下一個分子的磷酸鹽」的鍵結方式，讓這些長鏈變得有方向性，也就是有頭尾之分，而其中一條長鏈的頭，對上的其實是另一條長鏈的尾。每一個核苷酸上面的鹼基，會跟對面長鏈中核苷酸的鹼基透過氫鍵結合在一起，讓兩股長鏈彼此黏在一起不會分開。鹼基A一定會配到對面的鹼基T，而鹼基C一定跟鹼基G配對，如此形成非常穩定的結構，就像是螺旋梯上面的踏板一樣。這個非常漂亮的結構，就是由華生跟克里克所破解出來。

這樣的結構**不只**穩定，同時還可以很有效率地儲存、複製以及傳遞遺傳資訊。當這兩股長鏈被分開時，其中一股長鏈（模板）上面鹼基的排列順序，就是可以被複製或是被立即使用的遺傳資訊。華生與克里克在一九五三年所發表的論文中，不經意地提到了這個特性。這篇論文相當地簡潔，一如其他發表在《自然》期刊上的文章一般，它只有一頁的篇幅，同時還附了一張草圖。在提過了雙螺旋結構，與鹼基配對原則一定是A配T、C配G之後，在文章接近尾聲的地方，他們寫道：「我們也特別注意到，我們所提出的配對原則，很可能是遺傳物質的複製機制。」[41]

不過將這些物質複製、一代一代傳下去是一回事；把它們轉譯成活生生的生物，又是另外一回事。它們要如何轉譯呢？ＤＮＡ裡面所隱含的訊息，是透過怎樣的步驟才能活生生地動起來呢？

第一個讓人想到跟這些謎團有關的，就是蛋白質。生物作用需要四種最基本的物質：碳水化合物、脂質、核酸，以及蛋白質，它們統稱為生命分子。其中蛋白質可能是用途最廣泛的，它被大量運用在形成生物結構、催化反應，以及運輸物質上。ＤＮＡ儲存了製造蛋白質零件，以及如何組合和使用它們的資訊。每一個蛋白質都是由胺基酸所組合而成的長鏈，它會自己扭曲摺疊成所謂的二級結構（secondary structrue）。雖然在化學上已知有大約五百種胺基酸，但是其中只有二十個對於生命來說是最基本的，幾乎所有的蛋白質都是由這二十種胺基酸所組成。但是哪一組鹼基排列，可以決定下一個被串上來的胺基酸呢？哪一組字母代表白胺酸？哪一組又代表胱胺酸呢？Ａ、Ｔ、Ｃ以及Ｇ要怎麼排列代表麩醯胺酸？酪胺酸又怎麼拼呢？克里克在一九五〇年代末期，親自投入解決這些非常基本的問題，也就是鹼基如何才能決定胺基酸。這也就是有名的「密碼問題」。這些問題的答案，對於理解生物如何生長、存活以及複製來說，至為重要。

不過在這些問題中，還藏有其他的問題。鹼基要組合起來才有意義嗎？如果是的話，那要幾個鹼基呢？假設兩個鹼基一組，然後從四個鹼基中任意選出兩個，按照特定順序排列（比如說ＣＴ、ＣＧ、ＡＡ這樣），這樣最多只能有十六種排列方式，不夠決定二十種胺基酸。或許需要三個鹼基以上排列才對？如果是三個鹼基排列的話（如CTC、CGA、AAA這種三聯密碼），那它們會彼此重疊嗎？還是它們各自獨立運作，像是好幾個由三個字母所組成的字被逗點分開一樣？如果有逗點的話，那有週期性嗎？用四個字母去組三聯密碼，總共有六十四種排列組合。所有六十四種組合都有用到嗎？果真如此的話，那表示這些密碼一定被重複使用，也就是說，同一個胺基酸可以對應到好幾個三聯密碼。這些密碼，有沒有代表「停止」的訊號呢？沒有的話，哪裡才算是一個基因的結尾跟另一個基因的開頭呢？克里克跟其他科學家都急切地想要知道這些問題的答案。

除此之外，克里克想得更遠。他還想知道，蛋白質如何透過這些遺傳密碼資訊，一個胺基酸接到一個胺基酸之後，連接成一條長鏈？這條DNA模板，如何找到（或吸引到）它要找的胺基酸？這些單元又是如何相連？他想學的不只是生命的語言（也就是這些字母、文字以及文法），他還想知道說出這語言的機械原理，就像是生物如何用肺、喉嚨、嘴唇以及舌頭來說話。

克里克在美國短暫停留一段時光後，於一九五〇年代中期返回英國，他再度回到劍橋大學的卡文迪希實驗室，也就是當初跟華生一起工作的地方。他跟醫學研究委員會這個政府機關簽有一紙合約，有從事基礎以及醫學研究的義務。解開DNA的構造雖然讓克里克以及華生聲名大噪，最後甚至至幫他們拿到諾貝爾獎，但是對於克里克的經濟狀況來說，卻毫無立即的助益，並且在他與妻子奧蒂兒的第三個兒子出世之後，經濟問題更顯得窘迫。他必須拚命賺錢來付帳單，除了從醫學研究委員會那裡得到的微薄薪水，他也不放棄任何一個賺錢的機會，舉凡偶爾上上廣播節目或是寫些受歡迎的文章，都可能帶來一點額外收入。現在跟他分享一切的，已經不是華生，而是另外一名叫做布瑞納的科學家。他們兩人共享辦公室，包括克里克的英式酒吧午餐時光、他那些熱情洋溢的談話，以及他的黑板。一位早期在卡文迪希實驗室與克里克相熟的同僚曾如此總結：「他工作的方式，就是一直聲若洪鐘地講話」[42]。當他沒在說話，也沒在聽布瑞納說話的時候，他就會花時間閱讀科學論文，重新思考別人的實驗結果，然後把這大量的知識結合在一起，來尋找縈繞在他心頭謎題的線索。克里克並不是實驗型的科學家，不會生產大量的數據。他是一名理論學家，或許是上個世紀最厲害、直覺最強的生物學家。

一九五七年的某個時刻，克里克整理了自己關於DNA如何被轉譯成蛋白質的想法，帶著根據淵博知識所推論出的假設，參加當年九月由倫敦大學學院所主辦的實驗生物學協會年度研討會。根據一名歷史學家的說法，克里克的演講「主導了整場會議，澈底改變生物學的邏輯」[43]。這場演講的紙本內容，於隔年發表在實驗生物學協會的刊物上，論文的標題很簡單：〈論蛋白質合成〉。另外一位歷史學家瑞德里在他為克里克所寫的短篇傳記中提到，這「可能是他最卓越的一篇論文」[44]，可以跟牛頓的《原理》、維根斯坦的《邏輯哲學論》相比毫不遜色。這篇嚴肅的論文，清楚呈現克里克關於蛋白質如何根據DNA的指示而製造出來的猜想與看法。它提到了一個相當重要，但在當時尚不清楚的假設，也就是RNA（核糖核酸的英文縮寫）很可能參與其中。RNA**也是**一種核酸，不過在當時大家對它的認識有限，它的重要性完全被DNA的光芒蓋過。RNA會不會也參與蛋白質的製造？也許DNA編碼而成的命令，會透過RNA的協助發布出去，然後將胺基酸一個一個地接起來呢？除了思考這些問題以外，克里克在論文中，還像隨口補充似的，又拋出了另外一個想法，他說：啊，順道一提，這條長長的分子，很可能可以作為演化樹的證據之一。

在發表的論文中他如是說道：「生物學家應該要了解到，不久之後將會有一門新的學門，或許可以稱為『蛋白質分類學』，也就是研究生物蛋白質的胺基酸序列，藉著比對蛋白質，來比較不同物種之間差異的學問。」[45]

克里克並沒有用「分子親緣關係學」這樣的名稱，不過雖不中亦不遠矣。他的意思差不多就是用這些長分子所提供的證據來解開演化的歷史之謎。藉著比較兩種物種身上相似，但版本不同的蛋白質（就以脊椎動物血中用來運送氧氣的血紅素分子為例），可以讓你推演出這兩種生物關係相近的程度。此推論是根基於一種假設，即這些不同版本的血紅素分子，原本都來自同一個共同祖先，隨著時間過去，物種開始出現分歧，血紅素分子的胺基酸序列就會因為選擇上的優勢，或是純粹的意外，而慢慢出現細微的差異。這兩種物種體內血紅素差異的程度，理當跟物種分家的時間成正比。根據這樣的資料，克里克認為我們應該可以畫出一棵親緣關係樹。人類跟馬有兩種不同的血紅素分子，它們的差異有多大？我們跟馬從共同祖先那裡分開多久了？這是可以討論的。克里克又說，生物可被觀察到最準確的物理性身分證莫過於蛋白質序列，「大量的演化資訊可能都深藏於其中」[46]。

在講完這個饒富創意的建議之後，克里克又回正文中繼續討論他真正的主題：蛋白質如何在細胞內部合成。這就是克里克的風格，一個不經意提出的想法，卻有著舉足輕重的重要性。其實基本上他是在說：聽著，**我是不會**去鑽研這個蛋白質分類學的，不過應該**要有人**來研究一下。

第十章

後來確實有人開始研究這個問題，雖然並不是馬上。大概有七年的時間，有許多科學家曾不經意地走在不同的研究道路上，最後都不約而同地產生類似的想法。這些科學家中有兩人，分別是化學家鮑林跟生物學家楚克坎德爾，為他們的研究成果取了一個很花俏的名字，叫做「化學古遺傳學」[47]。這兩人循著完全不同的研究軌跡，交會在相同的主題上。

楚克坎德爾來自維也納，當時是一名年輕的生物學家。他跟家人為了躲避歐洲的納粹迫害，取道巴黎跟阿爾及爾前往美國。他在伊利諾大學取得碩士學位（遠早於渥易斯進入該校），戰後再回到巴黎念博士。之後他在法國西岸的一間海洋實驗室找到一份工作，專門研究螃蟹的蛻殼週期。蛻殼這種行為，牽涉到一種跟血紅素長得很像的分子。他的興趣也因此從研究甲殼類動物的生理轉移到分子層級上，與此同時，他也很想要回到美國。一九五七年，楚克坎德爾僥倖得到一個與鮑林會面的機會。此時的鮑林，已經是一位拿到諾貝爾獎而舉世知名的化學家。這個獎項除了讓他有些餘裕，不僅僅可以將興趣從加州理工學院的化學研究，延伸到實驗室外面更寬廣的世界，也讓他在宣傳自己的理念時更有影響力。他最關心的事情中有兩件最為重要：一個是遺傳疾病，像是鏈狀血球性貧血；以及核子武器帶來的威脅，包括在核子試爆時所產生的放射性落塵。一九五〇年代末期，鮑林的聲量愈來愈大，他發起一個連署請願活動，反對在大氣層中進行核子試爆。這份請願書有超過一萬一千名科學家簽署。至此，除了另一位極具啟發性的英國哲學家兼諾貝爾獎得主伯特蘭・羅素以外，鮑林可算是世上最德高望重的和平運動者了。

鮑林與楚克坎德爾的相遇，源自於他本人對於遺傳、演化以及突變等問題愈來愈感興趣，或者更精確地說，鮑林真正有興趣的其實是突變，比如那些可能因為核子武器試爆時釋放的輻射線所導致的突變。他對於疾病的興趣也來自同樣的理由，因為鏈狀血球性貧血就是由一個跟血紅素有關的基因突變所造成的疾病。鮑林對楚克坎德爾印象很深刻，因此請這位年輕的科學家來他在加州理工學院的實驗室做博士後研究員研究化學。當楚克坎德爾抵達加州的帕沙第納時，本來打算繼續研究跟螃蟹蛻殼有關的分子，不過鮑林阻止了他的計畫，並且問他：「為何你不試試看研究血紅素呢？」[48]

鮑林還進一步建議楚克坎德爾採用當時最新發明的技術，也就是電泳（這是一種利用分子電荷的不同，分開不同尺寸分子的技術；此技術在當時雖然還有點原始，不過前途不可限量），加上其他的技術，好好幫血紅素蛋白「採一下指紋」，區分不同的血紅素蛋白之間有哪些差異。鮑林認為，藉著這種方法來比較這些蛋白質分子，應該可以幫助科學家回答一些跟演化有關的問題。楚克坎德爾接下這份工作，開始學習新的技術，用來研究各式各樣的血紅素。他很快地發現，人類的血紅素跟黑猩猩的血紅素很像，但是跟紅毛猩猩的就有點不一樣。光靠這些分子指紋，他也可以看出豬與鯊魚之間的不同。當然啦，要分辨鯊魚跟豬隻有其他更簡單的辦法，不過這不是重點。總之，雖然這種方法並不如他當初想的那樣精確，不過比較不同物種的分子差異，至少是個開始。

接下來的六年，楚克坎德爾的工作愈來愈順利，他也跟鮑林聯名發表一系列的論文。其中有幾篇是受到**記念論文集**邀請。記念論文集是一種向傑出科學家致敬的論文集，通常都是在某些特別的時機，像是科學家退休或是整數大壽的時候出版。鮑林之所以會受到邀請，當然是因為他在科學上的卓越成就，而鮑林則找了楚克坎德爾來擔任共同作者，並由他負責大部分的構思與寫作。就在這個時候，鮑林又拿到第二座諾貝爾獎。這次是和平獎，是為了表彰他在防止核子武器的擴張與試驗上所做的努力。諾貝爾和平獎當然與他的科學成就無關（事實上，他還因為學校的管理階層與理事並不認同他的和平運動，而辭去加州理工學院的教職），不過卻無疑地有助於他在公共事務上的聲量。鮑林變成一個炙手可熱的大忙人。各種演講、拜訪的邀約不斷，而他也繼續受記念論文集邀請而撰寫科學論文。這類論文因為並不會經過一般論文發表時所需的同儕審查程序，所以比起一般論文來說，內容可能會比較多大膽的推測。其中一篇發表在一九六三年，為了慶祝一位俄國科學家七十歲大壽的論文，標題為〈以分子作為演化史的證件〉；兩年後又以英文重新刊登在《理論生物學期刊》上，讓這篇文章觸及更多讀者、更有影響力。鮑林跟楚克坎德爾現在涉水進入了一片克里克當年曾經輕輕試探過水深的池塘。

他們一九六三年的這篇論文，把分子區分成截然不同的兩類，一類是帶有遺傳訊息的分子，例如DNA或是它們所轉譯出來的蛋白質；另一類則是其他所有分子，例如維生素之類的，會在生物體內循環利用之後被排出。帶有遺傳資訊的分子記錄著歷史，這些分子在不同生物體內都互有變異，但它們有著一個可以回溯的祖先，這些分子就在它的後代體內。楚克坎德爾跟鮑林寫著：細細爬梳這些分子的話，可以回答三個問題：這兩個分支分家已經多久了？祖先分子長什麼樣？以及如何將這些後代照順序連起來？第一個答案現在我們稱為分子時鐘，不過當時鮑林跟楚克坎德爾還沒想到該如何命名；第三個答案則隱含著樹的概念。

楚克坎德爾繼續發展跟鑽研這些想法，鮑林則是他的共同作者與贊助者。一九六四年九月，在羅格斯大學所舉辦的一場研討會上，在一群知名且好辯的聽眾前，楚克坎德爾發表了一篇長篇大論，作為他們共同思想的最終版本。儘管這篇論文幾乎都是由楚克坎德爾獨自執筆完成，但它仍被稱為「鮑林事業晚期最具影響力的研究」[49]。在這篇論文中，兩位作者提出了一個令人難忘的比喻：如果不同物種蛋白質分子之間的微小差距，會隨著從亙古以來的時間成比例增加，那我們就有了一座「分子演化時鐘」[50]。

這只是一次嘗試、一個假設而已。這項假設在羅格斯大學的研討會上引發了爭辯，在隨後幾年更是充滿爭議；不過它吸引了眾人的目光，聚集許多想法，並且，如果這假設是對的話，那它將為生命歷史的研究開闢一條全新的道路。從那時候開始，分子時鐘就被人稱為「演化界最簡單卻也最有威力的概念」[51]。克里克本人後來曾評論它是「非常重要的想法」[52]，後來更認為這想法「比當時的人所想的要更正確」。

不久，楚克坎德爾搬回法國。他與鮑林以及其他少數幾位科學家，催生了一個新的科學學門；當《分子演化期刊》於一九七一年創立時，他成為首位主編。或許對外界而言，楚克坎德爾的名聲不如鮑林響亮，但是今天如果你跟一位分子生物學家提起「楚克坎德爾與鮑林」兩人，對方應該會馬上想到「分子時鐘」。雖然這樣聯想並不能說錯，不過如果僅止於此，那我們其實忽略了一些重點：當年他們在羅格斯所發表的長篇論文中，其實還隱含了其他重要觀點。楚克坎德爾曾寫道：「這棵分子親緣關係樹該如何分支，基本上應該只依靠由分子方面得到的資訊來定義才對。」[53]這種畫樹的方法是前所未見的，因為這樣一來，這棵樹的分支將隨著時鐘滴答滴答移動而分岔與開展。

第十一章

渥易斯在一九六四年來到位於厄巴納的伊利諾大學，同年，楚克坎德爾等人在羅格斯發表論文。他們所建立的新學門在當年有著許多不同的名稱，像是克里克所謂的蛋白質分類學，或是鮑林跟楚克坎德爾所稱的化學古遺傳學等等。現在，這門學問開始漸漸引起眾人的注意，而渥易斯在其中所洞察到的可能性，更遠遠超出其他人。他知道靠著分子序列的資訊，可以看見過往歷史的輪廓。

當時渥易斯才三十六歲，而且馬上就拿到終身教職。這樣年輕的資歷讓他有餘裕可以冒點險，做些複雜的研究，而不必擔心需要趕快發表論文。雖然渥易斯受聘為微生物學系的教授，但是他的本科訓練其實是生物物理，因此以前他幾乎沒怎麼看過顯微鏡下面的細菌或是其他小東西。當時他有興趣的，是剛剛才發展起來的分子生物學。這是一門全新的科學，讓人振奮不已，許多研究法才剛發明出來，而眾多基本原理也才剛有雛型。渥易斯很想參與其中。不過分子時鐘並非渥易斯的研究題目，而他的想像力也還尚未攫獲分子生命樹這樣的概念。渥易斯當時所關心的主題是遺傳密碼，而且不只是如何解碼這部分而已[54]（也就是關於哪些鹼基透過哪種組合，可以代表某個特定的胺基酸，用來建造蛋白質）。他想要探究更深層、時間更久遠以前的問題，他想知道這些遺傳密碼如何演化。

渥易斯熟知克里克以及其他科學家的研究，包括了俄裔物理學家加莫夫的研究。加莫夫曾將遺傳密碼組合看作理論性的問題、一個純粹的智力遊戲來探討。從克里克在一九五八年的論文中提到RNA的新功能，能像信使一樣將DNA的指令帶到細胞某處去製造蛋白質之後，遺傳密碼的問題就彰顯出來，卻始終無人能解。RNA的結構是什麼？它又如何執行這項任務？加莫夫跟其他科學家一直在解謎，對他們來說，解謎是個令人興奮的遊戲。他們甚至半開玩笑地成立了一個菁英俱樂部私下交換想法，討論遺傳密碼以及蛋白質如何合成的問題。俱樂部只收二十人，象徵著生命中的二十個胺基酸，他們為這個俱樂部命名為RNA領帶俱樂部。在當時，RNA仍是個充滿神祕色彩的中介者，而領帶則象徵（也是揶揄）老派領帶所代表的社團意義。這俱樂部裡每個成員都有一條一模一樣的繡花領帶，作為俱樂部成員的身分代表。每人都有各自的領帶夾，各代表一種胺基酸。他們都半開玩笑地欣然接受自己的胺基酸代號，像是絲胺酸、離胺酸、精胺酸等等，相當俏皮。不過，渥易斯並不屬於這個俱樂部。

這個讓加莫夫、克里克以及其他人心癢難忍的謎題是這樣的：四個DNA鹼基（由四個重要的字母代表，分別是A、C、G以及T），如何用最少三個一組的排列組合方式，代表二十個不同的胺基酸，以及還不知道是否存在的逗點？渥易斯則是自己獨立解決這個問題。他知道在美國國家衛生研究院，有一個由年輕的生化學家尼倫伯格所帶領的團隊，透過實驗取得相當不錯的進展，比起

RNA領帶俱樂部那種學院派的理論空想要好多了。但是渥易斯還想要再更進一步。

多年之後，渥易斯寫道：「我跟他們都不一樣，我認為這套密碼的本質，跟解碼機制是怎麼出現的、解碼機制的本質為何等問題息息相關，不能拆開來看。」[55]渥易斯在這裡所談的解碼機制，是指可以將DNA訊息轉換成實實在在的蛋白質的任何胞器或是分子。在那個時候對他而言，這**才是**生物學的核心問題。他不只想知道這套解碼機制如何運作，他還想知道四億年前這套機制大概是怎麼拼湊起來的。他比任何人都清楚，生命若是沒有這套系統來運用DNA訊息的話，那就不可能發展並超越簡單的原始生命型態。

關於渥易斯的個性、他像一個剛愎自負的科學邊緣人一樣的形象，大概沒有哪一段描述，會比剛剛那段引言開頭的第一句話要來得更傳神：「我跟他們都不一樣……」他天生就是個獨行俠。他選擇不同的道路。他不加入俱樂部，也沒有RNA領帶。他在《自然》期刊上發表過幾篇論文，在《科學》期刊上寫過一篇評論，提出一些想法，批評他人的研究成果，而他是這些論文的唯一作者。在一九六七年出版的書《遺傳密碼》中，他提出自己的整套觀點，從演化角度來看的觀點，極有遠見，富含野心，非常詳細的推理，可惜幾乎全錯。不過在科學上，錯並不等於沒有用。去探討遺傳密碼起源這件事，最終必然還是會將渥易斯帶到生命樹下，不管他再怎麼不情願。

渥易斯了解到，他需要一張包含萬物的圖作為架構，才能了解這個生物最關鍵的系統——也就是如何將DNA所編碼的資訊，翻譯成蛋白質的系統——的演化過程。深奧的生物學有著深遠的歷史。關於這道難題，一位生物學家薩普說得很好：「一棵包含萬物的生命樹的存在之謎，藏於其自身之中。」[56]薩普本來是植物遺傳學家，後來則成了一位生物史學者，同時他也與渥易斯熟識。歷史會闡明生物學，反之亦然。而到頭來，演化生物學**就是**歷史學。不過這裡有個問題。在微生物學裡，沒有細菌或是其他單細胞生物的生命樹。目前已知的生命樹都不包含這些生物，就算有，也不討論它們的差異，讓人非常失望。這是因為其他生物，比如動物，我們可以去比較牠們的外表與行為，一如林奈與達爾文當年所做的一樣；我們可以比較植物，也可以比較真菌。從這些肉眼可見的外表，我們可以推論出它們彼此之間的關係，然後將其分門別類排成樹狀圖。但是對細菌我們則一籌莫展，因為就算用倍數極高的顯微鏡去觀察，它們大部分看起來都一模一樣。

我們可以根據細菌基本的形狀（棒狀、球狀、鞭毛、螺旋狀），將它們分成幾大群，雖然這種分法不一定可靠。但若是想要再更進一步，比如想區分出不同物種，將其加入自然分類系統，據此來找出它們的演化關係，那就非常困難了，甚至可說是近乎不可能。許多專家都在此打退堂鼓。我們既無法靠著它們的外貌與行為來分類，也無法靠著它們的生理特徵（對細菌而言，生理特徵就是它們的行為）來分類，可以說是完全束手無策。除非，有人能發明新的方法。

渥易斯曾回想起他說過：「我的研究計畫需要稍微調整一下方向」[57]。這話聽起來相當幽默，因為這個調整，持續了二十年之久。

第十二章

一九六九年六月二十四日，渥易斯從厄巴納寫了一封相當坦誠的信，給在英國劍橋的克里克。他與克里克約莫在八年前認識，渥易斯當時在紐約許奈克塔迪的奇異電子實驗室工作，還只是位默默無聞的年輕生物學家，而克里克已經是世界知名的ＤＮＡ結構發現者。一開始他們只是交換些平凡而禮尚往來的信件：渥易斯向克里克要求一份關於他遺傳密碼的論文副本，而克里克回信。不過到了一九六九年，他們兩人已經熟識到渥易斯敢開口請克里克幫一些比較私人、比較大的忙了。他在信中寫道：「親愛的法蘭西斯，我要做一個對我來說相當重要，而且恐怕無法回頭的決定」[58]，接著他寫道，他想知道克里克的想法，以及尋求精神上的支持。

渥易斯透露，他想要做的是「弄清楚發生了哪些事」[59]，最終導致最簡單的細胞誕生。所謂最簡單的細胞，微生物學家會稱它們為原核生物，其實也就是細菌。除此之外還有另一大群稱為真核生物的生物，自成一個分類領域。所有的細胞生物（也就是說，不包含病毒），都屬於這兩大群生物之一。原核生物的意思，就是沒有核的細胞。**原**的希臘文是 *pro*，意指在此之前；而**核**的希臘文則是 *karyon*，意指「果核」或是「核心」。真核生物的**真**，希臘文是 *eu*，意思是「真實的」。真核生物是比較複雜的一群生物，包含了多細胞動物、植物、真菌，還有一些複雜的單細胞生物像是變形蟲等。這些生物的細胞，都帶有一顆真正的細胞核（這也是它們的名稱來源，意指「真正的核」）。原核細胞的意思是「在有細胞核之前」，這樣聽起來，它們出現在地球上的時間應該早於真核生物。雖然細菌到處都是，並且主宰了地球上許多地方，看起來過得非常成功，在一九六九年時，卻被一般人認為是最接近原始生命型態的生物。渥易斯告訴克里克，要尋找它們的源頭，要將現在我們對於演化的認識，「再往前推個幾十億年左右」[60]，推回細胞生命剛剛形成的那個時間點，細胞剛剛從……某個東西，某個出現於細胞之前而未知的東西演變而成。

嗯，只要回推個幾十億年就夠了吧？渥易斯的想法向來都是野心勃勃的。他告訴克里克：「這有可能透過細胞『內部的化石紀錄』來達成，不過沒有把握」[61]。渥易斯所謂的內部化石紀錄，指的就是靠像是DNA、RNA以及蛋白質排列成的長串分子所提供的證據。藉著比對這些分子的序列——也就是說，比對不同生物體內同一種分子的序列差異——可以讓他推論出在兩種不同的生物分家前，體內分子共有的「古老祖先序列」為何[62]。渥易斯希望藉著這種推論法所找出的祖先型態，讓他可以蒐集到關於在古老的年代，生物如何演化出來的點滴知識。渥易斯在這裡談的，其實就是分子親緣關係樹，雖然他一直沒有這麼稱呼它，不過他希望藉著這種技術，可以看到三十億年前發生的事。

那麼，哪個分子最好用？哪個分子才是內部分子紀錄的最佳人選呢？那時英格蘭有一位極有遠見但個性相當謙虛的生化學家桑格，已經定出牛的胰島素胺基酸序列，而胰島素在動物跟其他真核細胞生物體內，可以算是相當古老的分子家族，不過它們還達不到渥易斯想要的古老程度。還有科學家定出其他重要蛋白質的序列，比如說一種稱為細胞色素c的蛋白質，也參與了許多生物體內極為關鍵的生物化學反應。但是渥易斯還是不滿意。他還想要找更基礎、更普遍的蛋白質——一種可以**完全**追溯到生命誕生之初，或者幾乎回到那時候的蛋白質。

渥易斯告訴克里克：「很明顯的，最佳的蛋白質候選人，就在轉譯機器的零件中。還有更古老的物種嗎？」[63]渥易斯所謂的「轉譯機器」，指的是細胞的解碼機制，也就是細胞如何將ＤＮＡ的訊息轉換成蛋白質的機制。這也正是克里克在一九五八年所發表的論文〈論蛋白質合成〉裡試著摸索了解的系統。研究這套機制，正好也回過頭來引導渥易斯走向他的研究起點：他想知道遺傳密碼是怎樣演化出來的。從克里克當初發表那篇論文以來，十一年過去了，現在我們對這套系統已經了解得更為詳細。

渥易斯所想到的零件，是一種所有細胞生物都有的微小分子機器，叫做核糖體。所有細胞都帶有大量的核糖體，就像飄在一鍋湯裡的胡椒粉一樣，它們非常地忙碌，不斷將遺傳訊息轉換成蛋白質。以血紅素這種極為重要的攜氧蛋白來說，製作血紅素分子的建築藍圖確實藏在ＤＮＡ裡面，但是血紅素在哪裡製造呢？答案就是核糖體。它們就是渥易斯口中轉譯機器的核心零件。

克里克本人從來沒在他的論文裡面提過「轉譯機器」這個詞。他也沒用過**核糖體**這個詞，僅在約略提到時，使用它們的舊名**微粒體顆粒**來稱呼[64]。這些小顆粒最近才剛被發現（羅馬尼亞的細胞生物學家剛在一九五六年使用電子顯微鏡看見它們），那時還沒有人知道它們的功能為何。不久之後有人發現它們是蛋白質製造基地，不過最大的問題還沒解決：它們怎麼製造蛋白質呢？有些科學家猜測核糖體可能本身就**含有**蛋白質的製造手冊，用近乎獨立運作的方式噴出一條條的蛋白質。不過這想法很快就被放棄，因為一九六〇年克里克的天才同事布瑞納在劍橋一場熱鬧的會議上，提出了另一個更聰明的想法。瑞德里在克里克的傳記中提過這次會議：

這時，布瑞納突然大喊一聲「啊」，開始劈里趴啦說了一堆，說得又快又急；克里克也開始回應，兩人說得一樣快，房間裡的其他人看得目瞪口呆。布瑞納看出答案，而克里克知道布瑞納看出來了。核糖體並沒握有製造蛋白質的「食譜」，它只是負責播放錄音帶的錄音機；只要餵給它合適的錄音帶及「信使」RNA，它就可以製造出任何蛋白質。＊

要記得，這可是數位記錄裝置出現之前的事，那時候聲音還是被記錄在錄音帶的磁帶上。布瑞納用「錄音帶」代表RNA——這裡指的特別是信使RNA（這是數種功能不同的RNA其中之一），因為信使RNA的功能，就是把細胞基因體DNA裡的訊息帶到核糖體這裡。核糖體有兩個單元，一個比較大，一個比較小，兩者要結合在一起才能夠發揮功能。小單元負責讀取RNA上的訊息，大單元則根據這些訊息，將相對應的胺基酸接成長鏈，組成蛋白質。核糖體以及RNA，再加上其他幾個零件，就是渥易斯所說的轉譯機器。當渥易斯在一九六九年寫信給克里克時，大家已經了解到這部機器的重要性。

每一顆活生生的細胞，包含細菌、我們身體的細胞、植物的細胞、真菌的細胞，以及任何其他細胞，都有很多的核糖體。它們就像一座座的組裝工廠，使用遺傳訊息，再以胺基酸作為原料，製造出體積龐大、結結實實的蛋白質成品。講直白一點，核糖體等於是把基因轉化成活生生的生物。對我們來說，把核糖體比喻成一台3D列印機，可能比布瑞納的錄音帶比喻要更為恰當，因為核糖體做出來的蛋白質，可是實實在在的三度空間立體分子。

核糖體是細胞體內可被認得的各種結構中最小的一種。不過它們雖小，數量卻極為龐大，功能也舉足輕重。一顆哺乳類的細胞，可以有多達一千萬個核糖體；而一顆大腸桿菌則可以只靠幾萬個核糖體過活。每一個核糖體可以用每分鐘接上兩百個胺基酸的速度製造蛋白質，它們就這樣在每顆細胞裡面嘶嘶作響地工作著。不管對任何形式的生命來說，這都是維持生命的基本工作，正因為它是如此基本，一般認為它已經運作了四十億年之久，核糖體可說是既古老又普遍。不過在一九六九年，幾乎還沒有人像渥易斯一樣已經看出可以怎樣利用這種特色。渥易斯認為這些小點點，或是核

＊譯注：《克里克：發現遺傳密碼那個人》，左岸文化。

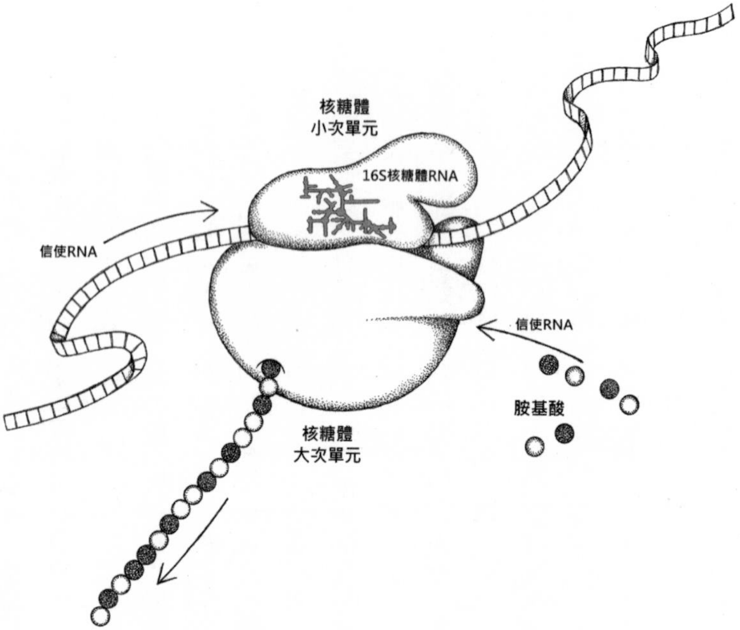

核糖體的結構與功能：可以將信使 RNA 轉換成蛋白質。
（Illustration by Patricia J. Wynne.）

糖體裡面的某些分子，可能藏有生命一開始如何運作以及如何分歧的證據。

渥易斯的另一項洞見就是在這麼早的時候，已經把焦點放在核糖體裡面一個非常特別的部分：核糖體的**結構**RNA。通常當我們提到RNA的功能時，講的就是我前面所提過的：一種結構是單鍊而非像DNA一樣的雙螺旋的分子，可以從DNA那裡將遺傳密碼帶到核糖體這裡發揮作用。它們稍縱即逝，短暫存在於空間（穿梭於細胞中）與時間（使用完即丟棄）之中。不過這僅僅只是眾多RNA之一（信使

RNA），展現出其中一種功能而已。還有其他種類的RNA，可以傳遞訊息，也可以當作建築材料。以核糖體為例，它是由結構RNA跟蛋白質組成，就像義式濃縮咖啡機是由塑膠跟不鏽鋼組成一樣。渥易斯在信裡跟克里克說：「我覺得這部機器的RNA部分，要比大部分的蛋白質成分來得可靠」[65]。他覺得如果要測量歷史的話，靠RNA應該要有希望的多，因為它們是如此的古老，長久以來可能沒有太多改變。

渥易斯看到了真正的祕密，他看到RNA不只是普通的分子而已，它們用途廣泛、功能複雜，而且一直都被前人忽視；它們其實要比那些聲名大噪的配對夥伴DNA來得有趣多了。這就是RNA家族如何成為整個故事焦點的原因。渥易斯決定要使用核糖體RNA作為他的終極分子化石紀錄。

「我想做的，不是我所定義的精巧科學研究。」[66]渥易斯這樣對克里克說道。他所謂的精巧科學，是只要做出能回答問題所需的最少結果即可。而渥易斯現在的策略，比較像是暴力解題法。他需要規模龐大的實驗室設備，才能讀取至少一部分核糖體RNA。這件事在當時來說，可是會榨乾他的資源。（要定出長鏈分子的序列，不管是DNA、RNA還是蛋白質，在今天是如此輕而易舉，可以透過精巧的自動化儀器達成的事，因此我們可能完全無法想像渥易斯當時所面對的挑戰。在一九七〇年代，需要花費渥易斯與他實驗室人員辛勤工作數月所得到的結果，在今天一個聰明的大學生可能可以靠著昂貴的實驗室儀器，在一個下午就做出來。）一九六九年的渥易斯，並不指望可以定出一條長串分子的序列，更別提整個基因體的序列了。他只希望可以從核糖體RNA的片段中，定出一小段節錄的序列。而就算這麼少的資料，在當時也是極為吃力的事，只能靠著花費大量時間與金錢，日夜辛勤工作才能達成。他想要竭盡所能地定出所有生物的序列，然後透過互相比較，反推回最早的生物型態與演變之路。核糖體RNA是他進入演化這個無底洞的入口。

第一步就是要先裝備一下實驗室。他坦白地告訴克里克，自己的拙劣的行政技巧只會讓一切變得更困難。不過除了實驗室設備、金錢與行政管理以外，渥易斯還預見了另一項需求。「關於這件事，如果你能給我建議與幫助，我將由衷感激。」[67]他告訴克里克，希望可以招募到「幾個來自桑格實驗室年輕而活力十足的研究員，靠他們的科學能力來補償我的不足。」他的意思是，要完成這麼艱鉅的定序工作，他需要一個知道如何定序的研究助手。

第十三章

在那個大家努力幫RNA定序的年代，桑格領先群倫的研究成果成了眾人遵循的標準。他以前人的想法為基礎發展出一套技術：首先將長鏈分子切成許多大小不一的短鏈，再利用電泳技術讓這些短鏈分子通過一管膠柱，將它們分離開來。這個膠柱的功能就像是這些短鏈分子的泳道。因為膠柱的兩端通電，這些分子會從膠柱的一端游向另一端，而移動的速度取決於分子片段的大小以及所帶的電荷。因為移動速度快慢不一，這些短鏈最終會愈分愈開，若是把它們的位置投射在一張二維的平面上，用底片顯現出來的話，會呈現出許多橢圓形斑點。每個橢圓形斑點就像是滴滴答答的遺傳密碼一般，用其他的方式再切割、分離之後，就可以讀取它們。桑格這套技術的原理，其實跟鮑林當年建議楚克坎德爾所使用的，幫不同形式的分子採一下「指紋」的技術如出一轍，不過比較進步[68]。

桑格跟鮑林有兩點十分相似（不過除此之外，應該沒什麼其他相似處了）：他們都是化學背景，以及兩頂諾貝爾桂冠。桑格的個性跟鮑林完全不同，他來自於英格蘭密德蘭區，深受貴格會教育薰陶，是個十分安靜而不喜歡出風頭的人。他跟鮑林都是化學家，都拿過諾貝爾化學獎，不過他是唯一一位拿過兩次化學獎的科學家。桑格在四十歲的時候，就因為解開了一個蛋白質的分子結構（具體地說，是牛的胰島素結構），拿下一九五八年的諾貝爾化學獎。桑格改良許多其他科學家所發展出來的基本技術，用非常聰明的方法將它們結合起來，這讓他得以破解構成胰島素分子的兩條胺基酸長鏈的序列。這項成就之所以值得獲頒諾貝爾獎，不只是因為這是關乎一種可以調節乳牛血糖高低的蛋白質分子，而是因為這是關乎所有蛋白質的成就：從今以後蛋白質不再是一種難以捉摸的分子，每一種蛋白質都有著很明確的化學結構。研究完蛋白質之後，桑格開始研究RNA的序列，接著是DNA的序列。一九八〇年，當他的DNA研究成果達到最高峰時，拿下第二座諾貝爾獎。不久之後，桑格就選擇在六十五歲的時候退休了，離開科學界，將精力轉向園藝。他有一間漂亮的小房子，就在靠近劍橋附近的小村中。

「我的事業已經達到了最高峰。」[69]後來他曾這樣說道，不過他並不想接著從事行政職。他也婉拒了授勳封爵的機會，因為不希望朋友或陌生人稱他為「佛烈德爵士」。他說：「接受了騎士勳章，會讓你變得不一樣，不是嗎？但是我並不想與眾不同」[70]。不過當桑格在一九六九年收到渥易斯的來信時，離他將來這種退隱山林式的生活還要很久很久。渥易斯寄信給桑格，夢想著桑格可以介紹一名徒弟來幫助他。

不過桑格其實已經有一位學生來到厄巴納了，那時在渥易斯系上的另一間實驗室做博士後研究員。他就是畢夏普，當初是被史畢格爾曼請來研究病毒的RNA序列。史畢格爾曼就是那個在一九六四年將渥易斯從前途黯淡的奇異電子拯救出來，聘請他到伊利諾大學任教的人。不過在畢夏普到任的隔年，史畢格爾曼就離開伊利諾，前往紐約的哥倫比亞大學，並在那裡開展他的研究事業。隨後，他也將畢夏普帶去紐約。就這樣，桑格的技術又要從渥易斯的手中溜走了。幸好在畢夏普離開的幾個月之前，渥易斯找到了另外一名相當優秀的博士班學生索金。渥易斯指派他去極盡所能地跟畢夏普學習，看看在畢夏普離開以前能學多少算多少。要知道，這是分子生物學剛開始萌芽的時代，實驗結果固然可以透過期刊發表而廣為人知，但是堅實的實驗方法卻經常只能靠著師徒相傳，一如石器時代的工具或是火種一般。

索金是個聰明的芝加哥小伙子，靠著游泳運動獎學金進入伊利諾大學的大學部就讀，原本計劃參加醫學預科。但是後來他的游泳生涯結束，對醫學的興趣也漸漸消失，不過索金還是留了下來，在農學院的食品科學系拿到一個工業微生物碩士學位。他的研究主題就是細菌，具體來說是細菌孢子的發芽現象。食品工業對於這門學問的應用層面很感興趣，因為這直接攸關人類健康。渥易斯當時跟索金雖然身處於不同科系，幾乎可以說是毫無關聯；但是在渥易斯早期的研究計畫中，碰巧有涉及到細菌孢子發芽的問題。就憑著這一點點關聯，有人將年輕的索金介紹給渥易斯認識，他們一拍即合。

「我就這樣下樓去找他談話」，大概五十年之後，索金這樣跟我說：「我喜歡這人。」

索金跟我講這番話的時候已經七十歲了，此時他的面容依然年輕，有著一頭濃密的白髮。他戴著一副眼鏡，配上靦腆的笑容，看起來活像是教授版的歌手保羅·賽門。那時我們坐在他位於麻州海洋生物實驗室三樓的辦公室中，海洋生物實驗室是一棟舊式的紅色磚房，位於麻州伍茲霍爾的水街，是生物界一間相當有地位的研究所。索金是這裡的資深研究員，同時身兼比較分子生物學暨演化中心主任。當我請他回想一下，一九六八年第一次見到渥易斯那段時間的往事時，他似乎有點不知如何解釋，後來怎麼會來到海洋生物實驗室，開始研究起海洋的微生物群、人類腸道的微生物群，以及藏匿在要送去火星的探測車中的微生物偷渡客。

在那個動盪不安的年代，索金需要服兵役。從年齡跟住址來看，他在當地兵役登記系統中的排名可能相當前面。雖然他尚未獲得徵召，不過應該為時不遠，此時也還沒有抽籤制度讓徵兵不再那麼強制性。「我必須馬上決定，要留在學校還是去越南打仗」。那一年，正是越戰打到最慘烈的時候，當年二月越共的新春攻勢，嚇壞了許多年輕的美國男性（其中包括我跟索金）。如果進入研究所念書就可以獲得緩徵，雖然聽起來不太公平，不過事情就是如此。索金告訴我：「我決定留在學校裡，這樣比較簡單。」他開始在渥易斯的指導下展開博士研究生涯，研究主題就是核糖體RNA。

在那次面試中，渥易斯注意到索金有一些優點：他發現這孩子不只是聰明，同時操作儀器也很靈巧。他有許多特質：靈巧的雙手、具有機械天分、精準、耐心，有點像水電技師，這些特質結合在一起，讓索金不只實驗做得很好，同時也擅長發明工具來完成實驗。史畢格爾曼原本買了許多儀器，準備用桑格的方法來幫ＲＮＡ定序，不過後來他去了哥倫比亞大學，這些付過錢的設備就這樣留了下來。

「卡爾（渥易斯）繼承了這些設備，但是他實驗室裡面卻沒有人知道如何使用這些東西。」沒有人的意思是指直到索金加入渥易斯的團隊為止。「基本上，我的責任就是要將所有技術引進實驗室」，索金必須將技術從史畢格爾曼以及其他實驗室，帶入渥易斯的實驗室。在畢夏普開拔前往紐約以前，索金盡其所能地跟他學習桑格的實驗技術。在此之後，索金既是渥易斯的學生，也是他的技工，負責組裝以及維護一大堆硬體，以便進行核糖體ＲＮＡ定序的計畫。

渥易斯本人完全不是做實驗的料，他是個理論學家，是個像克里克那樣的思考者。索金說：「渥易斯從來沒用過自己實驗室裡的任何儀器」，一個都沒有，當然啦，除非你要說看底片用的燈箱也算是儀器的話，那就算有。是索金做了這些螢光燈箱，如此一來，當ＲＮＡ的片段透過帶著放射性的磷元素顯影在Ｘ射線底片上時就可以把這些底片放在上面檢視。他曾經將一整牆的書架，掛上半透明塑膠布，後面裝上更多的螢光燈泡，讓它變身成為一個巨大而直立的燈箱，就像一個布告欄，他們叫它燈光布告板。當透過燈箱或是燈光布告板上觀察這些底片時，可以看到每一張底片上都有非常多的橢圓形黑點，排列成獨特的圖形，好像一群巨大的變形蟲，正奮力游過一大塊白板似的。這些圖案就是ＲＮＡ分子的指紋。在當年渥易斯實驗室成員的描述中，以及少許老照片的畫面，都不約而同地勾勒出渥易斯一個小時接著一個小時，專注地盯著這些分子指紋分析的形象。

「這是當時的日常工作，非常枯燥無趣，但卻需要極度的專心。」[71]渥易斯後來這麼說。每一個橢圓黑點都代表一段鹼基序列，長度通常至少有三個鹼基，但絕不超過二十個。每一張底片，以及每一個指紋，都來自於不同生物的核糖體RNA。所有這些底片上的圖案加在一起，在渥易斯的腦中逐漸成形，描繪出一棵全新的生命樹。

第十四章

在索金還在渥易斯實驗室工作的年代，以及其後十年的大部分時間裡，這間實驗室裡的實驗技術與內容都相當辛苦而複雜，同時又有點嚇人。這些技術牽扯到許多爆炸性液體、高壓電、放射性磷元素，以及至少一種致病細菌，外加臨時拼湊而隨便的安全衛生管理。這活像是每個男孩子的夢想。在一位努力不懈的老闆驅策之下，勇敢的年輕博士班學生、博士後研究員以及實驗助理，將這裡的科學推到了無人能及的地步，那是連桑格或是鮑林都不曾達到的境地。不過美國職業安全衛生署最近才發現，他們當初對這種情況一無所知。

這計畫最根本的目標，就是要定出所有細胞生物最核心分子的序列，找出其中的差異，藉著比對這些差異推論出從生命誕生之初以來，生物彼此之間演化關係的歷史。渥易斯已經決定好，要用一個所有細胞都共有的零件，那就是核糖體，這是將遺傳訊息轉換成為蛋白質的重要機器，不過還有一個關鍵問題尚待解決：他該研究**哪一個**核糖體分子？之前我已經提過，核糖體由兩個次單元所組成，一個小次單元黏在大次單元旁邊，有點像心臟的心房與心室一樣。這兩個次單元皆由蛋白質與RNA組成，這些RNA都有許多長短不一的片段。剛開始的時候，渥易斯鎖定了大次單元中的一小段ＲＮＡ分子，它叫做５Ｓ，這名稱的來源相當複雜難懂，所以你並不需要花太多時間在此，只要記得５這個小數字即可。不過後來的結果顯示，５Ｓ因為太短，能攜帶的訊息十分有限，並不是一個好選擇。組成ＲＮＡ的核苷酸字母跟ＤＮＡ的略有差異，ＲＮＡ是由Ａ、Ｃ、Ｇ以及Ｕ（Ｕ代表尿嘧啶〔uracil〕）所組成，ＤＮＡ則是Ａ、Ｃ、Ｇ以及Ｔ（Ｔ代表胸腺嘧啶）。５Ｓ因為太短，所含的Ａ、Ｃ、Ｇ、Ｕ量不足以讓人區分出不同物種之間有何差異。因此，渥易斯決定改用小次單元裡面一段比較長的ＲＮＡ分子。它的名字你聽了之後很可能會大翻白眼，為何要知道它叫什麼名字呢？因為這很重要，而且也不難記，一旦聽過就可以記住，那就是16S rRNA。很不錯，對吧？

它的中文名字叫做16Ｓ核糖體ＲＮＡ。它是地球上所有細菌的零件的一部分，而細菌正是渥易斯最初研究的東西。

它有一個非常相似的變異體，叫做18Ｓ核糖體ＲＮＡ。這種核糖體ＲＮＡ大量存在於比較複雜的生物細胞中，像是動物、植物以及真菌細胞。這兩種變異體，16Ｓ跟18Ｓ核糖體ＲＮＡ，就可以當作參考標準，也是非常棒的線索。我們可以用它們來推演所有細胞生物的相似性，以及它們當初如何分化。這可能是用來繪製生命樹時，在所有證據中（不管是分子證據或是任何其他物質）最可靠的單一證據。這項成就雖然沒有登上《紐約時報》頭版，卻是渥易斯個人對二十世紀以及二十一世紀的生物學界最偉大的貢獻。

回到一九七〇年代早期，渥易斯當時的首要工作，就是從不同生物體內萃取核糖體ＲＮＡ，盡可能地研究這些生物體內特定核糖體RNA的序列，然後盡可能地比對這些序列，以便測量這些生物的相似程度。渥易斯先從細菌著手，因為大部分細菌都很容易在實驗室中培養，而且細菌歷史相當悠久。雖然16S核糖體RNA是演化速度非常緩慢的一種分子，但是渥易斯仍然期待藉著研究各種不同群的細菌，可以看出其中彼此的差異。他的團隊首先從不同細菌中萃取所有的核糖體RNA，再從其中純化出16S分子，用酵素將這些RNA切成許多片段，最後再利用電泳所產生的電場，在濕潤的濾紙或是膠體形成的泳道中，將大小不同的片段分離開。

電泳技術的基本原理，是將混合了這些大小不一片段的溶液，倒在泳道上，接著打開電源。受到電場的吸引，小片段會跑得比大的快，讓它們在泳道上分開來，形成不同的橫線或是橢圓斑。在渥易斯的實驗中，這些片段都只帶有三、五個A、C、U或是G鹼基，最多不超過二十個。不過不論片段大小，它們全都是來自同一條完整序列的小片段。我們還可以把電場轉九十度換到泳道側面，讓這些分開的小片段再分離一次，這樣一來，鹼基A、C、U、G就會因為化學與電子特性的不同，而被分得更開，它們的序列也就更讓人一目了然。用這種方式，定出小片段的序列會比大片段要更容易，你應該不難想像，一段AAG會比AAUUUUCAUUCG要更容易辨識。

這樣的實驗分成好幾個階段。第一階段跑第一次電泳，先將RNA片段從垂直方向分離開來。再來跑第二次電泳，將電場改加在原來泳道的側邊，可以再將RNA片段從水平方向區分開來，這樣一來因為從兩個不同的方向分離，這些片段會被分得更清楚。而這些片段因為帶有放射線物質，會在X射線底片上顯現出一塊橢圓形的斑點。像渥易斯這樣的專家，可以根據這些橢圓形斑點，分析出RNA的序列為何；也就是說他可以看出鹼基A、C、U、G的數量並決定它們在每個片段中的位置。一旦分析到了這個地步，這些橢圓形斑點就比較像一些詞彙，各有各的拼法，而不只是單純的變形蟲而已了。這個字怎麼拼呢？那個字又該怎麼拼呢？它是CAAG還是CAUG呢？或者這個字其實比較長，拼法是CUAUGG？這些問題的答案之所以重要，是因為將這些被破解的字拼湊成一整段話之後，渥易斯才能決定各物種的相似程度。

有時這些片段經過兩次電泳分離之後，仍然難以判讀，比較長的片段經常會有這種問題。這時候他們就必須改用另一種酵素，將片段切得更短，再跑一次電泳。只有在非常偶然的情況下，他們還會需要跑第四次電泳。不過這通常困難重重，而且也沒有必要。因為當初餵給細菌吃的放射性磷元素，半衰期十分短暫，很快就衰變完了，因此在兩個期之後，這些片段已經無法再讓底片曝光。隨著經驗累積，渥易斯漸漸知道該如何適當地切割這些片段，以便讓所有的工作可以最多跑三次電泳就完成。

索金以及其他後繼者從培養細菌、萃取RNA、切割RNA、跑電泳全部一手包辦。他們也改良了實驗方法，使用不同的酵素切割、改良電泳技術。到了一九七三年，渥易斯的實驗室已成為全世界最常使用桑格RNA定序技術的實驗室了。當博士班學生跟技術員不斷地生產指紋時，渥易斯則把大部分時間都花在盯著那些橢圓形斑點看。這些工作操作起來乏味的程度，是否跟其結果潛在的深遠影響程度成正比呢？是的。渥易斯後來這樣寫著「有好一段時間，當我下班走回家時，會對自己說『渥易斯，你今天又度過徒勞無功的一天了。』」[72]從一九六八到一九七七年這幾年，時間過得相當孤寂而漫長。今天的定序實驗只是小事一樁，但是渥易斯領先他的時代太多，他獲得實驗結果的艱辛程度，就像是匍匐橫跨一片充滿礫石的沙漠一般。若是沒有極度堅強的意志與企圖心，不可能成功。

要當他的助手或學生，也必須要有過人的膽識才行。索金講過運送放射性磷同位素的故事，也就是磷32，這種放射性同位素的半衰期是十四天。到了一九七二年，他們每兩週的星期一，就會收到大量訂購的磷32，這些放射性物質呈液體狀，裝在一種特製的「鉛罐」裡，其目的是為了保護送貨員，也不讓人可以隨便打開。索金會把罐子打開，從裡面取出固定量的放射性液體，加入之後要使用的細菌培養基中。「我在養一堆帶有磷32的東西，這實在是太瘋狂了，」索金像是講起一段不經意想起的回憶似的這樣說：「我都不知道為什麼自己還能活到今天。」磷元素是細菌生存必要的物質，細菌培養液裡因為沒有其他的磷元素來源，細菌會大量攝取這些放射性物質，把它們加到自己的分子中。然後索金會把它們的核糖體RNA抽出來，「同時不要汙染到實驗室。」至少，希望不會汙染到＊。為了將16S跟其他的核糖體RNA分開，他接著會使用「自製的電泳設備」，也就

＊譯注：這裡所謂的汙染，指的是放射性物質外洩，沾到不該沾的地方。

是一支支由丙烯醯胺（一種水溶性的增稠劑，工業跟科學界有時會用到）做成的圓柱膠體。不同片段的RNA在裡面會以不同的速度移動。電泳跑完之後，索金會將膠體圓柱凍起來以便切片。他會用一把利刃，像是切割波隆那香腸一樣把圓柱切成一片片。這項工作難度很高，因為切出來的薄片很可能一不小心就在不該掉的時候掉下去，同時膠體要在特定溫度下才能切割，而且「這東西的放射性很強」。接下來他會用酵素將16S切成許多片段，再讓它們去賽跑，不過這次不是在膠柱裡面，而是在一張有泳道的特殊濾紙上。

這些紙條的一端泡在一個充滿了緩衝液的接收盆中，我們稱為桑格水槽（因為這是桑格發明的）。紙條接著跨越一個架子，然後另一端也泡在另一個桑格水槽中。這兩個水槽都以電線連到一台電源供應器上，形成一條迴路。在這些水槽的底部，連接著高壓白金電極，上面蓋著超過七公分厚的緩衝液，然後再蓋上將近四十公分深的瓦索溶劑，這溶劑跟我們今日使用的顏料稀釋劑並無二致，其目的是降低紙條的溫度。索金說：「瓦索溶劑具有揮發性，而且會爆炸」。那台電源供應器則會產生高達三千五百伏特的電壓，並送出極高安培的電流，索金回想道：「這絕對足以致人於死」，要是不小心有一點火花跳到瓦索溶劑中，也足以把人炸飛。

這一堆危險而複雜的設備，放在一台裝有擋板的化學抽氣櫃中。這個抽氣櫃放在實驗室一個不起眼的角落，用高達天花板的拉門隔開，這裡就是所謂的電泳室。每次做實驗時，實驗人員就進來裝好設備，把拉門關起來，打開電源，祈禱會有好結果。索金說：「我當時實在是太過愚蠢，根本不知道危險，實在是太天真、太年輕，也太不道德。」當然他也很幸運，長久以來並沒有人受過傷。

當索金即將完成博士學程，準備離開之際，渥易斯雇了一名叫做波嫩的年輕女性來接手部分實驗工作。波嫩原本在另一棟大樓工作，她來自加拿大安大略的鄉下，南下到伊利諾大學念書，在這裡拿到生物物理碩士學位。渥易斯親自訓練她各種實驗室工作，包括如何將RNA切成片段、如何跑二維的電泳、如何準備底片，甚至還教她如何解讀這些底片，如何判讀哪個斑點屬於哪一段RNA片段，代表哪些字母：這個片段應該是UCUCG或是UUUCG呢？這實在很難分辨。不過這裡有一段GAAGU，跟前面的斑點差異很明顯。渥易斯很有耐心地教她做實驗以及這些實驗的意義。

四十年之後，當我去渥太華大學拜訪她時，波嫩說：「他是很會帶人的老師。」波嫩那時是渥太華大學的生物教授，專精於分子遺傳學。她有著一頭灰髮，態度客氣有禮，舉止像一名中小學教師。她說：「那些實驗結果，將成為細菌X的身分『一覽表』」。她的意思其實是說，他們將細菌X的16S核糖體RNA的不同片段條列出來。如果將這些片段比喻成一個個的字，那這張一覽表就是一段話。透過比對兩種不同生物的一覽表，將可知道它們的相似性有多高。如果用一樣的標準來看的話，愈大的差異則象徵兩種生物在演化時間上分開愈久。在那些累死人的實驗所大量產出的結果之上，渥易斯真正想問的問題是，有哪些枝幹從主幹分岔出來？又有哪些小枝幹從這些枝幹分岔出來？為何在這個地方分岔？為何在這個時間點分岔？這些分岔，最後都演化成哪些生物？

我問波嫩，作為一位老闆跟導師，他是個怎樣的人呢？

「這個嘛，他從來就不像一名老闆，」波嫩回答：「他總是輕聲細語，非常安靜而含蓄。我想你應該……」波嫩遲疑了一下，然後問：「你認識他嗎？你見過他本人嗎？」

我從來沒見過他本人。我沒有跟波嫩解釋，不過理由很簡單，渥易斯那時已經過世了，在二〇一二年終的時候。就在我踏上這段追尋之路時，這位老先生被又兇又快的胰臟癌擊倒了。

「對大家來說，他就只是卡爾*而已」波嫩說：「他的身分不是老闆。」

波嫩給我看一張照片，是從她的私人資料夾裡面拿出來的紀念物：那是年輕時的渥易斯在自己實驗室裡，黃綠色的燈光籠罩著他全身，下巴堅實，雙眼緊盯著那些黑色斑點。他那時留著一頭棕色短髮，身穿條紋運動衫，年輕帥氣精神抖擻，足以媲美舞台上的海灘男孩合唱團。波嫩有點帶著歉意地跟我說：「這是我唯一一張他看起來比較好看的照片。」這真是跟我想像的完全不同。我腦海中的渥易斯是這樣的：害羞、脾氣古怪而令人望之生畏的渥易斯博士。

波嫩說，他確實個性害羞，不過「望之生畏」則是錯的，她絕不會這樣形容……但是講至此，波嫩的聲音又飄走了。停了一下她補充道：「其實我也只認識他一小段時間而已。」

第十五章

波嫩在渥易斯的實驗室只待了一小段時間，之後呂爾森隨即加入渥易斯的團隊，不過他卻有完全不一樣的經驗。他第一次認識渥易斯是在伊利諾大學的大學部就讀時，當時渥易斯是發育生物學的專題討論指導教授之一，但這並非渥易斯擅長的領域。根據呂爾森的說法，之所以會有這種不當的安排，是因為其他的教授只是想看看渥易斯會怎麼處理其他領域的問題，以便將他的點子納入自己的研究中。[73]渥易斯的聰明人盡皆知，他總是有一堆點子，但是非常在意把精力用在刀口上。「想來，卡爾也是找到了一個不用花太多力氣，就可以拿到足夠的教學點數的機會。」在上專題討論的時候，學生會被分配到不同的期刊論文，他們必須用報告的方式來闡明這些論文，而渥易斯可以很輕鬆地引導與主持這些討論。他非常厭惡課堂教學工作，對那些繁重的工作像是備課跟上台教書更是敬謝不敏，天呀饒了他吧！這些工作只會讓他漸漸遠離他的真愛：了解生命的起源以及演化。

在上完專題討論之後，呂爾森利用這個機會去找這位了不起的老師講話，希望能在他的指導

＊譯注：渥易斯的名字。

之下參加榮譽課程＊。渥易斯不只答應了，而且讓呂爾森非常驚訝的是，「他還帶我到他自己的辦公室」[74]，那是個很小的地方，有兩張書桌，上面堆滿了論文，渥易斯說（不知是真心還是開玩笑的），你就留在這裡吧，這樣他才能「就近看管著我」。呂爾森簡直昏頭了，他真的要坐在這裡嗎？那當有電話打進來的時候，他是不是該趕快跑出去，以便讓渥易斯可以有一點隱私呢？不過後來他很快就對此釋懷了，因為他發現渥易斯幾乎都不待在辦公室裡，大部分的時間都在實驗室中，「讀著那些掛在燈箱前面，16S核糖體RNA的指紋」。

渥易斯死後，呂爾森幫他寫了一篇簡短的傳記，講述過往時光中渥易斯的工作、他的性情，以及他們兩人之間的互動。這篇傳記跟許多其他的讚詞一起發表在一本科學期刊中。當我去加州矽谷附近的聖卡洛斯訪問他時，這些回憶又全部湧入他的腦海。呂爾森那時已經是位年屆退休的資深研究員兼生物技術發明家，同時也幫許多坐落於科技園區、有著玻璃門辦公室的小公司擔任顧問。他手上握有眾多生產抗體以及其他分子產品的技術專利，因此過著相當優渥的生活，住在舊金山半島上那塊過去因反文化歷史而自成一格的半月灣區，隨時可以通勤上班，而他現在只有在想工作的時候才工作。在這間公司裡，他是頭髮白花的資深長者，四周圍繞著一堆年輕而聰明的同事，都坐在自己的獨立辦公間裡。對這些年輕小伙子而言，「渥易斯」只是一個曾經聽過的名字而已，大約就像「達爾文」或是「費布那西」†那些人名一般。呂爾森體格高瘦，留著一撮山羊鬍，表情十分輕鬆，時而帶些嘲諷。他建議我們一起去市中心吃壽司當午餐，之後，我們聊了幾乎一整個下午。

當他談到跟渥易斯相遇的故事時，他說：「我那時候只是個年輕小伙子，什麼都不懂。」儘管當時呂爾森知識不足，渥易斯並沒有因此放棄，還是在他身上下了一番工夫。看來個人教學對渥易斯來說，要比對著講堂裡一群陌生面孔上課可接受多了。「他跟我解釋他正在進行的計畫，我大概聽懂了四分之一吧。」不過年輕的呂爾森非常專心，並且很快就跟上進度。「我想，他大概看到我很感興趣；而且我非常努力工作。」

呂爾森在一九七四年加入渥易斯的實驗室，成為大學部助理，跟著一名研究生一起工作，負責從細菌體內抽出充滿放射線的核糖體RNA，這是個沒人想做的工作。他們必須把十個毫居禮（這是很大的劑量）的磷32倒入不同的細菌培養液中。經過一夜的培養，讓細菌將放射性物質都吃進體內後，他們會用離心機把這些帶有放射性的細菌，離心成一小坨菌團。之後他們把這一小坨菌團溶解在一些溶液中，然後把這些細菌，用一種很像法式濾壓咖啡壺的實驗器材，用力擠壓過濾。這道手續可以打破細菌的細胞壁，讓它們把內部的物質釋放出來。接著呂爾森跟同事會用化學萃取法，把核糖體RNA抽出來。然後，他們再用桑格所發明的丙烯醯胺膠體，把16S核糖體RNA跟其他大小的核糖體RNA（包括那些比較短的5S）分離開。除了使用現在已經被認為有可能致癌的丙

＊譯注：美國許多大學部都設有比普通大學課程更高階的榮譽課程給少數優秀學生。

†譯注：Fibonacci，義大利數學家。

烯醯胺以外，他們還使用酚、氯仿、酒精，以及放射性磷同位素等物質。「那裡總是一團亂！蓋格計數器永遠都叫個不停。」[75]呂爾森在自己的回憶錄裡如此寫道。

他所培養以及處理的細菌之一，就是產氣莢膜桿菌。這種細菌會造成一種極為嚴重的肌肉壞死病，也就是氣壞疽症。這種病常見於戰場上受傷的士兵，他們的開放性傷口很容易讓裡面的肌肉組織暴露出來，因此易受到這種細菌侵襲。當呂爾森知道這件事後，曾跟渥易斯抱怨過，不過渥易斯只是「咯咯笑了一下，然後說不需要擔心這件事」[76]，因為他沒有開放性的傷口。渥易斯自稱曾經念過「兩年又兩天」的醫科，因此可以向呂爾森保證，產氣莢膜桿菌極不可能在他身上造成壞疽。呂爾森把這個經驗當作上了一堂課，不過倒不是從此學到要信任渥易斯，而是學到了要更依賴自己的洞察力，他也從未去調查為什麼渥易斯在醫科第三年，才剛輪到小兒科兩天後就離開了醫學院。

當呂爾森在一九七五年畢業之後，決定留在渥易斯這裡，在他的指導下開始念博士班。此時渥易斯的實驗室也剛好改變了研究重心，雖然程度不大但卻極為重要，因為這將讓渥易斯從此走上後來讓他發光發熱的研究之路。到目前為止，他們的分子研究都還局限於一些常見的細菌，以及少數其他種類的單細胞生物，像是酵母菌。這些微生物都很容易取得，也容易在實驗室中培養。不過這些都只算是初步成果，因為他們還在調整實驗方法。「他真正想做的事情是分析罕見的細菌」，呂爾森這樣告訴我。渥易斯希望這樣能讓他「更深入地了解演化」，能夠看出「古老的分歧」如何出現在這兩大群生物之中。於是他開始跟微生物系的另外一名同事沃爾夫合作。沃爾夫擅長培養一種

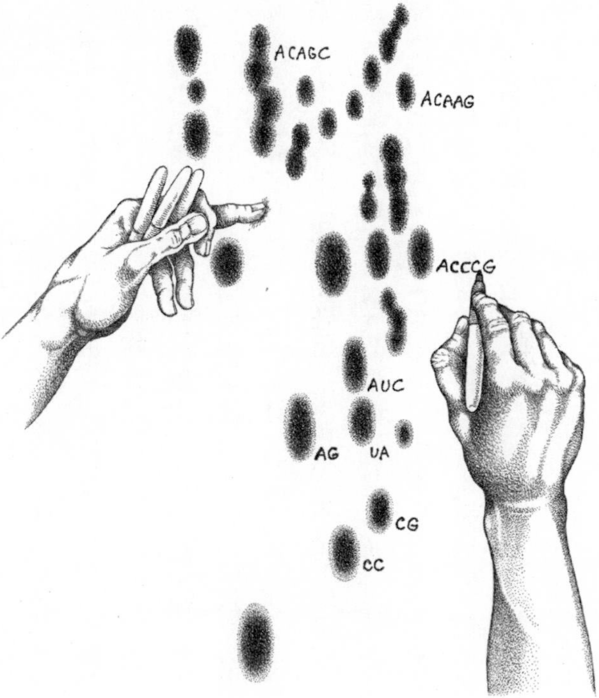

在「指紋」底片上標記 RNA 片段。
（Illustration by Patricia J. Wynne.）

稱為產甲烷菌的細菌，他是這領域裡面數一數二的專家。

菌如其名，產甲烷菌的名字來自於它們會進行一種獨特的生化反應：當它們在無氧的環境中代謝氫跟二氧化碳時，會產生甲烷作為副產物。簡單來說，這種小東西會產生沼氣，讓充滿泥濘的溼地啵啵地冒出氣泡。這種氣體也存在於牛肚子裡，在打嗝或放屁的時候被排出。某些產甲烷菌快樂地生活在格陵蘭冰帽下的深海中，或是在其他極端的環境像是熾熱的沙土裡。不過雖然它們都有相似的生化代謝反應，沃爾夫卻告訴渥易斯，這些產甲烷菌並不完全一樣，它們的外型有一定程度的差異。有些產甲烷菌是球菌（圓形的），有些則是桿菌（短桿狀）。因為在那時球菌跟桿菌被認為是兩種不同的細菌，微生物學家正煩惱著要如何幫它們分類——是要照代謝方式歸為一類呢，還是依照外型分成兩類呢？這個謎題倒是引起了渥易斯的興趣。

我跟呂爾森的談話就到此為止，在臨走前，他送了我幾樣禮物。其中之一是一張攝於一九七〇年代中期的黑白照片，照片中渥易斯站在他的燈箱前面，正聚精會神地看著底片上那些黑點圖案，手裡拿滿了彩色筆，將他所見之物標上不同顏色，右耳後則夾著一支鉛筆，用來記載實驗結果。呂爾森的第二個禮物則是一張黃紙，不是影印過的，而是原稿，來自於他當時的實驗記錄簿。這是某個生物核糖體RNA片段的一覽表。許許多多由四個鹼基所組成的訊息，整齊地記載成兩欄。UCUCG，CAAG，GGGAAU，繼續下去還有許多許多。在紙的最上方，有用手寫的物種名稱縮寫，這是該物種在當時的名稱：瘤胃產甲烷菌。後來我才知道，雖然這生物的名稱看起來像是細菌，但是它其實不屬於細菌域。呂爾森所給我的，是能證明生物其實有兩種形式的遺傳學證據。

第十六章

我們該怎麼幫產甲烷菌分類呢？它該排在生命樹上的哪個位置？跟它們關係最近的細菌是誰？這些都是渥易斯的團隊在一九七〇年代中期所問的問題，它們其實屬於一個相當專門的領域，這領域有個硬邦邦的名字，叫做細菌分類學。細菌分類學所做的事，就是決定某個細菌該被分類到哪一群中，它的種名、屬名，它屬於哪一綱等等。如果這個細菌被命名為瘤胃產甲烷菌，那麼它該被放在哪個位置呢？

這些事情聽起來就像是什麼祕法儀式，是個極度冷門而小眾的活動，其無聊的程度，讓集郵這種活動跟它相較簡直堪比探險一樣有趣了。因為細菌是如此渺小簡單，又看不見摸不著，哪有什麼重要性呢？不過如果覺得看不見就沒有重要性，那麼重力、微波等等事物，可能也毫無重要性了。不要忘記地球上絕大多數的生命形式都是微生物，它們才是決定剩下的生物該生長在怎樣環境的主宰。同時，人類的身上帶有不亞於我們細胞數量的微生物，這些小東西住在我們的腸道中、皮膚上、睫毛的毛囊中，以及其他許多地方。我們生活的環境裡也充滿著微生物，在食物裡，在我們呼吸的空氣中都是。微生物主宰著世界，而其中一大部分都是細菌。有些微生物對人類非常有幫助，有些很溫和，有些則極為兇猛，隨時可以毒化你的血液、占滿你的肺臟，然後殺死你。因此，將不同的細菌彼此區別開來，絕對不是什麼無足輕重的小事。

曾經有一度，科學家認為這種事情可以透過從顯微鏡下面觀察細菌的外表而達成。他們也認為根據從動物、植物與真菌而建立起來的「種」的分類概念，將同樣適用於細菌。在他們那個時代，這種簡化是有用的，一如牛頓也簡化了的物理學世界觀，一直到愛因斯坦出現，將其修正為止。不過，那個時代已經是好久好久以前的事了。

這個領域早期有位英雄，就是在十九世紀晚期，任教於波蘭布雷斯勞大學（今日的佛次瓦夫大學）的植物學家暨微生物學家孔恩。說起孔恩，他的成就跟名聲完全不成比例，部分原因是因為他對科學的重要貢獻，常常被同時代其他更知名科學家的名聲所掩蓋，像是巴斯德、科霍或是李斯特等人。後者之所以有名，是因為他們的研究成果實用性高，讓人印象深刻。他們的研究跟疾病、農業或是釀酒有關，而孔恩呢，他主要的興趣就是描述微生物的分類。不會有人想要拍一部好萊塢電影，去討論細菌分類學這樣的主題。

孔恩當然不是第一個從事細菌分類、區別各種細菌彼此差異、嘗試將它們擺到生命樹上適當位置的人。但是他的研究比起其他人要更合理而有洞見多了。自一個世紀以前，雷文霍克等人在簡單的顯微鏡下驚訝地發現這些小生物以來，微生物學一直都籠罩在讓人摸不著頭腦的迷霧中，這門學科後來得以撥雲見日，孔恩功不可沒。當然，他也得力於許多知識與實驗方法的調整，才能有如此的成就。他那時代的顯微鏡已經獲得不少改進，配有更好的鏡片，裝在更為精準的儀器上。孔恩的實驗室也已經開始在固體培養基（例如煮熟的馬鈴薯切片）上面培養細菌，而不再局限於舊式的液態培養基。這樣的技術改良，讓孔恩可以挑選不同種的細菌，分開培養觀察。他也研究細菌的生理與行為差異，諸如這些細菌如何在不同的培養液中生長？它們如何移動？這些特徵跟細菌的構造一樣，可以作為區別彼此的線索。同時，那時候孔恩已經接受達爾文的演化學說，因此對他來說，細菌可以隨著時間而慢慢改變來適應環境。這跟其他科學家比起來有很大的差異。有些科學家認為，細菌會突然變形：從一種型態突然變形成另外一種。孔恩不相信變形，他認為細菌本質應該相當穩定。最後，孔恩發表了自己的一套分類系統，將細菌分成四群：球菌、桿菌、絲菌以及螺旋菌，每一種都有自己的拉丁名，然後他再從同一群細菌之中區別出不同的屬跟種。

並不是每個微生物學家都接受孔恩的分類系統，也並非每個人都認同他對於細菌型態穩定性的觀點，因此在往後超過十年的時間裡，細菌型態會變來變去的看法，在學界始終縈繞不去。後世的科學史學家將還給他應有的正面評價，不管是他的人格還是他科學家的那一面：孔恩的個性謙遜，極度避免自我推銷，同時他「投身研究在那個時代可以說是最為困難的研究主題，從一大團令人混淆的論點中，整理出正確而重要的部分。」[77]除了主張細菌確實有明確的種屬之分，並提出一套可行的分類法以外，孔恩也認同巴斯德的論點，反對新生物有可能從無到有自我生成，他跟巴斯德一樣，對於消滅這些死灰復燃的無生源論貢獻良多。孔恩的實驗顯示，生物無法無中生有。細菌看起來似乎不知道怎麼就出現了，但其實都有可以追溯的來源，不管是被汙染，還是從空氣中飄來，抑或是沉睡的孢子醒過來。一九三八年時，一位權威的編年史家曾這樣寫道：「從實驗的性質與表達的角度來看，孔恩的研究可說是相當的現代化，細讀他的研究讓人感覺彷彿從古代穿越到了現代」[78]。當然，在一九三八年看起來現代化的東西，從今日的眼光來看就未必了。

不過孔恩即使如此信奉經驗主義也會犯錯。比如說，儘管他做了這麼多的研究，但是孔恩始終堅信細菌應該屬於植物界，一如與他同時代許多科學家的看法一般。也因此，他所繪製的生命樹從後代的眼光來看實在是錯得離譜。還有一件事：那個至關重要的細菌變形，也就是從一種細菌變形成另一種，其實機制遠比孔恩能想像的要複雜得多。

第十七章

那位偉大的系統組織者林奈，在一七七四年版的《自然系統》一書中，將雷文霍克所發現的細菌以及其他小生物全部塞在一起，命名為「無形屬」[79]。這個主張沿用了很長一段時間。即使在孔恩的時代結束了數十年，進入二十世紀之後，學者都還在爭論細菌分類學這門學問究竟有沒有實質上的意義，還是僅是一團無可救藥的混亂而已。

從一九二三年開始，《伯吉氏系統細菌學手冊》這本厚重的總集，就成了大家在驗明細菌正身時賴以參考的標準。這本書是由微生物學家伯吉所編。隨著微生物學愈來愈發達，這本手冊的問題也慢慢暴露出來：伯吉氏的分類系統含混不清、前後不連貫，在基礎的部分也包含了許多錯誤。這本手冊並沒有提到細菌的生命樹，它僅僅只是一本眾人稱頌的教戰手冊而已。不過，許多學者原本對《伯吉氏系統細菌學手冊》抱有諸多批評，但是在試著自己動手改進這本手冊之後，紛紛發現批評要比改進簡單多了。幫細菌分類實在是太難了。細菌的祖先幾乎沒有留下任何化石作為線索，而即使在最強力的顯微鏡下面觀察，細菌的外觀跟內部構造，差異也不夠大到讓人可以區分出彼此。細菌的生理特徵也很不可靠，誰知道相似的特徵代表的是細菌的適應性，還是兩種細菌真的有共同祖先呢？那麼，還有什麼東西可以用來分類呢？（小提示：渥易斯後來找到答案，不過那要等到一九七七年才行）。到了一九六二年，兩位微生物學界的重量級學者范尼爾跟史坦尼爾，甚至澈底失望地雙手一攤，宣布放棄。

范尼爾是荷蘭人，在台夫特求學。一九二八年時他悄然移居美國，任教於隸屬史丹佛大學的海洋生物實驗站。他對於細菌生理以及分類學特別感到興趣。史坦尼爾是一名來自加拿大的年輕人，從原本是范尼爾的學生變成他的愛徒，最後成為他的同事。一九四一年時，年僅二十五歲的史坦尼爾跟范尼爾合寫了一篇在細菌分類學領域極有影響力的論文。

這篇論文被一整代人視為作出了一錘定音的結論，直到兩位作者後來宣布放棄他們的主張為止。史坦尼爾後來說了一件令人難堪的事情，那就是儘管這整篇論文幾乎都是由他自己完成的，不過他還是近乎強迫的要求范尼爾跟他以老師與學生的身分在論文上簽名成為共同作者。這篇論文除了嚴厲批評《伯吉氏系統細菌學手冊》以外，更重要的是它提出了一套全新的細菌分類系統。他們的系統不只是條列式的教戰手冊而已，更是一套依據細菌演化的關係、一套比較合乎「自然原理」的分類系統。這套系統將較為常見的細菌分成四大群（一如孔恩的做法），並且將細菌與其他比較簡單的生物，以及另一大群生物，也就是藍綠藻，分到同一「界」中。

藍綠「藻」嗎？沒錯，就是藍綠藻，這是這群生物當時的名稱。藍綠藻一直都是讓人摸不著頭腦的一群生物，因為它們看起來又像細菌又像植物，是處於這兩界之間灰色地帶的生物（就因為藍綠藻劃下了這條模糊不清的界線，讓孔恩當初誤以為所有細菌其實**就是**植物）。在當時，**藻類**泛指那些會行光合作用的生物，包含這些微小的藍綠藻，其實是一種相當寬鬆的分類。但是這不保證它們都有同一個祖先。藍綠藻跟其他藻類有一樣的祖先嗎？史坦尼爾跟范尼爾認為沒有。根據他們的分類法則，藍綠藻跟細菌的關係，要比跟其他藻類的關係要親密，因此它們應該自成一「界」，跟其他生物分開才對。他們稱這群細胞為**原核的**，如同前面說過，這意思就是「在有核之前」；而其他所有生物則被他們稱為**真核的**細胞（這些名字的英文拼法後來有所修正，從比較接近希臘文原文的 procaryotic 與 eucaryotic 變成 prokaryotic 與 eukaryotic）。在這裡所提到的核，指的就是細胞核。細菌沒有細胞核，當時被稱為藍綠藻的生物也沒有（因此藍綠藻現在改名為藍綠菌）。二次世界大戰結束後，顯微鏡技術開始大幅進步（包括電子顯微鏡的發展），這讓微生物學家能更清楚地辨識上述這些特徵與差異，從而比較能夠好好分析細菌究竟是什麼——或者究竟不是什麼。在一九六二年所發表的另一篇標題為〈細菌的概念〉的新論文中，史坦尼爾跟范尼爾除了提出原核細胞的分類以外，還陳述了他們最新的分析結果。根據他們的想法，「長久以來細菌學界知識上的醜聞」[80]就是從來沒有人清楚地陳述過關於細菌的概念。所以細菌到底**是什麼**呢？呃，很難說。

他們嘗試修改過去的定義，把藍綠藻跟細菌歸類在一起成為原核生物，而其他所有的細胞生物則歸類於另一大類真核生物。根據史坦尼爾與范尼爾的看法，原核生物最大的特徵就是：一、沒有細胞核；二、細胞分裂的方式非常簡單，不需要經過複雜的程序，像是有絲分裂裡面出現的染色體配對過程；三、有一層細胞壁，是由一種特別的分子所編織成的格子狀強化結構。這分子有個很花俏的名字，叫做肽聚糖，它聽起來就像是侏羅紀公園電影裡面那些飛行蜥蜴的綽號一樣難記對吧？你可以暫時先忘掉它，等一下我們將會說到，它是可以用來解釋生命樹最深層結構的重要線索，以及用來解釋我們人類這一支，最早是如何從生命樹的主幹發芽並分岔。那時我會再提醒你。

將生物用二分法區分成兩群，一群是原核生物，一群是真核生物；一群沒有細胞核，一群有細胞核；一群比較簡單，另一群比較複雜，從此就成為生物學中最基礎的分類原則。史坦尼爾後來跟另外兩個人合寫了一本教科書，在書中這樣說道：這種區別「可能代表迄今在生物世界中所能發現最大的單一演化斷層事件」[81]。這種分類法同時也提醒我們一件事，那就是人類跟許多其他生物，包括許多不起眼的小生物之間，有一種不可分割的連結。從演化樹最基本的角度來看，我們屬於真核生物。變形蟲也是。酵母菌也是。水母、海參、會讓人得瘧疾的小寄生蟲，以及杜鵑花等等也全都是。對一般人來說，細菌跟變形蟲之間的差距應該很小（會這樣想一部分原因很可能也是因為，大部分人從來沒有用過顯微鏡，或者從高中生物課以後，就沒再用過顯微鏡好好看過這些生物了）。不過事實上真核生物與原核生物之間的差距其實有如鴻溝。你可以認為生物的世界就是由原核與真核生物兩類組成，而從史坦尼爾跟范尼爾在一九六二年所發表那篇論文以來，生物學家**確實**也這樣認為。

除了帶入這個二分法的概念以外，史坦尼爾跟范尼爾也在〈細菌的概念〉這篇論文中，用相當直接、自白，甚至是有點唐突的方式，表明他們將在細菌分類學的戰爭中搖白旗。自雷文霍克以降，微生物學家就一直在尋找一種最理想的方式來幫細菌分類。從達爾文開始，他們就不斷地爭論細菌彼此之間的親屬關係。不過這遊戲該適可而止了。「任何一名優秀的生物學家，若是窮其一生去研究一群無法被適切而滿意地分類的生物，一定會在知識上感到無比懊惱與失望。」[82]范尼爾花了四十年的時間做這件事，而現在他跟史坦尼爾則暗示道，「他們已無意再繼續維護」一九四一年時所發表的那篇「精心設計的分類系統」[83]。**那個**已經無關緊要了。他們承認現在甚至「懷疑」任何一套正式分類系統，或是企圖去建立其他分類系統，「是否真有任何意義」。不過他們還是肯定去弄清楚這些該死的細菌究竟**是什麼**，仍然是非常重要的一件事。

其實這樣的懷疑主義，以及這種對細菌分類的失望，早在范尼爾心中滋生已久。二十多年前，即使他已經在那篇精心設計的分類系統論文上簽了名，卻仍然寫了一封信給史坦尼爾，表達自己心中的沮喪感：「從很多很多年前開始，我就經常躊躇著，對於我們（我自己）的工作感到徒勞無功。那讓我非常不想去實驗室（那時是在台夫特），因為根本不想談論跟思考這些微生物的名稱與關係。」[84]有任何一項結果是真的嗎？將這些細菌標上名稱分門別類，真有任何意義嗎？「在那些時候，我經常在一天工作結束，離開實驗室回家之後，希望自己能在別處工作，當個高中老師之類的。」他當然很清楚這並非因為自己喜歡在高中教書，而是至少「這讓我有一種踏實感，覺得自己所做的一切是值得的。」從今天的眼光來看，我們可能會認為他患了躁鬱症，但是其實也很可能只是因為范尼爾早就看透了細菌分類學。

Prokaryote（原核生物）與eukaryote（真核生物）這兩個經過他們修正過後的英文拼法，被一整代人銘記著，當作生物最基本的分類。真核生物有細胞核，原核生物沒有，如同史坦尼爾與他的共同作者所寫過的，這種二分法似乎頗能代表生物在演化上出現過最重要的一次分歧。生物有兩種，原核跟真核，兩者壁壘分明，在中間則空無一物。

我們為什麼要知道這些？因為渥易斯隨後會證明這是錯的。

第十八章

一九七六年初，那時呂爾森跟其他人仍在幫渥易斯做實驗。他已經透過比對不同種細菌核糖體RNA之間的差異分析完約三十種生物的相關性，然後做出那張獨特的一覽表了。這張一覽表上大部分的生物都是原核生物，不過為了擴大比較的規模，渥易斯也分析了數種真核生物（真核生物帶有18S核糖體RNA而非16S核糖體RNA，這兩者之間有一點點不同），其中包括酵母菌。只要看一眼底片上面的黑點，他就可以區分真核生物與原核生物。不過渥易斯更想要看看沃爾夫曾經警告過他的那些「罕見細菌」：產甲烷菌，到底長什麼樣子。

產甲烷菌不容易處理，因為氧氣對它們來說有毒，因此很難在一般實驗室環境中培養。不過沃爾夫的實驗室那時候來了一名相當聰明的博士班學生鮑爾奇，倒是解決了這個問題。鮑爾奇想出一種方法，將產甲烷菌養在一根加壓的鋁管中，兩端有黑色橡膠塞子，可以用注射器將物質送入或移出。他還用氫氣與二氧化碳（而不是氧氣）當作大氣，將產甲烷菌養在液態培養基中，結果細菌大長特長。渥易斯就把自己的博士後研究員福克斯送去沃爾夫的實驗室，讓他跟鮑爾奇一起合作，餵放射性磷給這些產甲烷菌，用放射性物質標記細菌。福克斯是一名高瘦的年輕人，具有化工背景。

細菌長好之後，福克斯、呂爾森以及渥易斯實驗室的其他成員則接力處理接下來的工作：將帶有放射性的RNA抽出來，然後將其中的16S跟5S片段濃縮並純化，用酵素切成碎片，拿去跑電泳以便將這些碎片分離開，再將這些片段轉印到一張底片上。他們第一個使用的產甲烷菌有個很長的學名，叫做**嗜熱自養甲烷桿菌**（*Methanobacterium thermoautotrophicum*），即使連渥易斯本人都嗤之以鼻說這是「帶有十四個音節的怪物」[85]，他比較喜歡用簡短的標籤區分實驗室裡比較特別的細菌，於是就叫它 delta H。當渥易斯在他的燈箱前面看著這些細菌的指紋時，他注意到一些相當奇怪的事。

他現在對於判讀這些指紋已經相當熟練了，因此可以非常輕易地認出某兩段專屬於細菌的小片段，這些片段明顯的程度就像是在「嘶喊著」自己原核生物的身分般[86]。他試著在第一張 delta H 的底片上尋找這些片段，但是找不到。雖然有些困惑，不過他還是很有耐心地等候第二張底片。這張底片可以將這些片段從另一個方向拉開，以便顯示更多的細節。數天後，實驗助理把底片交給他。一九七六年六月十一日，他把第一張底片掛上燈箱，然後把第二張底片放在眼前一張打光的桌子上，準備開始解讀眼前的實驗結果。一如往常在這個階段，他總是藉著第二張底片來推測第一張底片中，那些黑點排列圖案所代表的鹼基序列。在這間房間裡，除了眼前的燈箱以及桌面會發光以外，其他地方都是一片漆黑。我們可以想像此時渥易斯的臉上反射出詭異的光線。很快地，他注意到更多奇怪的地方。

他仍然找不到那兩段消失的片段，除此之外還有其他的問題。他把目光放向底片上其他部分，想要從這些黑點圖案中找到其他熟悉的片段，那些專屬於所有原核生物的片段，所謂的「特徵序列」[87]。但是也沒有。不僅如此，他還看到一段根本不該出現，相當長的片段。渥易斯後來回想起那時的納悶，心想「到底出了什麼問題」[88]？這些產甲烷菌的核糖體RNA，「就是感覺不像原核生物；隨著他定出愈多序列，愈是不像原核生物。此時的渥易斯對於細菌的核糖體RNA極為熟悉，因此他對這些分子的「感覺」，就是判斷正常與否最有說服力的標準。而這株特別的生物delta H，不正常。雖然有些細菌的片段確實一如期望出現，不過有些片段卻看起來像是真核生物的序列，這代表這種生物是一種全新的形式：是酵母菌？還是原蟲？**是什麼呢**？此外還有其他的片段看起來只能以奇怪形容。渥易斯感到十分好奇，這些RNA到底**是什麼**？又代表哪一種生物？這些RNA絕對不是來自原核生物，但也不是真核生物的RNA。這生物當然不是來自火星，因為序列裡面有太多我們熟悉的RNA編碼。渥易斯寫道：「我忽然想到，這是新的東西。」[89]他的意思是，在這個熙熙攘攘的行星地球生態系統中，在真核生物與原核生物之外，有第三種生物，跟前兩者都不同。

渥易斯用古怪的方式，稱此為「生物學以外的經驗」[90]。這將是他科學生涯的分水嶺。

第十九章

二〇一二年十二月，渥易斯去世後，他生前科學方面的通信、手稿、發表的論文以及其他文件，都送到伊利諾大學檔案館彙整、收藏或展示。這些文件保存在許多地方，其中之一就是典藏研究中心。這個單位位於鄰近校園南邊的果園路，一幢像穀倉一樣的紅色磚房中。建物的門口掛著一個讓人困惑但頗有歷史感的牌子，寫著「園藝訓練實驗室」，門前則是一整排的紫杉樹叢以及盛開的玉簪花。這裡收藏了有將近三十四箱跟渥易斯有關的文件，可以憑登記閱覽。七月的某個炎熱午後，我就坐在這裡的一張桌子前，翻閱著渥易斯的信件，想要從這其中找到跟這位怪人人性的一面有關的任何蛛絲馬跡，然後法蘭屈來了。法蘭屈是檔案館的助理，在渥易斯的葬禮之後被派去整理他的實驗室。對於那裡的任何資料，法蘭屈可比任何人都要瞭如指掌。法蘭屈那天穿著深色運動衫，戴著棒球帽，當他聽到我在找的東西時，過來跟我說他要給我看一些文件。

他帶我走向房子後面一處有著挑高拱形屋頂的地方，然後用鑰匙打開一扇門。他告訴我說這裡以前是一處「儲藏室」，用來藏放從實驗果園那裡送來的水果——其中大部分都是蘋果。這也是建物前面那條路被命名為「果園路」的由來。這房子後面曾經一度種了多達一百二十五種不同的蘋果，收下來的蘋果都裝在籃子或是板條箱中送來這裡，或儲藏，或是釀成蘋果酒跟蘋果醋。我們走到門後，進入一處裝有空調的房間，過去的蘋果早已不復見，取而代之的是沿著左邊牆壁一整排高聳的金屬書架，以及沿著右邊牆壁的整排桌子。金屬書架上放了數百個扁平的黃紙盒，這些都是柯達醫用X射線底片原來的包裝，現在則存放著渥易斯的RNA指紋定序收藏。每個紙盒邊上都貼了日期，以及裡面被定序過的微生物名稱。

右邊的桌上有一些底片，法蘭屈之前在整理它們。他給我看三張被精心釘在一起的底片，宛如三聯畫一般。我看了一下底片上的黑點圖案，像是一堆在平面上奔馳的變形蟲。對我來說，這些圖案並沒有太大的意義，但是對渥易斯來說，這些圖案正激動地訴說著關於身分、物種關係以及演化的故事。如果這底片上有任何特殊之處，渥易斯一眼就可以看出來。

法蘭屈說，這就是delta H。

第二十章

當渥易斯顯影完底片之後，馬上把結果告訴福克斯，就是那位跟鮑爾奇一起培養產甲烷菌的博士後研究員。福克斯事後回想起，說渥易斯「衝進我位於隔壁實驗室的研究間」[91]，宣稱他們有一個重大發現。接著，他在整間實驗室裡走來走去，穿過那些年輕學生跟研究助理之間，「宣稱我們找到一種全新的生物，然後他接著指出，」在福克斯的記憶中，渥易斯帶著有點挖苦跟揶揄的態度說出下面的話：「前提是我沒有搞砸純化16S核糖體RNA這件事。」[92]為了謹慎起見，他們再用delta H重複了整個實驗，然後得到一模一樣的結果。所以結論就是，福克斯沒有搞砸什麼東西。

「喬治（福克斯的名字）總是很多疑。」渥易斯自己後來也這樣記錄下大家對於這個大發現的反應[93]，並且提到他其實很讚賞這種懷疑論的態度，他認為這是一個好科學家的直覺反應。福克斯過去念化學工程博士班的經驗，讓他習慣用小心謹慎的態度面對奇蹟般的大發現，即使這發現是來自於老闆也不例外。事實上，他們兩人對於這種讓人嚇一跳的大發現都抱有懷疑的直覺，或許可以解釋他們為何能如此愉快地共事。不過福克斯也很快被這些指紋圖案中所顯示的異常說服了。根據他的說法，他們好像「翻開了新的一頁」[94]，他也同意這些差異暗示了第三種全新的，非常不同的生物。

不過渥易斯跟福克斯心裡都很清楚，要說服其他科學家相信這種劃時代的新發現，絕非易事。他們還需要更多的資料。於是，渥易斯實驗室再度開工。靠著鮑爾奇所發明的實驗方法，他們又養了另一種產甲烷菌，並且取得它的RNA指紋。他們就這樣默默地工作，等到了一九七六年底，他們已經幫五種不同的產甲烷菌體建立好遺傳一覽表，彼此之間雖然都差異甚大，卻有著同樣更廣泛、更深層的特徵，而且跟所有已知生物都有相同的差異。

第二十一章

「細菌多才多藝且變化多端，而且分布普遍」。這些話其實都說得太保守了。細菌很難分類、很難辨認，一如史坦尼爾跟范尼爾最終都不得不承認，很難找出它們到底誰跟誰比較相近。它們幾乎遍布在地球上大部分的角落中，不管是天然的還是人造的環境。它們可以飄浮在空氣中、可以黏在任何一處的表面、可以在海水中隨波逐流，甚至在地底深層的岩石中都有它們的蹤跡。如我之前提過，我們的皮膚表面都是細菌，腸道裡更是擁擠不堪。人身上細菌的數量其實比細胞還多，大約是三個細菌比上一顆細胞這樣的比例。它們也可以生活在泥漿中、溫泉中、水潭中或是沙漠裡，可以活在高山頂上，或是地底洞穴跟礦坑下；它們住在你最喜歡的餐廳的桌子上，也住在你跟你家小狗的嘴巴裡。

有一種叫做深層芽胞桿菌的細菌，被科學家從東維吉尼亞州的地層裡挖出，並成功培養起來，那裡可是超過三公里深，屬於一億四千萬年前的三疊紀粉砂岩層。在太平洋深達近十一公里的馬里亞納海溝底的沉積物中，也能找到活生生的細菌。在南極大陸一個稱為惠蘭斯湖的冰下湖（一種被冰封在八百公尺厚的冰層下，近乎攝氏零下的水體）中，也有著極為茂盛的細菌群。它們高興地住在這個又黑又冷的地方，吃著岩石碎屑中的硫化物跟鐵化合物。

也有不少細菌喜歡熱騰騰的環境，我們稱之為嗜熱菌。最有名的一種，應該就是由微生物學家布洛克跟他的學生弗利茲一九六六年從美國黃石公園中蒐集到並培養出來的水生棲熱菌。在黃石公園裡一處叫做諾里斯間歇泉盆地的地方，有冒著騰騰蒸汽，被稱為蘑菇泉的七彩水塘，布洛克就是在這個攝氏溫度將近七十度的熱水中培養出這種細菌。為了要能在這樣的高熱中存活，水生棲熱菌體內有一種極為特殊的酵素，可以在高熱的環境下正常運作，複製ＤＮＡ。這種酵素後來成為一種稱為「聚合酶連鎖反應」（ＰＣＲ）技術的重要關鍵，這種技術可以大量增加ＤＮＡ的數量，廣泛用於各種遺傳學研究以及生物科技工程中，它的主要發明者（但不是布洛克）最終也因此拿下諾貝爾獎。

在海底的熱泉噴出口旁，也可以找到其他的嗜熱菌。這些細菌在此有助於穩定這裡的食物鏈。它們可以透過分解隨著溫泉熱水一起噴出的硫化物，製造自己所需的有機物。這裡的甲殼動物跟其他動物就靠著吃這些細菌過活。在這些熱泉噴口旁，還有一種體色豔紅、隨波搖曳的巨大管蟲，牠們沒有嘴也沒有消化道，不過可以靠著讓這些細菌住在體內來獲取所需的營養。

有人估計，地球上全部細菌的質量加起來，可能超過所有的動物跟植物的質量總和。它們從至少三十五億年以前就開始以各種形式存在周圍環境中，並且可以嚴重影響環境中的生物化學狀態，也連帶影響住在這個環境中的生物與牠們的演化。我們看不到周圍的細菌，那是因為我們的眼睛並沒有被調整到可以看到這種尺度大小的東西。事實上每三十克泥土裡面可能就有超過十億隻細菌，每一湯匙的清水中也可能有超過五百萬隻的細菌，不過我們聽不見它們劈劈啪啪地發出聲響。有一種被稱為海洋**原綠球藻**的海生細菌，在熱帶海洋中隨波逐流，像植物一樣行光合作用，它們可能是地球上數量最多的生物了。據估算它們可能有三千秭個，這數字寫起來會像這樣：3,000,000,000,000,000,000,000,000,000。

細菌有著各種不同大小與形狀，有的形狀怪異，有的尺寸差異相當極端。一般來說細菌平均只有動物細胞的十分之一大。不過有一種叫做**奈米比亞嗜硫珠菌**的細菌則相當巨大，尺寸逼近細菌大小的上限。它是一種在西非納米比亞海床上所發現的怪異生物，整顆細菌可以膨脹到直徑約四分之三公厘，體內充滿了像珍珠一樣的小泡，而這些小泡裡面都塞滿了硫。至於**人黴漿菌**大概是最小的細菌之一。這種細菌很小，體內的基因體也小，並且沒有細胞壁。不過它們一樣能夠侵入人類細胞，並且造成泌尿生殖道的感染。

至於細菌的形狀如前所述，可以從桿菌、球菌、絲菌到螺旋菌，並各有不同的變種，有些很明顯是為了移動或是為了能穿透而出現的變異。現在我們知道，不管孔恩多努力或信念多堅強，這些細菌的形狀都不是判斷它們親緣關係時的可靠線索。形狀可因適應而來，而適應最終可能趨同到看起來像擁有同一個祖先一樣。圓形可能有助於細菌抵抗乾燥。變長成為桿菌或是絲菌則可能有助於游泳，而鞭毛則確定有助於游動。最近在南非白金礦場深處一種獨特的物質「礦場黏質」[95]中，找到一種橫切面呈現星形的絲菌，它們很可能可以透過這樣較大的表面積，在這種貧瘠的環境中吸收養分。利用螺旋轉動來運動的螺旋菌，像是造成梅毒以及萊姆病的螺旋體，則很明顯可以透過這種扭動的方式，穿過其他細菌無法穿越的障礙，比如人體器官的外膜、黏膜，以及隔開我們循環系統與中樞神經系統最重要的障礙——一旦穿過往往會造成致命的後果。不過即使形狀運動性沒有那麼強的細菌，像是比較短的棍狀細菌如桿菌、球狀的細菌如球菌，或是彎曲如逗點的菌體，都足以讓許多細菌適應良好，也讓它們造成許多疾病，像是炭疽、肺炎、霍亂、痢疾、血紅素尿症、眼瞼炎、咽喉炎、猩紅熱或是面皰等等。

大多數細菌都習慣過著單打獨鬥的日子，自食其力過活，有些細菌則會聚在一起，或是成對，或是成團、成鏈狀，或是形成聚落。造成淋病的球菌常常倆倆黏在一起，形成像咖啡豆一樣兩瓣的形狀，因此被稱作**淋病雙球菌**。有一種細菌的屬名叫做「葡萄球菌」（*Staphylococcus*），這個名稱來自於希臘文中「小顆粒」（kókkos，就是球狀的意思）以及「一串葡萄」（staphylè），因為這種細菌喜歡結成一串。在四十種葡萄球菌裡面，大多數都是無害的，不過其中一種金黃色葡萄球菌，則可能造成皮膚感染、鼻竇炎、傷口感染、血液感染、腦膜炎、毒性休克症候群，以及很多其他嚴重的疾病。如果你又很不幸的，碰到的是這群小葡萄球菌裡面可以抵抗抗生素的那一種，比如說像是抗藥性金黃葡萄球菌這種透過水平基因轉移所創造出來的怪物（之前提過水平基因轉移，稍後我會再回到這一點上），那你可就真的慘了。至於鏈球菌家族，包括那些會導致膿痂疹或是風溼熱的細菌，則喜歡接在一起像一串珠子一樣。

細菌有時候也會在某些表面上形成堅硬而複雜的膜狀構造，像是在海床的岩石上、水族箱的玻璃上，或是在病人新裝的人工髖關節的金屬球上——在這裡，它們可能會協力分泌出一種黏液狀的胞外基質，透過這種構造，它們可以互相滋養，維持穩定的環境，一個可以互通有無的小基地，甚至保護自己不受到抗生素的傷害。這種被稱為生物膜的滑溜構造，可以薄如一張衛生紙，或是厚如一層積雪，並且可能有數種不同細菌參與其中。有一種名為鮑氏不動桿菌的細菌，就因為常常在醫院裡乾燥而且看似乾淨的物體表面留下一層頑固的生物膜，因而惡名昭彰。

至於藍綠菌，包括前面提過那不可勝數的**原綠球藻**，可以將光線轉換成能量，而地球上大部分的氧氣，則是伴隨這過程所產生的副產物。紫硫菌也會行光合作用，不過它們不用水而用硫或是氫當作原料，也不會製造氧氣。還有無機營養菌（lithotrophic bacteria），被稱為專吃石頭的細菌，可以從鐵、硫或是其他無機化合物中獲得能量。細菌獲取能量的方式之巧妙而多樣，可能遠超過你的想像。最近，日本的科學家也找到一種叫做**大阪堺菌**的細菌，可以消化塑膠。還有一些頗具創意的海洋細菌，比如像**鹽海桿菌**，在深水地平線鑽油平台漏油事件時，靠著分解那些碳氫化合物而嶄露頭角。至於其他細菌，則可以大啖垃圾、下水道汙物、各式各樣的無機化合物、植物、真菌甚或是動物組織（包括我們人類的肉）維生，有些需要氧氣有些則不需要。乳酸菌有些像桿菌有些則像球菌，常常現身在乳製品中，忙碌著讓碳水化合物發酵，同時又免於受到自己製造出來的酸的傷害。

這些細菌中有不少也相當喜歡喝啤酒。

當渥易斯在一九七七年第一次檢視他那些產甲烷菌的指紋時，可能還不知道細菌有這麼多獨特的性質，但是他必定已經知道細菌的廣泛性、多樣性以及各種可能性。沃爾夫則更不用說了，畢竟他的微生物基礎是師從范尼爾以及其他學者。渥易斯第一次看到實驗初步結果時的反應，一定非常激動而且驚訝，他不只告訴福克斯以及自己實驗室成員，在他們重複分析第一種產甲烷菌 delta H 之後，他也跑去告訴沃爾夫。沃爾夫在回憶錄上寫道：「卡爾的聲音聽起來充滿了懷疑，他說：『沃爾夫，這些東西根本就不是細菌』」[96]。

第二十二章

三十九年之後，當我打電話到厄巴納給沃爾夫時，他也說了一樣的故事，不過內容比較詳細。那時候他已屆九十三歲高齡，是一位孱弱卻優雅而笑容可掬的老紳士。彷彿不甘於退休似的，他仍是大學微生物學的榮譽教授，保有自己的辦公室並且常常過來。在他桌子後面的牆上，掛著伏打所發明的電火花槍復刻品，那是一具外型貌似手槍的裝置，伏打在一七七〇年代為了測試沼氣（其中包含甲烷）的可燃性而發明這套裝置。沃爾夫的桌上放了許多論文、書籍，還有一台電腦。

當年渥易斯的實驗室位於靠近南古德溫大道的莫里爾大樓，沃爾夫的實驗室則在隔壁樓，兩棟建築之間有通道，渥易斯有時候會為各式各樣的事情吵吵嚷嚷地跑過來。沃爾夫回想起當天的情況，說：「那天他走到這棟大樓，剛好看到我，然後他說：『沃爾夫，這些東西根本就不是細菌。』」為了讓我能夠理解，沃爾夫溫和地笑了一下，重現當年的情境。

「卡爾，它們當然是細菌。」沃爾夫告訴他，這些東西在顯微鏡下面看起來就像是細菌。但是渥易斯不用顯微鏡，他從來就不碰這些東西。他用核糖體ＲＮＡ的指紋來看細菌。

在被潑了冷水拉回現實後，渥易斯說：「但是它們跟我所看過任何東西都毫無關聯。」沃爾夫說：「就是這句關鍵的論點改變了一切。」

第二十三章

「我們進入快轉模式」[97]，渥易斯在關於這些事情的記載中如此回憶道。到了一九七六年底，他的團隊已經又多建立了五種產甲烷菌的指紋跟一覽表，還有更多的細菌正在生產線上分析。他寫道，可以肯定的是，根據這些新的一覽表，它們全都不屬於當時一般人所認知的原核生物，當時所謂的原核生物指的就是細菌，而且也只包含細菌。而這些生物也都不是真核生物。但是「它們都屬於同一類生物」，它們屬於前兩種生物之外的第三種生物，是一種迄今完全出人意料的生物。渥易斯開始認真思考，他可能需要宣布發現了一個新的生物界來容納這些生物，以及表現它們的獨特性才行——為此，他必須要想一個新名字，還要創造一大群新種類。當然，這其實並不是真正新的生物界，而是一種新**發現**的生命型態，它們存在已久，卻從未被發現過。隨使用者的喜好而定，這群生物或許可以被稱之為新的生物「界」，或者新的「原界」，甚或是新的「域」。

渥易斯相信這個還沒被發表的大發現，將是「一個難能可貴的機會，可以好好地對演化論進行一場預測性檢驗」[98]。他所指的，是達爾文的演化論，而不是其他任何人的演化理論。達爾文主張生物特徵可以代代相傳，並且隨著時間過去，會出現一定程度的隨機突變，達爾文的理論還解釋，

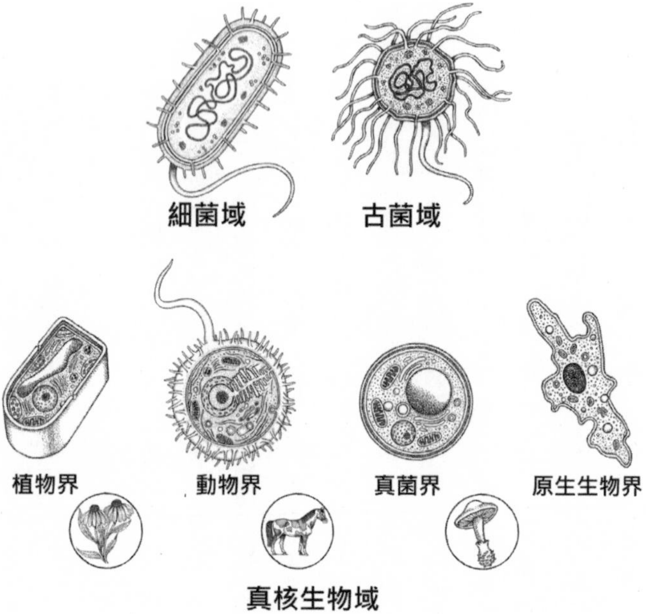

生物三域跟（真核生物中的）四界，以及代表這四界的四種細胞。
（Illustration by Patricia J. Wynne.）

天擇會形塑這些變異，讓生物產生適應性以及多樣性。渥易斯認為，如果他初步的發現沒錯，那麼他的發現應該可以預測出將來會慢慢浮現的新證據跟新發現。

渥易斯假設16S核糖體RNA是一個相當緩慢的分子時鐘，只有少數特定的突變，據此推論出他所新發現的「界」，必定是很久以前就分家的。所謂**很久**的意思，是說將近生命誕生之時，也就是大約三十五億年以前。現在他要勾繪出這個界的範圍與特性。渥易斯跟他的團隊又分析了更多在這一界裡的細菌——更多產甲烷菌，也可能還有其他微生物，都可以透過它們的RNA片段一覽表，跟其他生物區分開來。渥易斯預測了兩件事：首先，儘管增加了樣本，這個未知界裡的生物跟其他生物，應該還是會有相當大的不同；其次，這個未知界裡的生物應該也充滿多樣性。渥易斯寫道：「去檢驗這兩個演化預測，讓我們以此為起點再出發。」[99]

八月，渥易斯的團隊在《分子演化期刊》，也就是楚克坎德爾一直擔任編輯的那本期刊上，刊登一篇刻意精簡過的論文，預告即將要發表的結果。找上這本期刊發表非常合理，因為它完全符合這項研究的主題。楚克坎德爾從當年作為鮑林的親密戰友開始，就很清楚地闡述過一項前提：物種譜系的分支，「基本上應該只依靠分子資訊來定義才對」[100]。現在，渥易斯的團隊就這樣把它運用在論文中。在他們的研究裡所謂的分子資訊，指的就是他們最早定序出來的兩種產甲烷菌的核糖體RNA序列。其中一種產甲烷菌，是一株從芻胃（也就是牛肚子裡面）中分離出來的瘤胃產甲烷菌。這是渥易斯在大學乳業科學系的朋友所送的禮物。另一株細菌就是簡稱為 delta H 的嗜熱自養甲烷桿菌，也就是渥易斯口中那英文名稱有十四個音節的怪物。嗜熱自養甲烷桿菌住在高溫的環境中，靠著代謝氫氣維生。我曾問過沃爾夫，他們是從哪裡找到 delta H 這株特別的細菌？

「是從這裡的汙泥中分離出來的。」說得詳細一點，是從下水道汙泥消化槽中分離出來的。

「就在厄巴納？」

「對。」

這篇低調論文的第一作者，就是沃爾夫的博士班研究生鮑爾奇；主要是靠著發明可以培養以及標記細菌的密封管狀培養系統拿到第一作者的資格。沃爾夫告訴我：「有這項技術，我們才有辦法幫渥易斯做實驗。因為所有東西都是密封的，我們才能把磷32加到細菌培養液中。」還記得嗎？磷32帶有放射性。「之前的培養系統，必須一直打開塞子，把裡面所有的東西沖出來，帶有放射性物質的話，那可是一場夢魘。」透過鮑爾奇的系統，他們可以將磷32用一根穿過黑色橡膠塞的針筒注射到細菌培養液中。鮑爾奇負責培養細菌，福克斯把RNA抽出來，渥易斯當時有一名可靠的年輕助理瑪格倫，負責準備帶有細菌指紋的底片，給渥易斯分析（在瑪格倫之前，是波嫩負責這項工作，兩人的名字碰巧都是琳達：琳達．瑪格倫與琳達．波嫩）。這三個人加上沃爾夫本人，都名列論文的共同作者，而渥易斯的名字在最後面，代表他資深作者的身分。這篇論文中除了描述他們的實驗方法，也很平鋪直述地表示這兩種產甲烷菌，看起來並不像「典型」的細菌[101]。論文中說道，這種分歧或許代表了「一次最古老而尚未知的種系發生事件」[102]——這雖是個重大宣布，不過卻模稜兩可到沒有受到太多的重視。

十月，渥易斯的團隊又發表了第二篇論文，這次他們發表在一篇觸及性廣泛得多的期刊上，那就是《美國國家科學院院刊》，簡稱《PNAS》。這一次，福克斯是第一作者。在論文中，他們呈現了十種產甲烷菌，比較每一種產甲烷菌與其他九種的相似性，以及與其他三種「典型細菌」（作者仍相當謹慎地如此稱呼它們）的差異。福克斯發明的一種簡單的測量法，用一種帶有小數的係數，呈現不同細菌種類相似的程度。透過比對其中一種細菌跟其他十二種細菌，我們可以看出誰跟誰最相似，又有多相似。他把資料整理在一張長方形表格中，每種細菌的名字列在最左欄，由上而下排列；同樣的名字也列在表格最上列，從左向右排列。這有點像是城市距離表，在兩個名稱交會處的數字，代表了這兩個城市之間的距離。而在福克斯的表格上，兩個細菌名稱交會處的數字，代表的是它們的相似係數。透過這個係數，加上之前的假設：相似性代表了親緣關係，福克斯接著畫出一張橫向樹狀圖，很像一張美國大學籃球聯賽賽程的樹狀圖，只不過這圖不是直立的。事實上，這是一棵貨真價實的樹，一棵渥易斯時代的生命樹。將來還會有其他的樹狀圖出現。

在這棵生命樹上，「典型細菌」占據了一支主幹，而其他十種產甲烷菌，則統統分到另一支主幹上。在論文中他們如此敘述：「這些生物，看起來跟典型細菌的關係都很遠。」[103]跟上次一樣，這五位作者的論點非常含蓄，遠少於他們真正相信的事實。「典型細菌」其實只是個非常巧妙的權宜名稱，很快就會消失。

一個月後，第三篇論文，是最大膽且最引人注目的一篇，一樣發表在《PNAS》上面，而這次作者欄中只有渥易斯跟福克斯兩人。論文的標題隱隱暗示了他們的企圖：重新分類「原來的生物界」。這篇論文中他們再次呈現福克斯的係數表，再次比較產甲烷菌與其他生物，同時也再次跟「典型細菌」作比較，但是他們也把數種真核生物納入比較，包括了一種植物與一種真菌。他們的結論相當激進：在生命樹上應該有三支分支，而不是兩支。史坦尼爾跟凡尼爾所提出的原核生物—

真核生物二分法，雖然廣為生物學家所接受，但是是錯的。「生物應該有第三界」[104]，渥易斯跟福克斯如此寫道，第三界包含，但很可能不限於產甲烷菌。渥易斯跟福克斯解釋，產甲烷菌不是細菌，它們也不是真核生物，它們是另一種生物。

這兩位作者幫第三界暫時命名為古細菌界（archaebacteria）。Archae 這個字暗示著 archaic，就是古色古香的意思，這是因為產甲烷菌看起來如此古老，它們的代謝系統很可能是為了適應大約四十億年前的早期地球環境，一個遠早於大氣中富含氧氣的時代。渥易斯在一篇《華盛頓郵報》的專訪中，把這個論點講得很清楚。他說道（或被如此引述道）：「這些生物喜歡充滿氫氣與二氧化碳的大氣，這正是我們假設早期地球的樣子。」[105]他接著補充：「沒有氧氣，而且非常熱。」不過「古**細菌**」這個名稱的後半部，倒是模糊了原本的大發現裡面最重要的一點。渥易斯曾向沃爾夫這樣宣稱：這些東西根本就不是細菌式生物。它們太不一樣了。而沃爾夫跟渥易斯說古細菌是個非常糟糕的名字。如果這些東西不是細菌，那為何要保留「細菌」兩個字在名稱裡面呢？這個暫時性的命名，卻流傳了數十年，一直到後來修改成另外一個好多了的名稱，一個可以完整自我代表的名稱，那就是：古菌＊。

第二十四章

當我跟福克斯坐在厄巴納校園旁一間單調的披薩店時，他早已不是當年那位高瘦的年輕人了。那時渥易斯的追悼會開幕式已經結束，我在餐廳裡看著福克斯吃著單調的披薩。福克斯這個人喜歡簡單的東西、簡單的食物，所以當他聽到我點了一份義式紅椒臘腸與蘑菇披薩時，退縮了一下。已屆六十九歲的福克斯身材寬廣，下巴細瘦，時間幾乎都花在實驗室與課堂上。他的臉上早已不再戴著一九七〇年代的那副牛角框眼鏡，而是改成一副金屬細框眼鏡。過去的一頭棕髮，現在也從鬢角處開始發白，不過當他回想起當年在渥易斯實驗室的時光時，藍色的雙眼仍散發出一股光芒。福克斯現在是休士頓大學的教授，特別飛過來參加這場由卡爾．渥易斯基因體生物學研究所主辦的渥易斯追悼會。他是幾位受邀講者之一。從這間研究所的名稱看來，渥易斯無疑已成為伊利諾大學的招牌之一了。

福克斯的學術生涯總共歷經三個單位：他現在任教的休士頓大學，已經快三十年了；在此之

＊譯注：古菌的英文是 archaea，已經沒有細菌（bacteria）那個字根了。

前，他在伊利諾大學渥易斯的實驗室當博士後研究員；再更早以前，則在雪城大學念書，並在那裡拿到博士學位。福克斯會來到厄巴納純屬偶然，起因是在雪城所發生的一些巧合，渥易斯正是在雪城長大的。當福克斯在雪城念書時，他加入了大學裡的職業工程兄弟會西塔．陶*，而渥易斯的父親（剛好也叫做卡爾．渥易斯）正好是這個兄弟會的創始者之一，因此，福克斯自然對這個名字耳熟能詳。當福克斯的興趣開始從化學工程變成理論生物學時，他注意到渥易斯（是兒子而不是父親）過去所發表的幾篇論文，並且深受它們吸引。特別是其中一篇，在這篇發表於一九七〇年的論文中，渥易斯用一種「棘輪」的機制來描述核糖體如何製造蛋白質[106]，裡面的想法十分瘋狂有趣，也是十分大膽的提議，不過後來細節均被證實是錯誤的。於是，福克斯寫了一封信給渥易斯，希望可以在他實驗室做博士後研究員；而渥易斯則將福克斯與雪城的關聯，看成是一種命運。確實，在索金這位終極修理工兼博士班學生離開之後，渥易斯的實驗室就多出一個空缺，於是他將這個機會給了福克斯。

福克斯一邊吃著披薩喝著可樂，一邊告訴我：「我們沒有討論過薪水，他也從來沒有寄任何錄取信給我，一切都是口頭承諾。」單憑這種承諾，福克斯就結了婚，然後帶著妻子在那年的秋天來到厄巴納。他毫無預警地出現在實驗室，在門口遇到一位不怎麼起眼的人，下半身穿著牛仔褲，上半身則是一件皺襯衫，手上拿著一大串鑰匙。「這人看起來真他媽像個管理員。」福克斯報上自己的名字，準備講點好話希望他可以放行。不過那人卻說：「不會吧？！歡迎歡迎！」原來他就是渥易斯。

「他帶我到辦公室坐了下來，然後……」福克斯有點遲疑，然後問我：「你有紙嗎？」接著他在我的黃色筆記本上，畫下實驗室的格局。他畫了一個長方形，然後把它分成三段。福克斯跟我解釋道：「這就是實驗室的格局，主要有三個隔間。中間這一間，就是這裡，放著燈箱，渥易斯通常就在這裡工作。瑪格倫跟呂爾森在這裡，最左邊這間房間。最右邊則是渥易斯的私人辦公室以及電泳室。放射性物質操作間以及暗房則在走廊的另一側，然後是三間只比衣櫃稍大一點的空間，那是儲藏室。」渥易斯把自己辦公室裡面一張桌子當作是福克斯的位子，然後就讓門開著，「這樣他就可以隨時看到我」。這就像當時對年輕的呂爾森一樣，只不過福克斯是一名博士後研究員，他還在試用期。

一開始的時候，渥易斯叫福克斯去把5S核糖體RNA的序列片段拼湊起來。5S是核糖體RNA裡面長度最短、訊息量最少的一種分子；這樣做有點像是讓福克斯可以盡快認識實驗室裡面的工作內容。不過因為最主要的計畫有了出人意料的結果，這迫使渥易斯開始訓練福克斯，希望他可以成為一名實驗操作者。但是福克斯知道做實驗完全不是自己的強項，他比較希望可以做「偏向理論的東西」，像是關於分子資料的深度演化分析——那些今日我們稱之為生物資訊的東西——也

＊譯注：西塔．陶是希臘字母的音譯（θ、τ），美國兄弟會皆以兩到三個希臘字母命名。

就是渥易斯本人在做的東西。他想要判讀序列，做出可以回推到三十億年，甚或更久以前的結論。但是渥易斯比較希望他去做實驗，產生資料。「我的壓力很大。」福克斯事後回想起來說道。他的壓力來自於渥易斯的期望，以及他自己想做的事和他的實驗技巧之間。「我所能做的，就是每隔兩天就帶來一些新的創見，這樣渥易斯才會允許我繼續從事序列比對的計畫。」一旦沒有超過這個幾乎無法達成的標準，他就會被放逐回實驗桌前，去養那些充滿放射線的細菌，抽取它們的核糖體RNA。但是福克斯卻一直不斷地、即時地展現給渥易斯看，他身為一名思考者的價值。漸漸地，他證明自己不但足以勝任比對序列的工作，同時也夠格成為渥易斯最信任的一名搭擋，因此當他們在一九七七年發表那篇顛峰論文，宣告找到第三個生物界的時候，福克斯可以成為唯一的共同作者。

第二十五章

我很好奇當年的科學界如何看待渥易斯那篇宣告，所以早在跟福克斯吃披薩之前數月，就問了沃爾夫。

「那根本是場大災難。」沃爾夫緩緩說著，然後他滿懷著對朋友的同情心，解釋給我聽，為何渥易斯宣稱發現了第三個生物界這件事——包括這個宣稱本身的內容，以及他宣告的方式——看起來都跟其他同儕格格不入。問題的關鍵，是一場新聞發表會。

渥易斯實驗室的經費來源有兩個，一個是美國國家科學基金會，另一個則是美國國家航空暨太空總署的地外生物學計畫，這個計畫的主旨，是在研究地球以外的生物——假設牠們真的存在的話。或許這是因為計畫管理者認為，渥易斯對於早期地球生命的研究，有助於釐清關於其他行星上面生命的疑問。當這一系列關於「產甲烷菌不是細菌」的論文中，第一篇《PNAS》的論文發表前夕，渥易斯接受聯邦政府的建議，允許華盛頓方面率先向大眾公布他的研究結果。但是若是照那個年代一般科學界的做法，渥易斯應該讓論文就這樣安安靜靜地刊載於十一月號的《PNAS》上面，讓論文為自己發聲才對。儘管沃爾夫對這個計畫參與甚深，但是卻對此毫不知情，直到有一天，一位共同的朋友，無意間說出明天會有一場新聞發表會的事情，他才知道。「什麼新聞發表會？」沃爾夫這樣問。

消息洩漏了，這真是極其無禮的狀況。沃爾夫告訴我：「幾分鐘之後，卡爾就跑來我的辦公室，跟我解釋。」

沃爾夫在重述這件事的時候，並沒有表現出不高興的樣子。一如巴爾札克的《人間喜劇》講述眾生百態，卻未必每齣都是喜劇；渥易斯所犯的錯，僅僅只是朋友之間的溝通不良，但是卻是發生在一位他很重視的朋友身上。要真正知道到底發生了什麼事，可能要一併回顧好幾年以前渥易斯所受到的屈辱，而他為此耿耿於懷相當長一段時間。沃爾夫說：「他以前在巴黎發表了一篇報告。」這篇報告，就是那篇引起福克斯興趣的棘輪模型，同樣是一個相當聰明，但可惜結論並不正確的研究。渥易斯偶爾靈光一閃，憑空構思出核糖體製造蛋白質的機制，並稱其為「往復式棘輪機制」。渥易斯認為RNA會卡進核糖體的構造裡面，將一個胺基酸加到蛋白質鏈上之後，凹槽往前移動，再加上一個，再往前移動，但是永遠無法回頭。

沃爾夫說：「他沒有提出任何證據，僅僅只是提出這樣的概念而已。」在巴黎這場會議的聽眾裡面，大概有一些重量級學者像是莫諾、賈柯還有克里克等人，渥易斯跟他們可能比跟其他人稍微熟稔一些。沃爾夫說：「那是午餐前最後一篇論文報告，但是報告完後沒有任何人提問，大家就這樣站起來離開，去吃午餐了。這讓渥易斯非常受傷，這幾乎是他的致命傷。他對其他科學家這樣的行為感到極為憤怒。他跟我說『我保證，下一次他們絕對不會再忽視我。』所以，這就是他後來這場新聞發表會背後的原因。」

華盛頓方面開了新聞發表會，大概禁止提到論文發表日期。一九七七年十一月二日，所有來過發表會的人，都知道了生物第三界的事。第二天，根據那場發表會的內容，以及三小時在渥易斯辦公室的專訪，一位《紐約時報》的記者在頭版發表了這則新聞，就放在我前面提過的那張照片下面，渥易斯那雙穿著愛迪達球鞋的腳，翹在一張凌亂的書桌上，下面則是寫著強調「古代」的新聞標題：〈科學家發現了早於高等生物出現之前的另一種生物〉。這篇報導由《紐約時報》的資深記者理查．里昂執筆，是這樣開頭的：

專門研究原始生物演化的科學家，在今天宣稱他們找到一種在自然界極為罕見的新型態生物。他們稱這種生物屬於「第三界」，它們是古老的細胞，厭惡氧氣，會消化二氧化碳以及產生甲烷。[107]

跟其他家媒體比起來，這篇報導所講述的內容大致正確。《華盛頓郵報》的報導比《紐約時報》的差一些，他們說渥易斯宣稱自己發現了「地球上最早的生命型態」，暗示了這種出現於生命誕生之初、全世界最早的生物，不知道怎麼就這樣在四十億年前自我組合起來，然後存活至今，占據了二十世紀厄巴納的下水道。完全錯誤。《芝加哥論壇報》錯得更離譜，他們說這個**嗜熱自養甲烷桿菌**（而且他們還拼錯字）並沒有留下任何化石紀錄，因為它在岩石都還沒出現的時代就「演化出來然後藏了起來」。「什麼岩石？」沃爾夫說：「這根本毫無意義。」《芝加哥論壇報》的報導甚至還有個更讓人昏頭的標題，它說〈類火星蟲可能是最早的生命〉。透過合眾社以及同質性媒體，這新聞就這樣傳了出去，從大報一直到像賓州的《黎巴嫩日報》這樣的地方小報，標題都是類似的強調「最古老的生命」，而不是著重在產甲烷菌與其他所有（典型）細菌之間的差異。從最低限度來講，那些散播「最古老生命」的報導，可說是完完全全偏離了渥易斯跟福克斯所想提出的論點。類似「最怪的生命形式」這樣的標題，可能還稍微有點抓住重點。

沃爾夫認為，問題不只存在於透過新聞發表會發表科學研究成果會導致偏差而已，渥易斯本人也缺少透過語言解釋的能力。他從來就沒有發展這一項技巧，讓自己成為一名合格的講者。當他偶爾有機會站在聽眾面前（這已經不怎麼常見了），他常常會深思，支支吾吾地尋找合適的字彙，欲言又止，這樣子通常很難啟發或說服群眾。一九七七年的十一月的那幾天，他忽然有機會成為世界的焦點。

沃爾夫告訴我：「當記者打電話給他，想要了解整件事情時，渥易斯完全無法與他們溝通，因為他們聽不懂他使用的字彙，最後他只說了：『那是第三種生命。』哇，真厲害！然後事情就一發不可收拾，他們就開始寫出一切你所能想到，最不科學的報導。」這場新聞發表會的後遺症，就是大量普通新聞報導完全掩蓋了那篇發表在《PNAS》上的嚴謹論文，根據沃爾夫的看法，許多完全不知道渥易斯的科學家，就直接下結論說「他是瘋子」。

沃爾夫自己就馬上從同事那裡聽到這樣的評語。一九七七年十一月三日早上，沃爾夫接到的許多電話的其中一通，來自當時分子生物學的巨人，也是一九六九年的諾貝爾獎得主盧瑞亞，就從他口中冒出這句文明而恣意的四字批評。在沃爾夫剛開始任教於伊利諾大學時，盧瑞亞還在那裡擔任教授，現在他則遠從麻省理工學院打電話來，說：「雷夫＊，你一定要跟這整件瘋事撇清關係，不然你會毀掉自己的事業。」[108]盧瑞亞看到報紙上的報導，但還沒有看到《PNAS》上面那篇論文，沃爾夫將佐證資料寄給他之後，他就再也沒有打電話過來了。但是巨大的傷害已經造成。在盧瑞亞之後，又有其他人打電話過來，沃爾夫後來在自己的回憶錄上寫道：「我真想爬到什麼東西下面然後躲起來。」[109]

沃爾夫還對我說：「我們接到一大堆電話，全部都是負面評語，大家都對這件胡扯的事情感到憤怒。科學界完全拒絕接受這件事。也因此，這整個概念就這樣被延宕了十到十五年。」沃爾夫自己覺得深受此事傷害，他的職業聲譽因此岌岌可危。因為發自深處反對這個由媒體所披露的科學研究，科學界連帶地也築起了一道拒絕接受「古菌是不同形式生物」的高牆。沃爾夫說：「當然，卡

＊譯注：沃爾夫的名字。

爾在整個八〇年代都相當怨懟，到九〇年代才漸漸好轉。他很氣憤於學界不接受他的第三界、他的親緣關係說以及分類法。」一如之前史坦尼爾與范尼爾，或是更早以前的孔恩的遭遇一樣，細菌分類學再次成為熱門爭論話題。這次的證據是分子，而這個故事在大尺度上，更深層的意義則關乎生物演化。

第二十六章

我們很難透過事後回溯的方式，體會渥易斯從一九七七年之後十年間所受到的質疑、排擠與嘲諷有多嚴重，有些時候我們也可能高估了嚴重性。他必定曾遭遇到一些不平，特別是在美國。不過，那些反對他的大發現的聲量，其實在他發表另一篇論文之後，漸漸開始有軟化的跡象。這篇論文同樣是跟沃爾夫以及鮑爾奇共同發表，這次他們除了16S核糖體RNA的資料，又提供更多種證據以支持產甲烷菌確實是一種與眾不同的生物。另一方面，他對於新成立生物第三界的主張，在德國倒是非常受歡迎。

德國的科學家——特別是其中三位科學家——也不約而同地有類似的發現。第一位是來自慕尼黑的植物兼微生物學家坎德勒。他對於細胞的細胞壁特別感興趣，而且碰巧在一九七七年初造訪過厄巴納，透過沃爾夫的介紹認識了渥易斯，那時候這一系列的論文都還沒發表。「沃爾夫帶他來我的辦公室，想聽我跟福克斯的親口說法，」[110]渥易斯在回想起跟坎德勒會面時，這樣寫道：「我想他微笑了一下。」不管他有沒有笑，坎德勒很快就接受產甲烷菌是與眾不同的一種生物，這其實是因為他自己也早就在懷疑這件事了。沃爾夫跟渥易斯都不知道坎德勒那時的研究結果：至少一種產甲烷菌的細胞壁極其不正常。它的細胞壁沒有肽聚糖。還記得**肽聚糖**這種排列成格子狀的分子可以強化細胞的細胞壁嗎?它也是史坦尼爾跟范尼爾主張用來定義所有原核生物的特徵之一。但是在坎德勒所研究的產甲烷菌身上完全沒有這種東西。他還告訴渥易斯，在其他某些極為特殊的非典型細菌身上，好像也沒有肽聚糖細胞壁。這些細菌喜歡生活在高鹽的環境中，因為這種特性，它們被稱為嗜鹽菌。就是鹽分愛好者的意思。

坎德勒這個關於異常細胞壁的提示，倒是讓福克斯想起了一些事。他記得以前在上微生物學的時候曾經聽老師說，除了那些極端的嗜鹽菌以外，所有的細菌都具有肽聚糖。現在德國人的說法提醒了他，於是他馬上去圖書館查證，在這個過程中，他發現另外一個關於如何定義第三界生物特徵的線索。在這裡我們又要開始談一些專門知識，不過我會盡量簡單解釋，這跟一些特殊的脂質有關。

脂質是一大群分子的總稱，其中包括了脂肪、脂肪酸、臘、某些維生素、膽固醇，還有其他的分子。脂質對於生物來說用途極廣，它可以儲存能量、傳遞生化訊號、也可以當作組成細胞膜的基本成分。福克斯在圖書館裡四處搜尋，結果發現嗜鹽菌的脂質跟其他細菌都不一樣。它們因為幾個關鍵的化學鍵不同，因此在結構上大異其趣。渥易斯再度大吃一驚:**天呀!這些愛吃鹽的傢伙有個完全不同的脂質，就跟我們的產甲烷菌一樣**。其實嗜鹽菌有著奇怪的脂質分子，早在十幾年前就被人報告過了——也就是福克斯在圖書館裡面找到的文獻——只不過沒有人對此事下過任何結論。對其他人來說，這只是某個不足掛齒的怪事而已。但是對渥易斯來說，這件事剛好可以配合他那引起

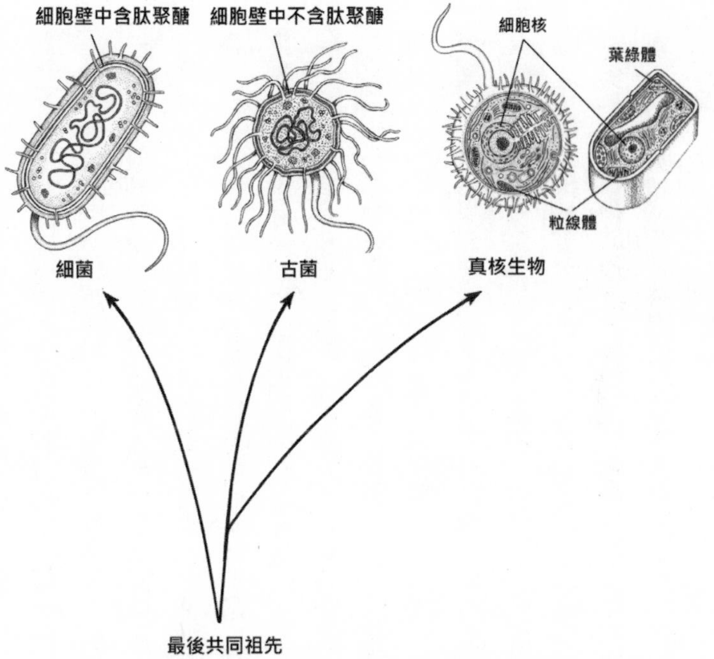

生物三域：細菌、古菌、真核生物。
（Illustration by Patricia J. Wynne.）

騷動的大發現，成為整個架構的一部分。「我在研究生涯中從未注意過脂質，不過現在我們倒是滿腦子都想著脂質。」[111]

不只嗜鹽菌有奇怪的脂質。福克斯後來發現另外兩種喜好極端環境的細菌，屬名分別是**嗜熱菌質體**跟**硫化葉菌**的細菌，也都一樣有奇怪的脂質。這兩種細菌都喜歡又熱又酸的環境，比如附近有火山活動的溫泉區域。用專業術語來說，它們是「嗜熱」跟「嗜酸」的。從我們的觀點來看，這些都是反常的小怪物。這兩種細菌最近才剛被分離出來，一種來自廢棄的礦坑，另一種則來自黃石公園的溫泉。它們都被送到布洛克的實驗室進行特徵分析。布洛克就是之前提過水生棲熱菌的共同發現者。因為福克斯認為怪異脂質有重要的關聯，渥易斯取得樣本之後開始試著培養它們，並想要製作它們的基因一覽表。

有鑑於這些事情很可能互有關聯，渥易斯忽然想要研究嗜鹽菌，驗一下它們的指紋。他推測：「如果這些細胞壁真的有什麼意義的話，那麼這些極端的嗜鹽菌搞不好可能屬於我們那群新而且『與眾不同』的細菌呢。」[112]此時福克斯已經離開實驗室，去休士頓大學工作，因為實驗室裡其他成員也都十分忙碌，渥易斯沒有時間等待另一名博士班學生或是合作者出現，於是決定親自下海做實驗。幸好，培養嗜鹽菌是件相對簡單的事。「我穿上防酸的實驗衣（掛在我辦公室門後十年了），回到實驗桌前。」他把從同事那裡拿到的細菌樣品大量培養，然後用磷32標記它們，再把它們送給呂爾森進行下一步驟：抽出並純化這些帶有放射性的ＲＮＡ。然後這些東西再從呂爾森的手上送給瑪格倫——「值得信賴的琳達」，渥易斯都這樣叫她——由她負責跑電泳，將ＲＮＡ分離開，然後再曝光在底片上。幾個月之後，他們就做出了嗜鹽菌的一覽表。「結果並沒有讓我們失望。」渥易斯這樣寫道。這又是另一群怪東西：不是細菌，而是一群古菌。

嗜鹽菌的研究就到此為止。渥易斯開始轉頭研究起那些嗜熱與嗜酸菌。當他的團隊也取得廢棄礦坑細菌的指紋後，渥易斯把論文寄去《自然》期刊，在論文中他展示了新的核糖體ＲＮＡ一覽表，並且宣稱這些細菌也屬於古菌。但是《自然》拒絕了這篇論文，而拒絕信的內容大意就是說：

「誰在乎呢？」

第二十七章

但是那三位德國科學家在乎。除了後來跟渥易斯變成好友的坎德勒以外，還有時任慕尼黑馬克斯普朗克生化研究所所長的齊里希，他是一名優秀的生物學家，以及齊里希的同事史戴特。年輕的史戴特以前正好是坎德勒的學生。那天下午，坎德勒與渥易斯見面，在聽完他的第一手證據以及十足激進的想法之後，帶著這些資料回到慕尼黑，分享給當時仍是委任研究員的史戴特。史戴特當時身兼二職，一邊在慕尼黑大學坎德勒的研究所裡面教書，一方面也在齊里希的研究所裡主持一間實驗室，每日就這樣穿梭兩地之間，因此有機會把坎德勒從美國帶來的消息，橫跨半個慕尼黑，傳到齊里希那裡去。不過，當他在馬克斯普朗克研究所的星期五專題報告上首次講出這第三手消息時，齊里希的反應卻十分冷淡。齊里希生於一九二五年，二次世界大戰時年輕的他正值役齡，因此對於納粹主義以及戰爭的種種必定記憶猶新。根據薩普在幾十年以後的回憶，當一九七七年史戴特講完他從坎德勒那裡聽到關於渥易斯所主張的生物第三界時，齊里希挖苦道：「第三帝國？」他厲聲說著：「我們早就受夠了第三帝國！」[113] *

* 譯注：生物分類第三界的英文是 the third kingdom，也是第三王國的意思，這讓齊里希想到了希特勒的第三帝國。

不過在幾個月之後，當齊里希聽到渥易斯手上握有關於嗜鹽菌獨特性的資料，而這些資料正好跟他關於產甲烷菌獨特性的研究結果互相匹配時，他就不再抱持反對的態度，反而開始對此事產生興趣。他跟史戴特調整研究方向，開始研究起一種叫做RNA聚合酶的蛋白質（RNA聚合酶是一種酵素，可以把DNA密碼轉換成信使RNA）。他們想知道，嗜鹽「細菌」、嗜熱「細菌」、嗜酸「細菌」以及產甲烷「細菌」，統統都有異常的RNA聚合酶，這種反常現象很可能讓它們跟典型的細菌分屬不同群。這些反常現象，跟渥易斯用他自己的方法所發現的反常現象，是否相似呢？結果他們發現這兩種異常確實非常相似。或許，這些微生物根本就不是細菌？

渥易斯在美國就算稱不上是受盡嘲弄，也是被視為爭議人物，但是他在德國卻成了科學名人，至少在專門研究微生物分子生物學的領域裡，是個知名人物。一九七八年，坎德勒邀請他來參加慕尼黑微生物界的一場大型會議。渥易斯回了一封禮貌卻充滿牢騷的信，拒絕這個邀請。他在信裡面抱怨道，美國國家科學基金會跟太空總署一方面對他的研究經費申請百般挑剔，一方面卻又享受著他的研究成果所帶來空前的關注；此外還有跟經費無關的事，就是旅行會中斷他的工作。渥易斯非常討厭工作被打斷。他所追求的，是實驗結果而非社交活動。不過隔年坎德勒又試了一次，這次渥易斯答應了。坎德勒他們付了旅費，並且非常盛情地招待渥易斯，而且只請他在另一場微生物會議上提供一次專題演講，以及在齊里希研究所裡的研討會進行一場專題報告。當大會的晚宴在慕尼黑大學的大廳裡舉行時，坎德勒準備了一場表演，由當地合唱團的銅管樂器部負責。他們特別為渥易斯吹奏歡迎小號。史上應該沒有幾個分子親緣關係學領域的研究者，有機會接受這樣花俏的招待。這些舉動融化了渥易斯冰冷的內心。

兩年之後，德國人又舉辦了另一場會議，不過這次是專門討論古菌領域的國際級大會——雖然德國人把這場會議命名為研習會，隱含這場會議目的偏向非正式、傾向推動合作，不過這可說是史上第一次，用研討會的方式來承認第三界生物。這場會議的參與人數雖然比較少，大概只有六十人，但是包含了來自日本、美國、加拿大、英國、荷蘭、瑞士以及理所當然的德意志聯邦共和國（當時的西德）的科學家。古菌現在在德國是個熱門議題，而這場會議所討論的主題跟研究方法可說是包羅萬象。沃爾夫出席，杜立德、福克斯跟鮑爾奇也都出席了。渥易斯不只再次造訪慕尼黑，他還負責開幕致歡迎詞。他把歡迎致詞變成了一場實實在在的學術演講，充滿了新而挑戰性的想法，不只是一場儀式性的問候而已。

他告訴聽眾：「我們即將開始一場具有重要歷史意義的科學會議」[114]（根據坎德勒之後編輯的會議紀錄）。聚集在此地的科學家，將在此分享他們關於古菌的想法，而這些想法「在四年前完全不存在」。大家過去在各自的實驗室，研究這些「憑直覺就透露著古怪的微生物」：產甲烷菌、嗜鹽菌、嗜熱與嗜酸菌等等。以往我們認為這些微生物是如此特別，不過彼此又似乎毫無關聯。渥易斯說，我們之所以遲遲無法認出它們之間的關係，看不出它們是一群的，那是因為現存的細菌分類法，在概觀上嚴重誤導，在細節上又錯得離譜。

「一代又一代的失敗，讓微生物學家不再有信心去尋找細菌彼此真正的關聯。」[115]他在這裡所講的歷代研究者，包括了孔恩、范尼爾與史坦尼爾。渥易斯接著提到：「除了少數重要的例外以外，微生物學家甚少滿足於現今的終極細菌分類。」他在這裡所指涉的，就是那本權威教科書《伯吉氏系統細菌學手冊》，以及六十年來那些小心翼翼編纂它的專家。渥易斯抱怨道，用這種方式去看細菌的問題，就是試著把所有細菌視為靜止物，從這個角度切入，將它們當成是一群可以依其方便性而歸類的物品。「至於像細菌的演化這類問題，則變成有趣但只適合當成茶餘飯後閒聊的話題。」不管是過去的微生物學或是今日的分子生物學，所忽略的一個重點，他說，就是「演化」。

渥易斯是在挑戰。他這些話，是說給二十世紀後期生物學界最聰明、最有影響力的幾位人物所聽：他的朋友克里克、克里克的同事華生，幾位諾貝爾獎得主像是賈柯、莫諾、戴爾布魯克，以及那位告誡沃爾夫，為了維護自己的學術名聲，最好離渥易斯遠一點的盧瑞亞。言下之意，他們只是淺碟而機械式的思想者，對生命的歷史毫無好奇心。他們僅是密碼破譯者、解謎者，僅僅只是工程師之流而已。他說，現在藉著認識古菌而產生的問題與出現的答案，應該要產生更深遠的影響，讓演化思想再次重生。同時「希望能在某些程度上，讓生物學從現在過於技術性的冒險主義改變方向。」[116]在那句有點奇怪的「技術性的冒險主義」裡面，渥易斯想說的，似乎不只是當下只顧追求高科技的分子生物學而無視於演化問題的風氣；同時可能還影射了操作基因先占先贏的賭博手段。在一九八一年如此大聲疾呼，發出這種極為強烈又充滿先見之明的嚴厲譴責。或許渥易斯已經預見了將來會出現基因專利、生物科技公司的蓬勃發展、基因編輯療法、人類胚胎著床前掃描，以及爭先恐後的人類生殖細胞基因工程。他把「技術性的冒險主義」放在「分子演化生物學」對面，後者是他沒有說出口的理想，不過這理想在當年看起來卻有點彼此矛盾。

這就是渥易斯在一九八一年在慕尼黑演講的重點，它反映了渥易斯對於想要不斷深入地追求生命故事細節的執著。他是一個有著最強烈好奇心、必定要追根究柢的人。他所做的工作、他所踏上的旅途、這扇被他打開的門，都不只跟古菌或是生物的第三界有關，也跟其他兩界生物的起源與故事有關。它們如何出現？如何分道揚鑣？這三界生物彼此的關係為何？誰才是最先出現的呢？為什麼三界之中最後只有一界，出現了地球上所有肉眼可見的多細胞生物——所有的動物、所有的植物、所有的真菌、我們人類，而其他兩界生物，儘管為數眾多，形態各異，而且極為重要，卻始終維持著極為渺小的單細胞型態呢？在這些生物出現之前，又有哪些生物？或者是哪些過程、哪些環境造就了它們？這棵生命樹的根在哪裡呢？

渥易斯不只對這個他碰巧研究上、與眾不同的生物有興趣，他對整個生命的故事都有興趣。

這場研習會辦得非常成功，與會者都深深受到古菌學說概念的衝擊。研習會一結束，坎德勒跟他的夫人就帶著渥易斯與沃爾夫一起去野外郊遊。他們從慕尼黑出發往南開，進入南德巴伐利亞地區的阿爾卑斯山區，攀爬一座名叫荷黑西斯的小山。這座山雖然不起眼，但是沿途風景如畫，他們沿著山上的階梯步道健行。「渥易斯跟沃爾夫，特別是後者，運動都不怎麼在行。不過在掙扎了一番之後，最後他們還是氣喘吁吁地抵達山頂。」[117]這是沃爾夫事後一段自嘲的回憶文字。坎德勒夫人幫其他三人在山頂上拍了一張照片，三人沐浴在晴天的陽光下，露出快樂的表情。沃爾夫跟坎德勒看起來恰如其分：兩位和藹可親的中年科學家，禿頭、享受著一天的戶外活動。渥易斯坐在他們右邊，留著一臉落腮鬍以及一頭獅子鬃毛般的捲髮，肩上披著一件毛衣，袖子圍在他的脖子上。他的左手拿著一杯香檳，輕鬆地露著勝利的微笑。他那年五十二歲，正處於權力與名聲的頂峰，看起來好像正朝著諾貝爾獎前進一般。

第三部

融合跟獲取

第二十八章

當渥易斯尚在黑暗中摸索掙扎時，馬古利斯突然登場了，大張旗鼓地進入故事中。馬古利斯來自芝加哥，是位堅強而年輕的女性。她的角色之所以重要，是因為她讓大家再次注意到一個古老而怪異的想法：其他生物的鬼魂活著，並且還在我們的細胞中繼續運作，馬古利斯更賦予這個主張更多的可信度。她借來一個早期用過的名詞，稱這個想法為**內共生作用**。這應該可以視為對水平基因轉移的首次認可。不過在內共生作用這些稀少但影響深遠的例子裡，談的是生物的整套基因體（而非一、兩個個別基因或少數幾組基因）橫向移動，被抓進其他生物體內。

一九六七年馬古利斯在《理論生物學期刊》上發表了一篇長文，作為她的出道代表作。這份期刊，一九六五年也曾經刊登過楚克坎德爾與鮑林那篇極具影響力、討論分子時鐘的論文。不過馬古利斯的論文情況截然不同。首先她當時並不像鮑林，是一位舉足輕重的知名學者，另外用含蓄一點的說法來講，這篇論文所持的論點也可說是相當獨特。直白地說吧，這篇論文的論點其實非常極端且驚世駭俗，基本上她主張將二十億年的生物演化史整個重寫。論文裡面提供了一些漫畫插圖；用鉛筆描繪、饒富趣味的細胞草圖；不過這篇論文幾乎沒有提出任何量化資料。有人說，在這篇論文被《理論生物學期刊》的大膽編輯接受以前，被其他期刊拒絕了「大概有十五次之多」[118]。不過馬古利斯的論文在發表之後倒是激起很強烈的回響，對抽印本的要求不絕於耳（這是很有趣的一個程序，在過去那個步調緩慢、還無法線上閱讀期刊論文的年代，科學家必須將論文抽印本**郵寄**給其他科學家。）這篇論文的標題是〈有絲分裂細胞起源〉[119]。

對於論文中所探討的宏大主題而言，這個標題可說是相當客氣了。不過從論文標題完全呼應著達爾文的那本名著《物種起源》來看，可以窺見作者其實有著非常大的野心。馬古利斯那時年方二十九歲，是波士頓大學的兼任教授，也是個育有二子的單親媽媽，完全沒在怕的。她在青少女時期就跟當時風頭頗健的天文學家結了婚，發表論文的時候還冠著前夫的姓，因此在論文上的作者名顯示的是：琳．薩根。之後，她將會以第二任丈夫的姓而廣為人知。有些人非常崇拜她，有些人（也包括渥易斯）卻對她不屑一顧並且輕視她。她的第二任丈夫是化學家湯瑪斯．馬古利斯，她也因此成為眾人熟知的馬古利斯，不過對於真正認識她的人來說，大家都輕鬆地直呼她的本名：琳。

「有絲分裂細胞」其實就是真核細胞的另一個名字。它們除了有細胞核以外，還有複雜的內部構造；正是它們構成所有的動物、植物以及真菌（同時還有一些極為複雜，但是卻因為體積太小而為眾人所忽視的生物）。真核細胞的複製過程叫做「有絲分裂」，在這個過程中，細胞核裡面的染色體會自我複製一次，然後在兩個新的細胞核之間，一分為二成為兩束染色體，之後這個細胞開始分裂成兩個新細胞，每顆細胞都帶有一樣的染色體組。這些東西你們在高中生物應該都學過，應該就在解剖那可憐的青蛙之前。有絲分裂通常都跟減數分裂一起教，一個是陰一個是陽。有絲分裂發生於一般細胞的分裂，減數分裂則會產生非常獨特的生殖細胞，我們稱之為配子（在動物的話，就是精子跟卵子；在植物的話則是花粉跟卵細胞）。動物細胞的減數分裂，會經過兩次細胞分裂，然後產生四顆新的細胞；而不像有絲分裂一樣，經過一次細胞分裂產生兩顆新細胞。在減數分裂之後，每顆細胞都只帶了一半數量的染色體，然後等到將來精卵結合的時候，它們才又可以重建整套的染色體。我承認要記住這些專有名詞的英文拼法是有點困難，不過我有一套獨門記憶法＊。減數分裂因為會變少，所以它的英文念法，就可以去掉有絲分裂裡面那個 t 的音（從 mitosis 變成 meiosis）。這個記憶法有用嗎？確實，這個記憶法有缺陷，就是無法解釋本來應該要減少的減數分裂，為何反而比有絲分裂還多了一個 e。所以好吧，不記也罷，至少它對我有效。

有絲分裂是所有細胞分裂的方式，從受精卵發育成一顆多細胞的胚胎，一直到胚胎長大成個體，一直到身體裡面產生新細胞來替換舊細胞，都是透過有絲分裂。以皮膚為例，治療傷口時產生疤痕的細胞，就是透過有絲分裂製造。腸子裡面替換耗損的黏膜也是透過有絲分裂。有絲分裂會出現在身體各處。相反的，減數分裂只會出現在生殖腺。不過呢，馬古利斯的論文並無意討論有絲分

＊譯注：作者這段英文記憶法對於中文讀者來說，可能沒有太大意義，因為中文的有絲分裂跟減數分裂已經是意譯，所以不需要花力氣去記憶這些名詞的原文希臘文。

裂的過程。那篇論文標題中的關鍵字是**起源**。

她有興趣的是亙古以前的歷史，久遠到真核細胞的起源之時。她引用史坦尼爾以及其他共同作者在他們那本教科書裡面所提到的一句話，宣稱原核細胞與真核細胞之間的差異，「可能代表迄今在生物世界中所能發現最大的單一演化斷層事件」[120]。這確實是生命史上最大的一次跳躍，是一次奧林匹克等級的跳遠或跳高，是一次反手灌籃，從此造就細菌跟其他複雜生物永恆的不同。她試著去解釋這樣的大跳躍是怎麼出現的。

馬古利斯在論文中這樣寫著：「本論文提出一個理論：遠古共生作用的演化，造就了真核細胞。」[121]所謂共生作用，指的就是兩個不一樣的生物生活在一起。她更進一步精確地稱呼其理論為內共生作用，也就是說一個生物居住在**另一個生物的細胞裡面**，然後在經年累月一代又一代的生活之後，變成整體不可或缺的一部分。一個單細胞生物住在另一個單細胞生物體內，就像食物在動物的胃裡，或是傳染病原住在宿主細胞裡一樣；因為偶發的事件加上共同的利益，這種共生事件中非常少數的搭檔，最終達成可以長久持續下去的相容性。不管怎樣，這就是馬古利斯提出的理論。這對住在一起的搭檔後來形成互相依存的關係，混在一起猶如混合的個體，互相滿足彼此的需求。它們會自我複製——雖是各自獨立運作，不過仍連在一起——然後把這種混合的關係傳給下一代。到了最後，它們已經不再是搭檔關係了。它們變成了一個全新的生物，變成一種新型態的細胞。

在一九六七年時，沒人知道在早期生命出現的年代，這種宿命般的結合到底發生了幾次，不過要讓這種混合物可以長時間存活下來，必定是極為罕見的事件。未來會出現一些方法可以研究這個問題，但那時馬古利斯並沒有提出答案，因為她當時做研究的主要觀察工具是顯微鏡，沒辦法回答這個問題。

馬古利斯主張一開始進入這些細胞的小個體，都是細菌。它們後來變成帶有怪異名稱跟獨特功能的胞器，像是粒線體、葉綠體以及中心粒。這些胞器，是一種新形成、有功用的、構造複雜的整體，就像人體裡面的肝臟跟脾臟一樣。粒線體的體積很小，它們有不同的形狀跟尺寸，但是共通點是所有的複雜細胞體內都有它。粒線體可以藉著消耗氧氣跟養分，生產一種能量包裹（一種名為三磷酸腺苷的分子，英文縮寫為ＡＴＰ）作為將來代謝時的燃料。ＡＴＰ這種分子攜帶可供利用的能量，就像三號充電電池一樣；當ＡＴＰ分裂成小片段時，能量就會釋放出來。而粒線體就是製造ＡＴＰ分子（或是幫它充電）的工廠。粒線體必須要呼吸才能推動製造ＡＴＰ，這過程就跟好氧菌一模一樣。葉綠體則是一種可以在植物細胞以及某些藻類細胞體內找到的小粒子，它們可以是綠色、棕色或是紅色。葉綠體跟藍綠菌一樣，都會行光合作用，會吸收太陽能，然後把它轉換成醣類。中心粒也是很重要的東西，不過我暫且先跳過不提。馬古利斯寫道，這些零件看起來全都像細菌一樣絕非巧合，而是有一個很好的理由：它們就是從細菌變成的。

至於那些把小細菌納入體內的大細胞，其實本來也是細菌（並且很可能是古菌，不過當時細菌跟古菌還沒有分家）。這些細菌是內共生作用關係裡面的宿主。它們很可能吞下小細菌，或是被它們感染，又或者是包圍它們，最終讓自己身體內部成為別人的棲身之所。而被吞進去的小細菌，因為並沒有被消化掉或是被吐出來，就這樣在此定居，並且變成有用的零件。因此而誕生的混合物個體，就是真核細胞。

暫且先不必理會「混合物個體」這個自相矛盾的詞彙吧。如同馬古利斯所言，這整個過程就是活生生的自相矛盾，既矛盾又反直覺，但是在論文裡她靠著提出非常詳細的說明，來支持這項假設。

這個悖論般的假設確實非常吸引人，但是事實果真如此嗎？這假設是正確的嗎？這位兼任教授所提出的，也許不只是一大堆的可能性，而真的是一個關於複雜生物起源、具有說服力的新論點？其實科學界對這個假設，從一開始到隨後幾年的看法都是否定的。大家對琳・薩根（很快地變成了琳・馬古利斯）的認識，都是她非常聰明、知識淵博、十分耀眼且充滿魅力，但是卻著迷於一個瘋狂的想法。

第二十九章

馬古利斯的本名是琳．亞歷山大，在芝加哥出生、成長。她是亞歷山大家的長女，父親莫里斯．亞歷山大是一名律師，同時也是一間油漆公司的老闆。她的母親萊昂妮．亞歷山大則除了打理家務還經營一間旅行社，兩人都是多才多藝且積極進取的人。年輕的琳十分早熟，不過根據她的自述，她也是一名「壞學生」[122]，經常因為行為不檢而被叫去角落罰站（很難說這是不是只有字面上的意義，因為年長後的馬古利斯也經常站在科學社群的角落，不過現在是驕傲地站著，而且是出於自己的選擇）。她非常聰明而沒什麼耐心，小時候數度轉學，在順利度過青春期的叛逆之後，因為天資聰穎，以青少年的年紀就拿到芝加哥大學的入學許可。她說過她非常喜歡那段時光，正確來說，是在「學院」＊就讀的時光，因為眾所週知芝加哥大學的大學部教育系統，在經過有遠見的教育家赫欽斯校長改革過後，成為可以廣泛學習眾多科目的天堂。她在各種導論課程以及自然科學乙上面表現得特別好。自然科學乙這門課並不要求學生念教科書，而是要學生直接去閱讀許多著名

＊譯注：也就是芝加哥大學的大學部。

科學家的論文手稿，像是達爾文、魏斯曼、孟德爾以及霍爾登等科學家的作品。在她還是大一新生的某一天，在數學大樓的樓梯往上跑時，結結實實撞到了十九歲的物理博士生薩根。薩根那時是個英俊高挑、口齒清晰且風度翩翩的年輕人，已經是學校中的某號風雲人物了。「我那時只是個不學無術的理科生，」馬古利斯事後這樣回想起：「卡爾*有著花言巧語的天賦，一下子就迷倒了我。」[123]過了三年，在她畢業後的一個星期，就和薩根結婚，名字也從琳．亞歷山大成了琳．薩根。從舊的宴會照片中可以看到，當時的馬古利斯是一名嬌小而漂亮的年輕女孩，穿著露肩的白色晚禮服，頸上戴著串珍珠項鍊，臉上則露出危險的迷人笑容。

她隨著薩根一起搬到威斯康辛州，薩根在一座天文台繼續他的博士班研究，而她則進入威斯康辛大學念碩士。她在那裡的動物系認識了瑞斯教授。瑞斯教她如何操作顯微鏡。

瑞斯是一個「很好的老師，我職業生涯中最好的老師。」[124]馬古利斯後來這麼寫道。她大概是在一九五九年，肚子裡還懷著大兒子的時候（這個小嬰兒之後會成為作家多利安．薩根），選修了瑞斯的細胞生物學。除了顯微鏡，瑞斯似乎還教給她其他東西：他指引一條明路，從早期一些晦暗不明的資料，到瑞斯本人的研究與想法，一直到她自己發展出的內共生作用理論的學術之路。我們可以從一些蛛絲馬跡中看到瑞斯的影響，比如在她一九六七年的論文文末的參考資料中，提到一個在塵沙滾滾的峽谷中所發現的石頭裡的化石片段。她在這裡提到瑞斯跟其他人在幾年前所發表過的一篇論文，接著在眾多參考資料中，她還提到二十世紀初兩位特立獨行的科學家，一位是俄國人米列史科夫斯基，以及一位美國人華林。這些人最早提出一些預測，由馬古利斯集大成，後來更經由分子生物學提出證據證明。這些看法將大大改變我們對複雜生物起源的理解。

瑞斯是出生於瑞士的細胞生物學兼生物化學家。他在一九四九年來到威斯康辛大學，在此從頭開始成為一名電子顯微鏡專家。一九六〇年代早期，他跟植物系的同事普洛特開始利用顯微鏡以及生物化學研究法，研究能幫助植物與某些藻類收集太陽光行光合作用的微小胞器，也就是所謂的葉綠體。瑞斯跟普洛特想知道，這些葉綠體到底**是什麼**？它們是從哪裡來的？起源為何？他們開始細細檢視某些綠藻細胞中的葉綠體。透過生物化學染色法，他們找到這些胞器含有DNA的證據。他們可以透過電子顯微鏡看見DNA。

這件事情很重要，因為這表示基因不只存在細胞核中，可能也存在於細胞質裡面。細胞質是真核細胞內部包含了液體跟固體等等一大堆東西的混合物，我們可以說除了細胞核以外，所有東西都屬於細胞質。除了極少數早期的科學家以外，過去一般認為細胞質裡面應該不會有基因才對。大家都認為染色體應該是躲在細胞核裡，被核膜保護著。如果細胞質真的也有遺傳性，那這可就成了孟德爾式遺傳法則的例外了。孟德爾式遺傳，是由摩拉維亞弟兄會的神父孟德爾，透過觀察豌豆雜交所闡述的生物法則。根據孟德爾遺傳法則，雙親的性細胞在受精的時候會結合在一起，兩人對後代

*譯注：薩根的名字。

基因的組成貢獻一樣。細胞質遺傳（又稱為母系遺傳）則完全是另外一回事。如果這種現象真的存在，那生物將不會有這麼明顯的孟德爾式遺傳現象，遺傳也不可能會是清楚的二分法。如果基因真的跑到細胞質裡，那麼任何行有性生殖的生物，後代的遺傳組成將會偏向母親才對，因為卵子帶有大量的細胞質，而精子跟花粉則只有非常少量的細胞質。

不過故事還沒完。瑞斯跟普洛特發現綠藻細胞質裡面的葉綠體帶有DNA這件事，在挑戰孟德爾遺傳法則以外還暗示更重要的事：內共生作用。在解釋複雜生命的起源理論上，這是一種完全非正統的觀點。

瑞斯跟普洛特發現他們的藻類葉綠體在電子顯微鏡下看起來跟某些細菌非常相像：都有DNA纖維，都有雙層膜，還有許多類似的構造。說得明確一點，這些葉綠體的特徵，似乎跟一群不久之後被改名為藍綠菌的微生物非常吻合。就某些意義上來說，這代表著這些葉綠體，**本來是**細菌，或者至少以前曾經有一度是細菌。這代表藍綠菌在遠古時代可能被吞掉或是被內化到細胞裡，然後其中有一些，或至少有一**個**，沒有被消化或是被排出；它從此開始在宿主細胞中分裂繁殖。這也代表這些繁殖物繼承了藻類的特徵，後來慢慢由沒被消化掉的獵物，或是由感染宿主的細菌，或是一個沒什麼影響的過客，慢慢變形成細胞內部的胞器。因為它們有功用，根據達爾文的天擇理論，它們會存活下來。它們的功用就是幫助藻類從太陽光中獲取能量。身為一個胞器，它們在細胞中扮演的角色就是去執行光合作用。瑞斯跟普洛特注意到，他們所觀察到的這些現象，跟米列史科夫斯基早在一九〇五年所提出的一個假設不謀而合。不過，米列史科夫斯基被他那個時代的人當成是個半瘋之人（事實上比半瘋還要糟，等等我會提到）。但是現在，「內共生作用應該要再次拿出來，當作複雜細胞系統起源其中一個可能的演化步驟，細細檢視一番。」[125]瑞斯跟普洛特這樣寫道。

瑞斯跟普洛特的論文發表於一九六二年，那時年輕的馬古利斯才剛離開威斯康辛，前往其他的地方念書與生活。馬古利斯不僅知道而且讀過這篇論文，其實透過她跟瑞斯的私人往來，多半早已知道論文即將發表。有人說，馬古利斯老早就接觸到這些離經叛道的想法，而且是直接來自瑞斯本人。根據在一九五九年，一位跟馬古利斯一起修細胞生物學的同班同學回憶，瑞斯曾經在課堂上講過一整套內共生作用的理論，還提出許多不同角度支持這個假設的論文，當然包含那兩位默默無名的德國與俄國科學家的文獻，瑞斯把它們匯集起來。這位「同班同學」，其實就是以色列魏茨曼科學院的榮譽教授格雷塞爾。根據他的說法，「這個理論完完全全是瑞斯的想法，從他的課堂上開始發展。馬古利斯則把它大力宣傳出去。」格雷塞爾那時候跟馬古利斯十分友好，他記得她「掙扎著要搶顯微鏡的位子」，很勇敢但是因為肚子裡懷著大兒子多利安，因此行動有點受阻。後來，格雷塞爾對於馬古利斯並沒有將拼湊出這個理論的功勞完全歸給瑞斯，感到「震驚」。

在威斯康辛大學拿到碩士學位之後，因為丈夫薩根找到柏克萊大學博士後研究員的工作，馬古利斯也隨著前往加州。一九六〇年，他們有了第二個兒子傑瑞米。薩根當時研究的主題是外星生物的可能性，這個計畫就是後來的地外生物學計畫，跟太空總署贊助渥易斯研究經費的是同一個計畫。馬古利斯除了扮演母親的角色，也開始在這裡念遺傳學博士班。馬古利斯後來這樣寫著：「我的興趣是演化，而我一直覺得遺傳學才是能更深入研究演化的方法。」[126]馬古利斯想要更深入地探索「非孟德爾式遺傳」，也就是所謂的細胞質遺傳，這是她從瑞斯以及威斯康辛大學其他老師那裡學到的知識。她覺得這個現象所蘊含的意義非常吸引人：在複雜細胞體內的基因，漂浮在細胞質裡面，而不只是緊緊被綁在細胞核裡面的染色體上面。在細胞質裡的基因，可能跟細胞核裡的基因非常不一樣。如果事情真的是這樣，那這些基因是從哪裡來的呢？

不過她的指導教授否決了這個研究題目。研究主題被否決這件事，其實來自於另一個讓馬古利斯一直苦惱不已而且更嚴重的問題，那就是不同科學領域之間的隔閡。馬古利斯回想起「在柏克萊，專門研究演化學的古生物學系，跟鮮少談論演化的遺傳學系之間，可說是完全沒有任何交集的。」[127]她稱這種現象為「學術隔離」。在校園這一邊，跟她同學系的遺傳學者，幾乎都是化學家出身，只有在他們開始研究細菌與病毒之時，才漸漸進入生物學領域，因此對於真核生物的細胞質遺傳現象這個她真正有興趣的主題，幾乎一無所知。這些柏克萊的遺傳學家是如此自大又無知，自大到「他們甚至不知道自己有所不知。」而馬古利斯這個年方二十三歲的年輕女人，帶個兩個小男孩，本身只有碩士學位外加無限大的自信心，卻要來對抗他們。馬古利斯知道她需要這個博士學位，所以她放棄鑽研演化生物學，選了一個比較安全也比較小的研究主題：水塘中的微生物**細小裸藻***。論文也選了一個讓人目光呆滯的無聊題目。

但是對於這樣一位有堅強意志的年輕女性來說，這只是一次暫時性的挫敗。一九六二年當瑞斯與普洛特的論文發表，證明綠藻的葉綠體裡面有DNA時，馬古利斯還在柏克萊忙著博士課程。葉綠體裡面有DNA，就代表了細胞質遺傳，也就是基因可以透過一種跟父親完全無關，也跟染色體無關的方式，從一個複雜的真核細胞一代一代傳下去。儘管博士班指導教授並不鼓勵，但她對於細胞質遺傳的興趣卻是愈來愈大了。她更深入地閱讀大量的書籍，包括古老的經典教科書，由E．B．威爾森所著，一九二五年版的《細胞的發育與遺傳》。在這本書裡還可以看到更早的米列史科夫斯基與華林的研究，主張細胞的胞器像是粒線體跟葉綠體，都是演化自被捕捉到的細菌。威爾森稱米列史科夫斯基的理論為「有趣的幻想」[128]，對華林的批評比較客氣一些，最後自己對這個主題則持比較慎重的態度，他承認道：「毫無疑問地對許多人來說，這類假設可能因為太荒唐而不適合在當前上流的生物學社群中提及；不過因為它們尚有些許可能性，因此將來或許可能可以再拿出來認真看待。」馬古利斯認為這一天已經到來。

此時，她與薩根的婚姻卻不幸觸礁了。她後來這樣描述薩根：「難以置信的自我中心主義者」[129]，一個失職的父親、一個極度需要崇拜，到了超過她能忍受極限的丈夫。套句她的話來說，這段婚姻「就像是住在一間跟小孩關在一起的拷問室。」[130]最後她帶著兩個兒子離開，搬到柏克萊

＊譯注：*Euglena gracilis*，是一種眼蟲。

北邊，跟另一位單親媽媽同居。不過到了一九六三年，當薩根被聘為哈佛助理教授時，她卻又同意帶著小孩跟他一起搬去麻州劍橋西邊的一間公寓同住。雖然薩根看起來好像希望能夠挽救這段婚姻，不過對馬古利斯來說，這只是一個「權宜之舉」[131]，她其實另有所圖。她的博士學位還沒拿到，不過這個可以透過遠距離處理。她已經放棄加州，又不想回去芝加哥，所以她覺得不如在麻州試試看運氣吧。最後她確實成功了，不過卻沒有跟薩根在一起。

一九六四年她與薩根離婚。在這段艱苦的日子裡，她一邊在一間教育服務公司當職員，一邊在布蘭戴斯大學教課，與此同時還要養育兩個小孩，只能從父親那裡拿到微薄的幫助。她還是找到時間盡量蒐集關於內共生作用的證據與想法，以及參考資料。最後她寫好長篇論文，為它冠上前面提過的標題，寄給一系列的期刊，看著它被一次又一次地拒絕，「大約有十五次左右」，直到最後才被《理論生物學期刊》接受。她也再婚了，這次嫁給了結晶學專家湯瑪斯・馬古利斯，並冠上夫姓。此時，她也被波士頓大學聘為助理教授。

一九六九年，她懷了第三個小孩（又是一名男孩，名叫札卡里），因此被迫在家休養一段時間，她又開始研究起內共生作用。「強制居家反而讓我可以持續思考而不被打斷。」[132]後來她這樣寫道。她的老大和老二已經開始上學了。關於複雜細胞的故事——那個她寫在一九六七年論文中的想法，關於複雜細胞來自兩種不同生物的互相融合——已從原本的「萌芽生長階段，到現在開花結果，發展成一整本書的篇幅」[133]。從她將蒐集到的各種資料「刪減」成一本書的長度（在出版的時候，不計後面索引部分，共有三百二十九頁）來看，可以知道馬古利斯從來就不是一個害羞、慢動作、惜字如金、吝於使用文字的人。她跟紐約的學術出版社簽了一紙合約。「我經常打字到深夜，決定要定下一個截止日期。」[134]最後，她把所有稿件，包含她所要求的眾多示意圖，全部打包成一盒寄給出版社。對許多作者而言，這是大功告成的一刻，但也代表進入等待的焦慮期。馬古利斯等了又等，五個月後，盒子回來了，除了是以印刷品的便宜郵資寄回來以外，盒子裡沒有任何說明。那些負責同儕審查的科學家不認同，但是一開始學術出版社也完全沒有禮貌性地知會一下馬古利斯。後來，她才終於收到一封正式的拒絕信。

馬古利斯回到實驗室開始工作，重新修改稿件，並把它寄給其他出版社。這一次她終於在耶魯大學出版社遇到伯樂跟好的編輯，後來在一九七〇年，以《真核細胞的起源》為書名發表。這本書的標題跟她一九六七年的論文標題略有不同，她稍微修改了一下，這樣做相當低調且聰明，因為這讓本書不只是回應達爾文而已。她這本書就算沒有擠身經典之列，也具有里程碑的意義。對許多研究細胞生物學，同時也對古代演化史有興趣的科學家而言，《真核細胞的起源》不但介紹了內細胞共生這個假設，也讓他們認識馬古利斯這個名字。有些人覺得她瘋了，有些人則不做其想。

第三十章

馬古利斯並非提出這種離經叛道觀點的第一人。瑞斯也不是。她曾經在快速翻閱威爾森的那本老舊教科書時看過，大概一個世紀以前就曾有人提出，胞器可能來自被吞掉的遠古細菌祖先，或是所有複雜細胞可能皆來自於簡單細胞彼此融合這類假設，只不過它們可能並不見容於「上流的生物學社群」。這些異議中有一個，雖然並非第一人，也不是最穩定發聲的一位，卻有著自成一格的意見，那就是威爾森曾經提到，瑞斯也曾經引用的米列史科夫斯基。

米列史科夫斯基於一八五五年生於華沙，當時華沙屬於俄國羅曼諾夫王朝的領土。他的父親是一名宮廷官員，個性極度傳統而保守。米列史科夫斯基作為九個小孩中的老大，很可能首當其衝，從小就面對父母對第一胎所寄予的滿滿期望以及種種限制。他經歷過那段激進的學生運動時期，相當同情俄國的反沙皇革命分子（這些人最終在一八八一年刺殺了沙皇），並且違反父親的意願，並未照期望學習法律、走上一條務實的人生道路；反而跑去學習自然科學。當他在聖彼得堡大學念書時，參加了一次前往白海實習的夏令營，他在那裡對海洋無脊椎動物（例如毫無形狀的水螅或是海綿）產生興趣。二十二歲的時候，他就發表了一篇關於原蟲（這是一個關於單細胞真核生物的粗糙分類，包含像是變形蟲等生物）的論文。後來更多次的野外實習（有的甚至遠至義大利拿坡里灣），讓他有更多機會研究當時甚少有人注意的原生生物。某次他甚至認為自己找到新品種的海綿。當然遠在華沙那位暴躁的父親，對這樣的發現恐怕完全不會感到興奮。不管怎樣，米列史科夫斯基這次的發現其實並不正確，他所謂的新種海綿，只不過是另外一種比較大的原蟲而已。

他在一八八〇年畢業，之後前往德國與法國遊歷幾年，然後回到聖彼得堡。在那裡，他取得「私講師」的資格，這是一種可以在大學上課但沒有職位的講師。後來他跟一名叫做歐嘉的女生結婚，三年後他們搬去克里米亞（那時候也屬於帝俄的領土）。在克里米亞半島南岸山脈的另一邊，他找到栽培果樹的工作，宛如一名照顧果樹的牧人，專門負責看顧果園。這些資料來自於一個由三位傳記學者組成的研究小組，其中也包括優秀的生物史學家薩普。不過米列史科夫斯基是從哪裡學到果樹栽植的技術，薩普的研究小組也沒說。他們倒是這樣記載著：「在一八八〇年到一九〇二年間，米列史科夫斯基的工作並不穩定。」[135]換句話說，從二十五歲到四十七歲之間，他就這樣四處遊蕩，東摸摸西晃晃，這個做一點那個做一點，沒人知道他怎麼支付生活所需。他研究過葡萄，也研究過兒童的生理發育，他曾提出過測量他們身體的方法學，對於一位無脊椎動物專家來說，這個研究主題可是偏離得相當遠。或許他的量測法並沒有特別的目的，不過若是綜合後來所發生的事情看來，卻又顯得相當詭異。他在一八九八年突然單獨離開克里米亞，沒有帶走歐嘉和他們的兒子鮑里斯。或許他選擇隱姓埋名躲起來的原因，是為了避開當地憤怒的群眾。那一年，他被指控猥褻兒童。

米列史科夫斯基再次出現的時候是在美國加州，用的是假護照跟假名「威廉・阿德勒」。雖然從他那篇發現海綿的論文來看，他的英文寫作能力應該相當不錯（那篇論文在倫敦出版），不過他說話一定帶著一口濃濃的俄國口音，跟「阿德勒」這個姓明顯不符。但那時候加州正處於美國的鍍金時代，米列史科夫斯基必定也不會是唯一一名隱藏真實身分的外國朝聖者。儘管身處逃亡之中，他還是寫了一本奇幻小說《人間天堂》，然後給了一個毫無關聯的副標題：「一場冬日的夢境。一個二十七世紀的童話故事：一個烏托邦」。這本書後來在德國出版，是本讓人可以不怎麼花大腦閱讀的輕鬆小說。這些可不是我編造出來的故事。同樣的，薩普也不是在編故事或是幻想出這些事情，事實上，跟薩普共同執筆的另一名作者索羅托諾索夫，曾經在七十份俄國報紙上，以及警察的祕密文件中找到米列史科夫斯基後來的戀童癖案子。

隨著時間過去，米列史科夫斯基開始在洛杉磯南岸的一個研究站工作，後來又搬去柏克萊。當他沒在寫奇幻小說的時候，就在研究他以前研究過的海洋生物。現在他研究的對象主要是矽藻，這是一種單細胞藻類，不過每顆細胞都被包在一種殼狀的矽質硬壁中。矽藻很神奇，這種生物體積微小卻有著令人費解的完美幾何形狀。許多矽藻都有葉綠體，也就是說它們像植物一樣會行光合作用。矽藻的細胞壁有各式各樣的形式，既有裝飾性也可以用來分類，不過米列史科夫斯基卻開始透過它們的內在解剖結構，包括利用葉綠體，想要重新分類這些生物。這些葉綠體從顯微鏡下面看起來跟細菌非常相像，這讓他想出了此生最偉大的想法：被吞進去的細菌**變成了**葉綠體；不只是會行光合作用藻類的葉綠體，其他植物的葉綠體也是如此出現的。他後來將這種現象命名為**共生起源**。根據他的定義，「所謂共生起源，就是兩個或多個有共生關係的生物，透過結合或者透過彼此關聯，而產生新的生物的過程」[136]。

共生起源來自於「共生」，這個詞本來有其他的意義，最早是用來形容人與人在社群之間的關係。德國生物學家德巴利在一八七九年首度將它用在生物上，用來形容兩種或多種不同的生物，彼此透過任何方式結合，或是形成緊密的同居關係。這個詞包含的範圍極廣，從寄生作用，到短暫的夥伴關係（其中一者或是雙方可以從中獲利），一直到類似米列史科夫斯基後來所提出、兩者形成一種緊密且可遺傳的結合都算。德巴利本人曾舉過幾個例子，比如他發現苔蘚並不是一種生物，而是兩種生物共生在一起：藻類或藍綠菌跟真菌生活在一起。又或是小丑魚會吃海葵觸手之間的寄生蟲，兩者也是共生的關係。不過像是共生起源論則又將共生的概念往前推了一步：一種生物永久住在另一種生物的**細胞裡面**，可以在另外一種生物的細胞複製時也跟著自我複製，最後變成一種新的、組合式的以及可遺傳的新生物。

十九世紀晚期許多科學家都曾經考慮過葉綠體來源的可能性，其中也包括德巴利的學生辛伯爾。辛伯爾是一名熱愛冒險的植物學家，來自德國一個傑出的科學世家。他年輕的時候曾周遊列國，在西印度群島、南美、非洲以及印度洋等地做過許多田野調查。辛伯爾在德法邊境的城市史特拉斯堡長大，萊茵河流經此地，恰好把德國跟亞爾薩斯地區切割開來。在一張他年輕時的照片中，他睜著一雙認真而熱切的眼睛，嘴上則留著一對跟年輕面貌並不相稱的濃密八字鬍，宛如為了學校戲劇表演而貼上去的裝飾一般。一八八〇年代中期，辛伯爾以不到三十歲的年紀就發表了兩篇知名的論文，在其中一篇裡創造了**葉綠體**這個詞，然後他曾想著，如果這些小東西真的會在植物體內自我複製，而不是從植物的細胞質重新合成出來，那麼這樣的小構造「也許會是某些共生作用的遺跡。」[137]不過他只是藉此打個比方，岔題一下，卻並沒有真的繼續思索下去。一部分原因是因為這個想法聽起來實在是太奇怪，並不值得認真看待；另一個原因則可能是辛伯爾很年輕就過世了：他去了喀麥隆的瘧疾疫區旅行回來後，健康狀況就一直很不好，過世的時候年方四十五歲。

米列史科夫斯基曾讀過辛伯爾的一篇論文，照他的說法，共生起源的想法就這樣以「一種完全自發的方式」[138]冒了出來。一九〇二年他回到俄國，不過並不是回克里米亞地區，或許他傳說中的（抑或是真的）惡行，使他在當地成為一名不受歡迎的人物，或者更糟的情況是，他根本就是個通緝犯。他在離莫斯科東邊八百公里遠，窩瓦河流域附近的喀山大學找到一份工作，這次一樣是做一名私講師。三年之後，他發表了一篇關於葉綠體起源的德文論文，一如辛伯爾，他在論文中清楚地闡述他的共生理論。這是他一九〇五年的代表作，他也在論文裡指出藍綠菌（在論文中稱為藍藻）就是那個被留在細胞中的外來者。隨後的十五年，他繼續發展這套理論，就這個主題發表一系列的論文，並且為理論命名（也就是共生起源論）。他宣稱這是他獨自且唯一創造出的理論。至於辛伯爾，就別在意了，那是太久以前的事。事實上根據薩普團隊的調查，在馬古利斯出現以前，米列史科夫斯基確實比任何人都努力宣傳這套理論，雖然他所著重的僅是整個宏大概念的一部分——葉綠體是被細胞抓進去的細菌，然後創造出植物這種生物。

米列史科夫斯基在一九〇五年的論文中寫道：對於植物這種生物如何演變出來，目前最普遍的看法是，葉綠體就是每個細胞天生的「器官」，就這樣從原本無色透明的細胞質中「慢慢地分化出來」[139]，他的語氣中帶有一絲嘲諷。這是所謂的內生論：植物細胞內部的物質慢慢形成葉綠體。但是米列史科夫斯基反駁：事實並非如此。葉綠體並非土生土長的器官，它們是「外來者、外來生物」[140]，在很久以前的某個時刻，侵入動物細胞的細胞質中，然後兩者進入共生互利的共存狀態。根據這樣的理論，植物細胞只不過是一顆會行光合作用、帶了光合細菌的動物細胞而已。植物界透過共生起源作用脫離了動物界。根據米列史科夫斯基的說法，這種事件發生過很多次，是互有關聯的獨立事件；鑑於植物界的多種物種都有獨立的起源，這可能發生了有十五次之多。至於動物界又是如何出現則是另外一個問題，而米列史科夫斯基對此幾乎完全不談。

在將近十頁的緊密論述後，米列史科夫斯基在結尾留下一段雋永的文字。這個段落對於許多讀過這篇細胞起源文獻的人來說相當知名，但鮮為其他大部分人所知或理解：

> 假設現在有一棵棕櫚樹，平靜地長在一池泉水旁；同時有一頭獅子，躲在鄰近的樹叢中，緊繃著肌肉，睜著一雙嗜血的眼睛，正瞄準一頭羚羊的喉嚨，準備要撲過去。只需要共生

理論，就可以揭示這景象背後所蘊藏的祕密，可以解開以及闡述造就棕櫚樹與獅子這兩種截然不同的生物背後的基本原則。141

共生起源論要如何解釋棕櫚樹跟獅子呢？是這樣的，棕櫚樹之所以可以平靜地生長，是因為它體內帶有那些和平的小工人——那些溫馴的「綠色小奴隸」142，也就是葉綠體——可以透過陽光來滋養棕櫚樹。而獅子則需要吃肉，因此牠必須殺戮。不過米列史科夫斯基說：等一下，假設獅子體內的每顆細胞都有葉綠體的話呢？它們將可以透過日光供給一切獅子所需的養分。如果有了葉綠體，「我想獅子一定會馬上平靜地躺到棕櫚樹旁邊，感覺到心滿意足，牠至多只需要一些水跟礦物鹽而已。」143

這麼說起來，日光浴跟運動飲料大概就是米列史科夫斯基那隻綠獅子的一切所需了。很好的點子，可惜並不正確。現代許多聰明的生化學家已經討論過，跟許多相同質量的植物比起來，獅子的表面積非常小（想想看棕櫚樹那巨大的掌狀葉片，或是橡樹那華蓋般的枝葉）；因此，就算獅子的皮膚上充滿點點的葉綠體，數量堪比鋼琴家李伯拉斯穿著綴滿亮片的華服，也無法抓住足夠的陽光，以支持一隻強壯獅子的生活所需。輸入的能量不夠用。這隻獅子會非常遲鈍而懶散，只會發出微弱的叫聲，像金頂電池廣告裡裝了壞電池的兔子一樣虛弱。

這篇關於共生起源的論文，並沒有為米列史科夫斯基在科學上帶來顯赫的名聲，也未能讓他得以平靜地休息。他是一隻沒吃到肉的獅子，體內也沒有葉綠素，他既餓且壞。他的政治立場從左派轉為右派，在喀山的那幾年，他變成支持沙皇鎮壓行動的密告者，也是一名反猶太祕密警察。他密告過一名即將升遷的猶太同事。同時他似乎還繼續在「測量」兒童的身材。一九一四年，他因為被控強暴二十六名小女孩（其中至少一名是他的學生），第二次從俄國逃亡。喀山跟聖彼得堡兩地都立案調查。這些指控從來沒有進入審判程序，所以僅僅只是起訴而非定罪判刑，但這些指控多半有所本。他跑到法國，在那裡繼續寫作，除了關於共生起源論的論文以外，還包括一本以科幻小說為主題、讓人頭昏腦脹的哲學書，本書的特色是「七度空間震盪宇宙」[144]，有唯心論、無神論以及優生學，同時也有宇宙演化論。然後在他生命中的最後一年，他寫了一本簡短的手稿，標題為「寫給弟子的指引」，宛如一名世界救主一般。他就像是那時代的賀伯特＊，既瘋狂又自大，只不過他並未行銷成功，也沒招攬到名人作為追隨者。至於歐嘉跟鮑里斯的下落則無人知曉，即使是薩普團隊中擅長挖掘資料的俄籍研究員索羅托諾索夫似乎也沒找到什麼線索。當一九二〇年，米洛史科夫斯基在準備他最後一篇科學論文，以法文發表的〈論植物：共生複合物〉（The Plant as a Symbiotic Complex）[145]時，他已經走到窮途末路了。

那時候他已經搬到日內瓦，住在一間風景如畫的旅館中。他想要在大學裡開設一門講授共生起

＊譯注：L. Ron Hubbard，山達基教會的創始者。

源論的講座，卻受到一位教授極力反對。這位教授是一名植物學家，他大概視米洛史科夫斯基為流氓或怪胎，其實很可能兩者皆是。那時一次世界大戰剛結束，對許多人來說，這是一段艱困的時期，特別是對一名有不怎麼光彩過往、想要傳播非正統理論、滿腦子幻想著功成名就的俄國流亡生物學家來說，更是如此。在他破產之後，米列史科夫斯基怪罪是因為戰爭才讓他陷入如此的境地。此時他唯一還能看清的事情，大概就是葉綠體，以及自己一生的盡頭了。

薩普的團隊在一份日內瓦當地的報紙，一九二一年一月十一日的《瑞士報》上面，發現一則米列史科夫斯基的訃聞，內容超乎尋常的詳細。兩天前，這間旅館的行李搬運工，在米列史科夫斯基所住的五十八號房外，發現一封從門下傳出來的信，信上寫著：「請勿進入，空氣有毒，危險將持續數小時。」[146]因此他們叫了警察。警察在外面足足等了兩個小時才進房間，結果發現米列史科夫斯基已然死亡，生前顯然經過一番精心策劃。

他把氯仿跟數種酸混合在一起，將這種溶液倒入一個容器，然後把容器固定在床頭的牆上，宛如某種點滴裝置。不過這個點滴並非打入他的手臂中，而是連接在一副面具上。他事先將整個房間封死，躺回床上，將自己綁住，只留下一隻手臂可以活動。你要如何將自己綁在床上呢？米列史科夫斯基可是一名很有魄力的人，這不是問題。那麼要如何調製這樣一份死亡食譜呢？米列史科夫斯基是一名科學家，這也難不倒他。薩普的團隊認為他之所以這樣做，是在執行某種自殺儀式之類的東西，源自於他一直幻想著要成就某些傑作。根據《瑞士報》的記載，現場的官方人員還發現一張被釘在繩子上的紙條，上面寫著拉丁文。這些文字或許是某些深奧難解的胡言亂語，又或許只是包裝在狂妄做作姿態下的絕望嘶吼，我們不得而知。當日內瓦警方銷毀米列史科夫斯基的檔案時，這張紙條也隨之消失了。不管這是不是一種儀式，這都是米列史科夫斯基精心策劃的一部分。他把面具戴上，然後打開閥門。

他以這可怕的方式結束自己不可思議的一生，不過米列史科夫斯基這一生更不可思議的一點，恐怕是關於植物細胞葉綠體的起源，也是他「共生起源論」理論中最重要的中心支柱，是對的。五十四年之後，這個想法將會被渥易斯所發明的實驗方法，透過分子生物學證實。

第三十一章

在這個領域裡還有另外一名理論先驅者，曾經引起一定程度的注意，那就是美國人華林。他是瑞典移民之子，出生於愛荷華州，一個在玉米田裡長大的中西部農家小孩，最後卻成為科羅拉多大學醫學院的解剖學家。華林在一九二〇年代所發表的論文，一如比他早期的米列史科夫斯基的研究，內容恰好夠格到可以出現在馬古利斯早期的論文中，但卻不需要更深入的討論。

華林所提出的內共生作用，跟米列史科夫斯基的理論並不一樣，不過兩者卻可以互補。他主張不僅植物跟藻類細胞裡面的葉綠體，所有複雜生物細胞裡面的粒線體，也都來自被捕獲的細菌。還記得之前提過粒線體，是細胞裡面的一種小顆粒胞器，負責燃燒食物與水並將這些能量轉化成ATP分子（也就是生物用來攜帶能量的分子），再利用ATP作為燃料，產生能量供給細胞生存所需。它們也有其他的功用，不過當時包括華林在內的所有人，都還不知道這些功能。華林在乎的，是它們的起源。他並非第一位從顯微鏡下觀察粒線體，發現這些小顆粒像極了細菌的人，但他卻很快地把這件事當成自己研究計畫的重點。為了要能證明自己的假設，他做了一連串極為詳盡的實驗，想要證明細菌跟粒線體的相似絕對不只是一種巧合。

根據至少一位早期的研究人員所說，大概從一九二〇年左右開始，華林就著迷於「粒線體是被吸收的細菌的後代」這個想法，但是從來沒有發展到令人信服的程度。他曾經做過一系列的實驗進行研究。他使用的工具很簡單，就是他那個時代所有，最基本的顯微鏡與細菌培養技術。他沒有經費，只有一些有錢人「時不時」會給予一些贊助[147]。他既沒有合作者也沒有研究生，只有兩個實驗助理，其中一個人的名字碰巧跟他一樣也叫做伊凡。在地理上，華林所在的科羅拉多州可說是相當孤立，完全遠離當時的細胞研究中心美國東岸；而很明顯的，這種孤立的情況，完全沒有因為他跟其他科學家透過信件往來建立起親近的關係而稍微紓解（很多科學家包括達爾文，也都有類似的情況）。華林白天的工作是一名解剖學教授，他的實驗室就在醫學院教室後面的一間小屋中。他在那裡展開工作，從一九二二年到一九二七年間，他發表了九篇論文，寫了一本書，他的理論也漸漸從原本的「粒線體是來自細菌的共生者」，發展到「這樣的共生關係，曾經不斷地改變生物的歷史」。

他為這個廣泛的現象創造了一個花俏的名字，稱其為**共生論**，其中粒線體起源於細菌是最重要的例證。他把共生論定義為一種親密且「絕對」的共生作用[148]：一種生物居住在另一個細胞體內，而這個房客一定是來自於細菌。基本上這跟米列史科夫斯基的「共生起源論」並無不同，不過華林想要有自己的命名。華林這種傾向創造新術語的做法，加上他所宣稱自己的概念可應用的範圍太過廣泛，反而讓他被同時代的人刻意忽略，往後也只在學界占有註腳的地位。在他發表完一系列的論文不久後，一九二七年，他很快地就出版了一本書，總結他在實驗上面的發現並講述他的理論，書名是《共生論與物種起源》。看到這裡，想必你已經從該書書名看出這本書所想要回應的是什麼了吧？一如馬古利斯在一九六七年的論文標題中所暗示的，華林的意思也是：**我追隨著達爾文的足跡前來**，然後他還更進一步暗指：**關於物種在地球上的多樣性、複雜性以及適應性，我的想法所能解釋的比達爾文的更好**。

華林說他的共生論是「控制物種起源的最基本原則」[149]。達爾文在一八五九年所提出的天擇論，則是次要的第二原則，只能在物種出現後決定它們能夠維持下去或是被消滅。除此之外還有第三個力量，另一個「未知的原則」[150]可以解釋演化如何朝向更好以及更複雜的方向演進。華林說他的共生作用，藉著創造出最關鍵的分岔點以促成新物種的誕生。至於天擇作用則會消滅這些新物種中最差、最沒前途的那些。至於第三股力量、那個未知的原則是什麼呢？華林沒說。

他原本致力於想要找到實證證據，只可惜後來沒有成功。因為這種種原因，當他試圖在一九二七年利用《共生論與物種起源》的出版來宣告自己那偉大的主張時，並未引起軒然大波。

「華林博士的書雖然引起不少人的興趣，卻沒有激起什麼熱情。」[151]一則還算客氣的評論這樣描述著。科學期刊《自然》上面另一則觸及率較高的評論，則以倫敦菁英對上科羅拉多傻瓜的姿態談論這本書。華林「要我們相信」[152]粒線體其實是細菌，而且他還宣稱「多虧了這些細菌的共生作用，物種才會出現」。評論者用輕蔑的口吻繼續寫道：這個演化的過程「叫做『共生論』，是個新創但是糟透了的名詞。」這些猛烈的批評，似乎澆熄了華林做研究的熱情，隨後的二十四年直到他退休為止，他就都滿足於講授解剖學而已。

到了一九六〇年代中期，華林跟米列史科夫斯基，以及其他所有主張內共生作用的先驅者的想法，已經從丟臉的主張，到被人完全拋諸腦後了。如果你是那個時代年輕的生物學家，那你多半完全沒機會聽到這些人的名字，也不太可能接觸到這些野蠻的主張，除非你碰巧在威斯康辛州上過瑞斯的課。那時有一名科學家曾在課堂上為了引經據典之故，提起這些早已作古的內共生作用理論，稱它們「確定已被廢止」[153]。一年後，馬古利斯的論文發表了（以琳·薩根為作者名），宣告它們的復活。

粒線體來自古早時被捕獲的細菌，這想法可以追溯到華林，馬古利斯是知道的。葉綠體來自於被捕獲的細菌，這想法可以追溯到米列史科夫斯基，她也知道。在一九六七年的論文中，她加入了另一個新的主張：真核細胞還有另一些特徵，很可能也來自於內共生作用。她的主張包含了三種結構，她認為彼此互有關聯：首先是讓眼蟲（也是她的論文研究主題）這種微小的真核細胞用來游泳的鞭毛；然後是幾乎所有真核細胞（包括你身體裡的細胞）都有的細毛構造「纖毛」；以及中心粒這種微小的構造，我之前曾經提過。鞭毛是一種來回擺動的線狀構造，讓單細胞生物可以在液體中游動，作用類似魚類的鰭。至於纖毛（cilia，拉丁文原意是「眼睫毛」）對於較大的真核細胞包括哺乳類動物的細胞來說，則有多種用途：比如它們可以將呼吸道中的異物跟黏液掃出去。中心粒則是一種圓柱狀的結構，在細胞分裂的時候，負責排列跟分配染色體。

鞭毛、纖毛以及中心粒都有著共通的相似性，不只是彼此相似，它們其實跟一種叫做螺旋體的微生物具有共通點。螺旋體是一種細長而螺旋狀的微生物，外型很像開酒瓶的拔塞器，可以靠著旋轉而移動。你看得出來這個推論的方向嗎？因為許多螺旋體都會侵入其他細胞行寄生生活，在人類身上則會造成許多疾病，像是梅毒、熱帶莓疹、鉤端螺旋體病還有萊姆病等等。馬古利斯於是有了一個創新的想法，這三種對真核細胞來說重要的構造——鞭毛、纖毛，以及中心粒——也都是來自以前被捕獲的細菌。很可能是像螺旋體這種會扭動與擺動的微生物。

她假設遠古時代一個不會移動的生物，一顆真核細胞，吃進了這種會扭動的微生物。又或者這種會擺動的生物自己貼到真核細胞的表面。假設它貼在細胞外面而沒有脫離，或者它跑進去而沒有被吃掉，也沒有變成細胞內的寄生蟲而造成傷害，然後在其中（至少）一次決定性的事件中，微生物開始被馴化。它被困住，留在裡面，然後被吸收成為一分子。這顆微生物的一部分基因，特別是負責馬古利斯注意到的那些特殊構造的基因，透過某種方式加入宿主的基因體。這些基因後來有三種作用：製造纖毛、製造鞭毛，以及製造中心粒，這為將來的真核細胞開啟了光輝而充滿可能性的新道路。

螺旋體家族的微生物通常都惡名昭彰，被人視為討厭的病原菌，若說它們是那個陪伴複雜生物興起的搭檔，其實有點反直覺。不過這並沒有讓馬古利斯卻步。除了這種微生物的外型讓馬古利斯認為「一定就是它們了」，這個想法本身也讓她覺得，確實值得讓人大吃一驚。

如果這個假設為真，那它的影響將相當深遠。有些細菌具有構造簡單的鞭毛，這些鞭毛可以在液體環境中推動細菌，讓它們笨拙地前往有吸引力的地方，或是逃離不安全的地方。但是真核細胞的鞭毛（以及纖毛）跟細菌的版本完全不一樣，它們使用不同的動力，做不同的動作，基本上更快，移動也更有效率。如果真核細胞真的把螺旋體加在外面當作鞭毛或纖毛的話，那很可能是邁向更機動也更複雜的生命的第一步。纖毛（以及一些其他的構造）同時有助於液體在多細胞生物體內的器官表面流動。馬古利斯認為，從螺旋體經過某種方式演變而成的中心粒，讓真核細胞又多發展出兩個新能力，那就是有絲分裂跟減數分裂。這樣就可以系統性地複製跟分配染色體。「能行減數分裂」聽起來有點平淡，所以讓我重新詮釋一下，我現在在談的，是發明了「性」。

剛剛所提到的，讓馬古利斯認為三種升級的裝備互有關聯，同時也與類螺旋體的細菌內共生者有關聯，是因為它們在構造上具相似性。這其實很好解釋。假設你手上有一條粗大的工業用電纜，然後你用一把工業用線鋸把電纜切斷（別忘了先切斷電源），看一下它的橫切面，你會看到在這個橫切面上有九條較細的電線排列成一個完美的圓形。這正是馬古利斯在電子顯微鏡下面看到的景象。鞭毛、纖毛跟中心粒的橫切面，都有一模一樣的九條小管線，清楚而整齊地排列成一圈環狀，宛如時鐘上的數字。她推論古老的螺旋體在被真核細胞捕獲、變成內共生者之後，這個構造就被廣泛遺傳下去，最後變成纖毛、鞭毛跟中心粒。這三種構造，在解剖上都呈現出剛好有九條管子，不多也不少，而且都排列成環狀，應該不太可能有其他的解釋，也不太可能只是巧合。這就像是《聖經》中上帝留在該隱身上的印記一般，永遠無法磨滅。除此之外，真核細胞的鞭毛跟纖毛，在橫切面的中心，還又多了兩條管子。馬古利斯稱這種結構為9＋2結構。而中心粒並沒有中間那兩條管子，馬古利斯稱其為9＋0結構。儘管有此差異，馬古利斯認為，這兩者還是相似到很有說服力。這九條小管的排列方式可能直接遺傳自螺旋體[154]，或者後來從那個共同祖先在很早的時候演化而成。而細菌跟真核細胞的纖毛之間的差異因為既基本又明顯，以至於她認為有必要給真核細胞的纖毛重新命名。後來她採用了一個古老的名稱。從一九八〇年開始，她稱真核細胞的鞭毛以及纖毛為**波動足**，英文原文是 undulipodia。這個字來自於拉丁文 undula（波動的）以及希臘文 podos（足）。

你現在可以想像一下，這些小小的波動足真核細胞，對我們揮動著它們的小腳，跟我們攀親帶故。

在講這個故事時，有兩件只有在這裡講才有意義的事值得一提。首先是馬古利斯是一名老派的細胞生物學家兼微生物學家，所學的是傳統的研究法。意思是說，她主要是靠著觀察微生物與細胞整體的視覺特徵進行研究：她在實驗室裡面養細菌，或是從野外蒐集新種細菌，然後靠著自己的光學顯微鏡或是同事拍下的電子顯微鏡照片，仔細觀察這些生物的特徵。她曾對自己說，最近在電子顯微鏡技術上的進步，讓洞察這些特徵變得可能。她對於古生物學、生物化學以及地球化學的知識也極度淵博。她為科學讀者所寫的幾本書，像是一九七〇年出版的《真核細胞的起源》，以及一九八一年出版的《共生與細胞演化》，裡面充滿了圖片，使用圖解的方式呈現她理論的證據。書中也有許多照片，以不同的方式呈現生物的微結構，像是從紫琉菌到菸草葉子裡面的葉綠體；或是從白蟻後腸中拍到的螺旋體，到人類細胞裡面的中心粒的形狀。光是看著這些照片，仔細思考細胞的構造與複雜生命的古老源頭，就足以讓人驚嘆到神暈目眩。對於並非生物學家的你我來說，這些圖像宛如是畫在原生質上的抽象畫一般。不過至少當你在看這些書的時候，不會因為那些長串字母像是AAUUUCAUUCG而感到頭昏眼花。分子生物的基因序列不是馬古利斯的專長，RNA列表也非她那種實驗數據。她的許多代表作，都發表在渥易斯帶領起分子親緣關係學的革命之前，不過即使在這場革命期間或是之後，她對於分子生物方面的證據，似乎也沒有太大的興趣。

第二點則是關於她在內共生作用中所提到的理論三要素，她只宣稱其中一點是她的原創。在一九八一年出版的書中，她這樣寫道：「這本書中提到的所有概念，都是由其他人所發展出來的。」[155]只除了其中一個概念以外。她感謝米列史科夫斯基、華林以及許多早期思想家；她也感謝威爾森以及她以前的老師瑞斯，讓她知曉曾有過這些前輩。她曾列出諸多在她自己的理論中，過去已經被其他人闡明的部分，從粒線體可能來自被捕獲的細菌，到內共生作用在推動演化最重要的轉移時所扮演的角色。在感謝完以上所有人之後，她宣稱自己最驕傲的獨創論點只有一個，就是來自細菌的波動足，也就是那些揮動的小腳。她是第一個想到這些構造起源的人：這些構造來自那晦暗的寄生蟲螺旋體，原本為了某些惡意想要入侵細胞，結果卻被困住，最後留下來幫忙。

她後來還補充：這些想法都可以透過新的實驗法來驗證。

它們確實受到檢驗。科學不斷地前進，開始進入渥易斯的時代，帶來許多新的證據支持，並讓她提出的許多極端想法更為確實，可惜這偏偏就不包括她獨自原創的那一個。

第三十二章

在遙遠的加拿大新斯科細亞省的哈利法克斯，杜立德正讀著馬古利斯那些瘋狂的想法，感到很有趣。他認為這些想法值得驗證一番。

一九七〇年代早期，杜立德不過才三十歲左右，剛到戴爾豪斯大學的生物化學系擔任助理教授。支付這個職位獎學金的加拿大醫學研究委員會*，地位類似英國當初贊助桑格與克里克的研究機構。雖然杜立德不管從哪個角度來看，都算不上從事醫學研究，不過這無所謂。他研究的主題是細胞內的核糖體RNA，以及它們如何從DNA轉錄而來，特別是一個叫做RNA成熟化的過程。在這個過程裡，長串的原始RNA會被剪短成16S或是5S RNA以及其他片段，然後組合成核糖體。這整個過程，正是當初他在美國丹佛擔任博士後研究員時的研究題目，當時實驗室的主持人是一位年紀不過與他相仿的年輕科學家，名叫佩斯，非常聰明，稍後我們會再提到他。雖然杜立德的本行是生物化學，不過此時他的興趣已經轉移到演化上面了。他現在最大的問題就是，在生命的演

* 編按：與英國的機構同名，在二〇〇〇年時由加拿大衛生研究院（Canadian Institutes of Health Research，CIHR）取代。

化史中，哪些是最重要的事件？複雜的生命是如何出現的？真核細胞是如何演化出來的呢？其實讓他改變研究方向的有三件事，其中一個就是馬古利斯的書，另外兩件則是藍綠菌（有些時候它們還是被大家稱為藍綠藻），以及一位技巧高超的研究助理。

杜立德當然是一名相當嚴謹的學者，卻不時會有一些異想天開的想法，脫離科學與自己所研究的領域。他曾經跟我提起這些事。有一次在他的辦公室裡，他這樣告訴我：「當我來到戴爾豪斯大學時，原本應該繼續研究核糖體RNA成熟化這個題目，這是我本來在諾曼那裡就在研究的東西。」這是很技術性的生物化學研究，涉及純化數種酵素。他說：「但我不是生物化學家」。他的意思是，這研究不合他的興趣，「我討厭做那些實驗」。來到戴爾豪斯大學的生化系之後，他遇到了另一名在研究藍綠菌的同事，這人是一名貨真價實的生化學家。「那時我想『哇，多漂亮的顏色呀！』」他事後回想起，這些細菌有許多不同的形狀，藍色或綠色，而且看起來「很有趣」。研究它們應該會很好玩吧？

我問：「藍綠菌都生活在哪些地方呢？」試著想多了解一下這些看不見的小生物。

「到處都是。我是說，它們住在水裡。很多池塘的泥沼就是藍綠菌形成的。英國牛津那裡的老房子牆壁上綠綠的東西，搞不好也是藍綠菌。」他知道我去過牛津，曾在那裡房子的牆上看到許多綠油油的東西。「它們很常見，也很有趣，有許多不同的顏色。所以我想要多了解藍綠菌的生物化學，為了……」他停了下來開始思索：為了什麼呢？這並非為了醫學研究，也不是為了解答演化的問題。杜立德喜歡這個研究題目，而他同時又是一名科學家，所以他就直白地說：「就是單純為了研究它們而已。」

此外，當時在國際間碰巧有一群人，正在研究藍綠菌的分子生物學。藍綠菌直到不久以前都還被歸類為藻類，而在杜立德年輕的時候，這一群人為首的仍是之前提過的史坦尼爾。史坦尼爾在一九七一年，因為厭惡美國的政治環境而離開柏克萊。他接受了位於巴黎的巴斯德研究所的聘任，條件是允許他只研究藍綠菌。不過當時這群藍綠菌專家，尚無人研究過藍綠菌如何透過RNA成熟化（就是為了因應不同功能，切斷長串RNA分子的過程）製造核糖體，連史坦尼爾也沒有研究過。這是杜立德從在佩斯的實驗室開始時，就一直獨占的小小專業。「所以我想，我可以重複之前跟佩斯一起做過的實驗，」只不過現在的對象換成藍綠菌了，「這算是抄一下捷徑。」

就這樣，杜立德開始研究各種不同的藍綠菌，研究這些藍綠菌RNA成熟化以及其他的生理現象，並且發表好幾篇論文。其中一篇論文甚至得到史坦尼爾本人的回應，他寄了一封恭賀信給杜立德。史坦尼爾在信中說：這真是相當優秀的研究，給了我一些靈感，可以請你多寄一些抽印本給我，讓我分給實驗室其他成員嗎？對於一名助理教授而言，這種從該領域大師捎來的肯定，實在足以讓人興奮到昏頭（渥易斯不久後告訴杜立德，他很嫉妒這封信，因為他從來沒有得到史坦尼爾的任何讚賞）。不過杜立德知道，自己的研究計畫其實沒有挑戰性，他並沒有什麼太了不起的成就。就在這個時候，他讀了馬古利斯寫的書。

他覺得書中關於內共生作用的理論非常誘人，而且書裡那些單細胞生物、共生事件，甚至書裡面的一棵生命樹，都帶給他極大的震撼。這些插圖都出自一名叫做邁佐利的科普畫家之手，杜立德認為這種畫風頗具「放克風格」。這句話其實是種稱讚。那時候六〇年代已然結束，但是六〇年代的文化餘韻仍在。如果當時的前衛漫畫家庫朗姆要為《滾石》雜誌的幻想報導畫一些變形蟲吞噬細菌的插畫，那大概也會很像邁佐利的風格吧。杜立德本身也喜歡畫畫，喜歡這種用卡通風格來表現嚴肅科學的做法。他曾說：「我想這是啟發我作畫的靈感之一」，這份靈感後來發揮了影響力，因為將來他也靠著自己的插畫，解釋他對生命樹所持的激進的新觀點。

他會注意到馬古利斯的新書還有另一個原因：這本書不只跟生化有關，也跟演化有關。它談到亙古以前的演化，直接追溯回生命樹的根部。「你知道嗎？對於像我這樣的人來說，」杜立德如是說：「大象跟河馬的關係比較近，還是跟鯨魚的關係比較近，一點都不重要。我們並不關心這些事情。」他的意思是說，對於探討一個生物界如何跟另一界分化開來的微生物學家而言，哺乳類動物之間親緣關係的細節，其實只是芝麻綠豆大的小事而已。「但是真核細胞跟原核細胞之間的關係，看起來就是個大哉問了。」內共生作用的理論直接探討這個問題，雖然異端但卻相當扎實。杜立德開始想：嗯，我們可以檢驗一下這個理論。

然後在大約一九七三年的某一天，波娕走進了他的實驗室。這位波娕，就是當初在厄巴納的渥易斯實驗室擔任助理，幫他操作電泳以及拍攝X射線照片，以便定出核糖體RNA序列的同一人。

波嫩現在跟她的丈夫搬到哈利法克斯，她的丈夫是一名運動生理學家，不久前接受戴爾豪斯大學體育學系的聘任。她想找一份有趣一點的工作。她有足夠的資歷，可以勝任生化以及分子生物學這兩個領域中某些困難的實驗。她的實驗技巧對其他研究者來說或許會有用。當渥易斯聽到她搬到哈利法克斯之後，主動跟她說：「我知道妳可以幫誰做實驗。」他指的是杜立德。渥易斯跟杜立德熟識一陣子了，他們是在幾年前杜立德來厄巴納做第一任博士後研究員時認識彼此，之後不時會彼此通信或是通電話。杜立德已經記不得當初到底是渥易斯代表波嫩寫信給他，還是不知道從哪裡聽到了波嫩的實驗專長。「反正當她來找我的時候，我已經知道她是誰，以及可以做些什麼事了。」

就這樣，波嫩加入杜立德實驗室的小團隊，接下新的任務：研究複雜細胞體內的葉綠體究竟從何而來。他們一開始做的幾個實驗之一，就是比較五種不同來源的核糖體ＲＮＡ：紅藻的細胞質（真核細胞）、藻類的葉綠體，還有數種細菌，包括常見的大腸桿菌。杜立德想，如果馬古利斯的理論是正確的，那麼複雜細胞體內的葉綠體應該會跟細菌很相似，因為根據理論，它們就是來自於細菌。

於是杜立德跟波嫩，又重複了當初在厄巴納渥易斯實驗室所做過的那些既危險又麻煩的實驗，也準備了相同的材料。他們首先把微生物養在缺少磷的培養液中，然後加入磷32（放射性同位素），這些小東西就用這些放射性元素製造體內的構造，包括它們的核糖體ＲＮＡ。接著他們打破這些細胞，萃取出核糖體ＲＮＡ，選擇他們想研究的部分（細菌的16Ｓ核糖體ＲＮＡ，而在藻類這些真核細胞體內所相對應的，則是18S核糖體RNA）。然後他們再用酵素把這些RNA切成碎片，將它們放入電泳中，比較彼此移動的速度。這些電泳的結果可以透過X射線底片呈現出來。他們也跟渥易斯一樣，用「指紋」來稱呼這些電泳結果，雖然呈現在底片上的圖案，看起來其實比較像是一大群變形蟲。根據這些指紋，他們可以推論出那些RNA碎片的鹼基序列，然後做出一份列表。

波嫩在杜立德的幫助之下完成大部分的實驗。雖然杜立德是老闆，不過波嫩才是熟知實驗技術的人。他們要跑一個二次元電泳，讓這些RNA碎片往不同方向移動，這樣才能將碎片區分得更開，更能分析它們的組成。這套電泳使用高達五千伏特的電力，電流的安培數也不容小覷。為了降低電泳紙條的溫度，他們將紙條的兩端各自浸在一個充滿瓦索溶劑的水槽中，這是當初索金所用過一模一樣的危險可燃溶劑。杜立德跟我說：「我們在這裡蓋了一間專門的房間，裡面備有二氧化碳儲存槽，非常巨大的儲存槽。」這些二氧化碳是做什麼用的？「為了預防瓦索溶劑起火，滅火用的。」杜立德回答，接著他就笑了出來。當然如果房內起火，系統偵測到火災，自動開啟讓房間中充滿二氧化碳，這樣也會傷人。「從警鈴響起到房內充滿二氧化碳為止，你有大概三十秒的時間可以逃命。」他又笑了一次，一種荒謬而老派的笑。

波嫩比較沒有那種荒謬的怪趣味，她只是簡單告訴我：「我工作的小實驗室裡，有各種專門的預防設備。」她沒有把自己炸掉、沒有因防火系統窒息而死、也沒有死於放射物質中毒，相反的，她做出想要的指紋。這些影像都印在用來照胸腔X射線的長方形大底片上。每次曝光，他們都必須

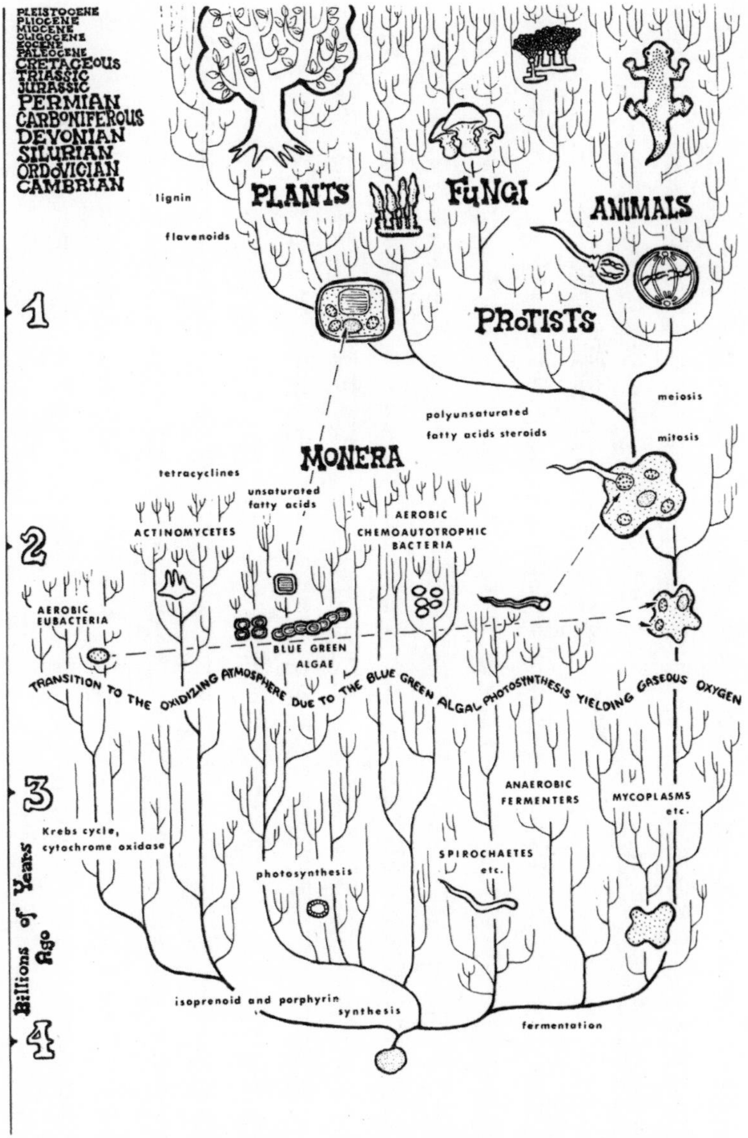

馬古利斯書中的真核生物生命樹，由邁佐利所繪，一九七〇年出版。
（By permission of the Lynn Margulis Estate.）

把底片跟電泳放在一種稱為底片匣的長方形薄塑膠盒中，這種塑膠盒完全不透光，可以讓帶放射性的RNA片段在底片曝光的同時，不受到外面光線的干擾。這些底片匣都是來自當地醫院的二手貨。波嫩教杜立德如何讀取這些指紋，幫助他建立這些指紋列表，以便可以互相比較。

他們所得到的結果非常清楚而且相當驚人。透過這種方式偵測核糖體RNA，他們發現紅藻葉綠體的核糖體RNA，跟紅藻本身細胞質裡的核糖體RNA差異有如天壤之別，程度宛如杜立德跟波嫩正在比較兩種來自不同界的生物一般，雖然事實上它們確實來自不同界。如果你做過腎臟移植，而移植的腎臟來自某位不知名的陌生人，這顆新腎臟的核糖體跟你原本腎臟的核糖體比起來，差異也遠小於葉綠體跟藻類的核糖體。為什麼呢？因為移植到你體內的腎臟，也是來自另一個人類（或者，你的醫師採用異種移植的手段，用了狒狒或是基因改造豬腎臟；不管哪一種，都還是哺乳類）。但是這些葉綠體如同被異種移植到完全不同界的生物體內一樣。它們跟那些被用來比較的細菌像多了，但是作為紅藻零件的一部分，卻反而跟紅藻差異甚大。杜立德跟波嫩在他們發表的論文中，悄悄地寫下這些結果所代表的意義，指出內共生作用理論中，至少一部分的重要主張可算得到證實：是的，植物的葉綠體確實是被捕獲的細菌後代。

在論文結尾，他們引用馬古利斯的論文，也引用米列史科夫斯基的論文。他們也感謝渥易斯，謝謝他的「建議、鼓勵，以及分享許多尚未發表的實驗結果。」[156]對於渥易斯透過波嫩將自己的實驗技術輸出到哈利法克斯，杜立德應該有感謝過渥易斯，或許他其實已經私下這麼做了。

第三十三章

杜立德跟渥易斯兩人曾有一段長久的友誼。這段友誼始於一九六〇年代末期，杜立德在厄巴納做博士後研究員時。這段友誼因兩人共同的興趣而加深，因兩人偶爾合作而堅固，也因彼此的競爭而不穩，不過只有到了渥易斯晚年，當兩人對生命樹的看法出現歧見時，這段友誼才變了調。

厄巴納曾經兩度成為他們人生的交會點。杜立德比渥易斯小了十四歲，但是身為這個伊利諾州小鎮的本地人，早在渥易斯來之前，他就在這裡出生、成長。如前所述，杜立德的父親是當地大學的藝術教授。當渥易斯在一九六四年來到厄巴納時，杜立德已經離開厄巴納去哈佛大學念書，接著他又前往史丹佛大學念研究所。四年之後，杜立德帶著博士學位回到伊利諾大學，在史畢格爾曼的實驗室做一名博士後研究員。史畢格爾曼在研究病毒RNA的體外複製上面，做過一些非常有趣而困難的實驗，因而聲名大噪。在這些實驗裡，史畢格爾曼創造一種他自己稱為「小怪獸」的RNA分子：這種合成的RNA分子具有自我複製的能力，可以無限制地在燒杯中一代一代自我複製下去。史畢格爾曼也是當初把渥易斯請來伊利諾大學的人，他也從桑格那裡請來了畢夏普，一併帶來桑格的整套定序技術。畢夏普後來訓練索金，索金之後則是渥易斯實驗中最關鍵的助理波嫩。可以說這些科學家的世界真是小，彼此都互有連結。

杜立德在一九六八年回到厄巴納做博士後研究員時，跟新老闆的關係，卻因為舊識而變得一言難盡。史畢格爾曼的兒子，是杜立德高中時代最要好的朋友；學生時代的杜立德，就已經在史畢格爾曼的實驗室做暑期實習生，負責洗燒杯試管之類的雜事了。史畢格爾曼開啟了他對科學的眼界，日後，他也在杜立德選擇研究所上給了不少建議。但是史畢格爾曼並不是一位溫暖如慈父的師長，而是一名讓人望之生畏的老闆。杜立德說：「他有一個糟糕的壞習慣，就是會在你用滴管吸磷32的時候，穿著膠底鞋悄然無聲地溜到你背後。」在那個時代，他們都是用嘴巴把溶液吸到玻璃滴管中＊。當史畢格爾曼溜到實驗助理背後之後，就開始發出嗯哼的聲音。「所以，大概有一半的機會，你會把磷32吞下去。」杜立德告訴我，然後又開始笑了起來。因為這段回憶太古怪了，我也跟著笑了。

他接著說道：「大家都很怕他，但是我並不怕他。」怕這個字或許並不精確，畢竟他只是高中同學那位聰明而古怪的爸爸而已。但是當杜立德二十六歲回到史畢格爾曼的實驗室做博士後研究員時，他們兩人之間以往那段不對等的關係，並沒有隨之消失，或是轉變成兩名科學家平等而合作的模式。過去的歷史反而陰魂不散，成為兩人之間的阻礙，那段關係比較像是一道圍牆擋在中間而非形成連結。回來做博士後研究員，或許對兩人來說都是個錯誤的決定。

科學家彼此的關係，會受到兩人之間的人際化學反應、他們的工作內容以及想法而形塑。杜立德告訴我，史畢格爾曼不是那種可以跟你在實驗室外還保持一段輕鬆、平起平坐，維持良好關係的同事——至少對杜立德是如此。畢竟，史畢格爾曼從他還是一個瘦骨嶙峋的青少年時期就認識他了。現在系上來了另一位年輕教授渥易斯，沒那麼了不起，沒那麼有疏離感。他沒那麼高不可攀又深沉，至少在那個時候還不是如此。杜立德說：「你可以跟渥易斯出去好好喝一杯。」很自然的，不管是有意還是無意，渥易斯就成了史畢格爾曼的學生及博士後研究員的「社交與精神導師」，當然也包括杜立德在內。

不過到了一九七〇年代，他們的關係開始變得緊張，因為兩人實驗室的研究計畫有時非常相近，他們一邊分享著彼此的想法與尚未發表的實驗結果，一邊卻又互相競爭。比如說，當杜立德跟波嫩在《美國國家科學院院刊》上面發表他們關於葉綠體研究結果的同時，在同一本期刊上，渥易斯的團隊也發表了類似的研究結果，一樣也肯定馬古利斯關於葉綠體來自於細菌的說法。杜立德跟波嫩在致謝中感謝渥易斯與他們分享尚未發表的資料，而渥易斯也同樣在論文中回敬。這種時而重疊時而互補的合議制，本是科學應該呈現的樣貌。

一年後，杜立德跟波嫩發表第二篇論文，這次榮登《自然》期刊。在這篇論文中，他們為兩個很重要的論點提供了證據：第一個論點是，藍綠藻並不是藻類而是細菌（因此後來正名為藍綠

＊譯注：現在實驗室安全規範都規定必須使用吸球或是電動吸管。

菌）；其次，他們證明至少在某些複雜的生物體內，葉綠體確實是來自於藍綠菌。這篇論文裡所使用的證據，全都是靠著渥易斯發明的實驗方法而蒐集到的，他們也在論文中多次提及渥易斯的研究。

到了一九七八年，一篇發表在名氣比較小的歐洲期刊上的論文，吸引了這兩人的注意。這篇論文由一個位於法國史特拉斯堡的團隊所發表，在論文中提出一項前所未見的資料：他們定出了渥易斯一直在研究的16S核糖體RNA分子的**完整**序列，而不僅僅是部分片段而已。他們只使用單一種細菌的16S核糖體RNA，這細菌就是我們都很熟悉的大腸桿菌。這個實驗所使用的基本上仍是改良自桑格所發明的定序法，不過法國團隊使用了一種新的成分：他們以眼鏡蛇的毒液幫忙切斷分子。完整的RNA序列對於像渥易斯跟杜立德這種科學家而言可說是價值連城。一直到目前為止，渥易斯跟杜立德都只能使用部分片段的RNA來比較，而無法得知這些片段要如何連接起來。這個法國團隊使用眼鏡蛇毒液，竟然可以把片段拼起來。

但是這篇歐洲期刊上的論文，還要好一陣子才會抵達伊利諾大學。渥易斯很早就聽到關於這篇論文的風聲，因此等得十分不耐煩。後來他直接打電話給在哈利法克斯的杜立德，那時期刊已經寄到加拿大了。渥易斯請杜立德幫他一個忙：「你可以把這段序列念給我聽嗎？」杜立德答應了，他回到自己辦公室的座位上，拿起雜誌的十月號，透過電話把一千五百四十二個字母一個一個念給渥易斯聽。他後來發現如果把這段序列用三連字來念的話，會呈現出一種相當自然的韻律，並且比較不容易漏字或是多念一次。

這段序列是：「AAA、UUG、AAG、AGU、UUG、AUC，」如此這般。他繼續念著：「AUG、GCU、CAG、AUU、GAA、CGU，」然後再念著：「UGG、GAU、UAG」在信使RNA中，UAG是一個停止訊號，會讓工作停止。但是這序列並不屬於信使RNA，而是16S核糖體結構的一部分，因此杜立德繼續念下去：「CUA、GUA、GGU、GGG、GUA，」然後還沒完，「ACG」。他就這樣念完整段序列，念到眼睛都快變成鬥雞眼；而電話的另一頭位於厄巴納的渥易斯，則用筆小心翼翼地記下。最後杜立德念出：「GGU、UGG、AUC、ACC、UCC、UUA。」[157]至此終於全部結束。

各位，這不是石器時代，也不是凱爾特人圍著營火，由德魯伊巫師召喚什麼東西的時代。這是一九七八年，一個前生化學家正在幫另一個前生物物理學家，兩人都想利用分子生物學的工具，透過彼此分享最新最真實的科學數據，潛入演化的神祕世界。

第三十四章

波嫩跟她所使用的渥易斯式實驗技術，同時證明了內共生理論的第二個主要假設：跟葉綠體一樣，粒線體也是古早被捕獲細菌的後代。

在一九七〇年代，關於這個問題最主要的爭點在於，粒線體這個至關重要的胞器，究竟是來自真核細胞內部，然後慢慢變得愈來愈複雜，抑或是來自細胞外、被抓住的細菌呢？第一種觀點反應了當時的傳統看法：細胞透過某種漸進式的分化，自己從內部組成像是細胞核、負責生產能量的粒線體、植物體內的葉綠體等結構，慢慢由簡單走向極度複雜。或許這些胞器是由環境中的各種材料組合而成，像是星塵慢慢組成行星一般。又或許它們是從其他胞器上面，像盲腸一樣被切了下來，然後自由地飄在細胞質裡。沒人知道哪一種說法才是對的。第二種觀點則認為胞器來自細胞外面，這回應了馬古利斯的觀點以及她的內共生作用假說。在比較過這些DNA片段的列表之後，波嫩跟其他哈利法克斯的同事提出新的證據，支持馬古利斯以及華林當初的假說：粒線體來自於很久以前某個單細胞生物（不管是什麼，反正是一顆前真核細胞時代的宿主細胞），在吞下一顆細菌後卻無法消化它，或者被這顆細菌感染卻又無法自癒，也可能是這顆細菌自己跑進來而宿主細胞就讓它留了下來。這個重大事件只發生過一次。這顆被吞掉的細菌的後代，就成了第一個粒線體。

當時在戴爾豪斯大學的生化學家中，還有另外一名來自加拿大西岸，名叫格瑞的年輕助理教授。格瑞在史丹佛大學做完博士後研究員之後，就來到戴爾豪斯大學。他在亞伯達省的麥迪森海特長大，根據他後來的自述，格瑞自稱是一個「草原小孩」，來到愛德蒙頓這樣的大城市念大學和攻讀博士學位。他所鑽研的主題就是ＲＮＡ的生物化學，在那個時候，這類研究看起來跟演化應該是一點關係也沒有。格瑞不但從來沒念過演化生物學，研究的方向也著重在當代細胞系統的種種功能，而非它們古老的起源。他的論文主題是探討一種叫做轉送ＲＮＡ（ｔＲＮＡ）的分子，這種分子專門負責將胺基酸送到核糖體裡製造蛋白質。格瑞也不認識渥易斯或是馬古利斯。不過他當時碰巧讀到一篇論文，講到某些真菌體內的轉送ＲＮＡ，該論文提到，這些轉送ＲＮＡ似乎可以追溯到真菌的粒線體。格瑞自忖：嗯，轉送ＲＮＡ在粒線體裡面幹嘛？一般來說核糖體製造蛋白質，粒線體製造ＡＴＰ。在粒線體裡面有轉送ＲＮＡ，表示還有一些東西是格瑞還有其他生化學家所不知道的：粒線體有自己的核糖體，這就好像是在說粒線體是（或者曾經是）獨立的細胞，為什麼？

這道小小的謎題，讓格瑞決定將下一個研究重點放在粒線體上，精確地說，是研究在植物粒線體裡面所找到的ＤＮＡ跟ＲＮＡ。這看起來好像滿重要的，因為它有可能揭露粒線體的起源之謎。格瑞特別挑了小麥作為研究材料。其實從念博士開始，格瑞就用市售小麥胚芽當作轉送ＲＮＡ的來源以進行研究。現在他發現小麥胚芽可能也是研究粒線體，以及粒線體裡遺傳物質的好材料。在確立好研究計畫，開始搜尋文獻時，格瑞發現了馬古利斯的研究。他之前並未讀過馬古利斯在一九六七年所發表的論文，不過現在他看到馬古利斯在一九七〇年所出版的《真核細胞的起源》，書中完全不同於傳統的觀點，詳細解釋了內共生作用的理論，其中也包括關於粒線體起源的假說。

四十年後的某個下午，我問格瑞：「那時候在大家眼中，她是不是像個極端主義者或是瘋子？」

「嗯……」他回答：「大概從一開始就被看成這樣了吧。」

我們在戴爾豪斯街角的一間土耳其餐廳共享一頓午餐，然後回到位於格瑞實驗室後面的狹小辦公室中。他現在已經退休，在將一生都貢獻給粒線體的研究、悄悄地做了許多傑出的研究後，他的實驗室終於停止運作。他回憶起當初馬古利斯的理論不被眾人接受，許多科學家根本「不屑一顧」，逕自發展各自關於「非內共生作用」的假設。因為激烈的爭論，馬古利斯後來甚至被邊緣化。但是對於格瑞而言，馬古利斯的假設提出了一個可能性：「或許這個變成粒線體的細菌殘骸，可以在自己裡面製造蛋白質，而我覺得這個想法很酷。」跟他的同事杜立德一樣，他也很快地就站到馬古利斯這一邊。

開始的時候，格瑞的研究有點像是衍生自波嫩在杜立德那裡所做的工作。格瑞也有一名博士班學生，名叫康寧漢，他是格瑞第一個指導的學生。康寧漢在某一天碰巧跟波嫩聊了起來，然後他們就決定要在小麥的粒線體試試渥易斯的研究方法。他們打算從格瑞早在愛德蒙頓念博士時就非常熟悉的農業植物身上，看一看小麥細胞內粒線體的核糖體ＲＮＡ，驗證內共生理論的另外一根支柱

——所有真核生物的粒線體均來自細菌。格瑞跟他的學生，需要從小麥細胞的粒線體中萃取出核糖體RNA，把它們切碎，定出這些片段的序列，然後將這些序列做成一份列表。接著再將這份列表，與其他生物（包括細菌）的核糖體RNA列表相比較。不過這裡有一個問題：任何試圖拿出粒線體的實驗都非常困難，因為跟植物細胞裡面的葉綠體比起來，粒線體在細胞中的數量並不多，而且很難拿出來。不過格瑞深知這正是小麥的優勢所在。小麥的核心胚芽雖然只占整顆穀物一小部分，卻是將來可以發育成整棵植物的胚胎所在，裡面含有足夠做實驗的粒線體。

「你是從哪裡拿到這些生的小麥？」

身為麥迪森海特長大的鄉下孩子，格瑞很了解小麥。「我把它們從加拿大西岸運過來。」他說。之前格瑞使用過哈利法克斯當地麵粉磨坊的小麥胚芽，對某些實驗來說，這些小麥十分好用。不過這種小麥的胚芽已經被處理過，它們發不了芽。這種小麥無法拿去種，它不會生長；而如果你沒辦法讓它生長成一棵植物，那就不能餵它們吃放射線磷元素，讓特定分子標上記號。格瑞跟康寧漢需要的是新鮮的小麥種子，像是直接從田裡收割下來的，或者至少像那些矗立在西部曠野中，緊鄰著鐵路邊的高聳穀倉中存放的小麥那樣新鮮。

所以格瑞向亞伯達省那裡的供應商訂了一大袋小麥。康寧漢就負責動手，用果汁機跟濾網篩，把活生生的小麥胚芽從種子中萃取出來。後來他們終於得到這些十分珍貴的材料，大約十六克左右的胚芽。他們把這些健康的加拿大小麥胚芽放在一張濾紙上，加水還有「超級大量的放射線物質」，希望可以標記小麥胚芽，以便將來能夠在底片上顯影。他們從這些胚芽中分離出粒線體，再從粒線體裡面抽出核糖體RNA。接著在波嫩的指導下，他們把核糖體RNA切成小片段，將影像曝光在底片上，然後讀取這些「指紋」，再把它們做成列表。

格瑞選擇小麥作為研究材料，真是選對了，因為植物粒線體的核糖體RNA，比起動物粒線體裡面的核糖體RNA來說，突變速度要慢很多。這樣一來，它們跟細菌RNA相似性就比較明顯，也比較容易看出它們過去曾經共有一樣的祖先。他們的研究結果很明顯，後來格瑞跟康寧漢以及波嫩跟杜立德，以共同作者的身分將論文發表在另外一本期刊上。馬古利斯的假設現在得到了證實。從核糖體RNA看來，小麥的粒線體跟小麥一點都不像，這些小東西是後來才被選入小麥的服務團隊的。它們是外來者，跟細菌比較相似。

第三十五章

這篇論文發表了十年後，仍有一批為數雖小卻不容忽視（至少在聲量上）的科學家，拒絕接受內共生作用的理論。一部分的原因是，他們無法接受馬古利斯所提出的全套理論三部曲：葉綠體來自藍綠菌、粒線體來自另一種細菌、鞭毛來自螺旋體或是類似的細菌。這實在太誇張了。

或許有些人在潛意識裡，因為種種原因難以接受這個理論所隱含的意義，其中包括這理論觸及到人性私密處，太讓人不適了：所有動物的細胞，所有人類的細胞，所有你的細胞、我的細胞、懷疑論者的細胞，都靠著這些被捕獲而轉變為胞器的細菌來供應能量。這裡所說的，並非為數眾多，雖說住在你的胃裡或是躲在腋窩下面的那些細菌。別忘了，我們腸道中的微生物以及其他小生物，雖說從身體的角度來看算是融入身體裡面，但是事實上它們並沒有真的在你的**細胞裡面**。而我所講的細菌，是那些被捕獲而後變形，最後完整融入身體中的細菌。這些被捉住的細菌，在經過可能長達二十億年的歷程後，成為細胞**裡面**的小機器之一，並且成為我們細胞的祖先。它們的DNA成為我們DNA的一部分，透過母親傳給我們。為什麼只透過母親傳過來？因為粒線體是透過卵子而非精子傳給下一代。

打開天窗說亮話。根據內共生作用的理論，我們才不是什麼身家清白乾淨無瑕的個體，我們全都是混種生物。難怪這個理論這麼不容易被接受。大概沒人喜歡像《神鬼認證》裡面的傑森·包恩一樣，被別人告知自己原來根本不是原本以為的那個人。

此外，對內共生作用理論的另外一個質疑來自於電子顯微鏡的研究。一些科學家開始利用電子顯微鏡，檢視粒線體與葉綠體裡面的構造，以及它們遺傳物質的含量。雖然粒線體跟葉綠體都是胞器（就是真核細胞裡相當於器官一樣的小構造），但是它們卻帶有自己的基因體，而這些遺傳物質跟藏在細胞核中染色體裡的基因體非常不一樣。從顯微鏡中可以看到，某些粒線體跟葉綠體的DNA看起來是環狀的DNA，像個圈圈一樣，而在細胞核中的DNA則是線狀的。比如菠菜葉綠體裡面，就有很多圍成小圈圈的DNA。這個觀察結果支持內共生作用的理論，因為細菌的基因體也是保存在環狀的染色體中。如果粒線體跟葉綠體**以前也是**細菌，或者是來自細菌，那麼它們的染色體形狀相似也就說得過去了。

不過這些環狀染色體未免有點太小了，比任何已知的細菌的染色體都要小太多太多。它們所能攜帶的資訊量——也就是說染色體裡面鹼基對的數量，或是基因的數量——比起細菌來說實在太少了。再看看菠菜，德國杜塞道夫大學的科學家在仔細研究了它們葉綠體裡面的環狀DNA後，發現這些DNA只有一般細菌染色體的三十分之一而已。所以現在就跑出一個新的謎題：如果粒線體跟葉綠體確實來自細菌，那它們的基因都跑到哪裡去了？是完全消失不見了？被丟掉了？還是退化掉了呢？這些基因會不會被送到宿主細胞的其他地方，比如說被送到細胞核裡，在那裡，這些基因還能繼續製造產品，來維持細胞的生命？這個不太起眼的問題，後來卻導向一個驚人的大發現，在這棵盤根錯節的生命樹的歷險中，占有很重要的地位：簡單來說這跟微生物之間的水平基因轉移有關，我稍後會再回來講詳細一點。

在一九八〇年代，另外一個質疑內共生作用的論點，就是當時科學家找不到跟粒線體有關的特定細菌。好吧，就當所有的粒線體都來自某一隻被捕獲的細菌好了，那到底是**哪一隻**呢？科學家找不到哪一種是最有可能的細菌。相較之下，我們已經知道葉綠體有其相匹配的細菌——啊哈！就是藍綠菌，但是粒線體卻沒有可以相匹配的細菌，科學家還沒有找到這隻細菌的祖先。在一九八二年，格瑞跟杜立德曾經就這個主題發表了一大篇回顧式論文。論文的標題是〈內共生作用理論已經獲得證實了嗎？〉[158]。這有點讓人驚訝，因為他們曾在一九七七年發表過小麥胚芽的論文，而現在竟然承認內共生作用的理論尚未獲得證實，至少從粒線體的角度來看是如此。

格瑞跟杜立德對於證據這件事非常挑剔。他們的論文一開始就花了兩頁的篇幅，先闡述要證明這個理論的話比較需要哪些實證資料？然後他們再將這類證據與其他間接證據區別開來。有些「證據」會比其他的證據有更強的證明力。因為相關性並不代表因果，背後很可能有其他的原因。這一段文筆與想法其實是在展示杜立德的哲學式思考。接下來的段落，他們討論了葉綠體與藍綠菌，這部分主要是聚焦在杜立德的研究上，然後論文中開始談到粒線體與RNA，這部分則是格瑞的強項。

整篇論文訴求的重點其實很簡單：是的，關於葉綠體的假設已然證實，但是關於粒線體的假設則沒有；或者該說，還沒有。在論文結尾，格瑞與杜立德提到他們自己關於小麥粒線體的研究，雖然顯示了它可能來自細菌，但卻不能算是定論。根據核糖體RNA的序列比對，這些小麥的核糖體，確實跟大腸桿菌有幾分相似。但在他們的首篇論文發表了五年後，其他科學家也都一直沒有找到比大腸桿菌更相似的細菌。不過這也只是在講小麥這一種植物而已。如果拿另外兩種真核生物生命樹上重要的枝幹：動物或是真菌的粒線體來比對的話，就完全看不出有相似性的細菌了。因此，關於內共生作用理論，一直都沒有很強的證據可以支持，也沒有人找到變成粒線體的可靠細菌候選者（這部分決定性的證據，要一直到十五年以後，當格瑞將整套粒線體的基因體與某一群細菌互相比較後，才浮現出來）。現在，這仍是一個尚未獲解答的謎題。

此時，渥易斯再次登場。一九八五年，他的實驗室發表一篇新的論文，宣告找到粒線體與細菌的關聯。這篇論文的標題是：〈粒線體的起源〉[159]。渥易斯的團隊宣稱，所有粒線體的祖先，都可以追溯回某一群特定的細菌中，而這種細菌至今仍在地球上欣欣向榮地活著。粒線體祖先的後代，其實是一種生活在我們四周的寄生菌，會造成胡桃樹的樹瘤，或是讓葡萄樹以及其他植物生病。它們屬於一種比較少見的紫色細菌，名叫變形菌。粒線體的祖先來自於變形菌的α家族。

渥易斯的團隊這次一樣使用他最喜歡的16S核糖體RNA，作為生物相關性的比對標準。粒線體裡面有一種核糖體RNA，等同於細菌裡面的16S核糖體RNA。不過這兩種RNA到底有多相似？又是跟哪一種細菌比較相似呢？我們還不知道。現在基因定序的技術已經進步了不少。桑格最近大幅改良了DNA（注意，不是RNA）的定序技術，可以比以前做得更快更精準，而渥易斯則又針對自己的實驗做了一些看起來讓人費解，實際上卻十分重要的改變。他們改變策略，不再直接純化並定序那些數量稀少的核糖體RNA，相反的，他的團隊直接從細菌或細胞的基因體裡面抽取它們的DNA，利用DNA選殖技術將其大量複製，接著再針對其中會轉譯成16S核糖體RNA的片段進行定序，之後就可以比對細菌與核糖體的序列了。簡單來講，他們選擇測量房子的藍圖而非直接測量房子本身。這樣可以獲得跟以前的老方法一模一樣的資訊，不過從方法上來說更好且更快了。放棄斤斤計較微薄的RNA，直接使用數量龐大的DNA定序，可以算是找到了一條捷徑，而在這個領域裡絞盡腦汁十幾年的渥易斯，毫不意外是它的發現者。這是一種新的資訊流程，而渥易斯則又再次率先成為這種新技術的少數接納者，並且他所問的問題，遠比其他研究者要更深遠。

這篇一九八五年的論文，第一作者是來自中國東北的楊德成。他在中國念完大學之後到伊利諾念博士，最終加入渥易斯的實驗室。他們的團隊比對七種不同生物的核糖體RNA，他們想知道哪六種原核生物（其中包括了五種細菌以及一種古菌界代表——根據渥易斯剛剛才提出的新命名系統），跟真核細胞中的核糖體最接近。在這個實驗中，古菌其實會是一個異常值，細菌才是他們真正研究的對象：將古菌也納入分析，是為了知道比對的幅度差異有多大。他們選擇小麥作為真核細胞代表，使用格瑞團隊為小麥的16S核糖體RNA所定出來的序列。至於那五種細菌，他們選擇了隨手可得的大腸桿菌、一種藍綠菌奈杜蘭囊藻，還有兩種細菌你可以不用知道，最後一種則是根癌農桿菌，因為它會讓農業植物發生類似癌組織的病變因而得名。而這種細菌正好就是一種α變形菌。

很多α變形菌都演化出住在真核細胞體內的生活型態。比如說，造成斑疹傷寒跟落磯山斑疹熱的病原菌，就是會寄生在宿主細胞裡面造成傷害的α變形菌。而渥易斯所選的根癌農桿菌，雖然不會為人類帶來什麼疾病，但是對植物的傷害就很大了。根據他們比對的結果顯示，變形菌就是解答，是最接近小麥粒線體的細菌。格瑞那時候正在史丹佛大學進行休假研究，渥易斯打電話給他，跟他分享這個大消息。

這個發現的影響其實遠比表面上看起來的重要且深遠。它所牽扯到的生物可不只有小麥而已。在那個時候，其他的科學家已經推論出在整個生物演化史中，粒線體來自於某一顆在生物演化早期的某個偶然機會下被捕捉到的細菌，這事件只發生過一次。渥易斯跟他的年輕團隊因而可以宣稱，他們現在又更近一步，縮小了所有複雜生物粒線體祖先的搜尋範圍。這個祖先是某種α變形菌。它們後代遍布在所有人的細胞中，供應細胞的能量，讓複雜生物的出現成為可能。

在該論文的第四頁，渥易斯的團隊加入一張簡單的圖片：另外一棵生命樹。這是一棵粒線體跟細菌的生命樹。在這張圖中，小麥的粒線體、老鼠的粒線體、真菌的粒線體都位於樹枝的部分，這些樹枝最後全部集中到了代表那顆細菌（那個腫瘤製造者——根癌農桿菌）的樹枝上。如果那時他們曾幫人類粒線體中的核糖體ＲＮＡ的基因定過序，那在這張圖中，人類的粒線體應該也會從這裡發跡。而其他所有的東西都沒什麼關聯性，其他的分支，或是我們基因體裡面的其他部分、我們的身體、我們的身分（先不管到底是什麼），這些東西因為跟這些細菌的關係太遠，以至於難以放入圖中。現在，樹狀圖開始慢慢變得愈來愈複雜了。

第三十六章

一九八五年，當支持的聲浪漸漸出現時，馬古利斯已經成為波士頓大學的正教授（她剛開始僅是一名兼職教授），也獲選成為美國最頂尖的科學顧問機構——美國國家科學院的院士。她那時候跟湯瑪斯．馬古利斯的婚姻已經結束，而四個孩子中最小的已經十六歲了。三年之後，她獲聘為麻薩諸塞大學的特聘教授，因而搬到了安默斯特，就在那裡一直住到去世為止。她在那裡講過學、指導過研究生。她拍攝過教學影片跟電影。她喜歡在家接待訪客並親自下廚。感覺起來她很喜歡人群，喜歡跟人聊天，喜歡積極地跟人互動，一如她喜歡參與各種新點子一般。

她那時仍持續不斷地發表研究論文，而她的研究主題範圍也變得愈來愈廣，有些論文挑釁意味十足，有些則偏技術性論文。她也持續寫作與出版書籍，除了推廣自己的內共生理論以外，同時也會介紹其他比當初的內共生理論看起來更詭異、更荒唐的想法、理論或是觀點。她也變成一名愛滋病的懷疑論者，經常質疑人類免疫不全病毒並非造成愛滋病症狀的元凶。她同時也懷疑九一一事件，認為那其實只是一場嫁禍行動[160]，意思是說，這其實是一場由另一個不知名的政治組織，為了實現某種黑暗的政治目的所發起的攻擊。此外，長久以來她還一直擁護著一個名為蓋婭的假設。這是由英國化學家洛夫洛克所發展出來的理論，他將整個地球視為一種會自我維持的系統；就像一隻獨立的生物一般，會調節自己體內的生化反應。許多支持者是真心認為地球確實就是一隻生物，並視蓋婭理論為一種帶有神祕色彩的洞見，因此盛讚馬古利斯。但是她本人卻並非如此看待蓋婭理論，她並不認為地球是生物。而即便她跟隨著這些理論領袖的步伐，進入一個奇怪的國度，馬古利斯卻從來都不是一名神祕主義者，她傾向證據、傾向論證，她也偏好由物質所構成的大自然世界，特別是從顯微鏡下面觀察到的世界。

馬古利斯也相信一種所謂的慢性萊姆病，這是一個在醫學上爭議極大的理論。萊姆病是由一種螺旋體感染所造成的疾病，而慢性萊姆病的理論基本上主張這種螺旋體無法用正常劑量的抗生素殺死，會躲在人體某處，因而形成一種慢性感染。馬古利斯還支持另外一名退休的英國動物學家威廉森在《美國國家科學院院刊》上面所發表的一篇既詭異又缺乏證據的論文。該篇論文主張，蝴蝶的成蟲跟牠的幼蟲型態，也就是毛毛蟲，是演化自兩種不同的生物。這兩種生物後來才透過某個難以形容的融合過程，結合成具有相同生命史的生物。是的，蝴蝶跟毛毛蟲是兩種不同的生物結合在一起，這就像是在說蝌蚪跟鳥類結合在一起，造就一種具有兩階段生命史的新生物。威廉森認為，這過程很像真核細胞的共生作用。

馬古利斯在為這篇論文（假設她其實並不支持該論點）辯護時說：「這並非要任何人接受威廉森的想法，而是要從科學與學術上面評估它的可能性，而不是膝反射式的馬上產生偏見。」[161]其他的科學家則指出，早在威廉森發表這篇融合怪物蝴蝶的論文之前，這些生物的遺傳資訊就已經存在了，因而拒絕了這篇論文。

每次在這種情境下，馬古利斯總顯得精神抖擻：她喜歡挑戰權威、喜歡科學家之間的爭辯，她喜歡在冒險與小心翼翼兩種想法衝突下所產生的緊張感。她就像是喜歡走到樹枝的尖端，在那裡跳躍著，而其他人則在主幹上警告著她，要她小心那樹枝非常脆弱，隨時有可能斷裂。馬古利斯的看法呢？「**如果它斷裂了，那也沒有什麼關係，這就是科學的一部分。**」因為她終其一生總是遭遇這類挑釁的事件，同時也惹惱了不少同事，這讓馬古利斯在非科學界中反而比較知名而受歡迎。她接受專訪，組織各種會議，四處旅行演講，積極參與各種爭辯。有一份嚴肅的報紙曾經這樣描述她，稱她為：「不守科學成規的地球母親。」[162]在這些事件之外，她仍不失為一名活潑而精力充沛，熱愛討論、不怕犯錯、有求必應、討人喜愛的人。她有一次這樣說：「我兩度辭掉『妻子』這份工作，一個人不可能同時是一名好妻子、一個好母親，又同時是第一名的好學生。」[163]總要放棄些什麼。不管是不是不守成規，她就是比較喜歡做一名科學家與一名母親。而就某方面來說，她作為一名母親，所照顧過的人遠遠超過自己的四名小孩而已。

一九八六年，馬古利斯出版了《性的起源：三十億年來的遺傳重組》，這本書是跟她大兒子多利安·薩根所合寫的一系列叢書的第一本。寫一本橫跨三十億年時間尺度的書，可以說是十足彰顯了她飽學多聞的特色。隔年，他們又一起合著《演化之舞：細菌主演的地球生命史》。二〇〇二年的作品則是《獲得性基因組：關於物種起源的理論》。這本書詳盡描述她過去曾在其他場合提出過的論點：新達爾文主義在關於遺傳變異如何驅動演化創新上面的看法是錯的。所謂新達爾文主義，是二十世紀以降，融合了達爾文學說跟孟德爾遺傳學而成的學說。新達爾文主義者認為，推動演化最主要的關鍵，也就是遺傳變異，來自於微小而隨機的突變。但是根據馬古利斯與薩根的看法，這**並不是**最主要的原因。他們寫道：「造成演化創新而且可以傳播的變異，應該是來自於生物獲得額外的基因體而非突變。」[164]這基因體來自於共生作用，這才是物種起源真正的原因。

在這裡提到的共生作用，也包含內共生作用，也就是將前面你所讀到的那些細菌，被捕獲然後轉變成真核細胞體內的第一個粒線體或是第一個葉綠體的機制。不過也有些共生作用比較沒那麼激烈、沒那麼了不起，像是兩隻不同的生物，有兩組不同的基因體，最後合併在一起成一隻活生生的個體。他們以某一種海蛞蝓舉了一個例子。這種海蛞蝓的學名是**青綠海天牛海蛞蝓**，當牠們還未成熟的時候，以綠藻維生。不過牠們並不會將吃掉的綠藻完全消化光，而會將綠藻的葉綠體保存在自己的細胞中。吃進葉綠體的海蛞蝓將可以像植物一樣行光合作用，在牠們所生存的潮灘地區，靠著陽光產生能量。等這些海蛞蝓成熟了之後，將會變成實質的「植物–動物混合體」[165]。馬古利斯跟薩根認為，這種戲劇性的合併作用，才是造成新物種誕生的最主要方式（至少是目前已知的方式中），而不是那些新達爾文主義者所認為的，透過慢慢累積出的突變。

在很多年之後的一次專訪中，馬古利斯又再次提起這種綠色的海蛞蝓。她告訴科普雜誌《發現》的記者說：「演化生物學家認為，生物是沿著樹狀圖的模式演化。但是其實不是。演化是循著網狀的模式進行——演化樹上面的樹枝會互相融合，一如海藻跟海蛞蝓最後融為一體一般。」[166]她是對的：生物的生命樹，確實長得不像一棵樹。

儘管馬古利斯對事物總有特別古怪的觀點，往往被視為離經叛道之徒，後來在學術上卻獲獎無數，數量多到足以讓人忘記她曾被大眾認為（同時也自視為）一名被拒於主流學術圈門外的局外人。一九八三年她獲選為美國國家科學院的院士，不過這只是起頭而已。後來她接著獲選為俄羅斯自然科學院院士，這對一個美國人來說，實屬罕見；不久後又入選為另一個重要學術機構——美國人文與科學院的院士。她也曾獲選為一個既無實體也沒什麼名氣的世界人文與科學院院士。她拿過柏林的洪保德獎（Alexander von Humboldt Prize）、在倫敦與人共享達爾文–華萊士獎章（Darwin-Wallace Medal），更曾獲頒十六所大學的榮譽博士學位。二〇〇〇年時美國總統柯林頓親自為她掛上國家科學獎章（National Medal of Science）。這份列表很長，上面還有好多好多紀錄。二〇一〇年她飛到蒙大拿州的一個小城市博茲曼，接受另一個獎章。這個獎章是由一個相當特殊的博物館——美國電腦博物館所提供，獎章以生物學家E．O．威爾遜為名，同時也由E．O．威爾遜頒發。威爾遜當然也飛來參加這場典禮。那天有場晚宴，我就是在那裡遇到馬古利斯的。

隔天，一個晴朗的十月清晨，我跟馬古利斯以及威爾遜一行共二十人，坐上前往黃石國家公園的旅遊巴士。我跟馬古利斯坐在一起將近八小時，沿途欣賞巴士經過扭葉松林、經過冒著蒸氣的熱泉、經過間歇泉盆地、經過充滿五顏六色的礦物泉，也經過充滿鱒魚的河流，蜿蜒流過供養著水牛與駝鹿的大草原，以及眾多黃石公園的美景。我跟馬古利斯談到了內共生作用、物種起源、九一一事件、愛滋病的病因，還有萊姆病；而其他人呢？我只是猜想，大概都在談著水牛呀、熊呀跟駝鹿吧。萊姆病特別吸引我，因為那時候我正在寫一本跟傳染病有關的書。馬古利斯對所有的事情都充滿興趣，我們還談論了很多東西，可能也講到當地的野生生物。她跟我說：有空來聽聽我在安默斯特的專題報告吧。雖然當時我並不知道將來會在書裡寫到她，因此在旅途中或是旅行之後，都沒有將我們的對話記錄下來，不過在我的資料夾裡還是保留了一張照片以茲紀念。照片裡面有馬古利斯、我、另一名科學家，以及威爾遜。我們四人手勾手，眺望著黃石河流過的大峽谷，背後則是一座大瀑布。馬古利斯穿著一件寬大的灰毛衣，威爾遜則特別為了這張隨性的照片，借來了一頂平帽沿的巡山員帽，上面寫著護林熊的字樣，做著鬼臉。他自己也因替非正統理論發聲而受了不少委屈。他喜歡跟馬古利斯兩人一起躲到森林裡去，真是不知道搞什麼鬼。

兩個星期之後，當我在波士頓辦完其他事情後，確實去了一趟安默斯特的麻薩諸塞大學聽馬古利斯的專題報告。在我亂入教室聽完演講後，她請我去她家共進晚餐。馬古利斯準備了一道簡單而豐盛的燉物招待訪客，我也在那時看到她的愛犬。原本我希望可以跟她安靜地坐下來好好聊一聊，這樣我可以訪問她關於萊姆病的看法，可惜天不從人願。當晚還有其他的訪客，大家談論的話題範圍極廣，從天南聊到地北，而馬古利斯一如往常地不斷激起各種激烈的爭辯。後來我開車回波士頓，這也是我最後一次見到她。隔年，馬古利斯就死於一次嚴重的中風，享年七十三歲。

杜立德在講到馬古利斯的時候曾這樣說：「科學裡面有時需要有人來砸毀偶像。」[167]這些話並非出現在馬古利斯的悼詞中，而是好幾年前，馬古利斯還意氣風發地活著的時候。他還說到像馬古利斯這種砸毀聖像者，「即便他們是錯的，也激起了許多疑問。當然啦，他們有時候會是對的，比如馬古利斯就是個例子。」他的意思是說，關於馬古利斯提到內共生作用裡面的三大主要論點，至少有兩點是正確的：關於粒線體是對的，關於葉綠體是對的，但是關於波動足呢（那些小小的尾巴），多半是錯的。分子生物學的證據已經證明了粒線體跟葉綠體來自細菌，它們的基因都還在，可以直接追溯回細菌；但是螺旋體跟波動足之間的分子證據，卻從未發現過。我們唯一有的證據來自顯微鏡，就是那些在橫切面構造上極為相似九條管狀結構。但是在分子生物學的時代，光靠顯微鏡下面的相似性，顯然是不夠的。

杜立德是在一九七七年到七八年間，在波士頓認識馬古利斯的。那時候他正在哈佛大學進行休假研究，而馬古利斯那時候也還在波士頓大學。當我問起他這件事時，他想不起來第一次是怎麼遇見她的，不過兩人一開始應該有個很好的理由：杜立德跟波嫩在一九七五年發表的論文，證明了馬古利斯內共生理論中關於葉綠體的假設。馬古利斯那時候還沒離婚，仍住在城西地區。杜立德倒是記得一件事：「她家總是有許多派對」，也可以說，她很懂得享受生活。

她對各種看法都持開明的態度、她的自信，以及她喜愛從事智識上的激烈辯論，是她與許多看法南轅北轍不同陣營的科學家維持長久友情，或至少是維持良好關係的訣竅，這其中不乏與她同時代最堅持己見的生物學家。比如說，她跟新達爾文主義的奠基者之一的生物學家麥爾，在許多重要的觀點上看法不同，但是麥爾卻很樂意幫她在一本書上撰寫前言，而她也不介意讓麥爾在前言中大方指出他認為書中哪些地方寫錯了。古爾德也做過類似的事，幫她的另一本書掛保證；李德伯格、湯瑪斯以及哈欽森等知名學者，都做過類似的事。又比如，儘管她跟理查·道金斯對於新達爾文主義的看法截然不同，兩人還曾經在牛津大學激烈地爭辯過，但是道金斯卻說：「我非常欽佩馬古利斯有那樣無畏的勇氣以及那樣的毅力，不斷堅持內共生作用的理論，終於讓它從異端邪說扶正變成一種正統學說。」[168]這是很好、很恰當的評論。威爾遜親手頒獎給她，如前所述，柯林頓總統也一樣。

不過對於渥易斯來說，看法就不一樣了。渥易斯對於她那些魯莽而冒險的想法沒太多興趣，而與渥易斯比較親近、比較支持他的一些科學家，也對馬古利斯不屑一顧。馬古利斯稱這些人為「渥易斯親衛隊」，因為他們經常成群結隊與她為敵。我曾經問過這些渥易斯支持者其中一位關於馬古利斯的看法，他並沒有回答，僅僅只是做了吐痰的聲音來回應。這樣的惡感在兩人之間愈發嚴重。根據與兩人都相熟的薩普的說法，渥易斯討厭馬古利斯，並且對於親衛隊的比喻極為厭惡。他跟薩普說：「如果讓我聽到她再說一次，我會告她。」[169]渥易斯本人在幫他的第三類生物選擇分類詞彙時，已經刻意避免使用跟軍隊或主權之類相關的詞彙，像是**帝國**甚或是**王國**都排除在外，最後稱它們為第三域[170]。雖然他也並不是特別愛好和平的人，但是這點對他來說卻十分重要。至於馬古利斯，她在一九八二年與人合著了《生物五界》一書，將地球上的生物分成五大類，這等於是完全無視、甚至反駁渥易斯在一九七七年宣布的大發現，宣稱找到第三種形式的生物。生物到底應該分成三域還是五界呢？他們不可能都是對的。

一九九一年，渥易斯曾經在一封私人信件中表達過他對馬古利斯的看法，這是經過深思熟慮的意見，但語調卻頗尖刻。這封信是為了回覆芝加哥大學校長的詢問。馬古利斯是芝加哥大學的校友，當時的校長正考慮頒給馬古利斯一個榮譽學位（因為種種原因，馬古利斯後來並沒有獲頒這個學位，因此她只好止步於十六個榮譽學位的紀錄）。對校長而言，渥易斯看起來應該是提出幾句支持性建議的合適人選：渥易斯也在伊利諾州，在研究細胞演化上面也是一名舉世聞名生物學家。不過渥易斯比較喜歡直來直往不假掩飾：「關於頒給馬古利斯教授榮譽學位一事，如果你只是想要一封充滿溢美之詞的推薦信的話，那你就找錯人了。」[171]

「我跟她在科學上的看法，有非常深的歧見。」他接著補充。其實他大可在此打住，不過渥易斯並沒有停筆。

渥易斯跟校長說，他同意馬古利斯是一名好老師。關於這方面，她確實名不虛傳。不過根據他的看法，她應該是「一流的教師」，但是對於科學新發展的貢獻而言，她只是二流科學家。關於宣揚真核細胞的胞器源自於內共生作用這個想法上，「她確實比任何人都還要努力，可說是居功厥偉。」但是當然，這不完全是她的主意。渥易斯解釋道，事實上，這個理論裡面正確的部分，都不是來自馬古利斯的原創，而馬古利斯自己原創的想法，則是錯的。關於鞭毛的看法（她所謂的波動足），她是錯的。關於原始的宿主細胞——後來把細菌抓進來融合在一起的細胞——應該是一顆細菌這件事情上，她的看法也是錯的。渥易斯同意馬古利斯非常努力，透過科普寫作跟教學在「傳播跟細胞演化相關的文字」，而這些手段確實非常有效。但是他接下來補充「不幸的是這些文字卻有問題。」她其實在混淆視聽。

他特別反對馬古利斯的書《生物五界》。他跟校長說，第一版很糟糕，不過那些錯誤都還情有可原。而一九八八年出版的修正版卻更讓他受不了，而這次他們難辭其咎。這兩版的印刷時間前後間隔了六年，在這段時間之內，關於前一版所欠缺的在「細菌演化方面的諸多最新發現」，她跟出版者已經收到改進的建議（大概是來自他），而他們卻完全沒有修正這些問題。對渥易斯而言，所謂的問題就是，關於他在一九七七年所做出的大發現，他發現了一種新的生物，而將它們與其他生物區分開來，但是馬古利斯跟她的共同作者卻不認為這有什麼不同。因此就造成了三域對上五界的問題，在這五界中，她們完全沒有標出古菌。對渥易斯而言，他無法原諒或忽視，馬古利斯眼中的生命樹跟他的生命樹在基本上竟有如此巨大的差異。

第四部

大樹

第三十七章

一八六四年二月底，達爾文收到一件即便是對他來說，都很不尋常的包裹。為何這樣說呢？因為達爾文經常會收到從世界各地寄來的各種東西。他所居住的小鎮上的郵差，三不五時就會收到許多包裹，並且總是忠實地將這些自然科學標本（死鴿子、法國豌豆、醃過的藤壺等等東西）交到他手上。但是今天這份包裹重量超過三公斤。它是兩件平板狀的貨物，第一件裡面塞滿令人驚豔的銅板線刻畫；第二件則是文件，包含一本標題為《放射蟲》的書。這是一本討論放射蟲的報告。放射蟲是一種單細胞海洋浮游生物，有著極為精巧的矽質骨骼，每一種都不一樣，放在一起宛如一場水晶吊燈展覽。這本書的內容既博學又有裝飾性，達爾文大概在一年前拜訪倫敦的時候，可能已經在他朋友赫胥黎的家裡看過了。現在他擁有自己的一本，而且是由它的原作者，一位名叫海克爾的年輕德國動物學家，非常禮貌地寄過來。

達爾文從未見過海克爾本人，只透過少數幾次相當彬彬有禮的信件往來而認識這個名字。此時的達爾文正值低潮期，除了因為出版《物種起源》讓他再次聲名大噪但卻毀譽參半備受壓力，他也受到一種反覆發作的神祕疾病所苦。他成年之後有很長一段時間都受到這種病的折磨。但是海克爾卻聽聞過達爾文，首先是二十年前，達爾文根據小獵犬號的旅遊經歷，出版了那本完全沒有提及任何跟演化論有關訊息的暢銷旅遊書。不過真正重要的事件，則是最近才從英文翻譯成德文的《物種起源》。英文版的《物種起源》才剛刷第二版，德文版的譯本隨即上市，翻譯品質雖然不好，但是卻足以讓人受到啟發。海克爾的人生、視野以及對科學的目標，在閱讀完《物種起源》之後完全改觀，而他希望自己心目中的英雄知道這件事。因此他寄了禮物給達爾文，而這份禮物同時也夾帶著一份期望：**請閱讀我的作品**。

僅僅一個星期之後，達爾文就回了一封殷勤的信。他告訴海克爾，這本《放射蟲》是「我所看過最了不起的作品之一，很榮幸可以從原作者手中持有一份副本。」[172]這種回應是一位忙碌而有禮的名人慣有的外交辭令，因為看跟擁有自然是很容易說出來的事，但是有沒有讀過則是另外一回事了。達爾文的德文並不好，因此一定讀得很慢而且很費力，關於這本五百七十頁的著作，他很可能還沒看多少，更別提看到第兩百三十二頁的註腳處，海克爾盛情地向他與他的理論致敬了。不過他至少翻閱過書中的插畫。「研究您親筆所畫的這些令人讚嘆的插畫，實在是非常有趣且具啟發性，」達爾文這樣寫給海克爾：「我從未曾知曉這些低階的動物，居然能發展出如此漂亮的結構。」達爾文從來沒有研究過放射蟲，即便在搭乘小獵犬號出海遠航時也不曾研究過。

還有另外一件事，一八六四年時的達爾文也不知道。他並未預知到這位熱情洋溢的德國畫家兼科學家，在未來的五十五年間，會在推廣與傳播他的演化論、描繪他心中的生命樹上面扮演舉足輕重的角色。事實上，自達爾文死後一直到二十世紀初期，海克爾可以算是全世界最知名的進化論者，而他所描繪的生命樹，也將深植一般人的心中，成為大家理解生物演化歷史的方式。

第三十八章

海克爾生於一八三四年二月十六日，幾乎比達爾文小整整二十五歲。因為這樣的年齡差距，當達爾文正值職業中期、聲望如日中天時，海克爾也剛好達到最熱情洋溢且感受性最強的年紀。他的父親是一名普魯士法學家，本來在波茨坦擔任普魯士的法庭顧問，直到全家搬往薩克森邦另一個比較小的城鎮梅澤堡為止。他的父母讓他接觸大量的文學以及許多偉人思想，諸如知名德國文學家席勒的詩作，或歌德的自然哲學。在他還是個孩童的年紀，已經開始閱讀洪保德的著作，或是許萊登那本生動的植物學《植物與它的一生》，當然還有達爾文在小獵犬號上所寫下的日記，這些作品讓他非常嚮往一場帶有冒險性質的科學探勘之旅。根據他的傳記作家，同時也是羅馬尼亞裔的德國學者理查茲的說法，從洪保德與許萊登的書中，海克爾學到「要能適切地研究大自然，你必須具備審美觀以及依學理下判斷的能力。」[173]他原本偏好念植物學，但是到十八歲的時候，他的父親基於實用的理由要求他改學醫學。海克爾後來進入符茲堡大學就讀，但是卻厭惡那裡的醫學課程。儘管最後他還是留了下來，卻在學習空檔更加大量地閱讀洪保德與歌德的書籍。到了臨床實習階段，根據理查茲的描述，海克爾絕大多數的時間都花在處理符茲堡那些窮人身上「恐怖的寄生蟲、佝僂病、淋巴結核或是眼疾」[174]，但是他畢竟沒有史懷哲那樣的情懷，因此其實非常厭惡做這些事情。他在醫學中唯一喜歡的事情就是解剖——一個令其他人生畏的活動，但與他喜歡的解剖學是天作之合。他也喜歡組織學，喜歡在顯微鏡下面觀察細胞與組織的結構。他後來學到可以一眼看著顯微鏡，另一眼看著素描紙，將顯微鏡下面觀察到的細微結構畫下來的技巧。這技巧對於後來他描繪放射蟲來說非常有用。

一八五八年三月，海克爾通過該邦的醫學考試，但他從未執業。從通過考試那天起，他就宣布放棄醫學，改從事動物學研究了。那時候海克爾深深受到形態學吸引，這門學問類似解剖學，但是研究的內容卻更深更廣——解剖學所研究的是身體的結構，但是形態學所研究的，則是這些結構之間的**關係**與**比較**。形態學所問的問題包含：這些結構何時開始不同？為什麼不同？這些是演化論也會問的問題，但解剖學則一直停留在描述性研究而已。海克爾很快就踏上這條研究之路，不過在剛開始的時候，這對他來說只是一種自然科學研究。他也是在此時開始愛上海洋生物，包括那些有著各式奇怪身體結構的放射蟲。

海克爾是一個熱情洋溢的年輕人，熱愛深沉的智慧、藝術與情感上的感動，承接席勒與歌德的德國浪漫主義傳統。他開始受到海洋生物的吸引，始於一八五四年的一次夏季遠足活動。為了暫時逃離那些醫學院的課業，他與朋友坐上一條從漢堡出發的船，前往位於北海、離海岸約七十公里遠的海姑蘭群島。這趟旅行原本純粹出於玩樂，但是當他們遇到來自柏林的知名動物學家謬勒之後，對海克爾而言，這次旅行就成了形塑他思想的一次寶貴經驗。謬勒來此地研究海星、海膽或是其他的棘皮動物。能夠跟謬勒一起將這些無脊椎動物從海中撈起並細細研究，給了海克爾極大的啟發。謬勒的友情與指導，更是讓海克爾的研究興趣從植物學轉為動物學，特別是專門研究無脊椎動物。等他們回到柏林之後，謬勒發表了這篇論文，這也成為海克爾人生中的第一篇動物學研究論文，此時他還只是一名醫學系學生而已。謬勒本來應該可以給予更多的指導，不幸的是他卻在一八五八年因為服用過量的鴉片而致命。海克爾猜測，這或許是因為憂鬱症而導致的自殺。

這年春天對於海克爾而言，可說是一段相當晦暗而難熬的日子。他已經二十四歲了，才剛決定揮別醫學投入科學研究，最要好的朋友兼導師卻在人生旅途上先走一步。這一連串的混亂與變動，影響了他後來的一些決定：在謬勒的喪禮後兩天，他與一位名叫安娜．塞特的年輕女孩訂婚。海克爾認識安娜已經快六年了，她其實是海克爾的第一個表妹，也就是他舅舅的女兒。海克爾的哥哥與安娜的姊姊結婚，海克爾就是在他們的婚禮上認識了安娜，當時在海克爾的眼中，安娜宛如一名十七歲的「跳舞精靈」[175]。這種錯綜複雜的近親聯姻，對於十九世紀的中產階級家庭來說，其實既不少見也不淫亂。達爾文的妻子就是自己的大表姊艾瑪．威治伍德；而達爾文的姊姊卡洛琳．達爾文（Caroline），則與艾瑪．威治伍德的哥哥威治伍德三世成婚。不過除了這種家族之間連結的方便性，海克爾跟達爾文不同，他對於自己追求的伴侶可是充滿熱情（不像達爾文，你絕對不會將達爾文誤認為一名德國浪漫主義者）。對海克爾而言，安娜是「貨真價實的德國森林之子，有著一雙藍眼睛與一頭金髮，天生活潑而聰慧。」[176]同時她也是一名完美的靈魂伴侶，海克爾想要跟安娜分享「每個想法與每件事」。那年夏天，他在寫給安娜的一封信中這樣說：「我該如何通過這個陰鬱而絕望的理性之國，重獲希望與信仰之光，我仍百思不得其解，那必定只能透過你的愛，我唯一的摯愛，安娜。」不過很不幸的，海克爾還不能結婚，因為他尚在失業中。

除了安娜，海克爾的另一個摯愛則是科學。儘管回頭從事醫學，看起來比較像是能夠作為支持婚姻與生計的手段，但是他卻決定做一名自營研究者，投身海洋生物學研究，這次一樣是出於個人喜好多於實際考量。一八五九年初，他在蒐集了一些研究設備之後，就出發前往義大利。他先在佛羅倫斯與羅馬遊歷，卻不喜歡那裡令人厭煩、充滿宗教氣息的藝術風格，於是離開羅馬改去靠海的拿坡里。但是海克爾在拿坡里的日子過得也並不順遂：他的住處環境不良，拿坡里人令他生厭，宗教信仰日漸消逝，工作也不順利。他只能從海邊漁夫捕撈上來不要的漁獲中做些研究。又過了六個月，海克爾覺得這樣下去不是辦法，於是決定離開拿坡里，跨海前往位於拿坡里灣的一座小島伊斯基亞。雖然一樣是小島，但是伊斯基亞位於地中海，比起海姑蘭島要來的溫暖，風景也比較優美。海克爾在這裡找到畫版與畫架，開始從事繪畫活動。這次他運氣不錯，遇見一名德國詩人兼畫家阿爾瑪斯。阿爾瑪斯比海克爾年長、個頭小，有著大鷹勾鼻與尖下巴，對海克爾來說這樣的組合相當奇怪，因為他本人可是高大英挺，有著英俊的長臉以及一頭金色捲髮，還留著一嘴落腮鬍，在經過地中海太陽的洗禮之後，可能有著一身古銅色肌膚。不管怎樣，他們因為興趣、智識還有個性都相匹配，在島上經過一個星期的相處與旅遊後，變成要好的朋友。

離開伊斯基亞島後，他們去了卡布里島，在那裡游泳、繪畫和跳塔朗泰拉舞（不管你信不信，反正海克爾跳了）。這些其實就是一個正在受生活煩惱折磨的二十五歲年輕人會做的事，同時也算是一段淨化心靈的人生小插曲，不過對他的婚姻之路並沒有什麼幫助。在卡布里島待了一個月後，海克爾跟阿爾瑪斯動身前往西西里島上的墨西拿。對海克爾來說，西西里島並不僅只是另一座小島，它還可以算是海克爾重回科學懷抱的轉捩點，因為謬勒就在這裡做過田野調查。他們在西西里島又過了五個星期逍遙的生活：繪畫、在島上四處漫遊、攀登埃特納火山。最後阿爾瑪斯終於得離開，而海克爾則開始對動物學認真了起來。雖然他覺得西西里島的景色既老舊又無趣，但是海裡卻物種數量豐富而且種類繁多。根據海裡豐富的物種，海克爾稱墨西拿是「動物學界的埃爾多拉多」[177]＊。

不過海克爾還在藝術與科學之間掙扎；在經驗豐富的藝術家那雙浪漫的眼睛，與可以讓他結婚的學院科學家的薪水之間猶豫著。他震懾於在這裡所看到海洋生物的豐富多樣性，因而忍不住想要研究它們。根據理查茲的說法，終於在一八五九年十一月底，「離海克爾結束義大利研究之旅還有幾個月，他終於決定要專心研究一種動物，那就是幾乎不為人知的放射蟲。」[178]放射蟲其實並非動物，而是某種其他生物。不過無所謂，對於當時的海克爾而言，這件事他無法知道，也不重要。

第三十九章

海克爾在墨西拿的海水樣本中發現了無數種這種玻璃製品般的小生物，其種類繁多到嚇死人的程度。短短幾個月之內，他就寄回家上百種科學界從未曾見過的新種。他最尊敬的老師謬勒在自盡之前不久所發表的一篇關於放射蟲的簡短論文，成為帶領他進入這個主題的敲門磚。海克爾帶著這篇論文來到義大利，一開始的時候他極度依賴這篇論文為指引，但是他很快就超越老師的成就，不僅是在發現新種上面，也包括在顯微鏡下面描繪放射蟲的細節上。海克爾不只畫出這些小生物外面的矽質骨骼，也開始詳細地繪製它們柔軟的內部結構，並試著將它們有秩序地分類。在這段義大利的漫遊之旅結束後，海克爾獲得了許可，得以在柏林動物學博物館研究他的收藏品，他也開始撰寫研究報告。大約在同一個時候，一八六〇年的夏天，還有另外一件事情也影響他的研究重心與動機：他剛讀到達爾文的《物種起源》德文版，就一頭栽進達爾文的理論中。

海克爾的放射蟲研究報告很快就拓展成一篇論文，論文又繼續發展成為兩大冊豪華帶有插圖的

＊譯注：埃爾多拉多（El Dorado）是南美傳說中的黃金城。

巨著。但是他還是沒有錢與安娜結婚（或許只是自覺財力不夠），於是只好暫停放射蟲的研究，轉而尋找其他有償的工作機會。他有一位朋友，當時正在位於柏林西南方的耶拿大學醫學院工作。這位朋友提供一個助理的職位，或許可以改善他的情況。耶拿是個相當特別的地方，它是孕育德國浪漫主義的搖籃，也是一所著名大學的所在地，有著深厚的文化與知識底蘊——這裡隨處都可以感受到席勒或是其他哲學家以及詩人的氣息；耶拿離威瑪也不遠，那裡就是大文豪歌德過去居住的處所。關於那份工作，理查茲這樣說：「他沒有選擇。耶拿充滿熱情且活潑的浪漫主義悸動，沒人可以拒絕，特別是唯有接受這份工作，才可能帶領他進入愛人安娜的臂彎。」[179]海克爾接受這份助理的工作，也取得私講師的資格。他焚膏繼晷地工作，除了平常的教職以外，也終於完成兩大冊的《放射蟲》，並在柏林出版。就像任何無名小卒都有出類拔萃的機會，憑藉著這套傑作，海克爾這位原本默默無名的年輕學者，獲得耶拿動物學博物館的教授與管理職位，有了一份相當優渥的薪水。

同年夏天，海克爾再回到柏林之後就跟安娜結婚。安娜可以分享他對於大自然與藝術的熱愛，可以理解他對於智識上的熱情，她稱他為「她的德國達爾文」[180]。他們這份幸福持續了大約一年半。

他在耶拿的新工作雖然讓人高興，卻沒能讓他出名。後來在德國自然科學家與醫學家學會第三十八屆大會上一次成功的公開演講，才讓他忽然從一名默默無聞的年輕動物學家，變成了傑出的達爾文主義闡述者。那是一八六三年的九月十九日，該年的大會在普魯士的史特汀（Stettin）召開，海克爾受邀致開幕詞。

演講主題事前已經公布給大眾。在大約兩千人的聽眾、學會成員與受邀者面前，海克爾針對自然選擇的演化侃侃而談了一小時。他指出，早期的科學家其實已經有演化的想法，但是沒有人像達爾文一樣，利用遺傳法則與物種變異現象，將整套理論如此具體地呈現出來。他講述天擇與適應的機制，提出三種支持理論的證據：化石紀錄、胚胎學所隱含的線索，還有根據系統分類學所呈現的，物種彼此型態相似性的證據。相似性暗示生物是從共同祖先分化出來，然後各自變異。海克爾說：「從這個觀點呈現的整個自然界中的動物與植物系統，將會是一棵喬木，而每一個相關物種的族譜，則可以很直觀地用這種枝葉交錯的樹狀圖來表示，它們那相對簡單的根源，則埋藏在遙遠的過去。」[181]

他當時所使用的字是 *stammbaum*，是一棵喬木，一棵親緣關係樹，在這棵樹上，每一根大樹枝、小樹枝，都代表一種透過天擇，從其他的物種所演化出來的生物。其中只有一支，很可能是唯一的例外，那就是最原始、最初，同時也是最簡單的生物（對於這個最原始的生命是來自上帝的創造，抑或是來自意外的化學反應，當時他可能還沒有決定，也或許是刻意在公眾面前模稜兩可。不過後來他比較傾向化學反應的解釋）。同時他也很清楚地說出達爾文在《物種起源》書中所做的暗示：這個演化過程，這棵樹，人類也參與其中。

要怎麼畫這棵樹則是另外一個問題，海克爾不久之後將會回答它。目前他只消享受群眾如雷的掌聲，以及隔天當地報紙《史特汀報》詳盡的頭版報導就好了。就在達爾文回信感謝他贈送自己的著作作為禮物幾天後，海克爾相當得意地將簡報寄給了達爾文。

第四十章

海克爾從史特汀快速崛起，雖然光芒四射，卻只在他生命中維持非常短暫的一段時間。在回到耶拿，回到安娜的身邊後，他開始講授一系列的達爾文理論，用他親手繪製的大幅圖畫講演，課程非常受歡迎。數十年後一位學生回想起海克爾當年如何旋風式地踏進講堂，宛如「凱旋歸來的青年阿波羅」[182]。他身材苗條，看起來既英氣勃發又不失穩重，「一頭金髮在他頭上閃耀著，昭告著隱藏在其下的那顆偉大的頭腦。」他湛藍的大眼睛「炯炯有神又不失親切感——他可能是我到那時為止見過最英俊的人了。」如痴如狂的學生如此作證。他的授課一如他的外表一樣傑出。海克爾在授課之餘仍繼續鑽研達爾文的演化論，以及如何應用在現實的生物身上，包括他的放射蟲上面。但是在一八六四年新年剛過，一月底，他的生命頓時陷入黑暗。

根據理查茲的紀錄，安娜那時候因為胸膜炎（一種跟肺臟有關的炎症）感到不適。她的病情時好時壞，後來又發生其他新的疾病。她的腹痛有可能是盲腸炎引起的，不過海克爾認為是傷寒熱。另有一說則認為她的疾病來自於流產所引起的致命併發症，但她的丈夫不願透露細節。不管真正的原因是什麼，二月十五日她的病情惡化到最嚴重的程度，第二天早上更陷入昏迷。二月十六日對於海克爾來說是個五味雜陳的日子：他收到一封訊息，通知他因為科學上的傑出成果，將獲頒一座極為崇高的獎項，那就是柯西努斯勳章（Cothenius Medal）；這一天他也剛好三十二歲，當天下午，安娜就去世了。

理查茲所著的傳記有一個中心主題，就是安娜的死亡對於海克爾的人生有著決定性的影響，不只將他心中僅存的宗教信念完全抹煞、摧毀他過去所感受到在物質層面以外所共存的精神層面，更讓他以達爾文的理論取代神學的理論。達爾文也曾經失去信仰，其中一部分原因也是受到愛女死去的打擊。海克爾超越了達爾文，在他所主張的「一元論宗教」[183]中，他甚至用天擇取代上帝，作為其中最重要的驅力。他所主張的**一元論**其實有些含糊又似是而非：上帝就是自然，自然就是上帝，心靈與物質其實只是某個隱藏在背後、最根本而單一的真實事物所表現出來的兩種樣貌而已；它們無法獨立存在，因此（隱含在其中的意義）不朽的靈魂與永恆的獎賞並不存在。他稱這個理論為「最純粹的一神教」，不過猶太－基督教的神學家自然不會同意這種說法。理查茲寫道：對於與海克爾同時代的正統信仰者而言，一元論的形上學「其實只是無神論包著一層透明裹屍布而已」。不管海克爾主張的一元論確切內容為何，有多麼難以言喻或是不切實際，它都引導著海克爾版的達爾文理論，支持他在未來五十五年的時間裡，透過寫作與演講四處散布達爾文的理論（或者該說是他自己的版本）。

更重要的一件事則是，他如何利用畫作來傳播這個理論：他畫出了生物的演化生命樹，確切描繪現代生物的後代如何演化與分家，而不只是用文字與虛線所畫出的假設草圖。他讓親緣關係樹變得非常具體。

第四十一章

對於安娜的去世，海克爾第一個反應是極度悲慟沮喪消沉。他在床上躺了整整八天，時而胡言亂語。當這段最悲慟的時期過去之後，他的父母安排他到法國尼斯散心療養。當走在海邊散步時，一隻在潮間帶漂浮的水母攫獲了他的目光。他注視著那隻水母好幾個小時，那些長長的觸手讓他想起安娜頭巾下的金色髮絲。將自己死去的愛妻看成水母或許有些古怪，不過這經驗確實讓海克爾重拾自己過往對於自然與科學的熱情。他現在所做的一切，都是為了要獻給對安娜的回憶。這隻水母是一種還未被發現的新種，海克爾將其命名為 *Mitrocoma annae*，意思就是「安娜的頭巾」。

海克爾的第二個反應則是工作。他讓自己埋首在另一個寫作計畫中，他要寫一本企圖宏偉的書來總結自己對達爾文理論、一元論，以及其他眾多由他所發現、由他所定義與命名的「自然定律」[184]。達爾文的天擇是他的第一原則，但是他接著又添加了許多海克爾推論。他提出一些遺傳「定律」以及適應「定律」。比如他提出**不間斷或持續傳播定律**、**間斷或潛伏傳播定律**或像是**關聯性適應定律**。此外還有很多很多類似的定律，根據理查茲的說法，這類的定律共超過一百四十個，讓他的新書「塞滿一堆像小城市的行政命令一樣的定律。」[185]不過比起他發明的這些定律，他所創造或賦予新意的詞彙，反而要更有用而流傳久遠。他發明了**生態學**這個詞，也發明了**親緣關係**這個詞。他還創造了**個體發生學**這個詞，並且大力宣揚他的**生物遺傳律**，並斷言一種生物胚胎的發育過程，會重現這個生物演化的歷史。根據他的理論，人類胚胎的發育將會先經過某個看起來很像魚類胚胎的階段，然後會像蠑螈，然後是兔子。簡而言之，這就是後來知名的「個體發生學重現親緣關係」主張。

在經過一年不眠不休的工作後，海克爾又寫了一套兩冊的巨著，多達一千頁。他後來曾說：「那時我的生活過得像名隱士一樣安靜低調，讓我一天只需睡三到四小時，這樣我可以工作整個白天以及一部分晚上的時間。」[186]這本一八六六年出版的巨著名為《普通生物形態學》，是一本講述生物形貌的書，內容也包括這些形貌如何出現。根據理查茲的說法，「這本書裡面包含了所有海克爾將來會提出的想法。」[187]書裡面也有一系列引人注目的生命樹。他以前所未見的方式來畫這些圖，可以說是展現他身為藝術家兼科學家，如何以天分闡釋演化論。

達爾文在《物種起源》書裡那張毫無藝術性但卻極其重要的草圖，很可能就此深印在海克爾的腦海中，讓他產生畫出演化樹的想法。還有另外兩個人可能也影響了海克爾。其中一位是古生物學家，也是達爾文《物種起源》的德文版譯者波隆，另外一人則是海克爾的朋友兼語言學家施萊謝爾。波隆在一八五八年曾經發表過一篇講述生物發展定律的論文，那篇論文中就有一幅示意圖，繪著一棵帶著分岔樹枝的大樹，來顯示生物如何進化發展，不過並未特別指涉物種的分化。這個沒有太多解釋的草圖，講的也只是一個抽象的概念，稍微著墨但缺乏深入的詮釋。這篇論文比達爾文的書早一年出版，此時的波隆還不是一名演化學者，他將生物形態的進化歸功於「創造者的力量」而非自然的變異，因此他所繪製的樹狀圖屬於老派的形式。不過海克爾很可能在看過該圖之後，從中看出新的意義。海克爾也可能受到施萊謝爾著作的啟發。在一本解釋語言演化的書中，施萊謝爾將這種演變方式稱為「達爾文式」的語言演化理論[188]。他用一幅分支的樹狀圖，來解釋古老的語言如何慢慢分歧並演變為現代語言。不管海克爾有沒有受到他們的影響，他確實記住了樹狀圖，將之應用在演化樹上面，發展到超越達爾文、超越波隆、超越任何人的地步。他在他的《普通生物形態學》中放了八張圖，代表八種主要的生物種類。

如同我之前提過，他的圖不同於其他人的圖，非常具體，不僅僅只是假設。海克爾所畫的結實累累的樹上，每支枝幹都標滿了真正的生物名稱以及不同群組的名稱，而不只是模糊地以幾個字母代表。每棵樹都很清楚地解釋了它代表哪些動物、哪些植物或是其他生物，哪些有共享的祖先。有一些樹彼此也有親緣關係（祖宗支系的歷史），他在這裡很恰當地使用了自己發明的詞彙。還有很重要的一點是，他的樹畫得非常好，具有很豐富的視覺效果，海克爾的繪畫天分以及對細節近乎偏執狂般的要求，在這些畫中一覽無遺。這些樹中最複雜的當屬一棵稱為 *Stammbaum der Wirbelthiere* 的樹，也就是所謂的「脊椎動物生命樹」，有著大量細長的樹枝垂直向上生長，彼此稍有間隔，整體看起來比較像是一大叢在水流中搖曳的海帶，不太像堅挺的楓樹或榆樹。過去沒有人像他這樣畫生命樹。

他的脊椎動物樹自然包含了哺乳類、爬蟲類、兩棲類、魚類以及鳥類等生物，左邊則有一條標示著地質時間的垂直座標，從下往上分出每一種生物出現的時間。他也畫了一棵腔腸動物生命樹，在眾多生物中也包含他現在最喜歡的水母。還有軟體動物生命樹、植物生命樹，以及節肢動物生命樹，其中包含節肢動物與蠕蟲。哺乳動物除了隸屬於脊椎動物生命樹以外，也享有獨自一棵生命樹，海克爾命名為 *Stammbaum der Säugethiere*（哺乳動物生命樹），在這棵樹的右上角你可以看到一小條分支寫著「智人」，就在它旁邊則有另一條小分支分配給大猩猩。這樣的分類法暗示著我們只是另一種猿類。

海克爾把所有的生物都丟進最大的那棵 *Stammbaum der Organismen*，也就是總生命樹裡面。這棵樹包含了所有生物，結構十分複雜；在圖的下方他用三條水平基準線，代表三種生物起源的假設。讀者選擇不同的基準線作為生物起源起點，可以看到他所做的不同假設。三條基準線中最上方的那一條，剛好將這棵樹的十九支分支切開，每一支都由此向上垂直生長，這代表了生物曾經獨立發展了十九次。而這十九支分支，其實又發展自這棵樹下方最主要的三支樹幹。這三支樹幹分別代表三個獨立的生命之源——一支代表植物，一支代表動物，最後一支則代表所有其他的生物，包括海克爾鍾愛的放射蟲（他稱這一支為原生生物，與當時的正統想法完全大異其趣，這點我之後會再回頭詳述）。這三支樹幹最後匯集成一支大樹幹，代表了生物一開始如同一棵樹一樣，有著相同的起源，來自同一個太古祖先。它幫這支最大的樹幹標上了原核生物，看起來他所指的是最簡單，長得像細菌的單細胞生物＊。而為了精確標示海克爾所指的「單數」之意，原核生物的原文 Moneres 後來被改成單數形 Monera。這棵樹加上他對生物起源的假設，可以算是當時根據達爾文的理論所能做出最大膽的假設了。它等於是斷言所有的生物，包括我們人類，都來自一個像細菌一般的共同祖先。不過其實在一八六六年以及其後幾年，海克爾還無法決定他的三個假設裡，哪一個才是正確的。

在海克爾這棵樹上另一個創新的想法，則是那一群他稱之為「原生生物」的生物，他把所有非植物、非動物的生物都放到這一群裡面。自亞里斯多德以降，經過林奈的整理一直到海克爾的時代，自然科學家都將生物分成植物與動物兩界。這種分法很簡單，也符合一般人的常識。如果我們肉眼可見的所有大型生物——大樹與草原、蟲魚花鳥或是大象等等，都可以分成動植物兩群（或者看起來好像可以分成兩群，因為那時還沒有人對真菌做過任何顯微觀察），那所有的生物也應該如此。生物要麼會動，要麼不會動；要麼會進食，要麼是綠色的。微生物也是如此，不管是細菌、變形蟲、放射蟲、纖毛蟲、矽藻以及其他所有的小生物，要不是動物就是植物。這也是為何雷文霍克會將它在顯微鏡下看到的東西描述成微動物，並在一八一八年發明了誤導人的**原蟲**名稱。不過海克爾並沒有沿襲下去，他說：稍等一下，生物**並非**只有兩類，應該有三類才對。然後他將那些費解的

＊譯注：這裡的原核生物原文是 Moneres，是十九世紀的用法，而非現在我們所稱的 prokaryote。

生物全都放在一起自成一類。這樣的遠見可說是跟哥白尼一樣勇敢，不過在當時卻幾乎無人注意，也沒有引起任何波瀾。

《普通生物形態學》是一本厚實的著作，內容艱澀難懂，雖然對科學家有一定程度的影響，卻難以觸及一般讀者。兩年後他為一般讀者修訂內容，改以《自然創造史》為書名出版。這一版書特別強調人類的角色，這是一個很好的策略，特別是當你的讀者都是人類的時候。他在書中盛讚達爾文與達爾文的學說，也用比達爾文更親切而流利的語言，稱讚其他眾多前輩（比如拉馬克、萊爾、達爾文的祖父伊拉斯謨斯．達爾文，以及華萊士等人，由於海克爾是德國人，因此還稱讚了歌德）。他也在書裡闡述生物遺傳定律、介紹個體發生學說與親緣關係說，並附上圖畫顯示烏龜、雞、犬與人類的胚胎如何相似。這本書賣得相當好，德文版總共刷了十二次，並且被翻譯成多種語言。英文版的標題被改為《創造史》（因為「自然」兩字聽起來太過物質主義的關係，就這樣被拿掉了）。這本譯本也重刷很多次。二十世紀初一位歷史學家曾把本書描述為「世上達爾文知識的主要來源」[189]。這本書裡面也有生命樹，不過主要描繪的是高等生物之間的關係。本書的樹上有很明顯的種族歧視，他很清楚地區分哪些種族比較進步，哪些比較原始。巧合的是，德國人剛好位在樹枝的最上層。

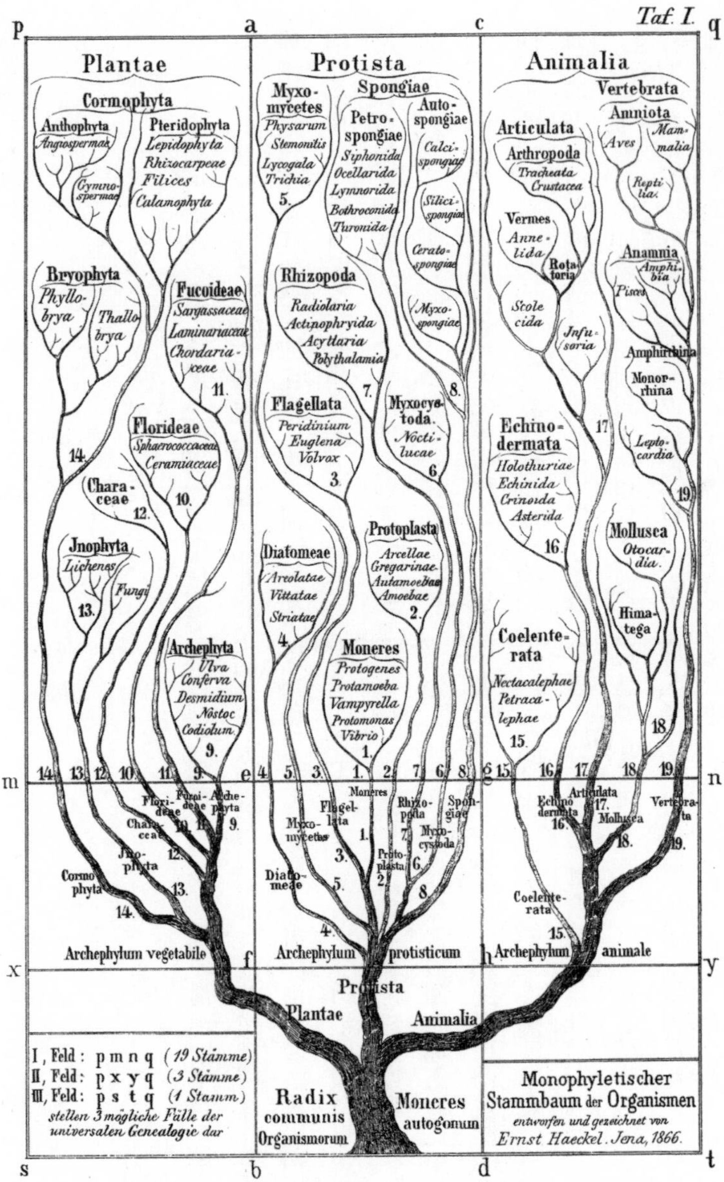

海克爾的總生命樹，一八六六年版。上方的三個標題分別表示植物界（Plantat）、原生生物界（Protista）與動物界（Animalia）。

第四十二章

海克爾忙碌而多產，除了不斷研究，也持續普及化他的理論。一八七四年他出版了另一本專門討論人類演化的書，至少它的書名副標是如此表示的：《人類發展史》[190]。他的生命樹在此書中發展到極致，這張被稱為「海克爾的大橡樹」的圖，後來變得非常知名，很可能是他最廣為人知的一幅藝術作品，你可能曾在某些海報上面看過，或是看過印在T恤上面的版本。這幅圖像所呈現的，是海克爾對人類演化的理論，從他所創造的祖先原核生物，經過蠕蟲跟兩棲類，經過爬蟲類，一路演化到人類。這棵樹沒有枝葉繁茂的華蓋，沒有太多分支。它的樹幹在靠近根部的地方極為粗壯，愈往上面開始慢慢變得細弱，使整棵樹看起來比較不像橡樹，反而比較像一顆剛從土中拔出的多鬚而巨大的大頭菜，頭下腳上。在這棵樹最高的一根樹枝上面寫著 Menschen，也就是「人類」的意思，而在左右下方（注意，不是旁邊）則伴隨著大猩猩、紅毛猩猩與黑猩猩。

這張圖是否如許多學者所說，可以代表海克爾只是躲在達爾文理論之下，實則是一名復古而保守的人類中心主義者？而他的大橡樹其實只是另一種天梯，跟亞里斯多德所主張，跟邦納在一七四五年所畫的並無二致？海克爾是否認為人類是演化的皇冠，是這個帶有目的性的演化過程最後應達

PEDIGREE OF MAN.

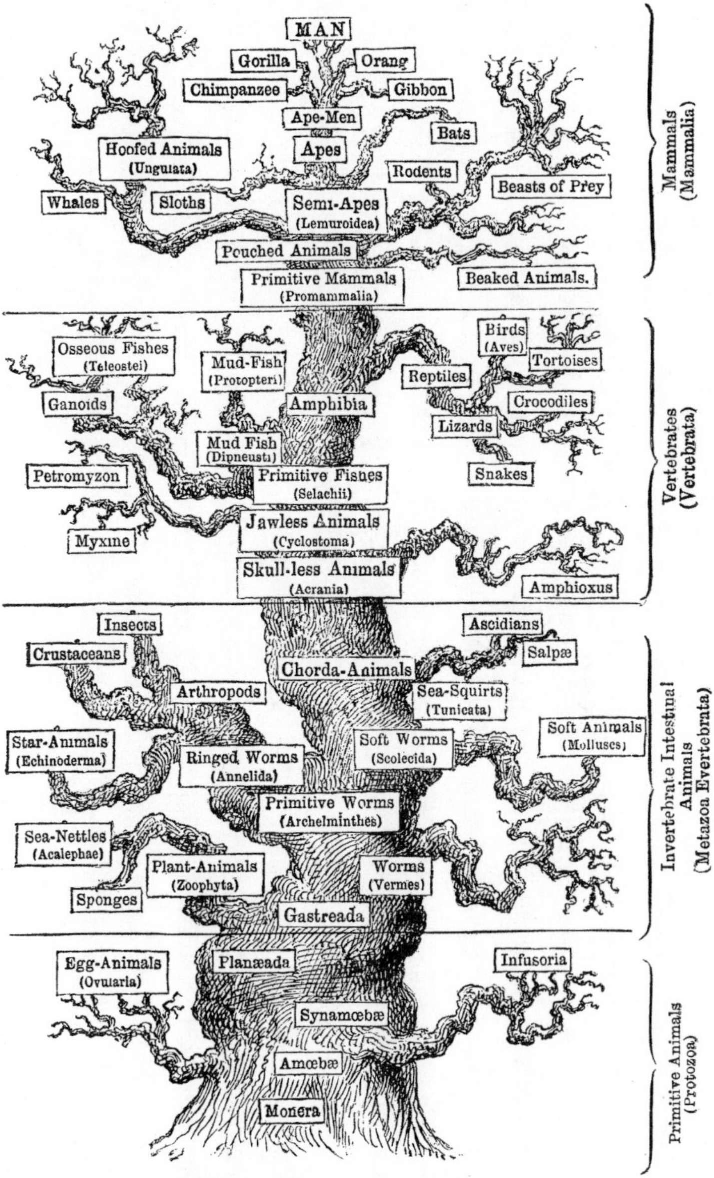

海克爾的橡樹，一八七九年英文版。

到的終點呢？我並不這麼認為。或許當你第一眼看到這張圖的時候，確實會認同這些看法，但是他的想法跟圖畫其實要更複雜一些。

生物歷史學家對海克爾的評價分歧，對於他真正的想法或是旁人揣測的看法，對於他引起的騷亂與他的過錯，大家始終各執一詞，看法莫衷一是。海克爾相當長壽（他活到八十五高齡，死於一九一九年），著作等身，提出過許多不同版本的達爾文理論，以及理應是根據達爾文理論所制定的「定律」；他曾多次修改自己的某些論點，而對於另外一些論點則含糊其詞，有時甚至前後矛盾，這些都讓後人對他的看法充滿分歧。有一派的人認為他的理論其實比較接近拉馬克學派，而非達爾文的演化論，因為海克爾錯誤地主張後天獲得的特徵可以遺傳下去（雖然達爾文也這樣認為）。他的生物遺傳定律也在生前就受到嚴厲批評而被宣告錯誤。他被指控用錯誤的證據——不知是刻意還是不小心畫出錯誤的圖畫——來證明自己的假設。有人批評他提出過許多古生物學理論，卻沒有提供任何化石證據；也有人說他是「膚淺、前後不一致，或者根本就是腦袋不清楚。」[191]還有一派批評則認為，像他這種進化觀點，也就是視演化為一種進步的過程，並且把人類放在這條進步之路的終點，作為完美的代表，海克爾根本稱不上是達爾文主義者[192]。眾多批評者之一的歷史學家波勒，在一九八八年曾針對在《物種起源》出版後的數十年之後所有對達爾文理論產生過影響的「假達爾文主義者」以及「反達爾文主義者」[193]，寫過一部專書《非達爾文主義的演化論》，該書封面用來闡述他論點的代表圖片，就是海克爾的大橡樹。

波勒也在書中使用這幅圖片，用以佐證他說的「海克爾演化論本質上的線性特徵」[194]。不過他的批評可能有欠公允。其他的學者，比如傳記作者理查茲曾經指出，海克爾為了兩種不同的主張畫過兩種不一樣的樹。第一種就是親緣關係樹，比如他所畫的 *Stammbaum der Organismen* 總生命樹，以枝繁葉茂的華蓋呈現出生物種類的廣度。第二種則是家譜樹，比如他所畫的大橡樹，主要目的是用來呈現單一種生物的發展。畢竟大橡樹的名稱為 *Stammbaum der Menschen*，也就是人類的生命樹，是用來講人類的演化，而不是講其他生物的演化。人類在這棵樹的頂峰，那是因為這棵樹就是**跟人有關**。他畫這棵樹的目的，正是用來解釋他那大膽的主張（同時也是達爾文的主張），也就是我們是其他生物的後代，這條線可以一直追溯到一種單細胞生物，就是他所謂的原核生物。這也是為何這棵樹的根部粗壯，然後愈來愈細並且樹枝稀少。這棵樹的目的並非用來展示生物的多樣性以及彼此之間的關係。它的目的是展現單一種系，也就是人類的世系。海克爾或許是個浪漫主義者，也可能是個進步主義者，或許並不是一名始終如一的達爾文主義者，但是他還是知道生命樹並不是一顆大頭菜。

第四十三章

海克爾為生命樹起了個頭，許多人就這樣前仆後繼地投入，未曾停歇。到了二十世紀中，現代生物學家與古生物學家創造了不少生命樹。有些是他們自己畫的，有些則靠著插畫家的幫忙。他們主要是靠著比較活生生的生物之間的相似性以及差異（也就是比較形態學），或是靠著比較化石、比較生物胚胎發展，來推論它們在演化上的關係，以及它們祖先的歷史。那時候分子親緣關係學還不存在，這些東西就是生物學家所有的證據了。

有些樹講的是所有生物的關係，有些則只跟特定族群有關。比如位在紐約的美國自然史博物館的古生物學家奧斯本，曾在一九三六年發表長鼻目哺乳類動物的生命樹，裡面包含了猛瑪象、乳齒象以及現代大象。他雖然僅用箭頭表示樹的枝幹，不過這些動物卻畫得很仔細。英國的昆蟲學家釵那，本身是半翅目昆蟲的分類專家（半翅目是一種專門靠吸食植物汁液或是其他動物體液維生的昆蟲），也曾在一九三三年繪製一棵半翅目昆蟲的家族樹。與其說這是一棵樹，不如說它像日本藝妓手上拿的扇子，有人想多知道一點的話，在這棵樹上他倒是把椿象跟臭蟲畫成親戚。一九三〇年代末，加州沙加緬度中學的一名生物老師柯普蘭，曾發表過一篇有名的論文，探討生物的分類

「界」。在論文中除了重製海克爾的總生命樹以外，他還加入了自己畫的圖像。他的圖雖然不像一棵樹，不過概念是一樣的：生物譜系隨著地質時間漸漸發展開始分歧，在生態空間中擴張。他不用分岔的樹枝來描繪物種分歧，反而用許多下尖上寬的倒圓錐來代表，讓他的圖片看起來就像一部隨時可以演奏賦格樂曲的管風琴。

上世紀中期還有另外一名了不起的生命樹創作者，那就是哈佛大學的古生物學家羅默。透過他那些權威教科書，羅默的影響力廣及於眾多未來將成為科學家的年輕學生之間。這些書中最有名的一本，當屬《古脊椎動物學》。這本書出版於一九三三年，在一九四五年修訂，此後又一直修訂。直到我在一九八二年買它的時候，這本書仍是當時的標準參考資料。他畫的生命樹，分支往上延伸並且慢慢變寬，形狀宛如用黑墨水畫在紙上的羽毛；這些羽毛有時又會突然變窄，它們的寬窄代表了在隨機無常的時間推移中，各物種相對的多元性與豐富程度。羅默繪製了所有脊椎動物的生命樹，也就是所有包含在脊椎動物綱下面的生物，以及其中某些種類動物的生命樹，像是魚類、兩棲類、哺乳類、偶蹄類、鯨類以及齧齒類等等。在他的圖中可以看到，恐龍在白堊紀末期滅絕，不過不知道為何，鱷魚卻活了下來，然後鼠類在上新世繁衍得極度興盛。羅默的生命樹講述的是風水輪流轉，物種的興盛與衰敗的故事，是演化故事中的基本常識。

時間來到一九六九年，康乃爾大學的植物生態學家惠特克，提出了一棵不同以往的生命樹，一個他稱之為「粗分類法」的系統[195]。對惠特克來說，詳述生物各界的種類與數量，其實是無關緊要的事情。惠克特的生命樹在美術方面雖然毫無可取之處，但是它所包含的訊息卻相當聳動。他的樹看起來像一隻漲了氣的動物，身上寫滿了註解，或者用比較文雅的講法，像是一株梨果仙人掌。這張圖包含了五片卵形葉片，其中三片接在第四片上面，第四片再疊在第五片葉片上。這五片橢圓形的葉片，代表惠特克所提出的五界生物分類。

五界生物分類對當時的人而言，算是一種全新的說法，也是一種相當極端的理論，惠特克就這樣把它端上了檯面。他本是昆蟲與植物群落方面的專家，沒有人想到他會對於生物最高位階的分類該如何安排感到興趣，更別提會提出顛覆性的想法，推翻過往的理論了。

惠特克來自堪薩斯州東部，成長於黑色風暴＊與經濟大蕭條時期。男孩時期的他喜歡蒐集蝴蝶，在草原與林地之間閒晃。長大之後的惠特克變成一名嚴格恪守傳統價值的男人，有些同事甚至會用「禁慾」以及「強烈」等字眼來描述他的個性[196]。不過他可以一眼看出事物不清楚的地方。他後來到堪薩斯州的首府托皮卡念大學，曾在二次世界大戰時擔任過美國空軍的氣象員。後來他去了一個在本書中一直不斷提到的地方念研究所，就是伊利諾州的厄巴納。他原本想學生態學，但是申請入學時卻被植物系拒絕，只好加入動物系。不過他到後來還是如願成了一名植物生態學家。他在伊利諾時的畢業論文相當出名，因為他雖然寫的是動物學論文，但是全篇卻跟動物毫無關係。

當他在大煙山地區研究當地植被的時候，就已經開始質疑自己學門裡的一項經典原理：植物群落是一群一群相當穩定而彼此聯繫密切的聚集，有著固定的物種組成、有著明確的界線，像一個個實實在在的小單元，這讓它們看起來幾乎就像是許多活生生的生物一樣。受到早期一位名叫克萊門茨的生態學家影響，這樣的觀點從那時候開始就一直被生態學界奉為圭臬。但是惠特克在自己的論文中卻否認這種看法。他的研究顯示，植物群落其實相當鬆散，並沒有什麼完整的單元，邊界模糊，「一點也不實在」[197]。因為這次以及一些其他工作的經驗，讓他形成了兩個傾向，對他數年後開始建立生命樹可說非常有幫助：首先，他習慣從生態的角度看事情；再者，他知道所有所謂的界線，都有模稜兩可的情況。

隨著他研究愈多植物的分類，惠特克漸漸不只滿足於描繪植物聚落，也對最基本的生物分類產生興趣。一九五七年他發表首次的研究成果，標題為〈生物世界的分類界〉。生物該分成幾界？分別是哪些？傳統的觀點認為生物只有動物與植物兩界，海克爾認為有三界，分別是動物、植物，以及他新創的原生生物界：這裡面包含所有不屬於動物或植物的生物，大部分都是微生物。早期的一些自然學家，像是英國的歐文爵士與霍格，也都曾提出過第三界分類。歐文爵士將它命名為原蟲界，霍格則新創了一個名字 *Protoctista*，意思也是「最早的生物」†。但是歐文爵士跟霍格都不是

---

* 編按：黑色風暴（Dust Bowl）指的是一九三〇到一九三六年一系列發生於北美的沙塵暴，對於北美的生態與農業造成重大影響。史坦貝克的《人鼠之間》和《憤怒的葡萄》兩本著作即以此為背景。

† 譯注：在這裡中文跟 protista 一樣，均譯為「原生生物」。

演化學家，對於親緣關係學的影響力遠不及海克爾。一九三八年，剛剛提到的柯普蘭發表了一篇帶有像管風琴一樣的生命樹圖畫的論文，在其中他將生物分成四界。一開始自然是受到海克爾的啟發，不過他可以畫出更好的顯微圖像，因此對於微生物也有了自己新的看法：他把海克爾的原核生物（Monera，也就是細菌）跟原生生物（Protista，有細胞核的簡單生物）區分開來成兩界。就這樣，柯普蘭把所有生物區分成四界，正式名稱為原核生物界、原生生物界、植物界與動物界。他在一九五六年出版的書中更加詳細地描繪他的論點。他在這本書裡放入更多用點畫所繪成精細而複雜的微生物，但是很奇怪的，卻沒有任何一種形式的生命樹圖畫。不過他在這本書的卷首插圖，卻虔誠地放上了一張海克爾全盛時期的照片——落腮鬍、一頭金色捲髮，配上一雙炯炯有神的眼睛——清楚地顯示即使到了二十世紀中期，海克爾對於生物分類領域的影響力依然不退。至於惠特克，似乎是受到柯普蘭著作的刺激，決定自創各界生物分類。

要回答這個大問題，惠特克採用了一個不同於其他人的手段：從生態學的角度而非形態學的角度切入。他曾寫道：「生態學家所熟知的生物世界的分類，與柯普蘭的分類或是兩界分類法都不吻合。」[198]生態學家可以看出顯微鏡學家所沒看到的差異。惠特克注意到，生物除了那些顯著的差異以外，牠們還可以分成三類：生產者、消費者，以及分解者。動物是消費者，藉著吞掉其他的生物來獲取營養。植物是生產者，利用太陽光與水，從無生命的物質中生產自己所需的養分。細菌與真菌則是分解者，溫和地分解其他生物（不論生死）以獲得養分，然後把分解來的物質重新利用。惠特克在一九五七年提出的理論中說，這三種生物都代表一個分類界。他寫道，用另外一個方法來解釋，那就是「分類界基本上區分出演化的大方向」，而這三個演化方向分別代表三種獲取營養的手段：吃、光合作用，還有吸收。

他接著補充道：「界，是一種人為定義的分類」[199]，它們的意義由人所賦予，只有當我們認可時，這個分類才有意義；而這種做法純粹只是為了方便整理我們的生物學知識而已。這跟他談到植物群落時的說法一樣：植物群落不同於個別植物或是個別植物族群，植物群落在這個複雜多樣的世界中，其實「一點都不實在」。我們根據自認為的植物多樣性來界定群落，而我們之所以**傾向**這種界定法，是因為這才符合「有類似需求的植物共享棲地」的現象；我們根據我們所認知的生物多樣性來定義各個生物界，這樣才不會被整個龐大無比的生物種類壓到絕望地喘不過氣來。這裡特別需要提一下，惠特克跟柯普蘭一樣，既是老師，也是一名科學家。他知道教授生物學知識，除了將它們分門別類以便取用以外，最好是將這些形形色色的生物分成少數幾類就好。

過了兩年，在幾番思考之後，惠特克在一篇標題為〈論生物的粗分類〉的論文中重新檢視自己的構想。很明顯的，他覺得自己當初簡化得有點過頭了。不管這個分類如何粗分，三界無論如何都無法包含自然界形形色色多樣化的生物。應該有四界生物，但是跟柯普蘭的四界又不完全一樣。一九五九年惠特克提出了原生生物界、植物界、動物界以及……真菌界。雖然真菌也靠吸收營養過活，但是他卻愈來愈覺得把它們跟那群靠吸收營生的單細胞原生生物放在一起並不恰當。這樣一來，他解釋道：從生態的觀點來看，有植物（生產者）、動物（消費者）以及真菌（分解者），而從形態學的角度來看又可以分出原生生物（單細胞）。他承認「這些主題缺乏連貫性」[200]，不過他已經盡力了。

這篇論文還有值得紀念的一點，就是他在此第一次使用梨果仙人掌狀的圖畫。在這張圖中有四瓣葉片：最底下的一葉標示為原生生物界，在上面則長出另外三瓣，分別是植物界、真菌界以及動物界。當時並不清楚為何他選擇用這種不尋常的構圖方式（用葉片而不是樹枝狀的圖案）來代表，後來他才詳加解釋。

一九六九年，惠特克再次回來討論這個問題。他在《科學》期刊上發表了一篇名為〈生物分類的新觀念〉，讓人驚訝的是，不同於之前含混不清的分類，這次的新觀念影響了一整個世代的生物教科書。所謂的新觀念其實主要還是惠特克在一九五七年以及一九五九年提出的論點：除了那些單細胞生物，其他主要仍基於生態學觀點的分類，不過他這次又新增了一個生物界。與此同時，之前提到過的史坦尼爾跟范尼爾也在一九六二年提出了他們強而有力的粗分類：將所有生物區分成真核生物與原核生物。惠特克接受了這種二分法，並用它來描繪在當時還沒什麼人注意的細菌。他將細菌從原生生物界分出，給予它們一個獨立的分類，並使用了海克爾最早用過的名稱：原核生物（Monera）。就這樣，他的新圖畫變成了五瓣的梨果仙人掌：最底下是原核生物界，從上面長出原生生物界，然後是植物界、真菌界以及動物界。五界生物而非四界，才能包含地球上所有的生物。

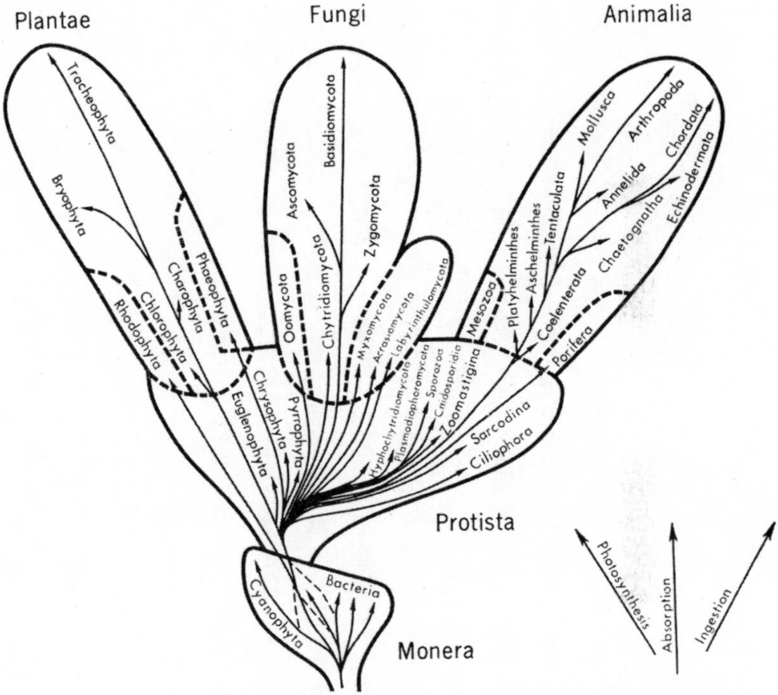

惠特克的梨果仙人掌生命樹，一九六九年出版。上方的三個標題分別表示原核生物界（Monera）、原生生物界（Protista）、植物界（Plantae）、動物界（Animalia）與真菌界（Fungi）。

（From Whittaker (1969), “New Concepts of Kingdoms of Organisms,” *Science* 163, no. 3863, fig. 3. Courtesy of the American Association for the Advancement of Science, used by permission.）

他為什麼改變看法了呢？「最新的研究清楚顯示，細菌跟其他生物在組織上有很大的不同。」[201]最近的研究？誰的研究呢？他在論文中引用了史坦尼爾跟范尼爾在一九六二年所發表的論文。從他們的論文中，他學到兩個新的科學術語，對生物的看法也增加了兩個新分類：原核細胞與真核細胞。對惠特克而言，細菌跟其他的單細胞原生生物截然不同這件事，已是無法否認的事實了。細菌屬於完全不同的生物界，因為其他的原生生物有細胞核，但是細菌沒有。當然還有其他重要的差異，像是粒線體跟葉綠體的差異，有絲分裂的差異，或是鞭毛的差異。惠特克現在承認，並且同意史坦尼爾以及另外兩位教科書的共同作者的看法，這些差異「最能夠清楚與實際地定義出，生物世界在組織上所出現的不連續斷層」。惠特克認為這個不連續性可以很方便地界定出他的第一個生物界，也就是原核生物界（Monera），然後就不需要管其他四界。原核細胞的情況與特徵有助於他的「粗分類」，但是真核細胞的特徵則沒什麼幫助。

雖然他不嫌麻煩地執意將生物分成五界，卻也還是默認了生物主要可以區分成兩大類。關於生物如何跨越從原核細胞到真核細胞這麼大一道演化上的鴻溝？他補充道：有一個很好的假說，就是透過「古代細胞的共生作用」造成的[202]。就在那時，一九六九年，惠特克的思想跟馬古利斯的研究匯合到了一起。

第四十四章

「聚合」將會是本書接下來直到結束為止一個很重要的主題。這是一個你不會在自然界的樹枝上看到的現象。它不會出現在橡樹、榆樹、楓樹、山胡桃樹、松樹、落葉松、西卡莫無花果樹、山毛櫸、榕樹、非洲猴麵包樹，或是任何一種自然界的樹木身上。樹木的樹枝，通常往**發散**的方式生長，它們不會聚合。樹枝總是愈長愈分岔。美國知名的南方短篇小說家歐康納，向來以她的黑色幽默以及她的寵物孔雀廣為人知。她曾經寫過一部名為〈上升的一切必將匯合〉的作品。這是一本頗為灰色的小說，談到種族主義與強烈的慾望，而讓書名的五個單字更形諷刺。這五個字是她引自一個法國猶太裔古生物學家德日進的話。一九五〇跟一九六〇年代，德日進那種糊裡糊塗的哲學寫作，在自由派天主教之間相當盛行（但不包含梵蒂岡）＊。歐康納就是一名自由派天主教徒。這標題本來只是書中一個故事的標題，後來在她年輕早逝一年後，匯集了其他的故事一起出版而成為書名。她所謂的**上升的一切必將匯合**是一個很有意思的公理，對生物學來說並不一定正確，不過有時

＊譯注：德日進因為對演化論跟演化神學的觀點與梵蒂岡不同，因而長期遭到教廷封殺。後來長居中國，曾參與北京人的發掘。

候倒是適用。比如說，惠特克在追尋生物分類所努力過的軌跡，跟馬古利斯所主張的內共生作用，最後匯合在一起，讓他們在一九七八年一起發表了一篇論文。

這次合作關係裡有個核心議題，就是關於原生生物界這個包含了所有未分類雜物的生物界該如何定義，兩人雖然看法各異，但仍保持友好的關係，最後提出一個折衷的方案。他們花了非常多時間，詳細討論每一個個體的分類，可以看出他們的重視，因為這篇論文將在一九七七年演化原生生物學會的主題演講中首次發表。這個學會是在馬古利斯的協助下所成立，惠特克將代表兩人報告。馬古利斯花了大半輩子在顯微鏡下面觀察原生生物，因此可說比惠特克對它們要了解多了。不過她欣賞惠特克在一九六九年發表的那篇關於五界分類的論文，也能理解要在舊分類框架下講授生物學新發現時的那種挫折感。她決定加入惠特克，共同完成論文，這代表了她同意的不只是關於原生生物界的分類，還是整個五界分類的系統架構。

他們兩人都同意，界與界之間的界線其實難以明確定義。這條界線必然是模糊不清。這一直都是個問題，一定會有一些生物在邊界上，不管他們如何畫這條邊界，同樣的問題將永遠存在。比如說，真菌，它到底是不是植物？藍綠藻，它們到底該算是藻類還是細菌？海綿不會動，沒有神經系統、消化系統、循環系統，這樣還算是動物嗎？原蟲，不管原不原始，它們其實並不是「蟲」。扁盤動物，這些扁平的小東西到底**是什麼**？惠特克跟馬古利斯知道，分類系統是一種人為的傑作，卻未必反映出自然界的本質是什麼東西。它其實是關於「發現」與「做決定」，因此保持這系統的簡潔十分重要。如果你的目的是整理生物學知識並講授它，那就不可能分出六十一個還是九十三個主要的生物界，那太不切實際了。

不過馬古利斯跟惠特克也都同意，生物的分類應該盡可能地反映演化事件以及生物之間的關聯。分類系統應該要能呈現親緣關係。他們還有第三個共識：我們**不一定**總能分出親緣關係。

因此他們最後妥協了，接受一個他們自己其實也不怎麼欣賞的**多系群**系統。這個多系群的「群」，可以是任何一群生物，比如可能是某個生物界，而在這一群裡面可能有超過一條以上的演化種系。多系群這名字其實有點自相矛盾，因為**群**本身就代表了一種分類單位，但是這個單位可能只是為了方便而建立（一如在達爾文出現以前的古老分類法），而不是依照演化上祖先的來源而分類。比如說，你可能會把某一群動物命名為「海洋脊椎動物」，這就是一個多系群，因為在這群動物裡面，鯨魚屬於自己的一支演化種系，鯊魚屬於另外一系，河口鱷則又是另外一系。這三系動物，雖然毫無疑問都是海洋脊椎動物，但是彼此並沒那麼親近；牠們之中的每一系，反而都跟某些陸生動物在演化上要比較親近得多。因此，這種多系群分類法無法畫出一棵樹枝分岔的親緣關係樹。根據這系統，我們會畫出另一種東西：它是一種人為定義的整理原則，不同種系有可能聚合在一起。在這種親緣關係樹上，樹枝有可能會合在一起。

其實在現實的世界中，有些種系也會聚合在一起，比如說，透過馬古利斯最喜歡的生物作用：內共生作用。不過當惠特克跟馬古利斯著手撰寫他們的論文之時，這種聚合仍被視為非常罕見。大部分的生物學家都認為這屬於反常現象。要再過好幾年之後，科學家才會對遺傳支系中的聚合現象有不同的看法，這很大一部分要歸功渥易斯跟馬古利斯等人的努力。分類學也將被另眼看待。在一九七八年時，最大的問題還是在於要如何適當地區分不同界、不同綱的生物，必須要盡可能地合乎「自然」但同時又要顧及秩序與方便性。從演化分類學家的角度來看，惠特克與馬古利斯承認，多系群分類或許並「不受歡迎」[203]，不過卻又沒有那麼不好，因為它並沒有把生物分類成狹小、明確但數量過多的界、綱等。

就是這樣的兩難，可以解釋為何惠特克要把他的分類系統，不管是一九五九年的四界分類，還是一九六九年的五界分類系統，化成梨果仙人掌，而不是化成一棵樹。他從一開始就體認到並毫不保留地指出多系群分類的複雜性，只消仔細看看他的仙人掌分類，就可以發現。在不同的葉片之間，有許多像血管一樣的黑線。有三條線從原生生物界延伸到植物界，代表植物界的三條獨立起源。五條線從原生生物界延伸到真菌界：真菌有五個獨立的起源。兩條線從原生生物界進入動物界，其中一條最後只接到海綿那一群：這代表演化成海綿的非動物支系，跟演化成其他所有動物的支系都不一樣。動物被發明了兩次。這兩支截然不同的支系，後來趨同演化出一樣的動物特徵，至少對惠特克來說（還有一九七八年跟他一起發表論文的馬古利斯），他是用這種方式在定義動物。

不過不同於歐康納的小說標題或是德日進的格言，所有繁盛的物種不一定都要趨同演化。但生命樹上某些支系的確會如此。我們後面會再多討論一些。

第四十五章

在這場拼湊生命樹的冒險故事中，一九七七年跟一九七八年是值得大書特書的兩年，因為除了惠特克與馬古利斯所發表的論文，還有由渥易斯與福克斯在一九七七年十一月所發表的另一篇論文，昭告天下他們的三界分類法[204]。這兩篇論文都影響深遠，也都被廣泛地記載在生物學教科書中。現在回想起來，讓人驚訝的事情反而是這兩種分類系統的相似性竟然如此之少。它們並不一樣，但卻也沒有否認對方。根據惠特克與馬古利斯的分法，生物有五界；根據渥易斯與福克斯，生物有三界。除了界的數目不同以外，這些「界」本身也互有差異。這兩組作者都在討論過往的歷史，但宛如身處兩個不同的世界。

福克斯是渥易斯實驗室中年輕的博士後研究員，在那篇發現古菌的論文，以及在一九七七年的論文中，都是渥易斯的主要合作者。不過此時他已經離開渥易斯在厄巴納的實驗室，他受到休士頓大學的聘用，前往那裡開始他第一份獨立的學術工作。他還只是一名助理教授，沒有終身職，除了教學與打造自己的實驗室以外，他還需要發表更多的論文。對於他將來的職業生涯而言，這件事自然是愈快愈好。幸好，他跟渥易斯還一直保持聯絡，不管是透過電話或是信件，他仍不斷參與為生物分類的工作，特別是區分細菌與古菌，以及使用核糖體RNA來破解它們之間古老的關係。

回到厄巴納，渥易斯現在請了另外一位年輕的研究員取代福克斯過去所做的工作，他的實驗生產線仍然源源不絕地產出數據。渥易斯現在拿到更多16S核糖體RNA的一覽表了。渥易斯視16S核糖體RNA這種特別的分子為演化界的羅塞塔石碑*，希望靠它們破譯演化早期的歷史，而他手上這些一覽表，可以透露出許多顯微鏡或是生化實驗無法看見的事。他又看見了新的模式，事情不只是「古菌是另外一種生物」這麼簡單。渥易斯覺得有必要趕快發表一篇文章來交代一下。在他跟福克斯與其他人討論的時候，他給這個計畫的非正式名稱就是「大樹計畫」[205]。

一九七七年十一月底，就在渥易斯享受了他登上《紐約時報》頭版的「十五分鐘成名時光」後，他寫信給遠在休士頓的福克斯。信中附了另一種生物的基因一覽表，並且提到他們過去分析資料的實驗方法在某些方面可能會有問題，他對此表達了憂心之意。接著他談到另一個更重要的目的：「請把大樹計畫當作最優先事項。如果沒辦法早點解決這個問題，那我們的信譽就岌岌可危了。」[206]過去他們只靠四種微生物，就宣稱生物應該分出古菌界。只用四種微生物來代表形形色色的生物，數量其實是讓人難以置信的少。渥易斯想要呈現更多資料。他們需要發表一篇概論，渥易斯對福克斯說：「趕快寫出論文然後把樹畫一畫，這樣至少起一個頭。就你的立場而言，我認為事情可能比你想像的要更嚴重。如果你在同儕眼裡是個自相矛盾的人，那你在休士頓科學界所交到的朋友，都將變成你的敵人。」

很快地，他們就開始著手撰寫草稿了。

這是一篇集眾人之大成的論文，由福克斯跟渥易斯合寫，同時也列出許多其他的合作者，總結了十年來的所有實驗結果。在一篇科學論文中所謂的「共同作者」，指的是這些人曾經用各式各樣不同的方法，對這篇論文做出貢獻。有些人可能做了艱難而危險的實驗，有些可能貢獻自己實驗室培養箱中的細菌，有些則可能參與具有建設性的討論，提供許多想法。實驗室中的資深研究員，也就是團隊領導者，很可能建立了整個實驗脈絡，有時指導其中一些成員，同時還要提供資金。而另一位我們稱為主要研究者的科學家，他有時是一名博士班學生，或是一名博士後研究員，可能會選擇想做的題目，然後跟資深科學家討論觀念上的細節部分，以及負責設計實驗。除此之外，他還必須親手負責做一大部分實驗。最後有人負責撰寫論文，通常只有一人或是只有少數幾人，而幾乎一定會有主要研究者，他會撰寫大部分的論文。在生物科學界，這名主要研究者常常是論文的第一作者，而那名資深研究者、指導者或是資金提供者，往往名列在最後，這個位置大家都知道是最重要、負最大責任，同時也享有全部功勞的人。但是在渥易斯出身的生物物理界，排名則剛好相反。這種差異很可能造成了渥易斯與福克斯之間的小衝突。

＊譯注：羅塞塔石碑（Rosetta stone），是拿破崙的軍隊在埃及羅塞塔港所發現的一塊石碑，上面用兩種埃及文字以及希臘文字刻著一份法老王詔書。考古學家據此破譯了古埃及文字。

在他們的例子裡，這兩人在撰寫論文上合作得相當緊密。在厄巴納的時候，福克斯是主要研究者，在實驗室其他成員的協助下，他負責處理不少最困難的實驗。他幫細菌標上放射性磷元素，然後萃取出它們的核糖體RNA。瑪格倫負責把這些分子切成小段，拿去跑電泳。接著她再把這一大群分子片段印到一張底片上，據此，渥易斯才有辦法破解它們的序列，製成許多一覽表。然後又是福克斯，他寫了電腦程式來計算這些一覽表之間的相似性係數，這樣他們才有辦法分析這些一覽表（這個技能來自於他曾經是化學工程師的背景：不同於渥易斯實驗室的其他人，甚至可以說不同於當時美國絕大部分的生物學家，福克斯會使用福傳〔Fortran〕電腦語言）。福克斯把幾百張的打孔卡塞入IBM大型電腦計算，這在當時可是最尖端的技術。他也將結果的樹型描繪出來。他跟渥易斯寫了一系列的草稿，由厄巴納校區微生物學系上一名打字員打成乾淨的打字稿。有些打字稿被保存下來，從上面可以看到福克斯做了許多塗改與修訂的筆跡。

第一版第一頁的首句描述相當精確，卻不吸睛：「從至少一個世紀以來，微生物學家就試著釐清，住在地球上所有我們能想得到的角落中，無數的微生物彼此之間的關係。」[207]他們還可寫得再好一點。渥易斯想要在一開始的時候多一點戲劇張力。第二版的開頭是：「從演化學研究的角度來看，生物學的發展到了一個重要的轉捩點。」比之前好，但是他又用鉛筆修改成：「演化學的研究，已經到了一個重要的轉捩點。」這為他**重要的轉捩點**這幾個字增添了些許魅力。在頁面的最上方也做了修改，加上渥易斯非正式的計畫名稱：「大樹計畫」。

隨著工作的進展，福克斯的第四版修訂稿，包含二十五頁手寫稿以及過去修改過的內容。這份文件被送去系辦祕書處打字，封面頁上面還寫著：「福克斯。草稿。急需，愈快愈好。把這些東西放在我其他計畫前。第一優先。」這樣不斷修改直到第七版草稿，文章首句又被改掉，這次開頭有幾個字讓整體語調比以前更好一些：「……正在醞釀一場革命。」

後來還有更多的修訂版，在一九七八年一直到一九七九年中，還有更多往來於厄巴納與休士頓之間的打字稿，更多的修改與僵持，以及至少一次激烈的爭論。不過至少從第七版開始，大樹計畫的論文開頭就定型了，渥易斯認為這部分已無再修改的必要：

> 細菌分類學界正在醞釀一場革命。過去那些乾澀、深奧且含糊的分界，那些僅因官方認可而被接受，實際卻充滿揣測的親緣關係，現在因為出現了讓人興奮的實驗成果而變成一池活水。主要的轉變來自於我們了解到，分子序列的技術可以直接用來測量物種的親緣關係。[208]

這份聲明可真是擲地有聲。用分子技術來量測物種之間的親緣關係，是克里克在一九五八年所提出的想法。在研究過去生物的演化之路上，它開創了一個新的視野，好像能就此看穿全世界所有博物館裡面的古老化石隱藏的祕密。這不只是細菌分類學上的革命，它所影響的層面更廣：它也改變了科學家對生物歷史的理解。

第四十六章

第七版打字稿也換了一個新的標題：〈原核生物的親緣關係〉。這一版上面也有作者名單，包括了沃爾夫、波嫩、瑪格倫，還有其他十四個人。福克斯是第一作者，渥易斯是最後一位，代表他是資深研究員。這個作者順序將來會成為他們爭論的導火線之一，跟其他對於論文內容的爭論一樣火爆。後來某個時刻，渥易斯認為自己應該是第一作者，而福克斯應該很高興自己享有最後一位作者的榮耀。

當我們坐在厄巴納的披薩店吃飯時，福克斯毫不保留地談到這次爭論。「我跟他說我要成為這篇論文的第一作者。因為，是我寫了那堆他媽的ＩＢＭ打孔卡。是我做出所有的樹狀圖，對吧？我也參與了所有討論。」然後，他就離開，去了休士頓，成為年輕助理教授，必須要面對一些急迫的發表壓力。三十六年過去了，那些壓力對他來說彷彿仍歷歷在目。「聽著，我已經搬到另一所大學了，對吧？我要試著……」他停了一下，**試著建立自己的地位**是他沒說出口的話。他說：「我只是一名助理教授。我需要拿到終身職，而最終我要拿到副教授以及教授的職位，你知道嗎？如果跟他合作卻無法記上什麼大功，那對我沒什麼好處。」

一九七九年八月二十七日，渥易斯寫了一封信給福克斯，裡面講到「幾個可能會起衝突的點」[209]。第一個就是福克斯強烈要求成為第一作者這件事，對一位年輕學者而言可說是一項殊榮。渥易斯寫道：「我同意，一直都同意。不過你也應該知道我的感覺。」然後他一股腦地把它們倒出來，數不清的日子與時光，讓自己的眼睛盯著燈箱到看不清為止，他注視著那些底片上面跳躍的小片段，絞盡腦汁解讀出它們的序列，辨識出它們的格式。

「大樹計畫是我實驗室裡最主要的研究項目。這研究是我的概念發想。我花在這計畫上面的時間比任何人都多，也比你多。根據這些條件，我應該是第一作者。」

渥易斯知道福克斯很快就要申請終身職，他正在奮力上游，同時需要幫自己的實驗室申請經費。既然「你覺得自己的經費問題正處於緊要關頭，」渥易斯不情不願地加上：「那我願意把它當作最重要的考量，遵從你對於作者排名的要求。不過你要知道這並非出於我的本意。但是若是因此這被認為是你的研究成果，或是我必須依靠你來分析我的資料，那可不行。我絕不允許。」

當討論到渥易斯提議他自己要擔任第一作者時，福克斯跟我說：「我態度很堅決，拒絕他的提議。也就是從那時候，他就停止了……」再次停頓，整理一下措辭，接著說：「基本上就是從那時候開始，停止我們的合作關係。」

渥易斯在八月二十七日的信中提到了終止合作關係。他對他們用來分析資料的方法並不滿意，他解釋道。他不滿意福克斯發明的，使用相似性係數來分析。渥易斯想要找更好的辦法，把它用在一些比較特別的細菌上。「我其實非常想跟你一起做這些研究，但是你那頑固的個性讓合作變得不可能，因此我只好自己做。」事實上，他正在跟另外兩位同事合作，渥易斯說，福克斯嫉妒他的作者順位，其他同事則對此沒有問題。所以，他把福克斯從另外一篇論文除名。

他在結尾的時候寫著：「這個問題有點棘手，不過如果我們可以開誠布公地討論，那它就只局限於科學上的爭論。」這是典型的客套用語，希望能減輕剛剛甩的那一巴掌所帶來的痛楚。他跟福克斯，這個一度對他來說是聰明到可以學習、可以挑戰他的瘦巴巴的博士後研究員，從此關係再也不一樣了。他們的名字，從此只一起出現在一九八〇年代初期的少數幾篇論文中，不過那只是他們為了了結一九七〇年代所做過的一些實驗而已。他們從此再也沒有像從前那樣，以充滿新意、碰撞、挑戰、互相激勵的方式討論過科學。

在這個時候，大樹論文也已經付梓。它刊在一九八〇年七月二十五日出刊的《科學》期刊上面，標題是〈原核生物的親緣關係〉。它不只是比較四株古菌跟九種其他生物，它足足比對了一百七十種不同生物的分子序列。在這篇論文諸多論點中的第一個，就是提到16S核糖體RNA在鑑別演化親緣關係上非常有用。第二個論點則是，儘管本文標題講的是「原核生物」，但是原核生物這個分類其實毫無意義。沒有什麼原核生物這種東西，從新蒐集到的資料中可以很清楚地看出，只有細菌、古菌以及真核生物三種。第三點則有點出人意料，它間接提到馬古利斯關於內共生作用的論點是正確的。「現在可以看出來（真核細胞）其實是一種遺傳嵌合體」[210]，是一種混合的生物，是

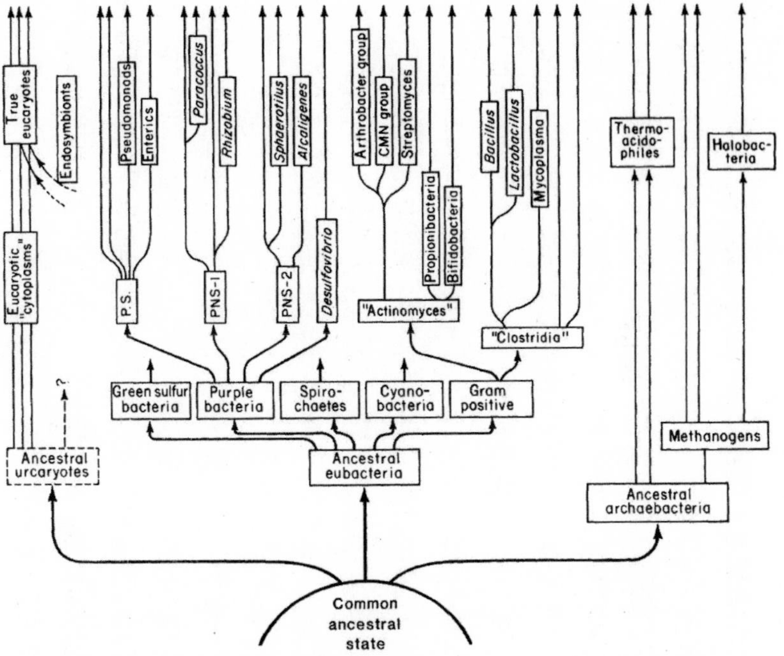

福克斯、渥易斯以及其他同事所繪製的「大樹」，一九八〇年出版。
（From Fox et al. (1980), "The Phylogeny of Prokaryotes," *Science* 209, no. 4455, fig. 1. Courtesy of the American Association for the Advancement of Science, used by permission.）

遠古時代許多種系聚合在一起的結果，其中包括後來變成粒線體與葉綠體的細菌。除了這三個論點以外，這篇論文著重在它所提的三界生物中的前兩界，也就是細菌與古菌兩界裡面的生物分類。當然，論文中必定有附圖，就是那棵大樹。

這張圖裡面的東西，有點像是一個有著三十支分支的大燭台。在這支燭台的眾多蠟燭中，五支代表古菌界，三支代表所有的真核生物（雖然對我們來說應該是非常大的一個界，卻不是本論文的焦點），剩下的全部都是細菌界的分類。對於當時的微生物學家來說，這五類古菌跟二十二種細菌之間的關係是他們最感興趣的事，不過如果你沒興趣也沒關係，畢竟那只是微生物學界小圈圈裡自己的興趣而已，無須在意。真正重要的點在於，渥易斯跟福克斯如何講述這三界的「根」：他們模糊以對。這三界生物並非來自同一支樹幹。它們每一隻都來自同一個半圓形的底座，這個底座像個大沙丘一樣，有個神祕的名字，叫做「共同祖先態」。

「這件事對我來說屬於重要的事情之一。」福克斯這樣說著，聲調跨越了他的起司跟我眼下的臘腸。我把自己那份寫滿註記，畫滿線的一九八〇年論文副本拿了出來。「看到那棵樹了嗎？」

「看到了。」我說。論文剛好在折起來的第四五九頁。「這就是那棵大樹，對吧？」

「這就是那棵大樹，想必你已經注意到它的根部了。」

是的。我把它念了出來：「**共同祖先態**，不是單一一個祖先，而是『一大群』，是嗎？」

他回答是的。這個沙丘象徵一個細胞出現前的世界，這個世界古老到幾乎有四十億年前這麼久。這是一個充滿赤裸裸分子的世界，特別是RNA這種分子，很可能已經演化出自我複製的能力。這個世界還沒什麼生物可以被分門別類，更別提什麼生物界了。他說：「我們不想用三位一體來代表。」三個燭台從沙丘上伸出來，其實就是在說：**誰知道這三界最終的關聯是什麼？誰知道誰第一個出現，又是如何分家的？誰又知道哪個跟哪個最親近？我們是不知道的！**這樣的行為算是赤裸裸的未知主義，不過其實也是當時最佳的做法。

「好，現在要講一個祕密。」福克斯說。有一瞬間，他露出一抹狡猾的神情，一個六十九歲的分子演化學家，坐在可樂跟披薩前面，一臉狡猾。「這個祕密就是……我其實不相信這棵樹是真的，渥易斯也不相信。」

「好吧。」我這樣回應著，想要知道接下來他會講什麼。

「因為演化並不會這樣運作。」

第四十七章

科學家還在探討並質疑演化如何運作。達爾文首先憑著深刻的觀察力察覺到天擇這個機制，並把天擇運作的方法，用極具說服力的文筆寫在《物種起源》這本書裡。但是他並沒有完全解釋物種如何改變並分化，同時他在書裡所講的東西，也不全是正確的。比如說，達爾文對於遺傳學的作用機制可說是一無所知，他對於細菌的生活方式也所知甚少。許多真正研究過微生物的人，像是華林和馬古利斯，都認為共生作用可以將兩種生物結合在一起生活，這對於演化上的創新，以及其後的天擇篩選，要比靠著隨機突變增加變異性的貢獻大多了。在福克斯、渥易斯以及其他同事一起發表大樹論文的同時，關於演化又出現了許多新的理論與新的問題。有些人對於福克斯與渥易斯那張大樹圖片的根部，也就是那座神祕的沙丘特別感興趣。沙丘的標籤寫著「共同祖先態」，這些字的意思是什麼？這裡面到底有些什麼？

福克斯在一九八二年拿到休士頓大學的助理教授職位，他繼續研究關於演化早期的問題，不過現在他已經不與渥易斯合作，而是自行研究了。至於渥易斯，他也找到新的合作者，繼續追尋他一直以來的長遠目標：靠著由核糖體RNA編碼所組成的證據，辨明古老的演化事件以及生命樹真正的樣貌。雖然隨著分子定序的新技術出現，這種工作現在變得沒那麼費力、毒性比較低，同時更準確、更快速，渥易斯的實驗室也在一九八〇年代改變了實驗方法，不過他的研究目標卻始終不變。到了一九八〇年代中期，他已經不再用一小段核糖體RNA的片段所建立起來的一覽表繪製生命樹，而改用整段核糖體RNA來做這件事。

不過儘管到了這個時期，分子序列仍然不是鑑別遠古生命樹的唯一手段。有些科學家仍然喜歡形態學的研究，也就是比對生物的形狀而非比對RNA或是DNA的序列。比如說，加州大學洛杉磯分校的雷克，就喜歡在電子顯微鏡下面研究核糖體的構造。雷克也是一名在受過物理學訓練後轉行研究生物學的科學家。他對於核糖體構造的興趣，始於一九六〇年代晚期在哈佛大學做博士後研究那段時期。他在那裡發現透過電子顯微鏡這種工具，我們可以測量核糖體的立體結構。接著他又發現，核糖體的構造在不同種的微生物之間，似乎有著相當固定的差異，因此比較這種差異或許有助於定義生物的親緣關係，甚至可以區分生物的界。他跟同事分析了幾種代表性細菌、古菌以及真核生物的核糖體結構後，在一九八四年發表他們的研究成果。

有些生物的核糖體看起來像是橡皮小鴨。有些核糖體看起來則像是豎起的大拇指的拳頭，隨時準備攔車。還有的核糖體看起來像是爆米花。雷克的團隊計算並且測量這些差異。他們發現核糖體基本上有四種形狀，根據他們的理論，我們可以藉此區分出四種差異明顯的生物。他們的分析結果，將那些住在又熱又酸環境中的嗜硫菌，與渥易斯所發現的其他古菌區分開來。雷克宣稱這些靠硫維生的細菌是獨立的一界，將它們分類為泉古菌界（在其中的細菌也就稱之為「泉古菌」[211]）。如果你相信他的分類法，那麼這樣一來，生物應該被分為四界。同時，根據雷克的分析，泉古菌與真核生物（比如我們）的關係，似乎比其他的古菌要近。渥易斯對這樣的結果可不太高興。

就像在他寫給雷克的信中所說，就他來看，「你的計畫純粹只是在無事生非而已。」[212]其實在前一年，雷克才邀請渥易斯訪問加州大學洛杉磯分校，兩人因此建立了相當友好的關係。不過現在這段友誼結束了。渥易斯這一邊，包括跟他一樣熱愛古菌的德國同事齊里希，都對雷克的研究方法與結論發出非常激烈的批評，而雷克也毫不客氣地反擊。渥易斯直接寫信給他說：「你急切地想要主張新增第四界分類，卻無法提出堅實的證據。」[213]薩普稱這爭執是「疆界守護者之間的戰爭」[214]，這爭執不只發生在私人通信之中，還延燒到科學會議的演講台上，以及《自然》期刊的新聞與投書頁。齊里希認為這整個故事根本是一場「可笑的間奏曲」[215]，他跟渥易斯說：「我必須承認，我完全低估了科學界的愚蠢程度，以及／或是雷克的說服力。」薩普所記載的這些狂怒反應，倒是讓我在三十年後，在加州大學洛杉磯分校訪問雷克時，驚訝於他對這些批評溫和的反應。

雷克是個身材高大略為駝背的紳士，看來年歲的影響並不亞於那場論戰。他有著一對蒼藍色的眼睛以及一頭濃密的灰髮，穿著薰衣草色的羊毛衫以及奇諾褲，熱情而好客地邀我進到他的辦公室。那是一個星期五的午後，從他的態度跟外表，可以看出這位已退休的長老教會的傳道師，剛剛打完一場高爾夫球賽。我們分坐在他的桌子兩邊聊天，桌上堆滿科學論文，在上面有個書架，放著一個核糖體的雙色塑膠模型，大小跟一顆人類心臟差不多。他談到他跟渥易斯之間的不愉快，以及渥易斯對他所提出的泉古菌界的新理論，似乎仍對那次深刻的仇恨所帶來的負面經驗感到挫折。

「對他來說，不是朋友就是敵人。」雷克這樣說道。一開始，雷克認同渥易斯的主張，認為古菌是一個完整的生物界，是他的朋友。但是後來當雷克的研究指向另外一個觀點時，事情就改變了。「我跟他解釋過原因，但是他完全無法妥協。」他們之間原有的真誠，就好像一個開關一下子被關掉了一樣，讓雷克從原本一名智識上的競爭者，一瞬間變成滿口謊言製造混亂的壞蛋。雷克回想起，從那一刻開始，「事情就變成『用盡一切手段，去阻止並摧毀這個理論』。」根據其他專家一致的看法，渥易斯後來贏得這場規模不亞於全面戰爭的戰役。

一九八七年，渥易斯獨自發表了一篇長篇大論的回顧式論文，不只討論細菌演化領域的所有研究，還談到整個親緣關係學的研究。他首先回顧過去利用顯微鏡所觀察到的形態學證據所做出的細菌分類。在這一部分他插入一整頁海克爾的總生命樹，就是以原核生物為根，上面分出三條枝幹的那一棵樹。這棵生命樹是經典，也整理得有條有理，這些渥易斯都同意，可惜它是錯的。相較於那些傳統的分類法，比如從林奈以及他的兩界分類，到海克爾的三界分類，到惠特克跟馬古利斯提倡的五界分類，一直到雷克主張的四界分類，渥易斯提倡自己的分類法（利用核糖體RNA序列所決定的親緣關係），以及自己主張的三界分類。渥易斯這樣寫道：「細胞基本上是一份歷史文件，獲得閱讀它的技術（讀取基因序列），將大大改變我們對所有生物學的看法。」[216]核糖體RNA是細胞中最值得信任的文本，既古老又引人注目，它們存在於所有生物體內，攜帶豐富的資訊，而這些資訊即便橫跨漫長的時光，改變速度也十分緩慢。因此當兩界生物從遠古時期分家之後，它們仍保有足以讓我們分辨的證據。在陳述完這些論點之後，渥易斯提出了自己所畫的生命樹。

這棵生命樹最特別的一點，就是它既沒有根，也沒有軀幹。它的三支種系從頁面中間的一個點冒出來，像是一枚在夜空中爆炸的煙火，往四面八方發散開來的樣子。這棵無根的生命樹，其實就是將渥易斯跟福克斯在大樹論文裡面那座神祕的沙丘，用另一種方式再講一次：**這裡發生過一些未知的事件，就算是16S核糖體RNA也無法解開**。不過他幫這個未知的區域加了一個標籤。這個曾經存在於此時此地，這個出現於生物大爆炸事件不久之前，最後造就那棵大樹生命樹的未知生物，渥易斯稱它為**原生命**。這個原生命就在這三支種系連接點的某處，不過渥易斯卻沒有標在圖上。

他解釋說，這個原生命是個存在理論中的東西。這群假設的生物，出現在（而且**必須**出現在）所有我們已知演化史的生物之前，它們比細胞簡單，比較沒有組織。渥易斯寫道：「原生命存在於演化舞台早期的事實，從這個轉譯機器中可以看出。」[217]他的意思是說，從「萬物都使用同一套核糖體將遺傳密碼轉譯成蛋白質，讓生命有可能出現」的這個現象中，可以看出原生命存在的事實。其實到了一九八七年，原生命的主張也已經不是什麼嶄新的想法。渥易斯十年前就已經創造了這個名字，開始構思這個觀念，並且在一九七七年發表在跟福克斯合著的一篇論文中。現在他把這個觀念發展的更詳細。原生命是某種可以自我複製的有機物，不過構成它遺傳物質的大概不是DNA

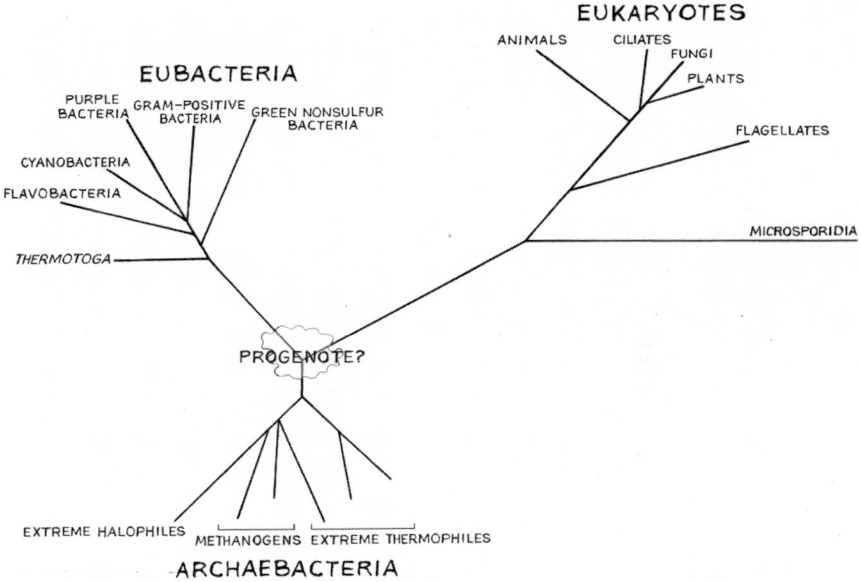

渥易斯的無根之樹以及「原生命」，繪於一九八七年，取自渥易斯一九八七年的論文，由韋恩修改並重繪。

而是RNA。他將遺傳密碼轉譯成蛋白質的機制應該相當粗糙且不準確，很容易出錯。因此，它做出的蛋白質可能也很小，數量稀少。此時核糖體這種胞器，還在經歷靠著試誤過程以發展與演變。「這就像是無線電或汽車，或是其他類似的機器一樣。轉譯這種過程，必須一步一步演化，才能從最基本的結構演變為今日這種準確性極高的機器。」渥易斯憑什麼主張大自然中曾經有過原生命呢？他所靠的證據就是邏輯、假設，以及憑著豐富的資料所做的猜想。原生命的時代未曾留下任何證據，沒有化石，更沒有16S核糖體RNA。他只是比任何人都要仔細並大膽地推敲這個題目：

在我們已知的生物出現以前，會有什麼？

不管地球在那個時期發生了什麼事，最有可能造成的結果，就是一株單一種系，某一群生物，最後變成了三界生物共同的祖先。關於這件事情的可能性，我們確實有一些證據支持，那就是萬物通用的遺傳密碼系統，所有的生物所使用的都是同一套密碼：一套由特定鹼基組合，去定義特定胺基酸的密碼系統，不管是細菌、古菌還是真核生物，使用的都是同一套遺傳密碼。這套遺傳密碼是所有生物真正共通的特徵，它將所有生物統一在相同的祖先麾下。而這個祖先又來自於原生命。

「現在，這個原生命，就是這條演化追尋之路的盡頭。它始於證據，經由推論，終於奇想。」[218]渥易斯如此寫道。他的意思是，這是一條順著時光，一直回溯到起點的回溯之路。「不過在科學上，一件事的終點往往是另一件事的起點。」遺傳資料的涓涓細流，很快就會變成一股大洪水。他的預測相當正確。生命樹的統一根源很快就會被找出來。他保證，我們正站在了解我們生命起點的起點。

第四十八章

一九八〇年代初，大概在渥易斯跟福克斯完成他們的大樹計畫之時，渥易斯寫了一封信給他在慕尼黑的朋友坎德勒。這封信的主要目的，是關於一個兩人都有興趣的主題，關於古菌那古怪細胞壁的問題，這是坎德勒的專長。渥易斯正在幫《科學人》科普雜誌寫一篇文章，想配上圖解，因此需要電子顯微鏡照片，也有一些跟化學結構有關的問題。從這裡發想，渥易斯對坎德勒說：「下一次我們一定要一起寫一篇論文。我們的知識跟研究方法可以彼此互補。」[219]他還問坎德勒：一起合作，正式提出一個讓古菌自成獨立的一界這樣的理論，你覺得怎樣？他跟坎德勒以及其他的合作者，其實在討論的時候，早就把古菌視為獨立的生物界，不過這些討論一直都是在非正式的場合，卻從未試著賦予古菌正式學名。「這個想法有點瘋狂。」

隨著幾年過去以及中間發生的一些事件，這個想法開始變得沒那麼瘋狂。一九八四年，渥易斯因為在生物親緣關係上面的研究，以及在古菌方面的重要發現，獲頒麥克阿瑟獎（MacArthur Fellowship），並在一九八八年接著獲選為美國國家科學院院士。儘管他獲得了這些殊榮，但是因為他獲選為國家科學院院士的時間甚晚（獲選時他六十歲，而馬古利斯四十五歲就獲選了），他始終認為自己被排擠在科學社群之外。這讓他好像有些理由可以一直這樣野心勃勃、脾氣暴躁而毫不在意他人看法。他想要重建古菌的地位，那是他的最愛。這樣做不僅只是想要讓古菌自成一界這麼簡單而已。更重要的是，在他過去幾十年的生涯中，這群生物一直因為錯誤的名字而被人深深誤解，更讓他耿耿於懷。

現在我要把之前過度簡化的事情解釋得更清楚：在一九七七年，渥易斯跟福克斯最早稱呼這群生物為古細菌，愈來愈讓他覺得如芒刺在背。但是渥易斯本人、他的美國同事、德國朋友，在過去那段時間內，一直都是用這個名字稱呼這群生物。之前提過在慕尼黑所舉辦過的國際盛事，渥易斯、坎德勒以及沃爾夫等人意氣風發地在阿爾卑斯山上開香檳慶祝，那次會議可是稱為「第一屆古細菌研習會」[220]呢。現在這個名字卻讓渥易斯愈來愈難以忍受，因為他認為這名字無法彰顯這群生物的獨特性，「古細菌」讓它們聽起來好像就只是另一群細菌而已。

一九八九年，他寫了一封信給另外一位德國好友，也就是齊里希，談到這個問題。渥易斯在信裡寫道：「隨著時間過去，有一件事現在變得愈來愈明顯，在為古菌命名這件事上，我犯了一個大錯。」[221]這些生物絕對不是細菌。它們既不是類細菌，也不是細菌的祖先。細菌甚至根本算不上跟它們血緣最近的親戚。事實上，那時慢慢有些證據浮現出來，指出古菌其實跟真核生物比較親近——也就是說跟**我們**的血緣，比跟細菌的血緣要親近。在信裡，渥易斯跟齊里希又提了一次他之前跟坎德勒提過的事：讓我們這些在這個領域中的重量級人士一起寫篇論文吧，一起提議將古菌升格成獨立的一界，並賦予它們一個新的名稱。

一年以後，這個看似瘋狂的想法實現了。渥易斯跟坎德勒加上另一位科學家（不過不是齊里希），一起發表了一篇論文。至於在發表期刊選擇上，渥易斯投稿到《美國國家科學院院刊》。既然他現在身為科學院的院士，他的論文可以多一些比較大膽的推測，而不需要面對像投稿至《自然》或是《科學》一樣嚴苛的同儕審查。這篇文章發表於一九九〇年六月，標題是〈邁向生物的自然系統〉，論文裡面提出了諸多重要論點。首先，他們主張任何分類系統，都應該要嚴格地遵守「自然」原則，一如他們在論文標題所建議的。也就是說，親緣關係學的分類，必須要能反映生物在演化上的關係，而不是為了便於記憶或是教學所做出來的妥協產物（這是惠特克與馬古利斯所主張的）。第二，在惠特克的界之上，在海克爾、柯普蘭或是雷克等人的生物界之上，應該先將生物分成三大類，稱之為**域**。三個新域凌駕於舊有的界**之上**而非取代它們，從策略上來說相當高明，它等於是避開了疆界守護者之戰，選擇直接超越它們。不過卻因此出了個小意外，造成渥易斯與坎德勒之間的一些衝突，這跟第三位作者惠理斯有關。

惠理斯是加州大學戴維斯分校的一名年輕的生物學家，之前並沒有做過什麼親緣關係學相關的研究。一九六〇年代，他在柏克萊大學史坦尼爾的實驗室攻讀博士，其後在厄巴納做博士後研究員時，偶然認識了渥易斯。他後來參加索金在伍茲霍爾辦的夏令研習課程，因而變得與索金熟識。不過這些經歷或是其他事件，如何讓他在一九八〇年代末吸引到了渥易斯的注意，連惠理斯自己也說不清。

當我打電話訪問他時，惠理斯說：「這對我而言始終是一個謎。」他那時候已經對親緣關係學，他稱之為「界之問題」的問題產生興趣：將動物與植物跟細菌，視為地位相等而獨立的三界生物，但是後者卻更加包羅萬象、數量更多得多，這明顯有邏輯上的問題。他可能也曾經在對話中提過，應該要畫出一個更高階的分類，不過他還沒有就此主題發表過任何論文。然後，忽然間，他收到了一九九〇年那篇論文的草稿。「這篇草稿有天忽然就躺在我的信箱中，卡爾在信中問我有沒有什麼評論。」惠理斯給了一些建議，包括那個創立一個更高階分類的提議，然後把草稿寄回去給渥易斯。渥易斯接受了大部分惠理斯的建議，然後又提出一些問題。就這樣，草稿在兩人之間書信往返了四五次。這時候，根據惠理斯的記憶，他提出了將自己列為共同作者的要求。

渥易斯同意了，並且通知遠在德國的坎德勒。坎德勒對於加入第三作者這件事情感到十分訝異，不過他很快就收斂起情緒，同意這個決定。他寫信給渥易斯說：「我不反對將馬克＊列為共同作者，雖然我不確定這樣做真的適當。」[222]坎德勒說，關於惠理斯所提出創立另一個更高階的分類位階，只不過是「重提」渥易斯過去已經構思已久的想法而已。不過根據薩普的看法，畢竟是惠理斯把這想法「端上檯面」，而他所得到的回報，就是共同作者的位置，這算是渥易斯處事公平的一面。不管怎樣，這個美化過的故事，是薩普在他的書《演化的新基礎》裡面所使用的版本。私底下，酒過三巡後，他跟我說了另一個版本的故事。

渥易斯儘管喜歡坎德勒這個人，但並不打算讓他的德國同事看起來像是古菌的共同發現者。渥易斯在這裡分得很清楚，他可以跟福克斯共享，最多再加上沃爾夫跟鮑爾奇，其他人統統不行。他要獨自享受這份榮光。薩普本人是很欣賞渥易斯的，認為就像個聰明洋溢的天才大叔一樣，他也很喜歡跟渥易斯共事，一起尋找那些「新基礎」。但是他也非常清楚渥易斯的怪癖。「我很清楚這個人。」如果這篇主張三域分類的論文將成為演化史上重要的里程碑的話，若論文上面只有兩名作者，「那他跟坎德勒看起來，就會像是共同發現者。但是如果再把惠理斯拉進來，就可以稀釋坎德勒的貢獻。」

「這可真奇怪。」我雖然這樣說，不過有時候科學就是這樣運作的。事實上，人的本性更是如此。

「是呀，」薩普回答說：「這就是卡爾。」

他們論文的最後一項論點就是，這三域應該分為細菌域、真核生物域以及……古菌域。作者主張：**古細菌**這個詞應該就此消失[223]，**原核生物**這個詞也一樣應該要消失。因為細菌與古菌兩者的差異實在太大，所以原核生物並不該是親緣關係學裡面的一支分類，那一直是個錯誤的分類。

當然，在這篇論文裡面也有一棵樹。這棵樹的樹枝雖是簡單的直線，卻挑釁意味十足。這棵樹不像他在一九八七年所畫的那一棵無根的樹。這一棵樹不只有根，更是用相當複雜的技術繪製（跟

＊譯注：惠理斯的名字。

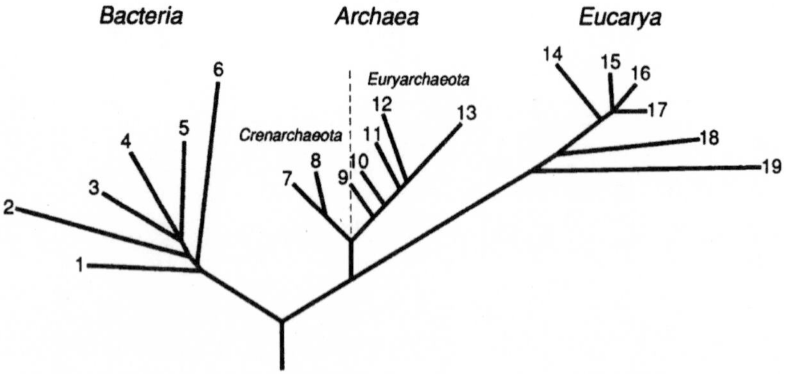

渥易斯、坎德勒以及惠里斯所提出的「自然系統」的親緣關係樹，發表於一九九〇年。

（From Woese, Kandler, and Wheelis (1990), "Towards a Natural System of Organisms: Proposal for the Domains Archaea, Bacteria, and Eucarya," *Proceedings of the National Academy of Sciences*, 87, no. 12, fig. 1. Courtesy of Mark L. Wheelis.）

使用基因副本，回溯至亙古的時間以前有關，不過我們無須在意這些細節），這是他最近跟幾位日本科學家的合作成果。它的樹幹是一條單一的垂直線，往上先分成兩支，左邊的那一支是細菌域，右邊的則又再分成兩支，分別是古菌域與真核生物域（這裡原本使用錯誤的Eucarya，後來採用比較合適的希臘文字根，改為Eukarya。）這種排列方式印證了渥易斯過去用16S核糖體RNA所做出來的結果：我們人類，以及所有其他的動物、其他的植物、所有真菌、所有的真核生物，全都來自一支科學界在一九七七年以前毫無所悉的祖先種系。這是這種傳統生命樹中最新的一棵，偉大、權威、重要，對科學界來說完全是個新東西，而在某種程度之上，它有其正確的地方。不過，它卻完全錯過了即將要發生的事情。

第五部

傳染性遺傳

第四十九章

接下來所發生的，是我們發現水平基因轉移在整個故事裡面所扮演的角色。這個爆炸性的大發現雖然發生在一九九〇年代，但是其實很早就有人進行相關研究。這個奇怪而歷史悠久的水平基因轉移現象，甚至可以追溯回四十億年前，而科學界首次注意到跟水平基因轉移有關的現象，則是在一九二八年，由一位名叫格里夫茲的英國人，在他所發表的論文中提及。不過當時還沒有人看出這個發現可能造成的深遠影響，即使連格里夫茲本人也沒看出。

格里夫茲生於英國西北部的一個小鎮，在默西河口的大城利物浦接受教育，並在那裡拿到醫學學位和微生物學研究員的職位。隨後他在當地一間實驗室與醫院工作了一陣子，接著到牛津大學拿到公共衛生學位，開始研究結核病。在第一次世界大戰時，他加入倫敦的衛生部工作。格里夫茲有著堅挺的鼻子，眼神沉著而鎮靜。身為衛生部病理實驗室的衛生官員，他就在位於大笨鐘北邊的恩戴爾街工作。他的工作場所位於郵局樓上，與另一名同事史考特，還有兩名技術員共用樓上的實驗室與廚房。

格里夫茲是一名極為挑剔的實驗科學家，也是完美的人民公僕。他做事專注、目標明確，對任何推測必定小心翼翼地求證，被人形容是「非常害羞、不擅與人交際、難以親近」[224]。他被指派的工作是研究細菌性肺炎，不過我們對史考特的任務則不清楚。他們兩人後來成為形影不離的好朋友，直到格里夫茲在一九四一年去世為止。有人說，在他們那間經費不足的實驗室中，格里夫茲跟史考特「可以用煤油桶跟汽化爐，做出比大部分人的豪華實驗室還多的東西」[225]。

格里夫茲所研究的**肺炎雙球菌**（現在稱為**肺炎鏈球菌**），是一種非常危險的細菌，會造成嚴重而致命的肺炎。在一九一八年到一九一九年的流感大流行時，這種肺炎造成許多流感病人的續發感染，導致可能比因流感死亡的人還要多好幾百萬。那個抗生素尚未問世的年代，最好的療法就是抗血清療法：這種療法要從接種過細菌的馬身上，抽取富含抗體的血清注入人體，強化病人的免疫系統，進而清除細菌感染。但是肺炎球菌至少有四種血清型，分別從第一型、第二型、第三型一直到一個包羅萬象，讓人困惑無比、什麼都有的第四群*，因此也就有數種不同的抗血清，以專門針對不同血清型的細菌。當治療病人的時候，醫生最好先知道病人受到哪一型的細菌感染，這樣才能決定相對應的抗血清，這就是醫學微生物學家的工作。格里夫茲在一九二〇年代所接受的任務，其中一部分就是在分辨不同血清型的肺炎球菌，研究它們的特徵，並且還要追蹤在全國不同地區流行的肺炎，是由哪一血清型的細菌造成的。他研究了從一九二〇年到一九二七年間的近三百個案例，發現肺炎在伯明罕西邊的斯梅希克地區流行起來，第二型漸漸減少，但是第四群卻增加。這樣的資料，有助於追蹤流行變化以及準備相應的抗血清因應。格里夫茲靠著研究由病人的肺中所咳出來的痰以蒐集資料。他有一個冰櫃裝滿了這種檢體。

一九二三年，格里夫茲發現了一件重要的事情：他發現肺炎球菌除了有不同**血清型**，每一種血清型的細菌也有兩種不同**型態**：其中一種型態極為兇猛惡性，另一種則相當溫和。兇猛的型態在顯微鏡下所形成的菌落表面比較光滑，因此格里夫茲將它們稱為S菌株。溫和的那一種所形成的菌株表面比較粗糙（rough），因此被命名為R菌株。格里夫茲注意到，有時候S菌株的細菌會變成R菌株。他並不知道原因是什麼，或許這是基因突變加上天擇的影響，又或許是細菌對血清所出現的反應，也可能都不是。格里夫茲接下來又發現第二件事，這個發現又比前一個更讓他驚訝：舉例來說，他發現在某些情況下，第二血清型的R菌株細菌會變成第一血清型的S菌株。**怎麼會這樣**？這就好像是肺炎球菌會變成另一種物種一樣。但是格里夫茲所學的是孔恩學派的微生物學，而孔恩主張（你一定記得很清楚）細菌的種系相當穩定且固定，可供辨識，不會像變魔術般忽然從一種變成另一種這樣變化多端。格里夫茲懷疑是自己的實驗技術不好，於是他又重複了一次，但還是得到一樣的結果。在他細心的操作下，基本上可以排除細菌汙染的可能，於是他後來寫下自己的懷疑：「看起來除了轉形作用的假設外，沒有其他的可能。」[226]就這樣，他給了這種現象一個名稱：**轉形**

＊譯注：二十世紀初對於肺炎鏈球菌的分類，依據細菌對特定抗血清的反應分成一到三型，而其他對血清沒有反應的細菌則全部歸類為第四群。

作用。一種型態的細菌轉變成另一種型態，這讓人十分困惑。

格里夫茲在實驗室老鼠體內研究這種轉形作用。他的實驗步驟，就是把不同血清型的細菌，以及光滑或是粗糙形的細菌打入老鼠體內，有的時候可能還會注射一定劑量的血清，接著觀察老鼠會存活還是死亡。如果老鼠死了，他就會採取死鼠的血液樣本進行培養，然後在顯微鏡下面觀察那些在老鼠體內肆虐的細菌屬於哪一血清型以及哪一種形式。在他所做的眾多實驗中，最讓人印象深刻的就是給老鼠兩種不同形的細菌，比如說S菌株的死菌（存活時為兇猛形）以及R菌株的活菌（溫和形）。他以精心調整過的特定溫度殺死這些兇猛形的細菌，而不是用生化試劑將它們完全摧毀。透過這樣的實驗步驟，他首先得到一個非常有趣的結果，他發現混合了S菌株（兇猛形）的死菌以及R菌株（溫和形）的活菌可以將老鼠殺死。

更讓人驚訝的，則是再把不同血清型的細菌也混合起來注射。比如說，他將熱滅菌過的第一型細菌的S菌株（兇猛形），以及活的第二型細菌的R菌株（溫和形）一起打入五隻老鼠體內。數天之後老鼠全數死亡以後，格里夫茲抽血培養細菌，結果發現養出了活生生的第一型S菌株。他把這樣的結果記錄下來：第一型兇猛形的死菌，加上第二型溫和形的活菌，結果變成……第一型兇猛形的活菌。這裡面必定有些蹊蹺，這聽起來像是養出了殭屍細菌。這種混合方法，要麼是讓死去的兇猛第一型細菌復活，再不然就是第一型的死菌，可以將第二型的細菌轉形成為自己的複製品。這當然不是科幻電影，但是上面這兩種選項聽起來也都不太可能。

格里夫茲後來將肺炎球菌的研究成果發表成一篇相當長的論文，但是卻猶豫著要如何解釋這些現象。他覺得，看起來活著的細菌，似乎「使用死菌的培養物質」[227]讓自己變成兇猛的細菌。這是如何辦到的？或許這些兇猛死菌的殘骸，有一部分就像是「神奇養分」[228]，可以讓活著的溫和細菌拿去使用，增加自己的毒性。「神奇養分」這個字，在這裡純粹只是用來代表那些容易被生物攝取的食物。在選字上使用模糊的伎倆，反映了即使是格里夫茲本人，都無法解釋他這些極為神奇的實驗結果。不過不論他的解釋有多模糊，基本上大致正確。

在論文的摘要部分，格里夫茲完全不討論「神奇養分」可能是什麼，只是像個政府公務員一樣條列出以實證經驗為主的實驗結果。一開始他列出：第二型肺炎在斯梅希克地區減少，但是第一型肺炎的發生率卻維持不變。在結尾處他列出：附帶一提，死菌似乎能夠將活菌由某一型轉形成另外一型。

格里夫茲之後並未再深究這個主題。有人說他對於轉形作用其實並不感興趣，甚至很可能感到不舒服（因為這跟細菌種系是固定的說法互相矛盾）。因此他很樂於將這個問題「留給化學家」[229]去解釋。他後來的研究從肺炎球菌轉移到其他細菌身上。而他的論文，在長達四十七頁詳細描述實驗過程的長篇大論中，雖然僅僅稍微提及轉形作用，卻因為被廣為閱讀因而影響了相當多人。一如某位歷史學家說，這篇論文就像「一顆炸彈掉到雷管旁」[230]，因為許多其他的科學家（而不僅僅只是化學家），繼續進行格里夫茲停下來的研究。但是他並不知道，也沒能活到看到其他的科學家，發現那些神祕的「神奇養分」到底是什麼物質。

格里夫茲本人對於戲劇性的場景，或是成為科學界的鎂光燈焦點並不感興趣。他幾乎不參加研討會，也甚少上台報告。當一九三六年國際微生物研討會在倫敦舉行時，儘管他被指派上台演講，但是卻「要人強迫，才能把他弄上計程車」[231]。他終身未婚，從某段時間開始，他就跟早年在病理實驗室一起共事的同事兼好友史考特一起住在倫敦的公寓裡。他在一九四一年四月某個夜裡，死於德國對倫敦發動的空襲行動中。炸彈直接命中他們的公寓，史考特也一起罹難。在《英國醫學期刊》上面所刊登長達兩段的訃辭中，並沒有提及轉形作用。

第五十章

格里夫茲的長篇論文發表於一九二八年一月。他的實驗嚴謹度有口皆碑，但是因為這些發現實在太不尋常，所以在論文發表後至少一兩年的時間裡，其他的細菌學家仍感到懷疑，不知道該不該接受這些結果。有少數人重複他的實驗，確認了一部分的發現。是的，轉形作用確實存在，這點得到證實。但是格里夫茲所謂來自死菌、會造成活菌轉形的「神奇養分」，究竟是什麼物質呢？這些物質能不能揭露生物遺傳的本質呢？

這些問題有其產生的背景，與二十世紀初期的遺傳學發展有關。在那年代，**基因**這個詞並沒有明確的定義，人人都朗朗上口，卻沒有人知道那是什麼。那時候的基因只是一個抽象的概念，是一個一九〇九年創造出來的術語，代表某些可以決定遺傳特徵的小單位。

遺傳學家認為基因應該存在於細胞的染色體中，我們可以在顯微鏡下面看見染色體，但是看不見基因。它們是真實存在的東西嗎？是某些分散開來的化學物質，排列在染色體上，就像串在一條繩子上面的珠子一樣嗎？亦或是如達爾文所猜測（但是猜錯的），基因只是一些不斷變動的過程，或是某些可以量測的特質，綜合在一起所造成的效果而已？一直到了一九三四年，一位優秀的美國遺傳學家摩根，他是利用果蠅研究突變與遺傳的先驅，在拿到諾貝爾獎的演講中曾這麼說：「對於基因到底是什麼，是真有其物還是純然幻想？遺傳學家至今還沒有達成共識。」[232]接著他說道，不過這並沒有關係，因為「從遺傳實驗的角度來說」，其結果都是一樣的。他說的遺傳實驗，是**像他所做的那種實驗**一樣，專門研究基因在染色體上面的相對位置，以及這種相對位置如何影響有性生殖的過程，讓後代產生新的組合。

不過包括洛克斐勒研究所的醫學研究員艾佛瑞在內的許多科學家，他們所專門研究轉形作用之類的現象，可是發生在細菌這種進行無性生殖的生物身上，因此對他們來說，基因到底是實質存在的東西，還是一群特質的綜合影響，那可是大有關係。如果真的有一種像「神奇養分」之類的物質可以讓生物的改變遺傳下去，那麼它的食譜是什麼？它是哪個分子，或者是哪些分子所組成的呢？

一開始的假設，認為基因的組成是蛋白質。還記得嗎？蛋白質的分子，是一種由許多不同的胺基酸所串成的長鏈，因為胺基酸可以有各式各樣不同的排列組合，因此每一條蛋白質長鏈都不一樣，這讓大量的生物特徵很有可能存在這種二維資訊之中（之前當我談到克里克以及他在一九五八年所發表的論文時，已經解釋過了，克里克提出利用蛋白質儲存的資訊來研究親緣關係）。其實，「大量」還是一個保守的描述法。以生物所用的二十種胺基酸為例，假設用各種排列組合的方式，去串成一條由三百個胺基酸所組合成的蛋白質好了，你可以算一算，那會是幾億萬種不同的排列方式，對於遺傳學來說綽綽有餘。

另外一種假設，則認為核酸比較有可能參與遺傳作用。核酸就是我們所知道的DNA與RNA，是四種生命最基本所需的分子之一（其他三種分別是脂質、碳水化合物以及蛋白質）。但是核酸這種分子的化學複雜度與多樣性，似乎不足以作為遺傳學的基礎。

以DNA為例，它的結構一直到二十世紀初才被解開，它是由核糖、一點磷酸鹽，還有四個鹼基所組成。這四個鹼基，可以用它們英文名稱的第一個字母來代表，分別是A、C、G還有T。就這幾種成分，看起來並無法組成幾億萬種可能性。事實上，二十世紀初的主流理論，都認為DNA的結構非常簡單。當時的假設是DNA的四種鹼基數量相同，以固定重複的方式排列，比如說像是ACTG－ACTG－ACTG－ACTG這樣子一直排列下去。這也是當時最優秀的生物學家為何會認為DNA只是一種「無聊的分子」或是一些「蠢分子」[233]，這樣的看法直到一九三〇年代甚至是一九四〇年代都不曾改變。DNA可說是完全被輕視、被錯誤地評估。它的際遇，就好像當年的愛因斯坦，在十六歲被高中退學之後，父親鼓勵他振作起來「去當一名電子工程師」。

也有一些比較中立的看法，認為遺傳物質可能包括蛋白質跟核酸兩者：蛋白質負責最基本的變化，DNA則提供輔助性的功能，這樣才能解釋為何在染色體中有這麼多DNA。對於DNA的看法流動了數十年。但是在當時並沒有適當的工具和方法研究這個問題，或者該說，還沒有足夠的想像力，所以沒有人知道真實的情況究竟是怎樣。而就在這個時候，艾佛瑞踏入了這座充滿未知的競技場。

艾佛瑞也是早年分子生物學界另外一位典型特立獨行的大師級人物。他的故事起源於加拿大新斯科細亞省的哈利法克斯。就像在美國的厄巴納一樣，這裡一直流傳著關於他的傳說。艾佛瑞生於一八七七年，父親是位虔誠的英國教徒，從聖公會改宗為福音派的浸信會之後，自稱感受到「不尋常的感動」[234]，有神聖的任務需要完成，於是舉家遷往加拿大。十年之後，另一次感動則讓他再次帶著全家搬往紐約下東城，在那裡，他成為包厘街附近的海員教堂的一名牧師。艾弗瑞跟他的哥哥則負責教堂裡的音樂演奏，吹奏小號。星期天時，這兩位青春期的少年還要幫忙家中的事業，站在教堂外面演奏自己的銅管樂器吸引會眾。這景象有點像是音樂劇《紅男綠女》，兩個小孩在包厘街上喊著：「跟隨吧，跟隨吧，在你灌入下一口之前。」在他十五歲的時候，哥哥因為生病而去世，父親也接著過世。對艾佛瑞一家來說，這一年真是很不好過。不過身材中等、個性穩定的艾佛瑞，還是找到了機會進入大學預校就讀，最後甚至帶著弟弟一起進入高露潔大學＊，主修微生物學。

在一系列的照片中，六歲的艾佛瑞看起來就是一名有著大眼睛的聖公會男孩，後來長大成一個天庭飽滿（頭殼底下應該塞滿了他聰明的大腦）的成年人；與那漸漸稀疏的頭髮相反的，則是幾乎要滿溢出頭顱的聰明才智。不變的是他那總是繃緊的嘴巴。艾佛瑞在大學就讀期間依然參加樂團，負責演奏小號。畢業之後他回到紐約，進入哥倫比亞大學醫學院就讀。他在醫學院的表現，除了細菌學跟病理學以外，其他的科目表現都相當優秀。因為他看起來始終像個大頭小鬼，朋友為他取了個綽號，都叫他「寶貝」[235]。在拿到醫學學位後，他找到布魯克林區一間實驗室的工作，負責行政事務，同時也從事一些跟優格細菌有關的工作，以及流行性感冒和結核菌的研究。六年後，他進入洛克斐勒研究所研究肺炎，他的母親正是死於這種疾病。

當時艾佛瑞所任職的洛克斐勒研究所附設醫院，是全美首屈一指的肺炎雙球菌研究中心，他在那裡一做就是二十載。不過在格里夫茲一九二八年的論文發表後，以及一些年輕同事的影響下，艾佛瑞的研究漸漸從純醫學領域拓展到比較廣泛的面向。一九三四年的夏天，一位名叫麥克勞德的年輕人來到艾佛瑞的實驗室。麥克勞德跟艾佛瑞是同鄉，都是加拿大人。他在醫學院念書時讀過格里夫茲的論文，因此想要研究轉形作用。艾佛瑞當時正巧因為甲狀腺方面的疾病請病假，當他回到實驗室時，麥克勞德已經自己找到實驗方法，並且開始進行研究了。艾佛瑞非常讚賞麥克勞德的積極性，雖然那時他還在恢復期，體重甚至不到五十公斤，但是他卻跟麥克勞德長時間工作，連週末都不休息。

在隨後幾年的工作中，艾佛瑞可能已經意識到肺炎雙球菌的轉形作用不僅僅只是單純的醫學問題，他的信心愈來愈強，知道這個現象將對整個生物學產生重大的影響。他跟他的實驗室團隊開始談論「轉形作用之源」[236]，這是他們給「神奇養分」的名稱。他們猜測，轉形作用之源乃是藉著傳遞遺傳訊息以達成它的效果。如果這個假設正確，那麼他們的轉形作用之源**就是**遺傳物質，並且這

＊譯注：這間位於紐約的大學，在一八九〇年接受高露潔家族的捐款，因而改名為高露潔大學。

將不僅是肺炎雙球菌的遺傳物質，很可能還是所有生物的遺傳物質。換句話說，如果他們能夠找出轉形作用之源的真身，也就等於找到了基因的本尊。

不過，醫學方面的應用始終是他們在洛克斐勒研究所的首要任務。在一九三〇年代末，他們的研究進度變得有點停滯，原因是麥克勞德的實驗進行並不順利，同時磺胺類藥物首度問世。這是最早問世的一種抗生素，很可能可以治好所有的肺炎，無論是哪一種血清型都沒差。如果不再需要分辨血清型，那轉形作用的研究就沒有太多實質意義，至少從醫學應用的角度來說無關緊要。於是，需要發表論文以便在職涯上有所進展的麥克勞德，有一陣子把自己的注意力轉向磺胺類藥物。與此同時，科學界似乎也沒有人認同艾佛瑞，覺得轉形作用是個夠成熟的重大科學命題。就這樣中斷了好一段時間，一九四〇年秋天，他和麥克勞德才又重返轉形作用的研究。

為了確定轉形作用之源，他們首先必須分離出足夠進行化學分析數量的物質，不管那物質是什麼。因此，除了藉由熱處理殺死肺炎雙球菌細胞外，他們還打破細胞，從細胞原漿中提取出萃取物，接著試圖確定這種萃取物的哪個部分具有轉形的能力。是蛋白質、核酸還是其他種類的分子？麥克勞德親力親為完成了大部分的實驗工作。一位同事說，與艾佛瑞的極度精確和有條不紊相反，麥克勞德「更加衝動和不耐煩」[237]，這也許可以解釋他為了擴大實驗規模而把工業用乳脂分離機拿來當作離心機使用的驚人舉動。

他們在牛肉肉汁培養液中培養肺炎雙球菌，然後用離心機分離出培養物（以離心旋轉的方式將液態培養基與細胞分離）以獲得濃縮的菌團。這很耗費時間，而且普通的實驗室離心機每次只能處理一公升的肉汁培養液，所以獲得的細菌量很少。如果可以擴大規模，就能獲得更多的細胞原漿，萃取物的量也更多，使後續的化學和生物學測試更加容易一些。因此，麥克勞德想辦法弄到了一台工業用乳脂分離機，該分離機具有高速滾筒和單獨的出水龍頭，可以連續不斷地處理好幾加侖的培養液。唯一的問題是，當它全速旋轉時會噴出氣溶膠，讓整個房間「充滿細菌的隱形氣溶膠」[238]。這問題不是只有不方便而已。少量的低脂牛奶薄霧可能還行，即使是優格菌的細霧也沒有大礙，但是致命的肺炎雙球菌細霧可就另當別論了。為了解決這個問題，麥克勞德從研究所的機工間請來一名技術人員協助設計分離器的外罩，這是一種安全防護容器，容器的墊圈密封門可以安全栓上，並且可以用輪胎扳手打開。他們在打開之前先用高速噴射蒸汽消毒容器內部，然後用扳手轉開密封門，挖出菌團，繼續進行實驗。

麥克勞德於一九四一年離開研究團隊另謀高就。另一位受過生物化學訓練的年輕醫師麥卡地，成為艾佛瑞研究轉形作用之源的下一個主要合作夥伴。此時艾佛瑞在同事間的綽號已經不再是「寶貝」而是「教授」了，他們暱稱他「費斯」[239]＊。他的團隊在轉形作用之源的研究上，已經進展到幾乎可以確定這關鍵的神祕物質不是蛋白質。麥卡地設計一系列旨在進一步縮小可能性的實驗，到

＊譯注：費斯（Fess）這暱稱來自於「教授」professor 的英文縮寫。

一九四二年夏天，他和費斯已握有證據，表明神祕物質很可能是DNA。考量到DNA向來被認為是無聊、結構重複、「蠢分子」、無法傳遞遺傳訊息，這個發現似乎違反直覺。麥卡地後來寫道：「我們並非沒有意識到這個想法會受到質疑。不只一位同僚告誡過我們，」[240]其中之一是洛克菲勒研究所裡，實驗室高他們兩層樓，也做DNA相關研究的一位暴躁科學家，「轉形作用的因子不可能是去氧核糖核酸，因為『所有的核酸都很像』。」儘管存在這樣的阻力，他們還是相信他們手上的證據並撰寫了一篇論文，這篇論文的主張經過謹慎限縮，但是卻毫不含糊。他們宣稱：DNA是肺炎雙球菌的轉形因子。他們沒有說：DNA是構成基因的基本物質。

至少，他們沒有公開地說。不過在一九四三年五月，他們的研究到達高點時，艾佛瑞寫了一封信給他的弟弟羅伊．艾佛瑞。羅伊當時是田納西州納許維爾市凡德彼大學的微生物學教授。這是一封長信，艾佛瑞討論了家庭事務以及即將退休的計畫，但話題隨即轉到了他和麥克勞德以及麥卡地所進行的研究，以及他們發現轉形作用之源就是DNA，內容十分詳細。「有誰想得到呢？」[241]他提到要再萃取一批肺炎雙球菌，以及再一次純化和測試實驗以確認結果，然後他們就會把整個研究寫成論文。他告訴羅伊：「當然這還有待證明，不過如果我們是對的，就意味著核酸在決定細胞的生化活性和某些特性方面，**不僅**在結構上很重要，而且在功能上也很活躍。」這意味著DNA所造成的改變可預測也可遺傳，可以從一個細胞傳遞到另一個細胞體內。這亦意味著DNA可以以某種方式在第二個細胞中發生作用，然後一代一代傳下去，最後以遠遠大於最初置入的數量復原。艾佛瑞寫道：「聽起來像一種病毒，可能是一個基因。」但是他一如既往地保守審慎，不好高鶩遠。「一步一步來，首要任務還是先找出轉形作用之源的化學成分是什麼，其餘的別人都可以解決。」

接下來幾個月，他和麥卡地一起完成論文，他們把麥克勞德列為共同作者，發表於一九四四年二月出版的《實驗醫學期刊》。當時年僅三十二歲的麥卡地寄了一本給母親，期刊上題著幾個字表達他的自豪：「終於啊，就是它了！」[242]麥卡地女士跟艾佛瑞的弟弟不同，她並不是細菌學家，文獻上也沒有記載她對題詞或論文的反應為何。這位遠在印第安納州的母親究竟是坐下來開始閱讀〈引起肺炎雙球菌轉形作用物質的化學特性研究〉呢，還是把期刊擺在咖啡桌上讚嘆著「這是我的寶貝兒子寫出來的」？我想大概是後者。總之，隨著愈來愈多的證據累積，國際上的生物學家社群終於逐漸認可艾佛瑞、麥克勞德和麥卡地三人發現了基因的物理特性。

這是個勵志的好故事，而且是真人真事。講述這段軼事其實是想告訴讀者，這個發現背後的意義，比他們三位所做的更為重大。

第五十一章

格里夫茲和艾佛瑞所說的轉形作用，是水平基因轉移的三種基本機制之一，可說是上個世紀生物學家所發現的最違反直覺的現象。格里夫茲發現一些神祕的神奇養分，可以將非毒性細菌轉化為毒性強大的細菌。艾佛瑞的研究小組證明，格里夫茲的神奇養分就是DNA，也就是基因的物理載體。艾佛瑞的團隊還證明，裸露狀態的DNA（從破裂的細菌細胞釋放出來後會漂浮在環境裡）可以進入另一種細菌之中，並引起可遺傳的變化。當時，艾佛瑞和同事並沒有想到，這種側向通道不僅可以攜帶DNA跨越微小的邊界，例如在**肺炎雙球菌**的不同血清型之間，而且還可以跨越巨大的鴻溝，從一種細菌到另一種細菌，從一個屬到另一個屬，甚至從一個域轉移到另一個域。這種水平轉移產生的轉形，比起僅僅是將肺炎細菌的毒性從輕度變為重度所產生的影響要大得多。

艾佛瑞的研究小組發表論文後的十年間，這種橫向遺傳學的其他兩個主要機制也陸續揭示。其中一個涉及細菌之間的某種「性行為」，稱為「接合作用」。另一個涉及病毒攜帶外來DNA進入被感染的細胞，稱為「轉導作用」。兩項發現均來自於一位才華橫溢、名叫李德柏格的年輕科學家。

當李德伯格發現這種他稱之為「接合作用」的現象時才二十一歲，只是耶魯大學實驗室的初級研究員，並沒有博士學位，他那時正好從哥倫比亞大學醫學院告假，來耶魯短期進修。他請微生物學家泰特姆指導他的細菌研究與培養，而泰特姆的專長就是細菌遺傳學。他們兩人對同一個問題都很感興趣，想知道答案：細菌是否能夠進行某種形式的基因交換？如果不行，它們從何處獲取要在不斷變化的環境中生存所需的多樣性和可塑性？如果它們真的交換基因，這又是**如何辦到**的？基因交換通常暗示著交配行為的發生，至少在多細胞生物中是如此。細菌通常被認為是無性的，通過簡單的分裂繁殖，一個細胞分裂成兩個細胞。細菌什麼時候有機會獲得新基因，重新將基因排列組合，以適應新環境？艾佛瑞發現死亡細菌的裸露DNA會被吸收到活的細菌體內，這件事讓李德柏格深深著迷。那麼，活細菌之間是否也會發生類似的事情？

李德柏格在泰特姆的指導下研究大腸桿菌，並以自己精心構思的巧妙實驗設計，不到一年的時間裡就做出成果：他發現活細菌可以自行交換基因。他並未親眼見到這種情況發生，而是透過推論證明這件事。假設有一株大腸菌帶著兩個基因，分別是優點基因A和缺點基因B。將這株大腸菌與另一株攜帶壞掉的優點基因A（稱為基因a）和壞掉的缺點基因B（因而就變成有利的，稱為基因b）的菌株一起培養。隨著細菌充分利用自身的環境（有些繁衍生息，有些沒有），李德柏格發現，他得到了一株同時攜帶著優點基因A和有利基因b的新菌株＊。他不需要使用某種酷炫的技術

＊譯注：一個基因常常會有不同版本，比如有的是顯性有的是隱性，科學家會以大小寫來區分它們，所以A跟a其實只是同一個基因的不同版本。

進行基因移植，細菌自己就可以完成這道程序，這些基因被橫向交換，成為更具適應性的組合。

他在與泰特姆合著的一篇簡短論文中寫道：「為了使各種基因有機會可以重組，我們需要一次細胞融合。」[243]重組：意思是重新排列或交換基因。細胞融合：意思是暫時的緊密貼合。時間可能很短暫（像一次匆促的雲雨之歡），但是足夠長到讓基因發生移轉。儘管這是一種極為罕見的事件，「只有百萬個細胞中的一個」獲得了重組的基因體，但李德柏格還是透過多次嘗試再現了這種效應。「這些實驗透露在大腸桿菌間有交配過程發生。」這篇論文出現在《自然》期刊上時，他的二十二歲生日還沒到，所以他很早就嶄露頭角了；不過要等到他三十三歲的時候，才拿到諾貝爾獎。

李德柏格在紐約長大，是一位猶太教拉比的兒子，也是家裡三個男孩中的老大。這個早熟的孩子從小就閱讀許多科學史和微生物學的書籍，還收到教科書《生理化學入門》作為猶太成人禮的禮物，並在十六歲時就進入哥倫比亞大學就讀。雖然大學只念了三年，又曾經在戰時暫停學業，到長島的美國海軍醫院做了一點臨床病理工作，但此時他已經準備好進入醫學院念書了。他就這樣開始了他的醫學院生涯，接著前往紐哈芬的耶魯大學與泰特姆做研究。這段時間雖然不長但卻成果豐碩，甚至因為他的研究成果，耶魯大學視他為研究生，並在他完成工作後授予他博士學位。就在他收拾行囊準備返回哥倫比亞完成醫學學位前夕，位於麥迪遜的威斯康辛大學提供他遺傳學系的助理教授職位。李德柏格自幼就朝著以醫學研究為職志的方向而行，計畫承繼巴斯德和科霍的傳統，期望能解決迫切的臨床醫學難題；但現在他卻成了一名細菌遺傳學家，受雇教學、指導研究生，以及從事基礎研究工作。

來自紐約的另一位天才少年津德是李德柏格指導的首批研究生之一，他在三年內輕鬆讀完哥倫比亞大學，之後來到中西部。津德在麥迪遜開始他的研究所生涯，繼續李德柏格之前跟泰特姆做過的研究，這種安排對於新任助理教授的新實驗室裡的新博士生來說，是很自然的。他的任務是尋找另一種細菌的接合作用，不是大腸桿菌，而是鼠傷寒沙門氏菌。這種細菌與引起傷寒高燒和食物中毒的細菌屬於同一屬。津德使用青黴素將一種突變菌株與另一種突變菌株區分開來，這個程序之所以有效，主要是因為加入細胞培養基中的青黴素，只會殺死生長中的突變菌株，而不會殺死處於休眠狀態的另一株突變菌株。正如李德柏格過去成功證明的那樣，分離突變菌株是邁向了解菌株如何交換基因的關鍵步驟。然而，津德並沒有在沙門氏菌培養皿中發現任何接合作用的跡象。相反的，他發現了另一種基因交換方式。就津德所知，在這種新模式下，只有很小一部分的ＤＮＡ轉移，大概只足夠一個遺傳特徵的數量。而且，供體細菌從未與受體細菌接觸，別說什麼短暫雲雨，甚至連擁吻都沒有。它們像被迫分離的戀人一樣各自佇在對望的陽台上。攜帶著ＤＮＡ的載體非常微小，小到可以通過精細的陶瓷過濾器（陽台之間的空隙），而細菌是過不去的。津德領悟到，這個載體一定是某種病毒，因為再沒有其他生物體如此微小了。它顯然是從一種細菌中擷取了一些遺傳物質，然後把它們帶入另一種細菌中。這個過程與接合作用截然不同，津德和李德柏格在發表時另外給它取了名字：轉導作用。

幾乎與此同時，李德柏格的妻子艾絲特，也是一名細菌遺傳學家，發現了關於水平基因轉移的另一個關鍵現象。透過在之前備用的大腸桿菌上進行實驗，她發現了一個不同細菌個體之間的「性親合系統」[244]與不親合系統，這個系統決定細菌能否「交配」，也就是能不能透過接合作用來交換遺傳物質。這結果一樣是靠著推論而來。起初，艾絲特假設親合系統是由某種未知的粒子或因素決定的，她將這種粒子或因子稱為F因子（代表生育力的英文 fertility）。如果一隻細菌具有F因子（標記為F^+），而另一隻細菌沒有（標記為F^-），那麼這兩隻細菌就可以將基因由一隻傳給另一隻。如果兩者都有（每個都是F^+），那麼它們也可以接合。如果兩個都沒有F因子（一對無知又單純的F^-，毫無性經驗），則不行，它們不適合交配。這是對肉眼看不見的世界裡的細菌動力學和基因流動的全新見解。但是故事到此還沒講完。

艾絲特又發現，原本沒有F因子的細菌，也可以獲得F因子所具有的啟動交配的特殊能力。這是如何辦到的？答案是透過方才提到的另一種機制：轉導作用，也就是經由病毒傳遞過去。這是令人頭暈眼花的兩種水平基因轉移混合機制，是在微生物之間移動DNA的雙重作用。請深吸一口氣，放下你的困惑，讓我再解釋一遍：F因子（無論它是什麼）藉由病毒從一種細菌轉移到另一種細菌，使得第二種細菌能夠與其他細菌交配。一個F^-細菌變成了F^+。處女一下變身為玩家。

讓我們在這裡稍微暫停一下，請先注意「性」只是這些細菌行為的一個比喻。它在某些方面可能很貼切，在另一些方面則不然。李德柏格伉儷傾向於按字面意義來使用這個詞彙，在他們的論文中經常提到「細菌的性行為」，但是其他生物學家則不同意這種用法。他們指出當中最重要的區別：細菌的「性行為」不涉及卵子和精子這兩種配子的結合，也跟每個配子各占一半的基因體無關；同時它更沒有繁殖的效果。細菌是通過分裂作用而不是交配行為來產生後代。接合的最終結果是基因重組（混合），通常對演化有幫助。但是接合作用本身並不能製造細菌寶寶。

整件事聽起來很怪異，因為它**確實**怪異。艾絲特和丈夫以及另一位同事共同發表她的奇特發現，並且在論文後段快要總結時，順帶指出在大腸桿菌中接合作用的能力是由某種「傳染性遺傳因子」[245]所賦予的。她的丈夫一個月前才剛單獨發表另一篇論文，也在論文中婉轉地提到「傳染性遺傳」[246]。轉導作用是傳染性的，就像接合作用與性行為類似。傳染性遺傳一詞聽起來會一直流傳下去。

津德在威斯康辛大學獲得博士學位，到了一九五二年，他已經回到紐約，在洛克菲勒研究所擔任助理教授，這也是艾佛瑞過去工作的地方。一年後，他發表了關於細菌之間基因轉移現象的概述，企圖釐清錯綜複雜的全貌。津德解釋，這種橫向遺傳有三種模式：首先是接合作用，這是津德的導師李德柏格，與細菌學家泰特姆合作發現的。第二種模式是轉形作用，這是由格里夫茲發現並由艾佛瑞的研究小組進一步闡明的。第三種模式是轉導作用，這是他和李德柏格發現的（他並沒有自誇的意思）。接合作用與性行為類似，但是其他兩種則不一樣，就像李德柏格團隊所說的那樣，另外兩種作用牽涉的過程更像是感染。這兩個過程需要專屬的描述方式和比喻。津德採取了李德柏格的用語，稱之為「傳染性遺傳」。

第五十二章

目前為止我們談了幾種細菌、細菌的性行為、細菌的轉形作用、死菌或是活菌、致命的和溫和的細菌、細菌的DNA等等，一般人可能會產生一種印象，就是水平基因轉移的整個主題僅僅是屬於細菌**有**、細菌**治**、細菌**享**＊。

但是這種印象只會持續至當你接觸到東京慶應義塾大學細菌學家渡邊力，在一九五〇年代到一九六〇年代間做的研究為止。一九六三年，渡邊警告科學家同行：關於細菌的新發現對人類有著急迫的影響，細菌對多種抗生素的抗藥性可以水平擴散。它可以透過接合作用發生，它可以經由轉導作用發生，它可能突然無預警地發生。因此，這已經成為一個迫在眉睫的問題，而且在醫院尤其嚴重。醫院裡使用大量且多種抗生素治療病患，很容易篩選出具有抗藥性的細菌菌株，進而感染已經生病的人。世界衛生組織現在將抗生素抗藥性視為二十一世紀對全球健康的最大威脅之一，渡邊在上個世紀就已經預先看到問題的嚴重性。他知道這種抗藥性如此迅速廣泛傳播的原因，渡邊採用了津德以及李德柏格夫妻檔的術語，稱之為「『傳染性遺傳』的一個範例」[247]。

第二次世界大戰後，在日本乃至全世界，抗生素抗藥性就已經是一個日益嚴重的問題。世人再次死於本應被抗生素大革命所馴服的桿菌性痢疾等疾病。第一種磺胺類藥物是在一九三〇年代後期問世的，隨即就出現抗藥性細菌菌株的報導。青黴素於一九二八年發現，並於一九四二年開始用於人類。最初，它是對抗各種葡萄球菌的有力武器；但是到了一九五五年，尤其是在醫院中，開始出現抗青黴素的葡萄球菌，從雪梨到西雅圖都有它們的蹤跡。甲氧苯青黴素於一九五九年問世，原本是因應多種抗青黴素葡萄球菌（特別是金黃色葡萄球菌）的解決方案。但是，對甲氧苯青黴素的抗藥性也很快出現，並迅速傳播。到了一九七二年，抗藥性金黃葡萄球菌（現在惡名昭彰的MRSA）已在英國、美國、波蘭、衣索比亞、印度和越南引起關注。到了二十一世紀初，MRSA每年殺死的美國人甚至多於愛滋病。儘管我們已經稍微控制MRSA在醫院中傳播，但最近的數據仍不樂觀：光是美國每年就有二萬三千多人因此死亡，全球更有七十萬人死於這種難以阻擋的細菌。

導致這種嚴峻又代價高昂的趨勢的原因，不僅僅只是因為使用抗生素，還由於出自愚蠢或不必要的目的而**濫用**抗生素，例如醫師為那些相信抗生素能夠治癒病毒感染的人開出抗生素處方（抗生素是專門針對細菌的，它對病毒的效力為零。就像你沒辦法用手電筒的光柱沖走馬路上的塵土）。另一個原因則是農牧用途：定期餵食家畜低劑量的抗生素，只為了增加牠們的生長率。最近一年在

＊譯注：原文改編自林肯名言「民有、民治、民享」。

美國售出超過一千四百五十萬公斤的抗生素用於畜牧業，絕大部分都是為了促進食用動物的生長和預防疾病，而非因為牲畜真的生病。在全球範圍內，牲畜所消耗的抗微生物劑（針對危險的真菌和細菌的藥物）總量約為五千七百萬公斤，其中中國的使用量甚至超越美國，巴西則位居第三，大部分用於牛、雞和豬，但是其中有很大一部分，也是對人類醫學來說很重要的藥物。

巨大的進化壓力迫使細菌獲得抗藥性，不然就會面臨被消滅的生存危機。但是，這種趨勢最令人驚訝的地方，不僅是抗藥性的迅速傳播，還有各種細菌紛紛獲得多重抗藥性，也就是說，它們不僅能對抗一種抗生素，而且對不同種類的整個抗生素軍火庫也都產生了抗藥性。多重抗藥性的危險在於，無論開出什麼抗生素或投擲什麼藥物，細菌都會不斷地吞噬病人的肌肉、血液或內臟，有時甚至會導致死亡。當然，只要病菌已成功感染其他受害者，單一患者的死亡就不會是細菌的死胡同。在一九四〇年代和一九五〇年代出現的現象，從一種細菌到另一種細菌，對每種藥物的抗藥性出現得如此之快的現象，無法每個都用緩慢的達爾文式突變、物競天擇，和一般遺傳過程來解釋。達爾文式的進化當然也牽涉在內，但只能作用於篩選變異，也就是區分一個生物體與另一個生物體之間的遺傳差異。但是細菌變異的根源是什麼？突變並無法解釋為何這麼多新基因如此迅速地出現在眾多不同的生物體中。肯定是別種東西，是一種即使在不同細菌物種之間，也可以迅速地橫向轉移的東西。渡邊力傾向於另一種解釋，並且根據他和他的日本同事的研究，首次以英文向國外發表。

日本的相關研究是在第二次世界大戰結束之後開始的，以因應數量遽增的痢疾病患（這是一種腸道疾病，會導致出血性腹瀉和其他症狀）。戰後衛生保健與醫療服務的匱乏、混亂和瓦解可能讓這個問題惡化，但是直接原因其實是一種細菌：志賀氏痢疾桿菌。最初的治療方法首推各種形式的磺胺類藥物，然而志賀氏桿菌很快就對這些磺胺類藥物產生抗藥性，因此醫學界人士轉向較新的抗生素，例如鏈黴素和四環素。到了一九五三年，志賀氏桿菌也開始對這兩種藥物產生抗藥性。所幸不同菌株的志賀氏桿菌，都還只會對一種藥物產生抗藥性，因此仍可以使用其他種類的抗生素治療。但是到了一九五五年，一名日本婦女從香港返國，患了痢疾，糞便中的志賀氏桿菌經測試卻對多種抗生素均具有抗藥性。從那時起，抗生素抗藥性便以驚人的速度傳播，在一九五〇年代後期，日本爆發了一波痢疾大流行，這次的痢疾是由對四種抗生素（磺胺素、鏈黴素、四環素和氯黴素）都具有抗藥性的超級志賀氏桿菌引起的。這些細菌菌株是否可以透過遞增的突變（一次錯置一個A、C、G或T）如此迅速地獲得多重抗藥性？這種可能性極低，分母尾數大概需要一長串二十八個零那麼低。但是，如果不是突變，那究竟是怎麼回事？

當研究人員發現這種現象不只局限於志賀氏桿菌時，他們開始警覺事態嚴重。從感染到具有抗藥性志賀氏桿菌的患者體內取出的大腸桿菌，居然也表現出對相同藥物的抗藥性，顯示這些大腸桿菌似乎已經分享了志賀氏桿菌的抗藥性。在患者腸道深處，一整組抗藥性基因顯然已經從一種細菌橫向轉移給另一種。之後兩個日本研究小組在他們的實驗室中，利用燒杯或培養皿重現培養在一起的不同菌株之間類似的基因轉移現象，並得出結論：多重抗藥性是透過接合作用傳遞的。是的讀者，此處說的是一整組基因，不只是一小部分ＤＮＡ，可以在不同細菌之間轉移，而且不限於志賀氏桿菌與大腸桿菌。進一步的研究表明，這個基因體能夠跨越其他不同菌種，甚至是不同屬之間的界線，在幾乎所有種類的腸內菌中轉移。腸內菌是生活在人類腸道中的龐大微生物家族。

這個能夠輕鬆跨越邊界的基因體到底是什麼？渡邊和他的同事深澤俊夫在早期的研究中提出一個假說：它是一種**游離基因體**，是一套獨立的遺傳因子，一種可以自由漂浮在細菌細胞內，並不附著於細菌本身的環形染色體。游離基因體是極度自私自利的ＤＮＡ。它攜帶的是額外的訊息，超出了組成和運作細胞絕對必需的訊息。它所編碼的是一些在緊急狀態下可能有用的功能。它可以容納多個基因，在細胞中以許多拷貝的形式存在，可以獨立於細菌的染色體自我複製，並且可以在接合時將拷貝發送到另一個細胞中。當環境條件改變，不再需要這些基因時，它們也可以完全從細菌菌株中被拋棄，然後，當環境又發生變化時，再次從其他菌株中獲得。哇啊，來去自如的ＤＮＡ！艾絲特的Ｆ因子就是這種游離基因體，儘管她在發現時並沒有意識到這一點。這個概念直到一九五八年才出現。在一九六三年的論文中，渡邊向西方科學界宣告了他跟深澤過去已經在日本學界說過的話：對鏈黴素和其他三種抗生素的多重抗藥性，被編寫在一種游離基因體上。他們給游離基因體取了個名字：抗藥性轉移因子，簡稱Ｒ因子，與艾絲特的Ｆ因子並列。

Ｒ因子可以透過接合轉移、可以透過轉導轉移（至少在實驗室中可以）。它解釋了無害的細菌像是普通大腸桿菌，如何在轉眼間跨越物種邊界，將具有多種抗生素抗藥性的基因，傳播到像是志賀氏桿菌這樣的危險細菌之中。渡邊寫道，它在醫學上的重要性「目前僅限於日本」[248]，但是R因子及類似的游離基因體「未來可能會成為一個嚴重的全球性問題。」如今看來，真是太被低估的先見之明了。

第五十三章

儘管傳播速度遠遠不及細菌的抗藥性那樣迅速而廣泛，日本那邊發現的消息總算是藉由渡邊的論文發表而傳開了。不過，除非你是《細菌學評論》期刊的讀者，或是曾與細菌遺傳學家共進午餐，不然你在一九六〇年代初期很可能還沒有意識到水平基因轉移正把這個問題推向全球。

當時有一位年輕的美國人萊維，正好從醫學院休學來到巴黎的巴斯德研究所做研究，聽說了這消息。巴斯德當時正好也有一名日本研究員，曾就多重抗藥性進行非正式演講，描述他的同胞所發現的知識。萊維對這項研究十分著迷，他對渡邊力尤其感興趣，因此隨後找上這名日本人。「你認識他嗎？」萊維問道。這位日本同事名叫高野，碰巧和渡邊很熟。渡邊在東京都港區的慶應義塾大學任教，他曾主持過高野的一些研究計畫。高野說：「如果有需要的話，我幫你寫封介紹信。」在高野的引介下，萊維獲得邀請，萊維又從醫學院找了段空檔，讓自己得以在渡邊的實驗室裡工作幾個月。這幾個月的經歷對萊維而言，可說是人生中關鍵性的形成期。

本書撰寫期間，萊維醫生正擔任塔夫茨大學醫學院的教授，並且已經是抗生素使用、濫用和抗藥性方面的國際知名權威＊。從一些實地考察和會議活動的舊照片，看得出他那時是一個活潑的年輕人，留著兩撇濃密的八字鬍，在工作完成時給人微笑和放鬆的好感。他的雙胞胎兄弟傑・萊維也從事醫學研究，是首先分離出愛滋病致病病毒的實驗室三位科學家中的一位。傑・萊維致力研究病毒的世界，史都華・萊維則專注於細菌。一九八一年，萊維與其他人共同創立了「慎用抗生素聯盟」，萊維擔任該聯盟的主席。他還是美國微生物學會的前主席，該學會是一個規模龐大且頗具名望的國際性會員組織。他的辦公室位於波士頓唐人街旁的一棟單調建築的八樓，我去那裡拜訪時，他回想起了渡邊。此刻的萊維博士已經七十多歲，鬍鬚剃得乾淨，稀疏的頭髮和棕色眼睛，在他溫和友好的微笑脣角上方，深邃眼窩裡的雙眸帶著些許感傷。自從六〇年代初期的巴黎和東京以來，他已經見識過許多風浪。

「我們在沒有空調的實驗室工作，天氣非常、非常炎熱，又熱又潮溼。」他談到渡邊的時候如此說道。萊維的實驗室工作檯位於較高的位置，從那裡可以俯瞰到渡邊教授穿著短袖做實驗，「因為實在太熱了。」每隔一陣子，有人會拿出水管往教授身上灑水幫他降溫。渡邊教授個頭不高，比萊維矮一、兩英寸，英語說得無懈可擊，對待學生和博士後研究員的態度直接明快。萊維回憶說，渡邊會和他的下屬一起在港區的街道上騎自行車，有時也會帶著三四個人到酒吧唱卡拉ＯＫ。「我們會挑些英文歌來唱，而他會一邊讀著提示字幕，一邊指揮起來，就像是……」萊維停頓了一會

＊譯注：萊維教授已於二〇一九年九月四日逝世。

兒，讓我想像當時的畫面，渡邊教授揮舞著手臂，興高采烈地跟隨著螢幕上彈跳的小圓球，哼唱羅伊·奧比森或蜂巢樂團的歌曲。「……真的是令人難以置信的時刻。」幾年後，渡邊造訪費城，參加一場科學研討會，借住在附近德拉瓦州威明頓的萊維父母家。萊維說：「渡邊能來，我很高興，我太崇拜他了。」一位生氣勃勃的導師，一位專注且自重的日本科學家。他後來怎麼了？我不禁感到好奇。

「他死於胃癌，可能在他四十幾歲、五十出頭的時候。」萊維說。

不過，在那之前，萊維本人曾與渡邊共同撰寫一兩篇有關抗藥性因子的論文。「一篇是用日文寫的，別問我那篇論文說了什麼。」萊維回憶道。我從善如流沒有再追問下去。它的內容不曾翻譯成英文，但是英文標題表明他們正在研究透過阻止細菌複製DNA，以阻止抗藥性傳播的可能方法。萊維那時已經返回美國繼續他的醫學院生涯，他決心要把對細菌抗藥性的研究與臨床工作相結合，這成了他的使命。他的任務是尋求防禦性療法，並透過出版、演講和「慎用抗生素聯盟」這個組織的推廣，讓世人認識不必要地過量使用抗菌藥物的程度和後果，以保護世界免受超級細菌的危害。

在他的研究中，萊維特別關注對四環素的抗藥性，並在一九七〇年代中期主持了一些開創性研究，顯示這種抗藥性如何從家禽的腸道細菌轉移到人類的腸道細菌中。這項發表在《新英格蘭醫學期刊》上的研究顯示，如果雞隻吃了添加四環素的飼料，那麼牠們的腸道細菌只需一週，就可以獲得對抗生素的抗藥性。更出人意料且令人擔憂的是，同一間農場工人腸道中的細菌，在幾個月後也獲得了相同的抗藥性。在這些早期的農場研究之後不久，萊維的實驗室還發現這些抗藥性細菌是如何避開四環素的：它們可以透過某種排出機制，將抗生素泵出細胞壁外。這種機制是由游離基因體上的單個基因所控制（那時「游離基因體」一詞，已被另一個同義詞「質體」取代）。除了四環素迴避基因以外，同一個質體有時也會同時攜帶對抗其他抗生素的基因，一起橫向傳播。質體是一段短短的DNA，有時圍繞成環狀像一條手鍊，在細胞中可以獨立於染色體之外並且自我複製。這種獨立性促進它向其他細胞的側向傳遞，並有助於解釋四環素的排出機制，如何能如此迅速地從一種細菌轉移至另一種細菌，然後從來亨雞體內轉移到人類的腸道中。

萊維一直都從事這方面的研究，同時也極力呼籲大眾慎用抗生素，並於一九九二年出版了《抗生素的迷思》一書。矛盾之處在於，這些抗生素藥物讓人類在二十世紀的大部分時間裡更長壽、生活變得更美好，但同時也使我們的細菌敵人變得更強大。這本書在二〇〇二年發行了更新版，他在新版中說道：

「四十年前，R因子的發現令微生物學家與科學家大開眼界，原來基因的轉移竟能如此廣泛，實在是超乎想像。這些抗藥基因能在截然不同的細菌種類間移轉，這些細菌在遺傳上的差距，甚至超過了牛與馬之間的距離。」[249]

萊維接著補充道：「雖然在當時不甚明瞭，但這些發現已預告了今日我們將面對的抗藥性遍及全球的棘手問題。」

第五十四章

談了這麼多關於細菌的大小事，讓我很想親眼見一見它們。這些細菌是肉眼看不到的，但在我們的皮膚表面、腸道內，和生活環境裡幾乎無處不在，而且時間上橫跨我們目前所知的生命史。要認識細菌，文獻中細菌的基因序列和關於細菌動力學的期刊論文雖然都很有幫助，但是我更渴望能親眼目睹它們在真實世界中的樣貌。因此，我飛往倫敦，並聯繫了波頓當研究所。波頓當研究所位於英格蘭西南部威爾特郡鄉間，就在索爾茲伯里附近。它雖低調隱身於平坦的溼地沼澤區和收成後殘梗遍布的田野中，卻是一區戒備森嚴的科學研究建築群落。在高大的鐵絲網圍籬後面，矗立著英國國家標準菌庫，它是英國四個細胞株和微生物的主要貯藏庫之一，由名為英格蘭公共衛生署的單位監管。其他三個貯藏庫，包括用於醫學研究的細胞株、傳染性病毒和真菌，則分布在其他不同地點。英國國家標準菌庫的主要據點位於波頓當，專攻細菌研究。

在親切的媒體聯絡人阿特金安排之下，我得以通過入口警衛室。嚴格限制進出的管控區內，我看到一個長形的紅磚建物，像是狄更斯記憶中冷峻的製鞋工廠，還有許多功能導向的金屬盒模組化建築，其中一些為了有效利用空間甚至堆疊了兩層。公關辦公室，包括阿特金和其他人的的辦公座位，都塞在某棟模組建物二樓的擁擠房間裡，可由金屬樓梯到達。最遠端有一個較大的金屬盒子，正式名稱是十七號館，員工暱稱它「倉庫」，那裡有著超低溫儲存設施，也是細菌休眠的地方。我大部分參訪的時間都待在那裡。

十七號館經過精細分區，儲存著大量的紀錄和標本。隨著你慢慢深入，將會進入裡面的嚴格封存區、低溫保存區，以及英國醫學史資料區。我和阿特金在英國國家標準菌庫負責人羅素的陪同下，快步穿過辦公隔間，開啟一道上鎖的門，轉眼來到了儲藏區，這裡就是超低溫儲存設施部。超低溫儲存設施部的第一個部分是桶槽室，一個類似飛機機庫的空間，裡面裝滿了幾十個冷凍槽。冷凍槽是裝有密封蓋的大鋼桶，裡面充滿液態氮，維持著大約攝氏零下一九〇度的溫度。每個冷凍槽中放置了大約二萬五千個安瓿（密封的冷凍細菌玻璃試管），經過整齊地標示並裝箱上架。這些安瓿裡面裝的是由另一個機構培育生產出來並包裝好的各種細菌菌株，其中包含許多在過往歷史中，對醫學來說具有重要價值的菌株，都被送來波頓當這裡保存。這些細菌可以買賣，會以公道的價格提供給世界各地的研究人員使用（英國國家標準菌庫曾應要求，將細菌樣本免費提供給信譽良好的實驗室使用；如今這些樣本的出售是為了合理補償開支，但細菌的基因序列資料仍然免費提供）。英國國家標準菌庫成立的主要目的之一，正是生產這類活菌樣本並將其用於各種科學研究；另一個主要目的是儲存原始菌株。這些菌株就像字面上的意義那樣，凍結在時間之中，它們停留在幾十年前被封凍時的演化狀態。這些珍貴的原始菌株在這棟建築物的祕密深處擁有自己專屬的儲藏空間，這裡與其說像飛機機庫，其實更接近銀行金庫。

兩名職員和我們會合之後開始進行導覽。超低溫儲存設施部的主管格里斯比立體的五官和有力的握手，讓他看起來就像是穿著黑色高領衫上了年紀的英國〇〇七演員丹尼爾．克雷格。低溫冷藏技術高級專員羅伯茲則是一位聰慧的年輕女士，紮著多色挑染的馬尾，她熟知細菌演化和儲存技術的奧妙。格里斯比說，這個房間裡大約儲存著一百萬安瓿的細菌。羅伯茲打開一個冷凍槽，我們看著冷凍的霧氣向上飄散。所有的冷凍槽都與警報系統相連，格里斯比解釋道，如果其中一個停電而且開始升溫，升到警戒值攝氏零下一五三度的「宜人」溫度或更高，警報聲就會開始響起，他不分日夜時地都要火速趕來救援。房間本身也有單獨的警報系統，可確保工作人員安全。如果環境中的氮氣濃度上升到某個閾值以上，警報系統就會警告在場人員即將窒息，窗戶自動打開，風扇啟動將外界空氣引入。他親自為我示範了一番，慷慨使用由英格蘭公共衛生署埋單的電力，展示窗戶和風扇的運作。

桶槽室再過去是另一扇門，我們進入一個稱為十七館十一室的密閉空間。這裡需要特殊的門禁卡（阿特金的通行卡權限不夠），羅伯茲很快地把我們趕了進去。裡面的溫度剛好略低於攝氏五度（像待在冰箱裡一樣），比冷凍槽溫度要高很多，不過已經足以長期保存真空安瓿中已經經過冷凍乾燥處理的細菌。這裡天花板很低，左側牆邊立著八個儲物櫃，裡面存放著許多英國收藏中較著名的樣本。包括艾佛瑞的肺炎鏈球菌樣本（以其登錄號 NCTC13276 而聞名），該樣本直接來自他發現轉形作用時所使用的菌株，以及格里夫茲研究的另一種鏈球菌菌株（NCTC8303）。它們被安全地冷凍乾燥，然後存放在櫃子中，以備將來參考和研究。還有一個流感嗜血桿菌標本，它可以在寄主體內生存而不引起任何疾病，但有時會引起嚴重的感染。該樣本（NCTC4842）據稱是在一九三五年時由青黴素的發現者弗萊明從他本人的鼻腔中分離得出。我終於見到這些大名鼎鼎的細菌本尊了。

羅伯茲打開其中一個櫥櫃，裡面放著許多紙箱。她取出一個紙箱，掀起紙箱的蓋子，露出數十個精緻的巴沙木盒，每個盒子的大小約莫可以容納一支萬寶龍鋼筆。他們稱這些小盒子是「棺材」，這麼用似乎很貼切。不過它們可是德古拉棺材，裡面裝著危險的生物，準備好隨時醒來。盒蓋上的小標籤上有著手寫名稱以方便辨識。每個小棺材裡都有一個玻璃外管，用於保護精緻的安瓿。安瓿是一支小管，一端圓形，另一端則收束至針尖大小，以高溫密封。安瓿內部是真空狀態，裝著細菌樣本。在安瓿的圓端，肉眼能見的只是汙漬般極微量的黃色物質。黃色物質大部分是乾燥的液體培養基沉澱物，這是一種特殊的混合物，在冷凍乾燥時用來保護樣本。汙漬內部潛伏著休眠的細菌。

羅伯茲向我解釋：「我們透過火花放電檢測安瓿真空狀態的完整性。如果狀態完好，就會發出螢光。」然後她將她的測試電棒放在一根玻璃小管上，示範給我看。管子果真發出柔和的藍色螢光，表示真空狀態良好。她說，如果安瓿沒有發光，就意味著真空消失，樣本也變質了，變質的樣本便會被銷毀。

我事先詢問過是否能看看一個特定樣本，這個樣本是歷史寶藏，羅伯茲答應了。她戴著橙色的醫用手套，小心翼翼地舉起編號 NCTC1 的標本小木盒。登錄號一號顯示這是一九二〇年英國國家標準菌庫剛成立時獲得的第一個樣本。它是福氏志賀氏菌的菌株，這種細菌會引起**桿菌性痢疾**，類似於渡邊在日本所見的。桿菌性痢疾的症狀是腸道發炎和腹瀉，感染人體所需的劑量很低，只要一點點數量，它們就能占據人類腸道繁衍生息，這表示它們可以輕易地透過受到汙染的水源或食物傳染。腹瀉的後果可能很嚴重，尤其是在缺乏完善醫療的情況下：桿菌性痢疾每年仍造成全球超過一百萬人死亡，其中大多數是開發中國家的兒童。一九一五年初，一個英國士兵在法國罹患了桿菌性痢疾，這便是為何 NCTC1 樣本會來到這個地方的緣由。

該士兵是二十八歲的凱柏，在東薩里郡的一個軍團中服役。他並未留下任何照片，我們對於大兵凱柏或他的近親也幾乎一無所知。從軍之前，他曾在一個英國家庭寄宿，這個家庭有一個小孩，他把遺囑留給了那個小孩。凱柏因病被送到法國維姆勒的一家軍醫院，位於加萊海岸南邊不遠處，距西線戰壕約五六十公里。這間醫院改建自維姆勒大飯店，專門收治傳染病患而不是戰場上送來的傷患。儘管臨床紀錄已經散失，凱柏可能出現血性腹瀉和腸絞痛，經診斷為痢疾。一九一五年三月十三日，當協約國向南方一百多公里遠的阿圖瓦和香檳等地發動進攻時，凱柏去世了。院方在凱柏去世之前已經採集過糞便樣本，並送到維姆勒醫院的細菌學家布勞頓艾考克中尉手中，他分離出一種細菌，後來歸類於福氏志賀氏菌種，鑑定為血清型2A。五年後，它以登錄號 NCTC1 進入國家收藏。關於 NCTC1，最耐人尋味的地方不是數字上的優先性，而是一個世紀後在生物學和基因體的發現。

凱柏大兵的志賀氏菌對當時尚未發明的抗生素已經具有抗藥性。更準確地說，是針對人類尚未**發現**的抗生素有抗藥性。再說得更清楚一點，凱柏的菌株其實早在一九一五年，就對青黴素和紅黴素具有抗藥性，這兩種抗生素分別於一九四二年和一九五二年才開始用於治療人類感染。這種看似逆轉的因果順序，是由惠康信託基金會桑格研究所的一個研究小組推論得出。桑格研究所就在劍橋南側一座名為辛克斯頓的小村莊。這篇論文發表於二〇一四年，論文的第一作者是貝克。

貝克和她的同事從波頓當取得一個 NCTC1 的古老安瓿，他們打開安瓿，從時間膠囊中喚醒沉睡的古老細菌，復活細菌並進行培養。他們將活過來的細菌樣本接種到許多裝有洋菜培養基的培養皿中，然後用一長串現代抗生素考驗它們。貝克的研究小組發現，NCTC1 對青黴素和紅黴素這兩種藥物具有「原生的抗生素抗藥性」[250]。原生的？這就像有人傾向在槍枝發明之前已經知道要穿防彈背心一樣令人困惑。怎麼會有人這樣做？又是為了什麼？就這個例子而言，這種超前部署反映出在自然界當中確實存在著對抗生素的抗藥性，因為自然界**本來就存在抗生素**。一些細菌產生抗生素物質作為天然武器或抑制因子，用來與其他細菌進行競爭。同樣的，抗藥性也是自然而緩慢地發展起來的一種演化特性，用來抵禦這類武器。

這個現象的其他證據來自一九六九年的所羅門群島，該群島是西南太平洋的一個偏遠群島。現代醫學尚未到訪，島上的所羅門人仍然是「抗生素無接觸人口」[251]。儘管當地還沒有任何實驗室生產的藥物，一群美國研究人員在土壤樣本中卻發現了某種對四環素和鏈黴素都具有抵抗力的細菌。在大量生產的抗生素到來之前，這些抗藥性是如何產生的？不知道，但同樣的，答案可能存在於細菌間的天然鬥爭。

在所羅門群島的例子中，寄居於人體的細菌中也一樣出現對四環素和鏈黴素的雙重抗藥性。在一個「來自內陸最深處叢林國度」[252]的原住島民的糞便樣本中，研究人員發現大腸桿菌對這兩種藥物均具有抗藥性。抗藥性是否以某種方式，從土壤細菌橫向轉移到人類腸道細菌？儘管美國團隊無法回答這個問題，至少在一九六九年的時候還沒有辦法，但他們的確將這兩種細菌的抗藥性歸因於R因子，也就是那小小質體上的可轉移基因，就像渡邊和萊維所推論的那樣。

還有一種抗生素叫萬古黴素（vancomycin），它的起源也可以追溯到遠方的土壤。萬古黴素是由婆羅洲泥土中發現的細菌所產生的天然物質開發而成的。一九五二年，一位傳教士將這種泥土寄給一位美國的有機化學家朋友。這位朋友在禮來大藥廠工作，而禮來當時正十分積極於抗生素研究，他們希望可以找出抗生素，以抑制對青黴素已有抗藥性的葡萄球菌。由婆羅洲細菌產出的天然物質，首先被稱為化合物〇五八六五，經過純化與少許改造後，被命名為萬古黴素，它可以消滅（vanquish）淋病細菌和其他棘手的細菌，包括葡萄球菌，甚至是抗青黴素的葡萄球菌。然而除了在婆羅洲的土地上以外，在日本和美國的醫院中，又再次出現了對征服者的抵抗。到一九八〇年代後期，萬古黴素抗藥性已經出現在一種腸球菌屬的細菌中。最初鑑定出的腸球菌抗藥性基因（後來發現有好幾個這樣的基因）被稱為 *vanA*。由於腸球菌含有質體和其他水平基因轉移系統，因此 *vanA* 橫向傳入其他種類的細菌中可能只是時間長短問題而已（多半不需要太久）。果不其然，它很快地就從腸球菌跨屬傳入葡萄球菌，包括金黃色葡萄球菌。

這對人類醫學發展來說可是個壞消息。早在一九八二年，萬古黴素就成為對付抗藥性金黃色葡萄球菌（就是可怕的MRSA）不可或缺的武器之一，但到了一九九六年，在日本出現對藥物更有抵抗力的葡萄球菌感染，不久之後，對萬古黴素有抗藥性的葡萄球菌開始在美國出現。密西根州出現一名病人，這個可憐的傢伙有多重健康問題，像是糖尿病、腎功能衰竭和慢性足部潰瘍，在他身上發現美國首例的抗萬古黴素金黃色葡萄球菌（一種令人恐懼的新惡魔：VRSA），從他被感染的足部組織中分離出來。這名患者先前因腳趾截肢而接受萬古黴素和其他抗生素的治療，因此葡萄球菌可能透過患者體內的水平基因轉移而獲得抗藥性基因。這可真糟糕。不過抗藥性葡萄球菌也有可能是醫院環境裡的病菌，在搶到新基因之後，駐紮進這名多重感染病人的體內。時隔不久，又從賓州的一名女性身上分離出另外一株VRSA，這名病患近期內並未接受過萬古黴素治療。這兩位病人都有足部感染潰瘍，抗藥性葡萄球菌也是從足部潰瘍中分離得出。

這兩個噬足的VRSA菌株都帶有 *vanA* 基因，顯示它們很可能是經由腸球菌的轉移獲得抗藥性，而且這可能是兩次獨立的事件。美國疾病管制與預防中心隨即發出警告，由於該基因從居留腸道的細菌轉移到腐爛皮膚的細菌，其過程之迅速敏捷，因此「將來可能還會發生其他的ＶＲＳＡ感染」[253]。沒有人的腳是安全無虞的，尤其是愚蠢到敢在醫院裡打赤腳的人更是危險。

回到一九一五年，當年凱柏大兵的致命痢疾似乎已然敲響未來這類醫學困境的警鐘，但這已是後見之明。當時無人能推測其中涵義，因為人造的抗生素尚未問世，因此也就沒有使用或濫用的問題，更沒有從自然界而來的抗藥性基因傳播得飛快的問題。凱柏的案例只是整個隱晦過程中的一小步。他的狀況平凡無奇（戰爭期間一名男子死亡，例行存檔的細菌樣本），直到一個世紀後，貝克和同事重新培養該菌株並提取ＤＮＡ，對其基因體進行定序，其涵義才為世人所認識。他們從原始細菌中發現能抵禦青黴素和紅黴素的基因，因此，即便當時維姆勒醫院已經有這些抗生素，即便凱柏接受抗生素治療，很可能還是會死亡。然而我們如今也無從驗證了。

凱柏後來被安葬在維姆勒公墓，而他的志賀氏菌菌株在布勞頓艾考克中尉的實驗室培養後，經過某些特殊處理步驟，在波頓當英國國家標準菌庫寒冷的十七號館十一室，儲物櫃箱子裡的專屬小木棺中長眠。羅伯茲戴著橘色手套的手裡正拿著那具小木棺供我觀看。我傾身靠近，大聲念出標籤上的文字：「福氏志賀氏菌，２Ａ型，凱柏株。」

典藏組負責人羅素說：「我們知道它仍然可以生長存活，因為我們收藏了不止一個。」也就是說，這些同樣的小木棺，每個都裝著凱柏菌株的安瓿，全部都取自同一批早期的細菌，在一九五一年時曾使用當時最新的技術短暫甦醒培養，再經過冷凍乾燥以便保存，然後重新封葬於低溫中。她說：「而且我們曾經從另一瓶中又培養了一些。」那是提供給貝克團隊研究用的，當時他們打開了一個安瓿進行培養，並仔細地研究它的特性。羅素補充說，現在，除了這個安瓿之外，還有一個是國家標準菌庫最早的一批 NCTC1 凱柏株。所以總共剩下兩個。

「他們很珍貴嗎？」我問。

「沒錯，是啊。」羅素隨口回應，她的意思其實是：它們可是大大的有用。

第五十五章

從一九六〇年代末到一九七〇年代初，科學家開始意識到水平基因轉移的意義，已經遠遠超出細菌對抗生素的抗藥性問題。這些意義牽涉到演化是如何運作的（是藉由達爾文式的機制呢？還是另有其他機制？），以及演化在過去四十億年的時間內，已經做了哪些事？英國一位名為安德森的細菌學家在一九六八年為我們提供了一點線索。

安德森生於一九一一年，來自一個愛沙尼亞猶太移民家庭，住在泰恩河畔新堡一個工人階級社區中。這樣的出身，在兩次世界大戰間的困難時期，對一個胸懷大志的英國科學家來說實在不算太有利的起點。他在學校表現出眾，獲得醫學院的獎學金，但之後由於他的猶太裔背景，讓他在求職的過程中遭遇到一些困難。他加入皇家陸軍醫務軍團，在埃及開羅度過了五年時間，主要是追踪英國軍隊中傷寒爆發的疫情。返回英格蘭後，他在國立腸道參考實驗室從事研究工作，這個國立實驗室有個非常實際的任務，就是找出威脅人類健康的腸道細菌菌株的特性，以便鑑識之用。幾年後，安德森成為實驗室的主任。當時他已經是研究腸內菌（包括傷寒桿菌在內的沙門氏菌屬）的專家。一九六〇年代，他在公共衛生領域已是舉足輕重的意見領袖，並且很早就對抗生素抗藥性的危險大聲示警。他有一種相當了不起的「天分」[254]：直言不諱、勇於爭辯、不畏衝突，同時他也以強烈反對定期使用抗生素來促進牲畜生長而聞名。他是英國最早意識到渡邊及其日本同事所看到的現象：「抗藥性基因可以藉由質體，在菌株之間以及物種之間快速傳播」的細菌學家之一。單憑這一點，他就值得記上一筆。但是，安德森在他的一篇期刊論文中又更進一步，推測這種轉移因子的另一個重要作用「是它們在細菌整體演化中可能很重要」[255]。

抗藥性基因能夠輕易橫向移動的事實表明，其他性狀的基因也可能以同樣方式移動。因此，安德森寫道：「轉移因子很有可能影響細菌的演化。」[256]也許演化不僅僅是突變和天擇的結果。也許水平基因轉移，在微生物悠久的生命史中也發揮了重要作用。

這個聲明對一個革命性假設來說很是溫和。演化的全貌是否真的與我們所接受達爾文的理論**如此**不同？或至少在細菌這個族群的演化是如此不同？

一九七〇年時，有兩位研究專長不同的英國細菌學者附和安德森的看法。瓊斯和史尼斯是萊斯特大學的微生物系統學家（算是微生物的命名者和分類者）。雖然他們遵循著跟早期細菌分類學家孔恩一樣的悠久傳統，不過他們又更進一步，一起利用各種最新數據、現代的方法和創新思維。他們首選的方法是一種稱為數值分類法的研究法，在當時可說是完全與另一個更新的分類學派（支序分類學）唱反調。數值分類學家不考慮演化史，而是根據整體相似性，將生物分為不同的種屬和更高的分類位階。但是支序分類學家則認為共同的祖先（以及其後的演化史），才是唯一可靠的分類依據。這是一場既激烈又晦澀難懂的苦戰，相信我，你不會想聽任何細節的。我們只需要知道瓊斯和史尼斯於一九七〇年合著一篇有影響力的評論文章，名為〈基因轉移與細菌分類法〉，主要目的是利用水平基因轉移作為回擊支序分類學家的手段。

他們指出，由於幾乎沒有化石紀錄，支序分類學家在細菌分類方面成效不彰。而且，在日本及其他地區的研究中發現一種細菌與另一種細菌之間基因轉移的證據，使得基於演化的分類方法更招人批評。瓊斯和史尼斯在他們的長篇論文中，以大段內容描述並引述許多當時已知關於細菌間水平基因轉移的知識。接著他們推測，一個「外來」基因被轉移並整合到細菌中，可能會使該基因體更有能力接受其他轉移。物種之間的界線可能會開始模糊。「這可能會更傾向於極度網狀的演化模式，其中包括許多譜系的局部融合。」[257]網狀模式意味著像網絡一樣；融合意味著基因從一個基因體到另一個基因體橫向跳躍。但是樹狀圖的樹枝不會融合，不成網狀，那麼我們要如何將這種情況用樹狀圖來描繪其相關性呢？

他們寫道：「很可能因為基因交換的頻繁程度，以致於細菌的演化模式比普遍認為的還要錯綜複雜得多。」[258]像網絡一般，而不是樹狀。他們的言下之意是：哎呀，這些基因轉移論述使細菌分類變得棘手，對我們來說難度是增加了一點，但對於那些可憐的頑固支序分類學家來說，卻變成**不可能**。

遺憾地，瓊斯和史尼斯及其盟友注定要輸掉這場戰役。支序分類學家將會獲勝，並且成為主流的分類方法，至少在演化生物學上是如此。但是瓊斯和史尼斯的論文發揮了其他作用。首先，它擴大世人對水平基因轉移使生物分類和演化史描述複雜化的認識。其次，這篇論文即便不是**唯**一的一篇，至少也是最早提出網狀演化概念（生命樹的枝枒交織在一起的想法）的科學文獻之一。

第五十六章

此刻，我們來到了另一個絕對性的瓦解點。我的意思是，另一個其實不太牢靠的、**表面上**的絕對性。一般人通常認為「物種」的概念是固定的，然而事實並非如此。在細菌和古菌領域，物種界線固然相當模糊，而即使當科學家試圖去區分植物（或動物）的物種時，會發現牠們的界線同樣有些模糊。這些邊界像 Gore-Tex 多孔防水布一樣，或者在某些情況下像紗布一樣孔隙遍布。造成界線模糊的其中一個原因，或者說多孔性的一種特徵，就是水平基因轉移：基因往側向移動，而不只是從親代到後代向下移動。如果基因能夠自由跨越一種細菌和另一種細菌之間的界線，那麼界線在何種意義上能真的存在呢？

正如你先前所讀過，關於細菌物種是固定而且各自獨立的主張，可以追溯到孔恩的年代。孔恩在一八六〇年代和一八七〇年代在布雷斯勞大學所做的工作，就是試圖將細菌歸類，他反對細菌會根據環境條件改變型態的看法。孔恩找到一種方法，可以在固體培養基上培育純種細菌菌株。單株菌具有特性上和形式上的連續性，因此賦予它一個物種名稱（例如炭疽桿菌）似乎再合理不過了。當你想分辨枯草桿菌（會導致馬鈴薯腐爛）和炭疽桿菌（會引起人類炭疽病）時，能清楚區分細菌身分就很有用。科霍則發展出將細菌迅速劃到固態明膠表面上的技術，從中挑出混合樣本中的一小部分細小細胞，使其分別再度生長，從而獲得純種的菌株。科霍的實驗室助理佩特里更進一步發明了佩氏培養皿*，用玻璃蓋保護在明膠或洋菜上生長的純種菌株免受空氣傳播的汙染。孔恩贏得了細菌分類之戰，他的勝利大約持續了五十年。

但是，隨著格里夫茲在一九二八年發現，一種肺炎球菌可以轉形為另一種肺炎球菌，菌種具有獨立身分的確定性開始減弱。當渡邊宣布志賀氏痢疾桿菌可以從大腸桿菌中獲得基因時，這種確定性更進一步削減。如今，細菌分類學家認識到志賀氏菌的基因體與大腸桿菌的基因體非常相似，相似到也許它們應該集中在一個屬中。實際上，某些志賀氏菌菌株與大腸桿菌之間的關係，比志賀氏菌彼此之間更緊密。關於「細菌可以區分成不同種」的確定性崩解，已經遠遠超出了水平基因轉移當初所帶來的小困惑。

蒙特婁大學羅馬尼亞裔的微生物學家索內亞，將細菌界線模糊的難題推向了邏輯上的極端。一九八三年，他和共同作者潘尼塞先是以法文，後以英文出版了一本名為《新細菌學》的書，論述地球上所有的細菌，都構成一個相互連接的實體，分類上可算是同一種（慢著，甚或乾脆視作一個**單獨**的生物），透過水平基因轉移的機制，所有分類名稱不同的「物種」的基因，其實都可以相對自

*譯注：就是今日廣泛使用的圓盤培養皿。

由地流傳，以便在需要時使用。這樣的轉移自由（零件的通用互換性）為細菌實體提供「巨大的可用基因庫」[259]，索內亞和潘尼塞如此寫道，從而使細菌能夠又快又好地適應許多不同的環境和情況。單個細菌中的基因體通常很小，比大多數真核生物的基因體要小得多，基因數量因此相對較少，僅能提供細菌維生和複製的基本所需，鮮少有餘裕準備多餘或應急、能在遇到特殊情況時才打開的備用基因。這種簡單配備的優點在於能使細菌快速繁殖，缺點則是在特殊情況下缺乏變通性。但是水平基因轉移（根據需要從其他菌株或菌種引入新基因）可以完美地彌補這項先天上的不足。結果，細菌靠著少數基因就能存續，其中一些基因（尤其是那些位於質體上，無關細菌染色體的基因）可以不斷拋棄或獲得。

索內亞和潘尼塞聲稱，細菌的演化與達爾文所聚焦的動植物演化截然不同。動植物以及其他真核生物的物種，主要透過生殖隔離以形成新物種，細菌沒有這個機制。將烏龜和反舌鳥放生到孤島上，經過變異和適應，牠們會慢慢地分化成不同的亞種，最終達到無法或不願與其他種群交配的地步，結果誕生新的物種。相反的，細菌全年無休地親密無間，不停將基因從一個菌株傳到另一個菌株，在地球上到處側向轉移，就像巨大隱形版的外星怪物體內，緋紅汁液隨著脈動四處流淌一樣*。

好吧，他們沒有稱細菌為外星怪物。他們稱之為「超級有機體」[260]，這也同樣令人毛骨悚然。在此，我想澄清一點：索內亞和潘尼塞所說的「超級有機體」概念，與洛夫洛克和馬古利斯所構思的超級有機體概念（他們稱之為「蓋婭」）相當不同。洛夫洛克和馬古利斯認為，大地之母蓋婭的架構，包含地球上所有物質和生命；索內亞和潘尼塞的超級有機體則「只」是全球細菌的總體。這兩個想法在精神上是相互輝映的，它們都很宏偉、大膽、炫目，但在細節和目的上卻大相逕庭。索內亞和潘尼塞旨在描繪細菌「物種」交換基因的流動性；但他們的超級有機體**並未**涵蓋其他的生命形式。它不是大地之母，它是世界上最大的細菌。使它意象鮮明而比蓋婭的概念更有用之處在於，它讓兩種生物形成明顯的對比，而不是統合一切：細菌基因側向移動的方式，對比烏龜和反舌鳥基因通常無法水平移動。

潘尼塞過世後，索內亞繼續以英文發表論文，宣揚他們關於「細菌超級有機體」的觀點，科學界對此則反應不一。毫無意外的，馬古利斯喜歡這個主意。杜立德則形容說「就初步立論而言，很大膽」[261]，算是公允的評價。他回憶，索內亞的理論和其他類似理論「在一九七〇年代和一九八〇年代被廣泛駁斥，因為他們太激進了！」因為杜立德本人不時也愛用一點激進言論刺激思辨，所以當他在二〇〇四年寫下這篇文章時帶著懷舊而友善的語氣，那時水平基因轉移已成為整個分子生物學的熱門話題，它破除了所有將細菌分類為界線分明的物種、能像果子長在果樹上一樣安置的舊觀念。

＊譯注：原文提到的是科幻電影《幽浮魔點》中的外星怪物，形似史萊姆。

第五十七章

一九八〇年代，除了索內亞和潘尼塞以外，其他科學家也開始注意到這種奇怪現象，可能具有深遠的意涵。起初在少數實驗室中，基因轉移慢慢成為備受青睞的研究主題。術語「水平基因轉移」一詞剛創造出來之時（「側向基因轉移」成了它的同義詞），「網狀演化」一詞也剛好問世。科學期刊論文和評論文章漸漸變多，雖然大部分資料都還很貧乏。他們提出的問題，跟安德森當年有著相似的想法：水平基因轉移到底有多重要，以及它是否會產生新的演化論（對達爾文演化論的主要補充）？

細菌間的水平基因轉移似乎真的普遍尋常。一些研究者甚至看到（或認為自己看到）水平基因轉移出現在其他生物身上的證據：真核生物、動物、植物等等。有一種魚類身上帶著共生細菌，牠似乎已經將自身的某個基因傳遞到細菌的基因體中（這怎麼可能？）。另一種細菌則好像將自己DNA的一部分，傳到被感染植物的基因體中（細菌傳給植物嗎？）。還有一種海膽似乎把某個基因傳給另一個不同種的海膽，而這兩種海膽的譜系，其實從六千五百萬年前就已經分家了（這有點誇張）。研究者還發現另一種細菌，也就是我們熟悉的大腸桿菌，正在將質體上的DNA轉移到酵母菌中，而酵母菌是一種真菌。酵母菌雖是微生物，是一種相對簡單的小生物，但仍屬於真核生物。研究人員報告說，這種真菌宿主和細菌基因的混合，是透過一個看起來像細菌接合作用的過程，並且「在促進跨界基因交換方面，可能具有很重要的演化意義」[262]。這種跨界對基因來說，可是必須走很長的一段路呢。

一九八二年在《科學》期刊上發表的一篇文章，為我們提供了一個概述，這篇文章的標題為〈基因可否在真核物種之間轉移？〉[263]而它隱含的答案是：很有可能。後來，其中一些遠距轉移的案例被證明只是一場誤會（被之後更有力的證據駁倒了），但論文的基本假設是正確的，這方面研究的根基也漸漸穩固。基因似乎一**直都在**截然不同的生物之間，跨越界線橫向移動，並且是過去完全無法想像的程度。新的認知確實為達爾文和他的演化樹帶來挑戰。

「基因可能在複雜的真核生物之間橫向轉移」的概念，比如像《科學》期刊上的這篇論文，可說是從「細菌之間水平基因轉移」這理論跨出了一大步。這是一個「顯然是古怪的，而且肯定是非正統的」[264]想法，是一個令人困惑的異常現象，同時也違反了某些公理原則，我們需要分兩個階段來研究。首先，這麼怪異的事情是真有其事嗎？其次，如果答案是肯定的話，它的普遍性和重要性又是如何？

隨著時間過去，新的研究調查表明這種「怪事」確實會發生。例如：有一群奇特的小動物被稱為輪蟲，過去僅由包括雷文霍克在內的無脊椎動物學家會研究，但如今在分子生物學界，因其「巨量」上傳的外來基因而變得引人注目[265]。

輪蟲的長相出乎意料的其貌不揚，乏善可陳到你幾乎（就只是幾乎）不得不愛它們。它們生活在水裡（主要是淡水）和潮溼環境中，例如土壤和苔蘚；它們生活在雨水槽和汙水處理池裡。透過顯微鏡觀察，你會看到一隻類似蛆的生物，有著像八目鰻圓形吸盤的口器，尾巴又細又長，但那其實不是真正的尾巴，輪蟲生物學家稱之為足。某些輪蟲足部可以伸縮，不使用時收回體內。足的末端有一個、或兩個、或四個腳趾，取決於輪蟲的種類。如果是會附著於表面、不怎麼移動的輪蟲，腳趾上有分泌黏液的腺體可用於抓握。這設計非常實用；如果你只有一隻腳，只能穿一隻鞋，你肯定會很想要橡膠鞋底或防滑釘。不過也有一些輪蟲像浮游生物一樣自由漂浮，那個像八目鰻的口器旁邊有纖毛環繞，它們能迅速活動，形成渦流，將小片食物帶入食道。纖毛運動製造出來的環狀渦流正是它們被取名為輪蟲的原因，源自拉丁語的承載輪之意。它們吃碎渣、細菌、藻類和其他微小型態的可消化腐植質。一些有養魚嗜好的人，會將它們放在水族箱裡幫助清潔玻璃。如果你的水族箱適合居住，輪蟲會開始繁殖，作為附帶的好處，你的紅綠燈魚和劍尾魚可以它們為食。納許維爾有一家公司，以一瓶十七美元的價格賣寵物輪蟲或初學者輪蟲。

輪蟲就像是肉眼看不見的滿滿蛆蟲。大的輪蟲可以長到一毫米長，勉強可視，然而儘管體型極小，它們卻不是單細胞生物。它們是多細胞動物。

有一種輪蟲格外有趣。它們叫做蛭形輪蟲（bdelloid），我可以輕鬆打出這個英文名稱，但不知道如何發音。蛭形輪蟲往往生活在惡劣多變的環境中，有時甚至會進入乾旱。這些輪蟲可以進入像是即溶咖啡粉般的脫水休眠狀態以因應危機，能夠在這種狀態下存活長達九年。當水氣回來時，它們會補充水分並恢復活力。蛭形輪蟲的另一個奇特之處是它們行無性繁殖。雌性輪蟲直接生下雌性輪蟲，無需受精。專門的說法是「孤雌生殖」。從未有人見識過雄性的蛭形輪蟲。基因證據表明，蛭形輪蟲已經無性繁殖了兩千五百萬年，這在任何人眼中應該都是相當長的一段禁慾期。儘管缺乏有性生殖的基因重組（會改變族群的基因結構並提供新的基因組合），但蛭形輪蟲還是設法以某種方式找到新的基因組合。目前它們已經多元演化出四百五十幾種了。

最近從遺傳證據研究顯示，蛭形輪蟲還有另一種異常現象：它們對水平基因轉移有強烈偏好，這或許可以解釋它的無性多元演化。二〇〇八年，三名哈佛大學的研究人員指出了這一點，他們對一種蛭形輪蟲物種的基因體片段進行定序，發現一堆根本不應該存在的驚人現象。具體地說，他們從中發現至少二十二個非蛭形輪蟲的基因，這些基因一定是透過水平轉移傳遞的。其中有些是細菌基因，有些是真菌基因。一個基因來自植物。這些基因中至少有一些仍在運作，製造酵素或其他對動物有用的產物。而後對同一隻輪蟲的研究表明，其百分之八的基因是透過細菌或其他異種生物的水平轉移獲得的。一個在英格蘭的研究小組研究了另外四種蛭形輪蟲，也發現「數百個」外源基因[266]。早在蛭形輪蟲分化開來之前，一些外源基因就已經存在它們的基因體中；然而有些則是各個輪蟲物種獨有的，由此可知是近期才發生的轉移。這意味著對蛭形輪蟲來說，水平基因轉移是一種古老現象，而且仍在發生。基因在動物之間側向轉移一度被認為是絕對不可能的事。但事實並非如此。

哈佛和其他所有的專家學者，都想知道為何有這種現象。最佳線索其實就在剛剛已經提過的蛭形輪蟲生活史中：它們對乾燥的耐受性，以及無性繁殖的特性。即使一個生物在乾旱中倖存下來，乾燥也會損壞細胞膜和分子，生物學家懷疑這種乾燥失水和補水復活的壓力，會導致蛭形輪蟲DNA破裂，並使細胞膜滲漏。鑑於它們所在的環境中充滿活菌和真菌，還有死去微生物的DNA殘骸，多孔的細胞膜可能使外來DNA得以輕鬆進入輪蟲細胞的核內，在蛭形輪蟲自我修復的過程中，變成基因體的一部分。我再重述一遍：破損的DNA在使用周邊環境材料修復時，可能會納入不屬於原始DNA的片段。如果修補後的DNA恰好進入生殖系的細胞中，那麼這些變化將成為可遺傳的。輪蟲的幼蟲將會得到這些基因，當幼蟲成熟時，再將這些變化傳給自己的女兒。因此，細菌或真菌基因可以成為動物譜系基因體的一部分。

此外，蛭形輪蟲缺乏有性生殖的基因重組，可能使它們格外需要這種新的遺傳可能性。如你所知，變異是適應力的原料；沒有變異，種系就無法在時間和環境變遷中倖存下來。突變只能緩慢地提供微小的變化，在DNA分子中一次讓一個鹼基被另一個鹼基取代。相較之下，基因重組可以進行大規模的重新排列。僅憑微小的變化可能還不夠。沒有性生活，可以簡化生殖過程，但會犧牲適應力。孤雌生殖種群能夠在短期內蓬勃發展，可是長遠來看，它們會趨向滅絕。這一切都是息息相關的。也許數千萬年來無性繁殖的蛭形輪蟲（沒有基因的重新混合，只有突變來提供增量變化），已經從水平基因轉移獲得了許多煥然一新的大改造。

如果真是如此，這個演化方面是達爾文從未想過的，而且它的影響所及，遠不只是蛭形輪蟲而已。

第五十八章

水平基因轉移後來也在昆蟲身上發現。跟以前一樣，過去一般也認為這是「不可能」發生的事。總是有狂熱的存疑者，堅持外來基因無法從一個物種轉移到另一個物種。動物的生殖細胞，也就是卵子、精子這類可以用來繁衍個體的細胞，應該可以阻隔外在環境的影響。生物學家稱這現象為「魏斯曼屏障」，以十九世紀德國生物學家魏斯曼的名字命名，因為是他定義這個概念。（現在我們普遍使用一個複合字「生殖系」專門來描述生殖細胞，這個詞其實用得很好，因為它暗示了細胞種系的線性關係。＊）這些細胞及其ＤＮＡ被孤立在卵巢和睪丸中，身體其他部位可能發生的遺傳變化都不會在這裡出現。懷疑論者認為，細菌無法越過這個障礙（魏斯曼屏障）將自己的ＤＮＡ片段插入動物基因體中。這原本應是不可能的。然而，結果再度證明，「不可能」其實是可能的。

二〇〇七年時有個團隊有了一個重大的發現。這個團隊裡有一位年輕的博士後研究員霍托普，當時在位於馬里蘭州洛克維爾的基因體研究所工作，該研究所是由一位聰明大膽的企業家凡特所創設。凡特也是個狂放不羈的遺傳學家，他曾經與一項龐大且由政府資助的國際研究計畫「人類基因體計畫」互相競爭，看誰能先完成人類基因體的完整（或幾乎完整）定序。霍托普在那場騷亂之後加入基因體研究所，她的工作本身也相當引人注目。她在密西根州立大學拿到微生物學博士學位，但同時也擅長所謂的計算生物學，也就是她有能力使用電腦和數學技能，分析大量的生物學數據。這跟我之前提到的生物資訊學基本相同。霍托普與另一位在紐約羅徹斯特大學（霍托普也畢業於此）工作的博士後研究員克拉克，以及他們的兩位導師合作，進行一項研究，想知道細菌基因是否可能潛入昆蟲和其他無脊椎動物的基因體中，例如頭蝨、甲殼類和線蟲等生物。從他們探查的八個基因體看來，答案無疑是肯定的。

這些轉移的基因來自沃爾巴克氏屬的細菌，這些沃爾巴克氏體是一群具有侵略性的細胞內寄生菌，它們至少感染了地球上百分之二十的昆蟲物種。沃爾巴克氏體的目標就是被寄生動物的生殖細胞，尤其是卵巢和睪丸。一旦進入宿主體內感染成功，沃爾巴克氏體就會從母體傳給這些受感染卵子所製造的後代。它通常不會在受感染的精子內傳遞。沃爾巴克氏體的傳播遵循著某些規則：不透過精子傳遞給後代，以及操弄宿主的生殖結果來成就自我繁殖。它們使用四種不同的方式來達到這個目的：在雄性孵化前就先將其殺死、將雄性轉變成雌性、觸發孤雌生殖（處女雌性產下更多雌性），最後健康的卵子如果被感染沃爾巴克氏體的精子受精，則會被破壞。受到沃爾巴克氏體干預生殖最終的結果，就是改變了動物雌雄比例，使整個昆蟲種群迅速向更多感染沃爾巴克氏體的雌性

＊譯注：生殖系翻自英文的germline，其中line一字代表了一代傳一代的線性關係。

轉移，從而產生更多受到沃爾巴克氏體感染的後代。這是沃爾巴克氏體在演化上的勝利。鑑於受感染的昆蟲種類繁多（加上許多其他節肢動物和線蟲），以及這些種群的規模，沃爾巴克氏菌算是一個非常成功的寄生族群。一位專家說：「大致上可以說，沃爾巴克氏菌的擴散代表著地球上生物的大規模流行病之一。」[267]

當然，成為細胞內的寄生生物，意味著沃爾巴克氏菌不僅僅在宿主體內，而且更是在宿主**細胞**內部占據一席之地，就緊鄰著宿主的細胞核跟DNA旁邊。由於它們並非不挑細胞，主要是侵襲生殖細胞，使得沃爾巴克氏菌可以十分接近重要的DNA分子，也就是那些會隨著宿主製造卵子細胞時複製並傳給後代的DNA。這種鄰近性似乎提供了沃爾巴克氏體DNA拼接到昆蟲DNA中的特殊機會。霍托普和她的同事在仔細研究二十六種不同生物的基因體序列後，發現四種昆蟲和四種線蟲曾透過水平轉移將沃爾巴克氏菌基因帶入。最引人注目的案例是一種果蠅，它幾乎將沃爾巴克氏菌的整個基因體（超過一百萬個密碼字母）接收到自己的細胞核基因體中。

這種果蠅名叫嗜鳳梨果蠅，是很受歡迎的實驗動物，它的基因體已經被其他研究人員定序，這段序列是對大眾公開的。這個公開的版本缺少沃爾巴克氏菌的基因體，可能不是因為它沒有出現在定序過程中，而是因為定序團隊認為它是實驗過程中的細菌汙染，是一個不該出現的錯誤。當時的研究人員非常不願意相信細菌基因**可以**轉移到動物基因體中，所以在發布新的基因體序列之前，他們例行地刪掉細菌序列。霍托普和她的同事採取不同的方式。克拉克在羅徹斯特大學的實驗室裡養了一批果蠅，並使用抗生素治好它們的沃爾巴克氏體感染。在顯微鏡檢查之下，確認它們的卵巢很乾淨。因此，唯一剩下的沃爾巴克氏體基因，將會是那些真正嵌入果蠅基因體中的基因。然後，克拉克將果蠅的DNA郵寄給位於洛克維爾的霍托普，她在那裡負責大部分的定序和計算分析。

當我參觀她的實驗室時，霍托普告訴我：「與動物有關的大小事，克拉克負責；與電腦有關的大小事，我負責。介於兩者之間的，我們兩個都做一點。」令他們驚訝的是，他們在果蠅基因體中發現的幾乎是整個沃爾巴克氏菌的基因體。他們的實驗方法牢靠無誤，《科學》期刊發表了他們的論文，還引起包括《紐約時報》和《華盛頓郵報》在內的主流媒體關注，並且在基因體生物學家中大致受到好評。

只是大致受到好評而已，還沒有被全面接受。霍托普告訴我，他們驚人但論證完備的發現，被某些期刊澈底回絕。當我拜訪她的時候，她已經離開洛克維爾，來到位於巴爾的摩的馬里蘭大學基因體科學研究所。她還繼續在研究動物之間的水平基因轉移。她的事業蒸蒸日上，獲得美國國家衛生研究院優渥的經費贊助，正將水平基因轉移的研究推向新的方向，比方說，她的小組最近發現細菌DNA水平轉移到人類腫瘤的基因體中的證據。目前這個令人驚訝的發現涵義為何我們還不清楚，但是至少有一絲可能性，這種植入可能與引發癌症有關。

在與癌症相關的研究中，霍托普和同事使用生物資訊學的技術，從多個來源掃描大量的人類基因體序列，尋找類似於細菌而非人類DNA的片段。他們的資料來源之一，是一個可公開獲得的資料庫，稱為「癌症基因體圖譜」，這裡面包含來自數千名癌症患者的腫瘤基因體序列。因為腫瘤細胞在複製時會發生突變，所以腫瘤的基因體與罹癌患者的基因體通常會有微小但重要的差異。霍托普的團隊確實發現了潛伏在某些正常人類基因體中的細菌DNA，這是一個耐人尋味的結果。然而，更奇特和令人不安的是，他們發現它出現在腫瘤細胞中的機率是在健康細胞中的二百一十倍。

人類細胞一直都暴露於細菌中，細菌通常生活在我們的腸道內和皮膚表面，有時我們還會因此受到感染。這種緊密的鄰接關係難免會產生一些後果。二〇一三年，霍托普的一份研究暗示了一個以前從沒人想過的可能結果，那就是來自破裂細菌一些裸露出來的細菌DNA，可能常被整合到人體的細胞中（不一定是生殖系細胞）。例如，可能進入胃壁細胞，或跑進血球細胞。我所說的「整合」，不僅是被吸收或注射到人體細胞中，而是指被修補進人體DNA裡頭。關於這種水平基因轉移（細菌DNA進入非生殖系細胞）的好消息是，這種變化是不可遺傳的，它不會傳遞給子孫後代；壞消息則是，它可能引發癌症。

那細菌是如何辦到的呢？它們可以透過擾亂細胞基因體的方式，使失控的異常細胞進行複製。

霍托普和同事特別研究了兩種人類癌症：急性骨髓性白血病和胃癌。在白血病細胞基因體中，他們發現類似於不動桿菌屬的DNA片段，在醫院中經常可以發現這種細菌的感染型。他們也在胃癌腫瘤基因體中發現假單胞菌屬的DNA片段，假單胞菌屬包括綠膿桿菌，這是一種棘手的細菌，也存在於醫院和醫療設備中，最可怕的是它對多種抗生素的抗藥性。過去，一些細菌已被證實與人類癌症有關，例如幽門螺旋桿菌，這是一種與胃潰瘍有關的腸道細菌。細菌引起癌症最簡單的假說，就是細菌引起發炎，破壞ＤＮＡ，有時導致癌變。霍托普團隊藉著研究基因體數據，提出另一種假設，認為細菌ＤＮＡ的水平轉移，可能干擾人體胃部或血液或任何地方的任一個細胞，並使其發生癌變。這個假設現在亟需更進一步研究來證實。這個假設同時也將水平基因轉移放在可疑的人類致癌物列表中，使它脫離了微生物的神祕領域。

早在霍托普提出這些激進假說之前，也就是當她還在研究昆蟲時，她和同事所發現的水平基因轉移會出現在動物界中的現象，就飽受一些有影響力的生物學家（還包括一些諾貝爾獎得主）的堅決反對。這些回應的基調大多是：「不，那全都是人造品，不可能是真的。」這裡的「人造品」是科學家的行話，指的是一種由於人類實驗方法錯誤而產生的假象。她說：「我遇過生物學家跑來我的辦公室斬釘截鐵地說，『不，那一定是人為的。妳最好要能找到其他解釋方式。』」他們認為動物不會經歷水平基因轉移，就是這樣。人類？絕對不可能。

我問道：「妳是否曾反問過他們『這是基於信仰的聲明嗎？』」我的意思是：魏斯曼屏障似乎已經成為一種不可違逆的神學教條。

她沉思了一下，承認有些科學家似乎對科學的信仰比對宗教更虔誠。一絲「基於信仰的」基因體研究的意味嗎？她回答：「我認為是的。」

第五十九章

然而導致這種情況的背景脈絡，其實霍托普和質疑她的人都記憶猶新，接下來的背景故事，有助於說明為什麼這些批評者會如此抱持著懷疑態度。它牽涉到令人尷尬、對科學結果的過度詮釋——言過其實地主張人類的生殖系細胞曾發生大規模的水平基因轉移，而不只是前述的腫瘤，也不只是在果蠅和其他昆蟲身上而已。有幾個原因使其與霍托普的故事產生交集，其中之一是，對這些過度詮釋提出修正的研究者之中，也包括她過去在凡特基因體研究所工作時的四位同事。

對人類基因體進行定序的競賽，是凡特的私人團隊與政府資助的團隊雙方人馬之間的激烈競爭，後來以談判協商，顧及雙方顏面的平手局面結束。政府資助的團隊，是由為數眾多的政府和大學贊助的合作者所組成的國際人類基因體定序聯盟。定序聯盟消耗了大量經費，但沒有人願意承認，重複的定序工作也造成大量的浪費。實驗數據應該開放給公眾使用還是讓私人持有，也存有爭議。二〇〇〇年六月二十六日，美國總統柯林頓在一場盛大的白宮記者會上宣布定序完成。記者會上還播放了英國首相布萊爾的影片，因為英國科學家和資源也扮演重要角色。事後，代表私人企業的凡特和代表公眾贊助方的柯林斯，對此發表了禮貌的評論。儘管沒有人刻意強調這件事，不過當時兩組人馬所提供的，只是人類基因體的粗略草稿，由兩個大致重疊的版本所組成。

八個月後，二〇〇一年二月十五日，定序聯盟在《自然》期刊上發表對人類基因體序列的暫定分析。（凡特和他的小組也幾乎同時在《科學》期刊上發表自己的分析。完整的序列太長了，無法刊登在任何期刊上，大約三十二億個鹼基的長度恐怕會塞滿很多冊書。）在聯盟版論文的兩百多位共同作者中，最先列出的是蘭德的名字，隨後是麻薩諸塞州劍橋市懷特海德生物醫學研究所的成員。蘭德名列首席作者反映出由他領導的懷特海德基因體研究中心，為最終的彙編貢獻了比其他小組更多的密碼數量。不過後來論文的主要結論之一被證明過於草率跟言過其實近乎完全錯誤的地步，蘭德也因首席之位而比其他共同作者承受更多負面壓力。

定序聯盟版本論文的作者寫道：「數百個人類基因可能是由於細菌水平轉移所導致。」[268]他們補充說，這可能不是在近期發生，而是在脊椎動物演化的某個時候發生的。數百個人類基因？論文裡的精確數字是兩百二十三個。蘭德和他的共同作者說的是，這些細菌基因不是透過親子遺傳，而是走了傳染性遺傳的捷徑，來到我們的脊椎動物祖先身上。證據是什麼？這兩百二十三個可疑基因很像細菌的基因，而且不存在脊椎動物譜系之外的某些真核生物體內：不在酵母菌、蠕蟲、蒼蠅、野芥等生物身上。因此，這兩百二十三個基因，並不是在過去大約五億年的演化過程中透過垂直遺傳的方式給我們。它們一定是之後才水平轉移過來的。是這樣嗎？

不，未必如此。薩茲伯格和另外三位共同作者，在定序聯盟的分析問世不久之後就發表了另一篇論文，提出不同看法。薩茲伯格和其他的共同作者，都曾在凡特的基因體研究所工作，這為他們的回應增添了一絲微妙的競爭氛圍。但是它的立論是站得住腳的，而且是由《科學》期刊出版。薩茲伯格曾是基因體研究所的生物資訊部主任，所以對處理大型生物數據駕輕就熟。（這篇論文的共同作者之一艾森，後來成為加州大學戴維斯分校的教授，並開了一個頗具影響力的部落格，名為「生命之樹」。）薩茲伯格的研究小組認為，定序聯盟的作者團隊犯了兩個基本的錯誤。首先，他們沒有更仔細檢查脊椎動物種系以外其他真核生物的基因體，看看有沒有他們所謂的轉移基因；此外，他們也沒有想到那些古老基因，可能只是剛好從他們觀察的四個基因體（酵母菌、蠕蟲、蒼蠅，和野芥）中丟失了而已。薩茲伯格和他的同事檢查更多數據，發現一個有趣的趨勢：他們檢查的非脊椎動物真核基因體愈多，細菌和人類單獨共有的基因就愈少。當他們完成檢查時，原始數字二二三已減少到四十一。照這種穩定的下降趨勢，如果可再檢查更多的基因體序列，那共有的基因數量可能會降至零。人類身上的水平基因轉移開始看起來像是一種假象而已。

其他科學家，包括一些與深入研究水平基因轉移的專家，都覺得薩茲伯格的批評很有說服力。杜立德和兩位同事在《科學》期刊上發表評論，稱最初有關兩百二十三個轉移基因的聲明，曾是迄今為止人類基因體計畫「最令人振奮的消息」[269]，但最後在結論中卻說那「可能太過狂熱」了。德國杜塞道夫市海因里希海涅大學的美國生物學家馬丁（以其過人的才智、重要的思想和直率的個性著稱的高個子科學家），稱該聯盟的主張「或許言過其實，很可能過分誇大，甚至可能完全錯誤。」[270]《紐約時報》注意到這場「人類基因體大戰中的小衝突」[271]，在一篇關於基因水平轉移到人類身上的頭條新聞中，提到「敵對科學陣營激烈辯論」。薩茲伯格對《紐約時報》記者說，他一開始對定序聯盟關於兩百二十三個外源基因的報告感到驚訝，但隨著他進一步閱讀，「我立即意識到它可能是一個錯誤，因為他們的方法根本是不對的。」[272]《紐約時報》也採訪了蘭德，他沒有承認錯誤，但不再堅持自己是正確的。

科學就是這樣發展的：透過觀察提出合適假說為起點，透過一次又一次的主張和反面批評，透過更完善的數據提供的新答案。這場二百二十三個基因的風波對蘭德和定序聯盟來說並不是災難，也不是醜聞，甚至可以說不算是一次太大的難堪。這不過是修正的過程：要求大家採取更嚴謹的態度和更廣泛的思考，這個看似矛盾的組合，是促成科學真正進步的要件。它提醒了眾人，我們難以想像基因會從細菌（或其他微生物）水平轉移到人類基因體中，這是對我們自身認同感的侵入，也絕對需要高標準證據，才能否定它的「不可能性」。但是，關於這場二二三基因之爭，值得注意的另一點是，這個話題尚未結束，討論才正要開始。

第六部

樹的造型術

第六十章

威斯康辛州的恩貝勒斯小鎮，就位於沃索和綠灣之間。一九〇七年，有個名叫克魯薩克的人在那裡的土地上種植了一些白蠟楓的樹苗。他絞盡腦汁，想讓它們長成椅子的形狀。

克魯薩克是個銀行家，同時也務農（或者說，是個經營銀行的農夫），用漂流木做家具是他的嗜好。一日他突發奇想，決定自我挑戰，要培育出一張「有生命的椅子」。他的兒子後來回憶起他曾對朋友說：「總有一天，我要種出一件比任何手工打造還要更好、更堅固的家具。」[273] 一九〇八年，他開始動手彎曲、塑形、綑紮，將年幼白蠟楓的枝幹嫁接成他想要的形狀。嫁接成功了，枝枒以縱橫交錯的方式生長，然後，克魯薩克修剪掉任何與他構想無關的增生枝條。四年時間過去，他幾乎除去了所有帶根的樹幹，只留下四株作為新椅子的四條腿。儘管部分枝幹被截斷，嫁接之處仍然繼續合併和生長，椅腳、橫檔、椅背、以及扶手都變得粗壯，結構變得更加穩固。一九一四年，克魯薩克將連在地面上的椅子砍下，當時的他想必穩坐在上頭，享受了片刻的滿足。大功告成！一年後，克魯薩克的椅子在舊金山一九一五年世界博覽會（巴拿馬－太平洋國際博覽會）展出。當時一位記者雷普利負責撰寫名為〈信不信由你！〉的報紙專欄，在專欄中報導了這張園藝椅。有人出價五千美元想要買下，但是被克魯薩克拒絕，椅子留在克魯薩克家族中。後來它成為威斯康辛州恩貝勒斯一間家具公司的鎮店之寶，收藏在透明壓克力箱裡。

儘管概念和執行方式十分巧妙，克魯薩克在創造他的椅子時，並沒有發明任何新穎或深奧的技法。嫁接在園藝領域是慣行的方式，至今仍在使用。果樹通常選擇一種樹種作為砧木，將另一樹種的上部（或稱接穗）嫁接其上。接木的上部像繩索的絞接一樣與下部結合。首先進行切割，將一段接穗的芽條插入砧木裡，使它們的形成層（包含維管束系統）緊密接觸，再用膠帶包裹這個區域，然後等待。挑選砧木的目的是為了堅固的底盤根系、抗旱、抗病，或低矮化，以限制果樹的高度。挑選接穗的目的是為了果實的種類和品質。葡萄柚可以在柳橙砧木上生長；商業栽種的梨子通常生長在榅桲砧木上。當形成層貼合而且維管束系統合併時，嫁接就成功了。現在砧木中的水分和養分可以向上流入樹枝，透過光合作用產生的碳水化合物可以從葉片流向砧木，兩棵樹合而為一。

即使在野外也會發生某種自然的嫁接形式，儘管這種情況非常少見。這就是所謂的接合（inosculation）。這詞源自拉丁文動詞，本來的意思是「親吻」。當兩棵樹的樹枝或樹幹相互摩擦時刮去了樹皮，造成兩處傷口，形成層與形成層彼此緊密貼合，這些植物層有時會融合在一起。緻密的生長、競爭和風力摩擦是導致上述狀況的可能原因。這很不尋常，但是它確實會發生。然而，應該不會發生，或極其罕見的情況，則是**同一棵**樹上的兩個分支發生融合。真實世界中，樹木的樹枝分散開來，向外伸展以獲得光線。樹枝向外發散。我已經說過，容我再重複一遍：凡興者未必都會合。橡樹的枝枒不會，棉白楊的分支不會，美國梧桐的細枝條也不會。

這便是真正的樹和親緣關係發展之間的差異。因此，隨著一九九〇年代水平基因轉移的新證據不斷積累，生命樹的概念也愈來愈無法令人滿意，也面臨著更大的挑戰，因為「樹」的比喻並未傳達出正確的形狀。任何一棵枝幹合併生長而不是向外分叉的樹，都有些怪異和不自然。信不信由你。

第六十一章

最早反映這種異常現象的生命樹，可能是米列史科夫斯基發表於一九一〇年論文中的一幅插圖，透過他的共生起源論來描繪生物演化。是的，又是那名瘋狂的俄羅斯戀童癖科學家。這棵樹描繪了細菌跨入真核細胞譜系，以及葉綠體如何進入複雜細胞的過程；他將葉綠體以斜虛線的形式，從一個分支延伸到另一個分支。馬古利斯在她一九七〇年出版的《真核細胞的起源》一書，卷首那漫畫式的插圖中，也一樣使用虛線表達類似的概念。除了葉綠體的跨界過程，她還展示了另外兩種細菌的跨界過程，一條代表粒線體（關於這一點，她是正確的），另一條代表波動足（小尾巴狀突出物，關於這一點，她錯了）。儘管這些內共生範例，並不是狹義的水平基因轉移（亦即我們現在對水平基因轉移的主要理解），但從廣泛的意義上而言，還是符合的。它們將整個細菌基因體帶入真核細胞譜系，從而承擔新的功能，並創造新的可能性。但是這些決定性的內共生範例（無論你算作兩個還是三個）代表非常遙遠的過去中的異常事件。它們是罕見的結合，不是正在進行的過程。不管是不是出於這個原因，科學家都沒有因此而重新考慮用一棵樹作為比喻是否恰當。

比方說，渥易斯在一九九〇年與坎德勒和惠理斯一起提出的「通用親緣關係樹」[274]中，就完全忽略了水平轉移。這棵樹的架構，是根據渥易斯最喜歡的分子16S核糖體RNA，以及真核細胞等同物18S核糖體RNA來繪製的，他覺得沒有需要再去考慮其他基因，在什麼時候或是什麼地方發生過橫向移動。因此，渥易斯的演化樹僅描繪分歧而沒有任何聚合的跡象。但是隨後，在一九九〇年代後期，關於演化史中水平基因轉移的觀念發生了巨大變化，描繪這些觀念的圖示也因此出現變化。

推動這種變化的一個因素，是DNA定序方法和工具的顯著改進，讓新的基因體數據呈現爆炸式增長。一九七〇年代渥易斯和他的團隊使用的那些危險、有毒且費力的步驟，一次只能推導出少數幾個RNA片段的序列，儘管巧妙，但與一九九〇年代中期精簡的自動化操作相比，看起來簡直就像是石器時代的篝火。「人類基因體計畫」始於一九九〇年，由之前提到的那個龐大的政府和大學聯盟主導，它以巨額資金、醫學上的激勵，以及人類對自身的無盡著迷，推動了技術上的進步。與凡特私人機構的競爭當然也有所幫助，因為競爭，要能更迅速以及更具成本效益（這是對於凡特的團隊而言）地產生基因體數據，就變得更為重要。這催生了許多酷炫的新機器，和聰明的實驗技術（渥易斯本人購買了其中一台新機器：由美國應用生物系統公司製造的 ABI 370A 定序儀，在一九八六年當時是最先進的，不過渥易斯的實驗室人員似乎無法讓它成功運作）。

這些方法和工具應用於非人類基因體定序，無論是作為練習還是出於純粹的科學研究，則算是附加利益。隨著時間過去，基因體定序不僅變得更快速、更準確，還變得更加便宜。除了技術難度和成本，基因體定序這個龐大任務的另一個限制則是電腦功能。具有強大運算處理能力的高速電腦，對於大型基因體的組合和分析是不可或缺的。不過隨著電腦效能變得愈來愈快，以及將它們應用於基因體組合的方法得到改進，這種限制也很快地消失了。

微生物基因體要比人類基因體小得多，因此在自動化定序的早期，小型基因體似乎不那麼令人生畏，能夠用以證明技術原理。凡特的方法被稱為「全基因體散彈定序法」，該方式使用的原理是隨機抓取片段來定序，當定完序的片段總量累積到足以構成整個基因體時，再根據片段的重疊方式將它們拼湊在一起。就像玩拼圖遊戲的方法：**看，這是一片藍色天空，它似乎與那片藍色天空相匹配，讓我們看看它們是否能夠契合在一起。可以耶！**這比定序聯盟使用的方法要快，因此在一九九五年，凡特及基因體研究所的同事，與約翰霍普金斯大學和其他地方的合作夥伴，共同發表了第一個完整的自由生物（也就是，比病毒更大更複雜的東西）的基因體序列。那是個流行性感冒嗜血桿菌的基因體，跟我在波頓當看到，從弗萊明鼻腔取得培養的菌株一樣。凡特和他的小組發現基因體的長度有一百八十三萬零一百三十七個字母，他們用他們的定序法極盡所能地辨識出每個字母。這篇報告登上了《科學》期刊的封面。

另一個重大事件發生在第二年的四月，當時另一個團隊宣布成功讀取了釀酒酵母菌的基因體。酵母菌可能不會讓我們感到興奮，因為它不是甚麼超凡迷人的遠古大型動物群。但它是一種真核生物，在此之前從來沒有任何真核生物的基因體被完整定序過。因此，酵母菌基因體比任何其他全基因體序列要更接近人類基因體。它也比細菌的平均基因體要大一些。這些區別，再加上人類基因體定序競賽的緊張氣氛，其中一組參賽者是凡特團隊，另一組是定序聯盟，可能解釋了為什麼第三組團隊（一個分布廣泛的跨國團隊）在科學期刊正式發表之前，就搶先透過新聞稿宣布此事：**嘿，我們已經完成了一個真核生物基因體序列！！我們將很快發布詳細訊息**。各路人馬報告新發現的速度和彼此競爭的熱度，正愈演愈烈。

僅僅四個月後，一九九六年八月，凡特和一大批合作者再次吸引眾人的目光：他們發表了古菌成員的第一個完整基因體，渥易斯三域分類中的第三類。這個古菌是詹氏甲烷球菌，它是一種嗜熱和生產甲烷的微生物，首次從太平洋底部的沉積物樣本中分離出來。該樣本是由一個潛水機器人挖取的，機器人沿著靠近海底熱泉的海床探勘，地點靠近東太平洋海脊，深度超過八千英尺。像當時已知的大多數古菌一樣，它是來自極端環境的奇特小生物。宣布這項成就的論文，一樣也是登在《科學》期刊上，渥易斯的名字也在其中，以榮譽資深共同作者身分出現（在四十人名單中倒數第二，僅在凡特之前）。是他說服凡特接下這項工作的。他在厄巴納的另一位年輕且富創造力的合作者歐森，也名列共同作者。除此之外，名單上大多數都是凡特基因體研究所的人。第一個古菌基因體定序出自凡特的研究所，而不是自己有著一台不靈光 ABI 370A 定序儀的小實驗室，對於渥易斯來說肯定是件苦樂參半的事吧。

詹氏甲烷球菌基因體序列共有一百七十三萬九千九百三十三個字母，包括一千七百三十八個看似基因的部分。在這些基因中，一半以上都是科學界前所未見的，在其他生命形式中找不到對等的基因。這種程度的獨特性，大幅證實了渥易斯自一九七七年以來一直強調的，同時也是一些頑固守舊派科學家所拒絕接受的：這些古菌是一種獨立的生命形式。一位著名的微生物學家受《科學》期刊之邀為該論文附隨的新聞報導做出評論時，他表示，舊式的二界典範如今已被「粉碎」[275]，「是時候改寫教科書了。」

杜立德表示同意。「基本設定現在完整了。」[276]他這樣告訴《科學》期刊，他的意思是指細菌、真核生物，和古菌的全基因體序列三元組都已問世，「所以這一定會產生重大影響。」

這些序列問世所造成的影響之一，正如同斧頭的斧刃對一棵樹所產生的衝擊，尤其是對渥易斯繪製的演化樹，那棵樹使用核糖體RNA作為生命唯一的代表，描繪了一個生物不斷分化的歷史。第一個細菌，然後是第一個古菌，再然後是其他生物的全基因體序列慢慢出現，揭露了愈來愈多的水平基因轉移實例，樹的枝幹開始互相接合，讓樹的形象愈來愈讓人困惑。在接下來的兩年內，到一九九八年，已經有十二個微生物基因體定序完成，還有一個屬於真核生物的線蟲基因體。

檢查這些基因體的科學家發現，同一個基因體中令人困惑地混合了細菌基因和古菌基因，好像一副撲克牌裡塞進了一部分塔羅牌。有時，甚至可以在真核生物基因體中看到一些細菌或古菌的基因。另一位來自《科學》期刊的記者潘妮西報導這件事，並且描述這些日益增加的困惑事件。到了此時，就連渥易斯也在思考水平基因轉移，不過在他看來，這些事件應該只發生於演化最初的時期，當時細胞生命才剛剛形成，還沒有任何明顯的譜系或物種，一切都混沌不清，那時候的水平基因轉移就是混沌的一部分。潘妮西採訪了渥易斯，在報導中引用他的話：「由於來來回回的所有基因交換，你無法弄清楚這些親緣關係。」[277]他指的可能是遠古時期的「所有基因交換」，但潘妮西在她的文章中並未特別指出這一點。

另一個引述來源則是分子遺傳學家費爾德曼，他才剛幫忙解出一種細菌的序列，結果發現其親緣關係十分不明確。雖然渥易斯對核糖體ＲＮＡ親緣關係樹充滿信心，他卻表達了不信任之感。費爾德曼指出：「根據所使用的基因不同，會排出不同的親緣關係」——不同的基因有著不同的關聯，結果就會畫出不同的演化樹——費爾德曼這樣解釋：「每個基因都有其自身的歷史。」[278]如果每個基因都有自己的歷史，那渥易斯用單個分子（無論有多基本）所描繪的宏大結論就是錯的，也不可能將演化過程描繪成一幅簡潔的圖像。潘妮西看到了這一點。一九九八年五月，她的文章發表了，標題為〈基因體數據撼動生命樹〉。

第六十二章

杜立德是漸漸接受水平基因轉移這種新思維的。一開始他其實很懷疑水平基因轉移可能在生命史中發揮了巨大的未知作用，而且可能至今仍在發揮作用。雖然他確實看得出來，這種機制可以將抗生素抗藥性從一種細菌傳播到另一種細菌身上。但除此之外呢？它是否解釋了為什麼某些其他對單細胞生物的運作來說更為基本的基因，看起來出現在錯誤的生命樹分支上？隨著更多的基因被定序，然後是整個基因體被定序，我們也發現愈來愈多的異常現象，為什麼一些細菌的基因（或看起來像是細菌的基因），會出現在古菌身上？反之亦然。還有一些其他的解釋，似乎不需要跨這麼大一步，也沒有那麼戲劇性和違反直覺。水平基因轉移似乎仍是極不可能、極罕見的事件，杜立德記得自己曾稱之為「貧乏想像力的最後手段」[279]。

杜立德不像某些科學家，他可以相當冷靜地處於對未知感到困惑的狀態，同時不失去純然的好奇心，這種個性，也使他並不介意在犯錯時坦然承認自己的錯誤。這是良好的科研禮節，甚至可以說是科學理想：作出假設，對數據進行測試，在必要時修正你的觀點，不需要無謂的自尊。然後再次假設。當你犯了錯誤，並且需要收回之前的說法時，大方承認。杜立德確實奉行這些守則。受到兩位同事的影響，以及他們一起合作所發現的新數據，他開始修正自己對水平基因轉移的看法。這兩人其中一位是他實驗室裡的博士後研究員。

布朗在加拿大卑詩省的西蒙弗雷澤大學獲得博士學位後，來到哈利法克斯，從事鱘魚的分子演化和族群遺傳學研究。布朗從小就是一個喜愛魚類的孩子，他在安大略省長大，那裡有充滿慈鯛和神仙魚的水族館，也有吸引他的海洋生物學。暑假期間，他會在安大略的寒冷水域浮潛，看著電視上水肺潛水之父庫斯托的紀錄片，並且閱讀有關海洋的書籍。在獲得海洋生物學的學士學位後，他就在大湖區和北極地區擔任加拿大政府的海洋田野技術員和潛水員。然後他又回學校去念博士。他在博士學位論文中所研究的那一群鱘魚中，包括一些引人入勝的魚種：有些鱘魚的壽命相當長，並且具有一些原始特徵，可以追溯到兩億多年前的祖先身上。布朗攻讀博士期間將重點放在粒線體ＤＮＡ上，以此來測量種群之間的遺傳多樣性。在研究過程中，他學到了一些關於使用分子數據來繪製演化樹的知識。將這些技能帶到杜立德的實驗室後，他在一九九〇年代參與的一系列研究計畫，也發表了不少論文。這些計畫和論文無關鱘魚種群，而是關於細菌、古菌和真核生物的分子親緣關係學。

布朗的研究計畫，涉及通用生命樹的根應該放在哪裡的問題：它是否應該位於細菌分支和古菌分支之間，真核生物再從古菌中延伸出一支分支？還是並非如此？它可以透過一個基本的基因來決定嗎？例如，他們研究了一個基因，不過在某些細菌體內，這個基因似乎是透過古菌的橫向轉移而來的。他們也知道，如果用其他基因來研究，又會得到不同的答案，所以他們研究了數個相關的基因，以尋找可能的線索。最後他們意識到，水平基因轉移（基因從一個分支到另一個分支的橫向跳躍），可能是導致植根問題成為眾多難題之一的原因。布朗和杜立德與其他兩位同事寫道：「廣泛的基因轉移在早期細胞演化中發揮的作用，可能嚴重到使既有的細胞譜系概念岌岌可危的地步。」[280]言下之意則是：**糟了，也許單一的生命樹並不存在。或者說，如果有一幅生命史的圖畫，它看起來大概不像一棵樹**。杜立德的想法正在轉變。

讓杜立德改變心意的另一個影響，是一位名叫戈加滕的同事。他是德國出生的科學家，曾受過植物生理學方面的訓練，於一九八七年來到美國，並轉而從事早期演化的分子研究。自從戈加滕抵達美國以來，他和渥易斯以及生物三域有著頗為耐人尋味的遭遇。他在加州做博士後研究員時，與實驗室主持人和其他同事合作設計一種方法，用於確定生命樹應植根於何處。他們的答案是：應該在主幹的底部，主幹向上伸展為兩個主要分支，一個代表細菌，另一個代表細菌之外的其他生物。也許是出於這個原因（兩個主要分支，而不是三個主要分支），也許不是，渥易斯無視於戈加滕的論文，而且在那篇一九九〇年他和坎德勒及惠理斯三人合著、具有里程碑意義的論文中，刻意省略沒有引用戈加滕的論文（儘管有明顯的相關性）。這對年輕的戈加滕來說實在是太可惜了，他是康乃狄克大學的新任助理教授，要想獲得終身職位，還需要一些進一步的論文發表和學界認可。

當戈加滕與杜立德因水平基因轉移的研究主題而結識，兩人的關係顯得融洽許多。杜立德在一九九四年邀請戈加滕到哈利法克斯進行私人交流並發表演講，他們的互動從此開始。戈加滕談到了從古菌到細菌的基因轉移，以及「生命網」可能比生命樹更能代表演化史的想法。兩年後，他們倆都參加了英國華威大學舉辦的一次大型微生物學研討會。杜立德在那次會議上的演說，在他的記憶中不像戈加滕記得的那樣生動，後者再次談到了水平基因轉移：基因在細菌和古菌間的巨大微生物鴻溝中橫向移動。戈加滕表示，這種新發現的轉移似乎非常頻繁，他向更多的聽眾重複他在哈利法克斯說過的觀點，物種的親緣關係不再像一棵樹；無論如何，至少在地球上生命伊始的初期階段不是。它看起來更像是一張網。演化既是「網狀的」也是分岔的。杜立德仔細聆聽，並且傾向於同意。

回到哈利法克斯之後，布朗費心勸誘杜立德往相同方向研究，新定序數據的洪流，使生命樹呈現更加糾結的樣貌。一九九七年，杜立德和布朗共同進行了一個大規模的「造樹」工程，他們研究了所有生命形式都不可或缺的六十六種蛋白質，以及超過一千兩百種不同細菌、古菌，和真核生物的基因序列。這些序列，可以反映出這六十六種蛋白質的各類變異。這些序列大多數都可以自由取得；布朗和杜立德從公開資料庫中下載它們，進行比較分析。他們為這六十六種蛋白質中的每一種各自構建一棵單獨的樹，展示它是如何在不同生物譜系內演變出不同的變異型。每個蛋白質都有一個我們幾乎叫不出來的名稱，更別說記在腦海裡了：比方說，色胺酸tRNA合成酶。這類蛋白質的一種版本存在於人類中，另一種存在於牛隻當中，還有一種存在於流感嗜血桿菌中，每種都是面目各異但基本成分相同的蛋白質。為什麼這東西如此普遍？因為它是一種非常基本的工具，在蛋白質的轉譯過程中，它扮演將胺基酸與密碼三聯體連接起來的角色，對於所有生物來說都是必需的。布朗和杜立德選擇的其他六十五種蛋白質，包括與DNA修復有關的蛋白質、與呼吸系統有關的蛋白質、專門用於代謝的蛋白質、核糖體的結構蛋白質等等。布朗和杜立德比較了這些蛋白變異，為每個變異構建獨立的後裔樹。他們在已發表的論文中印出全部六十六棵樹，論文的各個段落彷彿散落在一座森林中，或者，至少可說是一個綠意盎然的郊區。這次實驗得出了一個重點：樹和樹彼此之間並不相符。

這些樹的樣貌之間有很多分歧，彼此並不完全一致，在不同地方冒出不同的分支，而且與渥易斯號稱典範的16S核糖體RNA生命樹也不相符。合理的結論是，基因具有各自的譜系，不一定與它們所屬生物的譜系相匹配。費爾德曼不久之後也告訴記者潘妮西同樣的事情：「每個基因都有其自身的歷史。」這怎麼可能？「水平基因轉移」讓這個不可能成為可能。當各種生物進行垂直複製時，也就是當人類繁衍人類、酵母繁殖酵母、流行性感冒嗜血桿菌產生更多流行性感冒嗜血桿菌的時候，別忘了：有時候基因也會橫向轉移。畢竟，它們也有自己的私心和時機。

第六十三章

到了一九九八年，每當科學記者想要尋求專家對這個領域的新發展發表評論時，杜立德早已成為他們的首選之一。他有傑出的研究紀錄，他清楚所有的議題，也認識大部分的主要研究者，他不會拒接電話，而且很擅長下一針見血的評語。《科學》期刊的記者特別喜歡他，包括那位報導凡特首次對細菌進行全基因體定序的記者，以及一年後報導古菌定序的記者。潘妮西在她那篇〈基因體數據撼動生命樹〉的文章中，也多次引用杜立德。然後在一九九九年，這一次，《科學》期刊編輯群的請求稍有不同。

當時他們正準備出版一本有關演化的特刊。這份特刊將收錄一系列的文章，每篇文章都從演化的角度，對生物學的某個領域進行廣泛評論，作者群包括古爾德和賈布隆斯基等著名人物，以及一些知名度較低的科學家。他們的討論將涵蓋從核酸結構到恐龍等一系列廣泛的主題和規模。編輯群問杜立德是否可以推薦某人撰寫有關演化和微生物學的文章？他回覆說：讓我來寫吧，你們覺得如何？

雖然還不知道會收到甚麼樣的一篇文章，但編輯同意了。杜立德本人認為《科學》期刊的編輯被問得措手不及，他們之所以會答應，是因為說「不」似乎太失禮。他們勉強接受了他所謂的「我的自我推銷」。

「我想寫這個主題（『這個主題』，指的是水平基因轉移和生命樹）。」多年後他告訴我，他覺得有必要發表某種宣言。「他們並不是那麼熱中。但他們沒有真的表現出來……我想他們大概是騎虎難下，不知道該怎麼打退堂鼓。」如果他有足夠的資格發表評論並推薦作者，怎麼會不夠資格親自撰寫評論，以及為讀者挑選目前微生物學中最有意思和最重要的議題呢？沒這個道理。

於是，一九九九年六月二十五日，《科學》期刊發行了杜立德撰寫的評論文章，標題為〈親緣關係分類與通用生命樹〉。這是他發表過最挑釁的論文，它讓水平基因轉移成為新的討論焦點。引起眾人關注的部分原因不只是杜立德的言論，還有他的圖示。後來他告訴我，儘管他很高興《科學》期刊的編輯發表了他不請自來的論文，但他更訝異他們居然願意採用他手繪的樹狀圖。「通常期刊不會這麼做。那天的辦公室一定很缺少刺激，或哪個諸如此類的原因。」

杜立德從悠長久遠的視角開始他的論述。他寫道：「對生物進行分類是一種古老的衝動，一如我們渴望著反映『自然秩序』的分類。」[281]從亞里斯多德以降，一直前進到林奈，生物學的歷史就是在講這個故事。但是，將「自然秩序」特別用引號框起來，是杜立德對於這所謂的秩序可能是模糊的所做的第一個暗示。他在文中的目的，是將這種模糊性推演至邏輯上的極端。

他描述演化親緣關係學的興起，重印了達爾文《物種起源》中的分支圖，說明樹的形象（以及達爾文關於「一棵了不起的樹」的比喻段落）如何被帶入演化思想。他指出現代親緣關係學的巨大變化：從形態學到分子證據的變化，產生了一個全新的發現維度。他提到共生理論及其兩個基本例證（粒線體和葉綠體作為被捕獲的細菌，進入真核細胞），這些事例都已經分子數據證實。他強調了渥易斯的影響，渥易斯利用核糖體RNA作為三域生命樹的唯一基礎。杜立德甚至畫了一幅圖：一幅渥氏生命樹的漫畫作品，許多粗大的樹枝垂直向上分成三束，上面分別標明「細菌」、「真核生物」，和「古菌」。這些垂直向上的樹枝都以箭頭為頂，代表指向未來。除了這些垂直箭頭外，還有兩個斜向側面的箭頭：從早期細菌指向早期真核生物，代表著兩個重要的內共生實例：葉綠體的起源和粒線體的起源。他稱這棵樹為「當前共識」模型[282]，而不僅是「渥易斯的」模型。然後杜立德問：這樣的真實性有多高？

他的回答是：可能還不夠真實。問題在於水平基因轉移。微生物學家從李德伯格到艾佛瑞等人，早就意識到水平基因轉移的存在。但是對於親緣關係學家來說，他們要繪製垂直發展的譜系圖示或圖表，這就顯得困難重重。杜立德主要針對後者，就是關注追踪親緣關係的科學家。他寫道，如果新證據被證明是正確的，那麼水平基因轉移就不是罕見的，而是層出不窮的現象，至少在細菌、古菌，和早期真核生物中是如此，那麼，渥易斯的樹（現在的共識模型）便是嚴重錯誤和不完整的。

他以戈加滕、雷克、索內亞等人的論文為例，提到一些新證據。例如，有兩位研究人員正在研究大腸桿菌的「分子考古學」（這是生物學中最被廣泛研究的細菌），才剛報告了一個出人意表的發現：它的基因體至少包含七百五十五個透過水平轉移獲得的基因，占了染色體DNA的百分之十八。而且，這些轉移並不是在早期進化過程中發生的，而是最近發生的，它們賦予大腸桿菌原本不可能擁有的適應性。那位任職於杜塞道夫的海因里希海涅大學、聰明直率的美國學者馬丁，指出這些大腸桿菌的結果「相當不祥」[283]。馬丁想知道，如果有這麼多「相對較新的」轉移進入一種細菌，那麼在整個地質時間內，全細菌域中究竟發生了多少次水平轉移？大概的答案是「數不清」。馬丁在杜立德的論文發表不久前，才剛發表一篇名為〈細菌的鑲嵌式染色體：通往基因體之樹的挑戰〉的論文，在裡面提出自己的評論。他警告，所有的這些橫向轉移，對如何勾勒基因體生命樹來說是個大挑戰。杜立德依循類似的邏輯，欣然接受這個挑戰，問道：這棵樹看起來可能是什麼樣的？他再次畫了一個草圖，出乎他意料的是，《科學》期刊的編輯把它給印了出來。

杜立德稱自己的草圖為「網狀樹」[284]，網狀樹是有著眾多上升、交叉、發散，和聚合分支的一團糾結。它的先例（杜立德自己承認的）是馬丁在他的「鑲嵌式」論文中的圖形，兩者有些相似。馬丁的樹就像一面海扇，是海底一群珊瑚般的動物所建造的精緻結構。它的長肢和分支起伏上升，從簡單的底部開始發散。它是彩色的，以粉彩色調繪製而成，一些細長的分支也融合在一起：土耳其藍和薰衣草紫的枝條結合形成深紫。對照之下，杜立德的素描則是黑白的，而且比較厚重，是用鈍筆徒手繪製的，由下往上牢牢地纏繞在一起，就像是紅樹林的灌木叢（如果紅樹林的枝條可以接合的話）。如此複雜，卻又如此流動、如此古怪，以至於看起來幾乎有點可笑。它看起來就像是

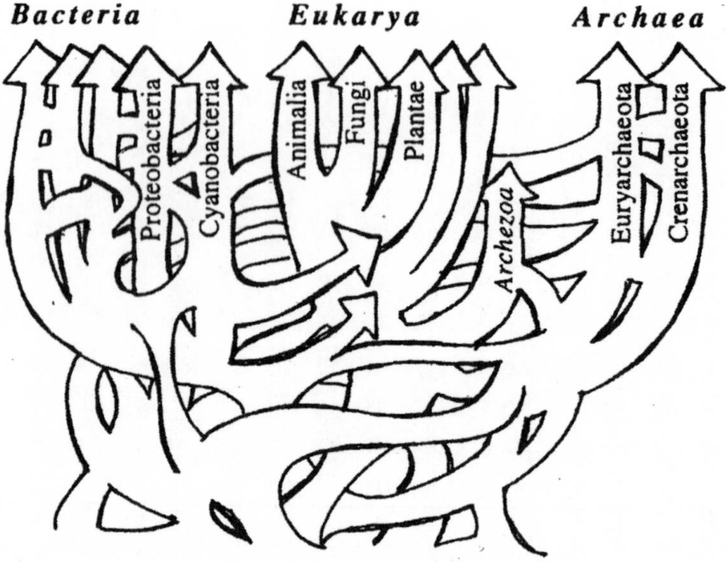

杜立德繪製的網狀樹，一九九九。

（From Doolittle (1999), “Phylogenetic Classification and the Universal Tree,” *Science* 284, no. 5423, fig. 3. Courtesy of the American Association for the Advancement of Science, used by permission.）

威斯康辛州恩貝勒斯小鎮附近的原野中，克魯薩克跟朋友打賭，從一叢白蠟楓樹苗中會種出來的東西。

但是杜立德的第二個圖像仍舊太簡單了，只是另一幅漫畫。它有好幾支樹幹由數個根部升起，接著分成數個分支，但是還不夠多，而且也沒有確立根的位置。它傳達了矛盾，但缺乏細節。它是暗示性的，並不直白。這棵樹就是全然的怪異。杜立德在他的文章中說到，同時也用這張圖來表示，也許，生命的歷史就是沒有辦法用一棵普通的樹來表示。

第六十四章

杜立德一九九九年的論文在好幾個方面都具有指標性的意義，其中一項影響是使得水平基因轉移受到重視。馬丁稍後說：「這篇論文產生巨大的效應，它使水壩潰堤了。」突然間，水平基因轉移似乎變成主流思想，一個至少在微生物演化過程中具有重大意義的持續過程，一個必須加以考慮和討論的主題，而不是某種幻覺、人造品或怪現象。

我們還可以從另一種更私人的角度來看杜立德一九九九年的論文，那就是他和渥易斯之間友誼的終結。幾年前，這段友誼已經因一個詞彙而變得緊張：**原核生物**。杜立德堅持把細菌和古菌歸為一類並標記為原核生物；而渥易斯痛恨這種用法，因為他的最重要的發現顯示這兩者**不應該**歸於一類。因此，當杜立德沿用史坦尼爾早先使用這些術語的舊有意涵描述原核生物和真核生物時，在渥易斯眼中看來，這舉動無異於侮辱和嘲弄。然後是一九九九年的這篇評論文章，杜立德的臆測性語調，直接挑戰渥易斯整個職業生涯的中心思想。16S核糖體RNA（及其真核生物等同物18S）是一個獨特的穩定分子，在每個細胞內的作用太過基本穩固而無法容納水平轉移，這是真的嗎？因此，由這些核糖體RNA分子構成了獨特完整又可靠的生命樹的證據，這是真的嗎？渥易斯說：是的。杜立德則說：嗯，可能不是；事實上，也許完整又可靠的終極版生命樹根本不存在。

歷史學家薩普在後來幾年裡與渥易斯變得很親近，薩普告訴我，渥易斯覺得自己被背叛了，他懷著某種暗黑想像，覺得杜立德刻意與他為敵。畢竟，早在杜立德在厄巴納還是個年輕博士後研究員的時候，兩人就認識了，他們時常在一起喝啤酒。渥易斯曾將波嫩（和她的關鍵技能）送到哈利法克斯去，協助杜立德成就一些他早期最出色的工作。兩人曾經分享彼此的許多好奇心和想法。這段美好的過去，似乎讓渥易斯的回應，摻入一絲類似被背叛的凱撒大帝臨終前那句「連你也有份嗎？布魯圖？」的成分。正如我說過的，科學研究有時會變得小心眼又情緒化，尤其若是你身處南方伊利諾伊州一所州立大學，認為自己是個被孤立忽視的天才。總而言之，如果有一支「渥易斯親衛隊」，這是馬古利斯喜歡（但渥易斯厭惡）的用語，杜立德現在算是擅離職守了。但是，不是因為渥易斯所想的關於嫉妒和背叛的陰暗理論，他離開的原因卻很簡單：新數據的出現。水平基因轉移的新基因體證據，模糊了渥易斯生物三域的圖像。

之後不到一年，當杜立德在《科學人》雜誌上發表他近期想法的科普版本時，兩人間的分歧進一步加劇。那本雜誌的權威性不及《科學》期刊，它的目標也不一樣：不是宣布新發現，而是向非專業讀者解釋新發現。杜立德的草稿經過《科學人》編輯大幅改編和重寫，因此包含了他的想法（以及他一些同事的想法，例如馬丁），但沒有他本人的聲音。也沒有使用他的手繪草圖，《科學人》提供了流暢、專業（而更顯冰冷乏味）、修飾過的插圖，代替杜立德徒手畫的枝幹根部糾結纏繞的漫畫圖像。至於標題〈將生命樹連根拔起〉，即便是以杜立德的標準來說，也夠離經叛道了。

他告訴讀者，水平基因轉移是「不勝枚舉的」[285]，它「深刻地」影響演化的過程。的確，科學家已經知道，細菌基因有時會帶著「抗生素抗藥性的禮物」或其他特殊的適應性特徵橫向移動。馬丁和他的導師等細菌遺傳學家，對這個現象都非常熟悉。但是大多數關注演化史和親緣關係學的學者，例如渥易斯和他的追隨者，對他們來說水平基因轉移似乎相當令人震驚。他們認定其他基因（對細胞存活至關重要的基因，負責代謝和複製的基本基因）會形成一種穩定核心，牢牢地維持著原始譜系，而且僅僅透過垂直繼承，即便有水平交換的情形也極為罕見。杜立德寫道：「顯然，我們錯了。」

他寫道：「透過自由交換基因，早期的細胞和細胞之間，彼此共享了各種能力。」[286]最終，這種可變化的細胞和可互換的基因齊聚一堂，互相融合並分化為我們今日所知的生物三域（他指的是細菌、真核生物和渥易斯的第三域，古菌）。即使在這種分化之後，橫向轉移仍持續數十億年的歷史，直到現在，尤其是在每個域**之內**，有時甚至在一個域與另一個域**之間**。杜立德承認：「有些生物學家覺得，這些概念令人困惑和沮喪，好像達爾文為我們設定了『描繪生命樹的獨特結構』這項任務，然後我們失敗了。但實際上，我們的科學正按照應有的方式運作。」此話怎講？因為生命樹本身始終只是達爾文關於生命史型態的「迷人假設」。現在，科學家正以新出現的基因體數據測試這個假設，必要時，杜立德樂觀開朗地做出結論，他們會不惜捨棄該假設，努力再找一個新的。

《科學人》雜誌的文章於二〇〇〇年二月發表。接下來的幾年中，隨著水平基因轉移的證據不斷增加，杜立德也更加專注於對其重要性的評估。他閱讀宣布新數據的論文和分析，在研討會上與其他科學家進行對話（或爭論）。他發現他的主張與三個人格外合拍，他們分別是：戈加滕、馬丁，和匹茲堡大學的基因體生物學家勞倫斯。在他一九九九年論文的結尾，他感謝戈加滕和馬丁「使我相信水平基因轉移的重要性」[287]。二〇〇二年，他邀請戈加滕和勞倫斯北上哈利法克斯，度過一個腦力激盪的週末。他們在城裡時，杜立德將他們三個「鎖」在他的實驗室裡，他們坐在他辦公室的大木桌前，共同寫了篇論文。

這三人都認為水平基因轉移是大家不願觸碰的棘手新問題。他們在之前的對談中達成了這點共識。當我參觀勞倫斯在匹茲堡的實驗室時，他告訴我，如果你不把水平基因轉移列入考慮，「你就是對自己看到的東西視而不見。」但是沒有人深入思考過它的涵義。勞倫斯說：「你必須超越收集階段。」收集階段的意思是大量收集數據、尚未開始分析的階段。「或是，『這裡有一個案例，這裡也有一個案例，天哪，有好多水平基因轉移。』」他說，最重要的問題是：這在演化史上可能意味著什麼？

幾個月前，我曾問過戈加滕：你們三個如何在一個週末完成一篇論文？一個人坐在電腦前打字，然後另外兩個……？

「不是的，我們所有人都坐在電腦前寫。」他說。他們都帶著自己的筆記型電腦。「我們先討論了一下。我們弄了一個討論大綱，一份草稿。然後，嗯，我們每個人都坐到自己的電腦前，開始撰寫部分的內容，也做了一些電腦運算。」戈加滕的運算產生了幾棵樹：一些單個基因的後裔樹，以及一棵概括整個生物歷史的樹。勞倫斯拒絕使用生物樹。戈加滕記得勞倫斯說：「我們不能那麼做。我們不可以撰寫一篇有關基因轉移的論文，結果只用一棵樹說明。」勞倫斯的觀點是，因為基因會橫向移動，所以**沒有**任何一棵樹足以描繪整個生物體的歷史。這不僅不正確，還會自相矛盾，到頭來變成一派胡言。因此，他們在這份手稿中沒有放入任何一棵樹，沒有馬丁五彩繽紛的海扇，沒有《科學人》之類的精緻插圖，甚至沒有杜立德一揮而就的那坨線團。

他們把關注的焦點放在原核生物的演化上，使用「原核生物」[288]這個把細菌跟古菌兜在一起的舊稱，此舉激怒了渥易斯。他們寫道，在這種比較簡單的微生物中，水平基因轉移發生的次數和造成的結果，比學界之前想像的重大得多。它的影響可以經由四種方式來理解。首先，透過橫向轉移從不同譜系或物種獲得的新基因，可能使一群微生物（受體及其後代）在一個全新的生態區位中形成聚落。其次，它可以使生物瞬間獲得一種新的適應能力，不須經歷對某些情況只適應到一半的危險階段。第三，與緩慢進行的增量突變相比，這種轉形作用發生得很快。最後，水平基因轉移是「創新的洗禮盆」，它帶來大量能讓天擇發揮作用的新變異以及遺傳可能性。這四種影響是相互關聯的，代表對同一現象的重疊觀點。

他們寫道，將這四點綜合在一起考量就有充分的理由，相信水平基因轉移可能是原核生物演化的「主要解釋力」[289]。達爾文的天擇依然存在，但是變異的來源卻與之前我們所想像的大相逕庭。三位作者陳述，他們想在論文中表明的是，承認水平基因轉移的作用，導致固有典範「廣泛而澈底的修正」。他們指的固有典範，是微生物的演化符合達爾文的理論。不過他們也強調，這應該是一個修正，而不是全面的否定。他們提出新舊觀點的「融合」，並且認識到基因轉移既是水平的又是垂直的，生命的歷史看起來既像「網狀的又像樹狀的」，適應性可以依照「許多模式」發展，而這些並不全是一八五九年時的達爾文能夠看出來的。他們的論文發表於二〇〇二年十二月。

與此同時，第四個人物，馬丁，繼續著自己對傳統生命樹的挑戰。杜立德有時會開玩笑地提到水平基因轉移的「天啟四騎士」：二十一世紀初的四位科學家，大聲宣揚水平基因轉移的重要性。他指的是馬丁、戈加滕、勞倫斯以及他本人。（勞倫斯問道：我是哪個騎士？瘟疫嗎？）但是出於某種原因，或沒來由地，馬丁並沒有參加那個「實驗室大封鎖」閉關合作的週末。他是否沒有受邀請？不感興趣？沒有空？還是其他騎士中有人和他不和？正如我曾說過的，馬丁以聰明、自信、有力的觀點著稱，在公開辯論科學觀點時，有時會直率到令人吃驚的地步。不過，光是地理條件就足以使他缺席那場哈利法克斯的會談。馬丁在一海之遙的杜塞道夫生活和工作，我專程到那裡去拜訪他。我對他的想法感到好奇，對他的工作很是敬重，但也不免暗中揣度，不知道自己是否會被他那出了名的直來直往給轟炸到。

第六十五章

馬丁的實驗室位於海因里希海涅大學的分子演化學系，就在杜塞道夫市中心，距萊茵河大彎道不遠的地方。那天我很早就到了，他的祕書領著我進去。馬丁當時正出席一場博士生資格考，我在他的辦公室內間等候。這讓我有時間瀏覽他書架上的書籍，凝視一幅大型掛紙白板上的神祕塗鴉，注意到門後貼著詩、漫畫，和其他詼諧逗趣的裝飾，還有著名前輩和同事的照片，例如米列史科夫斯基和杜立德；此外，也有他的兩個微笑小女兒的相框。馬丁在十點三十分時出現，他的個頭非常大，夠資格讓他在就讀德州農工大學時，擔任該校美式足球隊的線衛，雖然他其實沒參加過球隊。他用德州式的有力握手跟我打招呼，我們在他桌旁坐下，他滔滔不絕地講了兩個小時，幾乎用不著我開口發問。

對他來說，一切都是由共生論開始的，因此實驗室裡才會出現米列史科夫斯基的照片。馬丁原本是植物學系的年輕學生，希望有一天能開一家苗圃，但他當時還沒有意識到，正如他親口告訴我的那樣：「如果你想擁有自己的苗圃，那你不該去學植物學，而是應該去學商。」無論如何，他很快發現自己對科學研究比對植物交易更感興趣。「我只是想了解事物的本質。」一九七八年，當他選修微生物學時，教授說了兩件事，引起馬丁的注意。「他說的第一件事情是：『我們以前要從豬胰臟中分離出胰島素，現在我們可以把基因植入大腸桿菌中讓它們大量製造。』」那是對基因工程大好前景的一瞥，但是，對於這名學生而言，真正的吸引力在於純科學方面。「他說的另一件事情是，『而且有些人認為葉綠體曾經是自由生活的藍綠菌。』」那是馬丁第一次聽到內共生理論，即複雜細胞是經由捕獲細菌，並將其轉化成內部胞器而產生的主張。

當時的內共生理論仍然存在許多爭議。馬古利斯讓米列史科夫斯基和華林等人的古老主張重獲新生，杜立德和他的同事提供了一些最早的分子證據，證實這一點。緩慢而費力的基因定序，正在幫它增加可信度；但該理論被廣泛接受的日子尚未到來。馬丁提醒我，早在一九二五年，內共生就被稱為「太過荒唐，不適合在當前上流的生物學社群中提及」[290]。即使在超過半個世紀之後，對許多生物學家來說，似乎**仍然**太荒唐了。馬丁一代的年輕博士在面試學術工作時，前輩甚至耳提面命不要提及該理論。「完全是禁忌。」他告訴我。直到突然間，杜立德等人收集的新分子數據顯示，那些胞器、粒線體和葉綠體攜帶的基因體反映了細菌的起源。幾年之內，即使是上流的生物學社群也接受了它。大抵同時，馬丁在一九八〇年代中期開始自己的研究。

他終止了德州農工大學的學業，靠著做木工維持生計，開始遊歷全歐洲，學了一口流利的德語，直到他重拾科學的興趣，進入漢諾威的一所大學就讀。一九八八年，他在科隆獲得分子遺傳學和植物演化博士學位。這段期間，馬丁開始精通細菌遺傳學，也認識一群細菌遺傳學家，水平基因轉移對他們而言是基本常識。他最早的研究計畫是葉綠體酵素的研究，將他直接帶入內共生理論以及水平基因轉移在其中的作用。他已經知道該理論可能是正確的，而且他還學到另一件重要的事情：葉綠體和粒線體中發現的細菌基因體很微小，微小到無法編碼那些胞器運作所需的所有酵素和其他蛋白質。它們只是原始細菌基因體的迷你樣本。製造其他數百種蛋白質的其他基因，一定還存在於細胞中某個位置，但是不在胞器中。它們還能在哪裡？必定在一個基因受到保護的地方：細胞核。這些失蹤的胞器基因，肯定是已經從被捕獲的細菌身上，轉移到各自的細胞核中（也許是在漫長的真核生物演化過程中，一次轉移一個基因），被修補進細胞自身的核基因體。馬丁告訴我：「因此，基因轉移從一開始就是整個大局的一部分。」不僅是物種間的轉移，還有跨越域與域之間的轉移。「那就是我成長的背景。」

隨著研究的進展，他發現更多證據表明這種基因轉移（從捕獲的細菌轉移到複雜細胞的細胞核中）在任何時期以及各種生物中，都是常見而普遍的。在動物、植物，和真菌的不同譜系中，它的發生機率不同，結果也不同。馬丁看過一種與甘藍菜有關的開花小植物，它的細胞核基因體中有百分之十八是由細菌轉移得來。他的另一項研究表明，酵母菌（真菌的一種）含有八百五十個來自細菌和古菌的基因。人類的細胞核基因體包含超過二十六萬三千對鹼基（密碼字母），是從我們的粒線體轉移來的原始細菌DNA。在這些（及許多其他）例子中，遺傳物質都從胞器中逃逸而出，洩漏到細胞核內，並整合到染色體中。這個過程必定會造成深遠的影響：DNA從原始細菌胞器轉移到染色體中；外來基因在數百萬年的時間裡，被整合到植物、真菌和動物的最深層細胞身分證裡。至今還沒有人知道它是如何發生的。馬丁後來為這個現象創造了一個術語：內共生基因轉移。

它在水平轉移方面的含義略有不同：是的，它一樣是基因從一個生物域橫向傳遞到另一個生物域，不過只局限在單個細胞體內，因此比其他形式的水平基因轉移還更微妙。它始於我們遙遠的單細胞祖先吞掉那些命中注定的細菌之時。

你可以這麼想：就像是馴化和責任轉移。狼靠自己獵食，被馴養的狗則依賴人類餵食。經過一萬五千多年的共同協定，狼的後代把他們的食物收集功能（和責任）移交給我們。可能始於遠古人類篝火旁殘餘的骨頭和碎肉，然後發展到各種極致。為了換取食物和其他報酬，犬族現在為我們提供親情之愛、朝郵差狂吠、放牧羊群、狩獵野雞，和追逐飛盤等服務。粒線體也是如此：它們是細胞中的馴化細菌。它們已將許多自己的基因轉移到你的細胞核基因體中，並且依靠該基因體來送回蛋白質，使它們得以存在並運作。它們不會追逐飛盤，而是負責製造ATP，也就是我之前提過的，類似電池的分子，這些分子可以提供攜帶式能量以促進新陳代謝。

馬丁解釋說，當然，所有這些內共生基因轉移的發現，都為渥易斯的生命樹帶來進一步的疑問。每一個分支都有太多分支，包括許多從一個主要分支岔出來然後又與另一個主要分支相結合的分支。更為複雜的事實是，隨著更多基因體的定序和資料比對出現，我們發現真核細胞中早期捕獲的細菌（也就是變成粒線體和葉綠體的細菌），本身**早已**是來自不同種類細菌的水平基因轉移的受體，然後才被捕獲。這意味著在成為其他基因體（包括你的基因體在內）的一部分之前，部分的基因體已經囊括了別的基因體。這全是一堆纏結，這是一團混亂，這簡直像是一盤義大利麵。美妙無比。

「不過，這不是一棵樹。」馬丁說。

我們談了一上午，他有時會自行中斷跳起來去拿書，或在他的電腦中搜尋某篇論文檔案，並列印一份副本給我，或者仰頭沉思，接著開始一個新話題。或是停下來重新聚焦，問道：「我們剛剛在談什麼？」一度，在對光合作用的起源、各種固氮方法以及性行為的適應性價值等主題，進行了一陣博大精深的推敲之後，他說道：「對不起，我太發散了。」

「不會、不會，不要緊。」我說。但是，沒錯，我確實想回到水平基因轉移和生命樹的話題上。

「我們有多少時間？」我問。「我們有一整天。你的採訪我預留了一整天。」他回答。

「老天保佑。」我說，半小時後，他建議我們休息一下吃個午飯。各種想法和資訊的洪流早已令我精疲力盡，於是我關掉錄音機。

喜歡日本料理嗎？他問。壽司？是的，我的確喜歡。很好，馬丁說，我本來應該要節食的，但是你是我今天的好藉口。我們驅車前往他最喜歡的日本餐廳，他為我們點了一堆豐盛美味的餐點，狼吞虎嚥地大吃，還不讓我負擔任何費用。我們一邊吃著拉麵和拼盤，一邊談論更多真核細胞的起源、細胞核的起源，以及生命的終極起源。我與他分享了一件有點不好意思的事情，我那天凌晨兩點到四點在旅館熬夜用電腦觀看超級盃線上直播，然後抓緊時間在與他見面之前回床上休息了幾個小時。巴特勒最後一秒抄截成功，新英格蘭愛國者隊驚險贏了西雅圖海鷹隊，被剝奪的每分鐘睡眠都很值得。「我知道，我也看了。」他說。整個上午下來，我心裡一直在想：傳說中那個直接了當、不留情面、犀利好鬥的馬丁在哪裡？

用完午飯、喝過茶後，我們回到他的辦公室，繼續交談。下午結束時，他提議送我走回不遠的住處，免得我迷路。而且，走一走運動一下比搭計程車好。那是一個寒冷的冬日，他穿著休閒的黑色外套和水手冬帽，像扮成碼頭工人的英國演員約翰・克里斯，大步走在人行道上。他在一個主要的十字路口指給我看：沿著那條路直走，就可以到達你的旅館。他本人則是要立刻返回實驗室繼續工作。我們握手道別。下回讓我們再聚在一起聊聊，馬丁說。今天很愉快，他總結。

第六十六章

馬丁在千禧年之交做出自己的貢獻，他將水平基因轉移整合到演化思想中，並且考慮到它如何改變既有的生命樹概念。儘管他沒有參加杜立德、勞倫斯，和戈加滕三人在哈利法克斯的週末寫作營，但他也循著相同的脈絡，或單獨或與人合作，發表一系列的論文。當中第一篇是〈生命樹出了什麼問題嗎？〉，比杜立德的宣言還早了三年發表。另一篇則如前所述，討論了細菌基因體的「鑲嵌式」特徵[291]。鑑於有證據表明，在研究者熟知的細菌例如大腸桿菌中，發現相對近期且大量的水平轉移，其基因體有將近五分之一是從其他細菌中獲得的。一旦思及水平基因轉移在過去的時間長河中必定發揮極大的作用，馬丁便感覺「相當不祥」[292]。他所謂的「不祥」，是從回溯的意義上來說的，意思是：對於過去，而不是未來，一定還藏有什麼出人意料的事情。這篇關於鑲嵌式基因體的論文，還附有馬丁別具一格的生命樹插圖，那隻五彩繽紛的海扇，透過線條的合併和顏色的疊合，展示了水平基因轉移。「這棵樹畫得很好。我的意思是，演化看起來就是這個樣子。」他有些自豪地告訴我。「全部都是我自己畫的。」與杜立德的寫意手繪風格截然不同，但是都強調了三個重點：生命樹的形狀很重要，它違反直覺，還有下面要提的這點。

馬丁在後來的另一篇合著論文〈百分之一的樹〉中，描述了他最喜歡的內共生基因轉移，如何持續將細菌基因從粒線體和葉綠體轉移到複雜生物的核基因體中。他指出，在細菌或古菌基因體中，平均只有百分之一的基因（真核生物基因體中的基因，可能還遠少於百分之一），對生物體實在太重要和複雜，以至於**無法被水平基因轉移替換掉**。百分之一的數據來自於另一組科學家的發現，原核生物基因體平均大約有三千種蛋白質，他們選擇其中的三十一種加以研究，並以這些「通用」蛋白質作為親緣關係分析的基礎。馬丁與合著者一起，以該小組的邏輯對他們的結論提出異議。你當然可以使用自己偏好的、穩定的基因，來定義一棵生命樹，（這正是渥易斯用16S核糖體RNA所做的，儘管馬丁沒有明說。）但是，如果這樣做，你的生命樹實際上只是「百分之一基因體的樹」[293]：只選擇一小部分，清楚明確，但不一定具有代表性。如果你的樹只掌握了每個基因體百分之一的故事，那有什麼意義呢？最好還是用圖表和理論來描繪生命的歷史，而不是繪製如此邊緣的生命樹吧。

在厄巴納的渥易斯並沒有忽視這一切。他看到了水平基因轉移不斷問世的新發現，試圖迎向這些發現對他的大樹所提出的挑戰。當水平基因轉移的天啟四騎士馳騁在戰場上時，他們的旗幟醒目飄揚，渥易斯把這種現象納入通盤考量，並且做出自己的解釋。他構思了一個退讓位置，一方面表彰水平基因轉移的重要性，同時又調和（或表面上似乎調和）有關橫向遺傳學的新數據，與他自己較早的想法和代表性發現。在一九九〇年代末和二〇〇〇年代初，他發表了一系列有關早期演

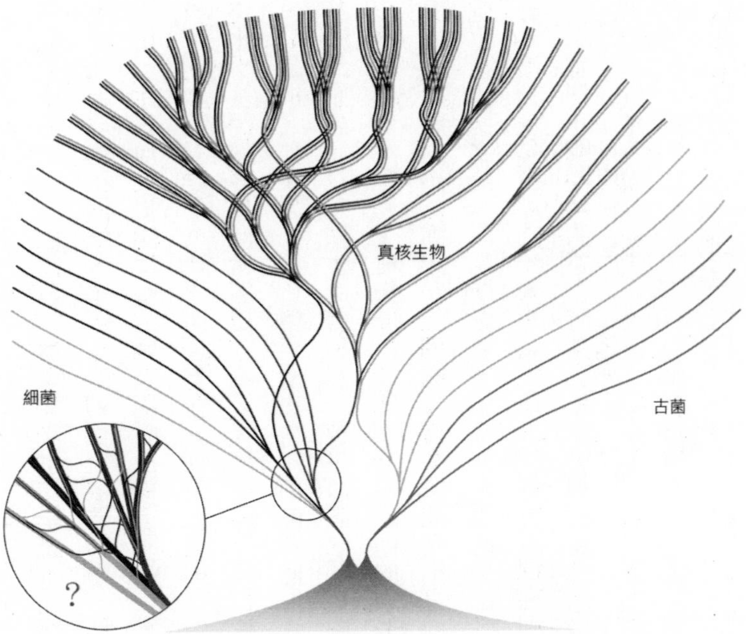

馬丁的網狀樹，由馬丁所繪，一九九九年。
（From Martin (1999), "Mosaic Bacterial Chromosomes: A Challenge En Route to a Tree of Genomes," *BioEssays* 21, no. 2, fig. 2. Courtesy of William Martin.）

化、細胞生命形式的起源，以及他開始稱為「通用親緣關係樹」[294]的概念性文章。最後一句話中的「通用親緣關係樹」一詞，指的是**他**所創造的生命樹，也就是透過比較核糖體RNA序列而衍生出來的生命樹。

這一系列共四篇論文，被稱為他的「千禧年系列」[295]，正如一位專家評論者在渥易斯死後指出的那樣，它們在許多方面都有獨特之處。這幾篇論文沒有提及任何新研究，但也不是通常意義上的回顧評論文章。它們當中幾乎沒有提供他本人或其他人的數據，同時太嚴肅、太教條了，無法只被輕鬆歸類為散文或觀點來看待。這位評論者名叫庫寧，是一位出色的俄裔美國生物學家，他很尊敬渥易斯。庫寧發現，也許除了稱之為「專著」或「宣傳小冊」，千禧年系列實在很難歸類。無論我們如何稱呼，它們都是一個很有自信，覺得自己比其他人更能理解這個廣闊而模糊主題的人，對早期演化的宣告。「千禧年系列」是渥易斯為了化解大量出現的水平基因轉移，與他鍾愛的通用生命樹之間的緊張關係所做的努力。他想透過將水平基因轉移推向極遙遠的過去，來達成這個目的。

是的，如果是在三十億年或更久之前的當時，那會是一個關鍵現象，渥易斯承認，基因或類似基因的訊息，在一種生命體和另一種生命體之間橫向跳躍。但是在渥易斯看來，水平基因轉移大量出現的時代，是在生命樹開始興起和分岔之前的那個時代。它是在物種存在之前發生的，因此是在旁支從樹幹岔出之前，在更細的枝枒從旁支岔出之前。就我們今日所了解的細胞而言，它發生在細胞生物起源之前。渥易斯影射了另一個重要的想法，這也是無法證明，不過或許正確的：生命的起源，不管是哪種形式，大約發生在第一個可識別細胞的起源之前十億年左右。

那個才剛開始的遠古時期會是什麼樣的呢？他借用另一位科學家創造的詞彙，稱之為「RNA世界」。在那個世界裡，複雜資料的儲藏庫（這種複雜性起初是近乎隨機的），是RNA而不是DNA。RNA是當時生命的基本結構單位，不是細胞結構。某些化學成分，在能量、物理環境和機運的催化下，不知怎地透過交互作用，組合成分子的「聚集體」，同時還具有自我複製的能力。

這些聚集體的關鍵要素是單鏈而不太穩定的RNA。當時雙鏈而穩定的DNA尚未存在。這些聚集體彼此不同，存在著各式各樣的細節，因此當它們利用周邊環境的材料進行自我複製時，它們也開始互相競爭。其中的一些發展出一種傾向，會將核苷酸鹼基的短鏈（A、C、G和U的字符串）轉譯成另一種介質，也就是胺基酸，並把它們連起來。這些連接在一起的胺基酸，構成了生化學家現在稱之為「胜肽」的最早形式，即胺基酸短鏈，然後，隨著短鍊增長而變得複雜，就形成了蛋白質。渥易斯在二〇〇二年描述的這些「聚集體」，其實類似於他在一九八七年提出的原生命概念，不過有一個明顯區別：一九八七年時，他尚未承認水平基因轉移的重要性，尤其是在演化的早期階段。

現在他願意強調這種現象了。當分子聚集體獲得生命、自我複製、為生存而競爭時，有些聚集體的RNA片段會斷裂脫離，然後附著在另一個聚集體上。這是最早形式的水平基因轉移，它經常發生，RNA世界是胡亂混雜共享材料的狂歡派對。隨著時間過去，各種可能性開始浮現，一些蛋白質可能對這些聚集體的複製有很大的幫助。那時候，RNA不僅代表隨機組成的分子，還代表著有潛在價值的訊息。但是宇宙原湯中仍然沒有細胞，沒有任何壁或膜之類的結構，可以將內部物質收攏、區隔內部與外部、分別自身與他者，當然也沒有可以被稱為「物種」的不同群生物。

在競爭式複製的推動下，複雜性增加了。一些聚集體為了有稍微好一點的結構，將蛋白質納為己用，因此開啟一種自我包裝的可能性。包裝讓它們具有特殊優勢，形成有保護性的邊界。這樣一來，**賓果！**最初的細胞誕生了。

與我們所知的現代細胞相比，這些細胞算是原始的版本，可能會滲漏、不怎麼靈活，而且不穩定，但是從某種意義上來說，它們仍然是細胞。現在，每個細胞都被包圍在一層壁壘，或至少是一層膜當中，它們發現使用體內包含的ＲＮＡ（發展到現在也許是ＤＮＡ了）來進行自我複製的方法。細胞壁在某種程度上使它們免於受到水平基因轉移（外來的吵雜訊息）的干擾和混亂。儘管它們很原始，但是比起裸露的ＲＮＡ短鏈，早期的細胞能更忠實地自我複製。它們產生譜系，水平基因轉移也變得比較不那麼氾濫了。最終，這些譜系形成彼此相似的整群細胞。這一刻，你大概可以開始使用另一個名稱來稱呼這些細胞了：有機體。組成種群的細胞並不完全相同，它們具有一定的變異性，但是它們之間的相似度，大過於它們與其他譜系細胞之間的相似度。**又一次賓果！**物種出現了。物種的出現，標示著跨越生命史上的一個主要界限。渥易斯稱呼這個臨界點為「達爾文閾值」。

他寫道：「隨著細胞的構造變得更加複雜和相互聯繫，我們來到一個臨界點，更完整的細胞組織開始出現，並在垂直方向發展出新的變化，這些變化能夠而且確實在演化中變得更加重要。」[296]他的意思是，出現了親子垂直遺傳，代代相傳同時互有差異。在那個關鍵的臨界點（達爾文閾值）上，達爾文所理解的演化開始了。閱讀時你會注意到，這些進展的時態全部以現在式表示，好像三十億年前渥易斯本人就坐在那裡，看著所有事情發生一樣。在那些超凡入聖的美妙時刻，他的感覺大抵很接近那樣。

上述的一切，都沒能讓渥易斯改變他偏愛的生命樹的形狀。在二〇〇〇年發表的關於他所謂的「通用」樹的論文中，以及二〇〇二年關於細胞演化的論文中，渥易斯附上的樹狀圖，幾乎與他在一九九〇年與坎德勒和惠里斯所提供的樹狀圖沒有兩樣。他無視水平轉移領域十年間新發現的價值，他忽略杜立德的圖畫中所顯示的那種扭曲。他的樹仍然有三個主要枝幹。他的樹枝分開了，但沒有接合。渥易斯似乎覺得，他已經透過在時間上將水平基因轉移往前回推，推到樹的根部，推到「現代」細胞生命的興起和展開之前，從而屏除了挑戰。不過其他人不同意。

第六十七章

六年過去了。更新的數據，還有更多的水平基因轉移出現。庫寧和兩位同事尋找主要細菌譜系之間的水平轉移，收穫頗豐。他們發現，可追溯的橫向轉移基因的百分比範圍，從某些細菌的一小部分，到梅毒螺旋體（一種可引起人類梅毒的惡劣螺旋狀細菌）的整個基因體的三分之一。在對其他基因體進行定序時，馬丁和另外兩位合作者發現更多的水平基因轉移。馬丁的研究小組比較一百八十一種細菌和古菌基因體中的五十萬個基因後，得出結論：每個基因體中大約有**百分之八十**的基因，是在演化史的某個時刻透過水平轉移到來的。戈加滕和他的一位同事在植物中發現水平基因轉移；其他科學家證明水平基因轉移在真菌中很重要；我之前提過的霍托普的研究，則揭示它在昆蟲中也廣泛存在。幾乎可以說，水平基因轉移的發現已成為科學熱潮，不過單憑「熱潮」一詞並無法表達這類工作的困難度，也無法表達其影響的深度。在分子演化生物學的罕見領域之外，很少有人聽說過這種現象或是它在專家中引起的喧鬧。

然後，在二〇〇九年一月，英國雜誌《新科學人》封面上出現了一棵樹，上面有一個聳動的大標題：「達爾文錯了」。在這行字的下面是一個較小的副標題：「砍倒生命樹」。

封面故事由該雜誌的專題編輯勞頓（Graham Lawton）撰寫，從一八三七年的達爾文和他的小素描開始敘述。勞頓指出，這個頗具成效的想法將演化關係描繪成一棵樹，到了一八五九年，在《物種起源》一書中，原本細長纖瘦的草圖已經長成達爾文所偏好的「大樹」比喻。文章從這裡跳到杜立德，引用他的說法，肯定「樹」的形像在達爾文的演化思想中占據了「絕對核心」的地位[297]。它成為了解生命史的一貫原則，自《物種起源》首次出版以來的一百五十年間，演化生物學家便一直致力於探求生命樹的細節。勞頓寫道：「但是今天，這個計畫嚴重受損，由於負面證據的猛烈襲擊，整個計畫四分五裂。」負面證據指的就是水平基因轉移。

儘管封面的驚人之語的確有誤導之嫌，內文標題「砍倒達爾文的樹」也和封面的挑釁相呼應，但勞頓的文章其實對該主題做了公允的介紹。記者通常對自己報導文章的標題沒有決定權（儘管專題編輯也許有），因此很難知道究竟是誰的主意。這些充滿伐木工人形象的「砍伐」比喻以及「達爾文犯錯」的主張，顯然都太極端了。它們或許有助於刺激銷售、吸引讀者目光，但是它們同時也嘲諷了新發現為達爾文正統派帶來的真實挑戰。文章本身則略有差別，但力道仍十分強烈。勞頓引用杜立德在一九九九年發表的那篇論文，在《科學》期刊的扉頁間，那篇論文引燃了這場辯論。勞頓還引用杜立德的近期評論，大概是透過電子郵件或電話蒐集而來的：「生命樹不是原本就存在於自然界中的東西，它是人類試圖對自然進行分類的一種方式。」

勞頓接著引用馬丁的研究——他的「百分之一棵樹」的評論——並提到內共生現象，接著指出，曾有好一陣子，演化生物學家一直將水平基因轉移視為一種邊緣現象。現在不再是這樣了。加州大學爾灣分校的一位研究員羅斯，直截了當地告訴勞頓：「不同種群之間有著大量遺傳訊息的混雜交換。」[298]勞頓提到胞器的內共生基因轉移，也是另一種版本的水平基因轉移，因此水平基因轉移不僅發生在細菌和古菌中，也發生在真核生物中。他補充了英國生物哲學家杜普雷的話：「如果真有生命樹的存在，那也不過是從生命網中長出來的微小異常結構。」最終，文章又回到了杜立德，他對於自己推波助瀾引發的攻擊，居然演變成如此激烈的局面，似乎有點不安。杜立德告訴勞頓：「這方面我們應該放鬆一點，我們非常了解演化，只是它比達爾文想像的更複雜。樹不是唯一的模式。」

不過，其他科學家一點也不想鬆手。勞頓寫道，他們把達爾文的隱喻拿來加工使用，想要將「生命樹的連根拔起」視為另一個更宏大更激進的起點[299]。但是，等等，生命樹真的被連根拔起或是砍倒了嗎？不要緊，無所謂。「這是生物學革命性變革的一部分」，杜普雷說。演化學的未來發展，將更傾向於向外合併和協作，而不只是專注於孤立譜系的變化。演化不僅與分支的岔出有關，也與它們的接合有關。另一位曾是杜立德的博士後研究員，同時也是論文共同作者的科學家巴提斯指出：「生命樹在過去是很有用的。」當演化還是一個令人震驚的新概念時，達爾文畫出的這個形象，有助於世人想像與理解演化是怎麼回事。巴提斯說：「但是現在我們對演化有更多的了解，該是繼續前進的時候了。」

那一期《新科學人》的出刊日是二〇〇九年一月二十四日。這個時間點意義重大：兩週後就是達爾文誕辰兩百週年，全球的生物學家和歷史學家都將大肆慶祝達爾文的生平、研究，和學說。實際上，世界各地，從劍橋到孟買到阿布奎基，二〇〇九年一整年將充滿各種達爾文活動和回顧展。《新科學人》的編輯已經籌備好他們的慶祝活動，就是這期「砍樹」專輯，作為獻給達爾文先生的生日賀卡。他們抓住兩百週年紀念的機會，趁著公眾廣泛關注所有達爾文相關事物的時候（即便短暫），勞頓的這篇文章提醒世人，新發現——基因會橫向移動，之前有誰知道呢？——正持續不斷地重塑我們對生命史的理解。很有效的策略。但是他們的封面頭條充滿挑釁的意味：達爾文兩百歲了，這麼久以來，達爾文竟然是錯的！演化生物學界的一些大人物旋即對此表達強烈不滿。

丹尼特是一位傑出的哲學家，也是《達爾文的危險思想》一書的作者。科因是芝加哥大學的演化生物學家，以種化過程研究以及反對神創論的演化科學捍衛者形象而聞名。道金斯是《自私的基因》和其他許多著作的作者，包括《上帝的迷思》，他大概是世界上最知名、最堅信無神論的達爾文主義者，他還是一個絕頂聰明的人，充滿危險和自信的機智。這三人與另一位生物學家兼頗具影響力的部落客邁爾斯，共同撰寫一封給《新科學人》的憤怒信函，一個月後刊出。信上劈頭就說：「你們到底在想什麼……？」[300]

他們的不滿來自於封面上的生命樹遭到過分誇飾的否定，而不是文章內容本身。丹尼特和同伴認為，宣告「達爾文錯了」將為敵人提供助力和安慰，「為神創論者提供了一次千載難逢的機會，好去誤導學校董事會、學生，和大眾對演化生物學地位的正確認知。」[301]

在這一點上，他們還真的不幸言中了。無論千載難逢與否，神創論者確實抓住了這次機會。一篇文章立即出現在某個名為《護教報》的神創論網站上，標題為：〈令人吃驚的供詞：『達爾文錯了。』〉。該文作者艾瑞克．里昂先略述勞頓文章的要點，並引用杜立德等人的說法，稱樹的形象又是另一個「陷入困境」的「演化的標誌性概念」[302]。里昂聲稱，隨著數十年時間過去和更多資料出現，昔日的演化證據已被證明是錯誤的。他寫道：「這令人不由得思索，還要怎麼做才能說服演化論者相信，我們不只需要拋棄達爾文的生命樹，而且應該拋棄整個演化論。」里昂對《新科學人》頭條的利用，正是丹尼特與其他合寫抗議信的同伴所擔憂的。

在雜誌封面引起的紛擾，以及生命樹的意義是否必要的爭議之間，《新科學人》一篇低調的評論（以未署名的社論形式）卻嚴重地被忽略了。這篇介紹性質的注解，旨在客觀釐清勞頓的文章，並預防像里昂所提出的那種神創論者幸災樂禍的誤解。該評論說，生物學與物理學一樣，都是一直進行中的研究工作。演化思想過去也曾發生數次巨大變動。最早的巨變是由十九世紀的達爾文和華萊士提出；在一九三〇年代和一九四〇年代當孟德爾遺傳學與達爾文天擇說和數學相結合時，發生了第二次革命，一般稱之為演化的現代綜合理論，又叫做新達爾文主義。如今，在分子生物學和基因體定序的年代，重要的生物學主題「變得比我們想像的要複雜得多」[303]。那是相當溫和的說法。評論說道：「在慶祝達爾文誕辰兩百週年之際，我們期待第三次革命的到來，屆時生物學將大為改變和有力。」

那所謂的第三次革命，現在正在發生嗎？如果是的話，我們大概可以說它開始於渥易斯接受克里克那模糊卻直覺敏銳的建議，以「蛋白質分類法」來衡量不同生物之間的關聯性。渥易斯早期的孤獨研究導致分子親緣關係學目前的蓬勃發展，同時讓我們認知到，即使面對16S核糖體RNA這樣強烈的分子信號，水平基因轉移也使生命史變得比達爾文想像的複雜得多。它還讓我們的好奇心開始萌芽，在渥易斯稱作「達爾文閾值」之前的那段遙遠時期，地球上究竟發生了什麼非比尋常的事情？這一切的關鍵是演化論的發展，它超越了，而非否定了達爾文的思想，就像愛因斯坦和量子力學超越了牛頓的思想一樣。《新科學人》的評論補充道：「這些紛爭不應該成為神創論者的外援。」[304]應該是這樣沒錯，可惜事與願違。

第六十八章

《新科學人》特輯掀起的騷動擴散時，杜立德開始了他半開玩笑宣稱的「我往哲學世界的撤退」。他在會議上的演講和發表的論文，尤其是一九九九年《科學》期刊上的那一篇，使他成為主張水平基因轉移至關重要，以及宣稱「生命史無法恰當地以一棵樹的形狀呈現」[305]這類觀點的最佳代言人。樹或非樹，這是個難題。不僅是道金斯、丹尼特和科因，對於許多生物學家來說，這一點似乎非常重要，因為他們置身於兩場平行的戰鬥之中：為了了解生命史所做的奮鬥，以及對抗神創論者內容上和政治上的攻擊，並捍衛演化論的教育。現在，樹的形象本身已經引發爭議，「樹的擁抱者」和「樹的砍伐者」激動地爭執優劣利弊。

杜立德告訴我：「對於挑起這種兩極化的爭辯，我並不會感到不愉快，我認為到目前為止這很有用。」這場辯論激發新的思想和研究，讓科學家有動力去收集新證據，並產生許多新的假設，「其中一些已經被證明不只有趣，而且很可能是真的，而另外一些，」他輕聲笑了笑：「就只是有趣而已。」他說：「我想我一直都相信，如果你不是半數時間都在犯錯，那麼你就是還不夠勇於嘗試。」

但是，邊際效益遞減的狀況出現了。「我有點厭倦打開每一本期刊，只想著：『哦，這篇論文是支持我還是反對我的？』」他愈來愈清楚地意識到，這並不是一個科學問題，而是哲學的、寫實的，和語義的問題。杜立德對我說：「生命樹是否存在，很大程度上取決於我們所說的生命樹是指什麼。」

他聯想到哲學家稱之為「忒修斯之船」的經典悖論[306]，這是兩千年前希臘歷史學家普魯塔克，在他的《忒修斯傳》當中所記載的故事。傳說中的英雄忒修斯，在克里特島經歷了一次史詩般的冒險之後回到雅典，雅典人將忒修斯的船永久保存為重要歷史遺跡。不過這歷史遺跡仍然繼續服役。他們沒有把船隻收藏起來，也沒有把它放在基座上束之高閣。這艘船被用在重要的儀式航行。一些木板隨著時間的流逝而腐爛，必須更換。然後，更多的木板腐朽，更多的替換隨之而來。在哪個時間點「忒修斯之船」將不再是忒修斯之船？很難說。根據杜立德的說法，經過數十億年的水平基因轉移，生物體本身及其譜系的認定也存在著同樣的問題。如果它的基因一半是細菌，一半是古菌，那麼該生物體屬於細菌還是古菌？或是這個問題其實無解，還是無意義？

杜立德決定，理解生命樹的最好方法，就是將它視為代表著關於所有生物的歷史，以及生物彼此關聯性的一個假設。他早在二〇〇〇年《科學人》的文章中就曾提過這個觀點，但只是順帶一提，沒有進一步探討。現在他開始深究了。這不只是個無中生有，或社群共識下的「迷人假設」[307]；這是達爾文的假說，成型於一八三七年，當時的達爾文在他的B筆記本上畫了那個小草圖，並在上面寫下了「我想」字樣。生命樹假設旨在解釋達爾文在生物和化石中所見到的模式，這些模式使他相信演化已然發生。若真是如此，演化是**怎麼**發生的？達爾文認為，從共同祖先開始，最初是幾種原始形式，也或者只有一種原始形式，慢慢地經歷變化，某些形式變得與其他形式不同，逐漸分化為許多物種，這些變化主要由他稱為「天擇」的過程所塑造。如果上述全部正確，生命的歷史看起來會是什麼模樣？達爾文假設：它看起來會像一棵樹。

可是，樹的假設對於細菌和古菌的歷史來說並不適用，它們之間都是橫向交換。它對於其他事物也無法完美適用。我們不能責怪達爾文，他的年代並沒有分子親緣關係學來攪亂他的思想，他也不知道水平基因轉移的現象。他以他目光所能及的證據，盡心盡力做到最好，而成果也已經出色得不得了。

第六十九章

厄蘭森是瑞典裔美國農民，小時候舉家移民美國，他在明尼蘇達州長大，並於一九〇二年與家人一同遷居到加州的中央谷地，那裡有著水源充足的沃土和適合植物生長的長日照。他結了婚，育有一個女兒，並開始在自己的土地上種植豆類和其他農作物，地點在加州的希爾馬附近，位於莫德斯托和默塞德之間。有一天，他注意到他的灌木圍籬形成一種自然的接合：來自兩種不同灌木的兩個分支，相接並結合。受到這種異常現象的啟發，就像威斯康辛州的克魯薩克一樣，厄蘭森開始了自己的奇特嗜好：將樹木塑造成有趣、不自然的形狀。他透過反覆試驗來學習，獲得驚人成果。他使用的方式包括修剪、嫁接、彎曲、用外部的木樁和鷹架支撐糾纏的樹苗，直到它們牢固地生長到位。有人問他種植奇形怪狀樹木的訣竅，他開玩笑地說：「我對它們說話。」[308]

厄蘭森偏好美國梧桐、柳樹、楊樹、樺樹，和（克魯薩克也使用的）白蠟楓等柔韌性佳的樹種。他的作品以描述性名稱聞名。他種出一棵針線樹，斜紋格狀的交叉平行排線，一些枝條穿過其他枝條中間的孔洞。他從成排的十棵小樹中種出大教堂的窗戶，仿效彩繪玻璃的絕妙組合。他還種出梯子樹、電話亭樹、圓錐帳篷樹、雙眼鏡樹、拱門樹、旋轉門樹和九趾巨人樹。他將六棵美國梧桐種成一棵籃子樹。沒有人見過這樣的形狀，至少在自然生長的樹木中沒有；無論是野生樹種還是人工種植，樹木一向都是按照自身的規律生長的。厄蘭森在腦海中看到不存在的樹木，並且讓它們成真。這傢伙難不成陷入了某種良性癲狂？

也許不是。經過二十年的努力，隨著第二次世界大戰即將結束，加州的旅遊業在戰後漸趨繁榮，他生出個念頭，如果把他的活樹雕塑轉變為路旁景點，也許這個嗜好可以賺點錢。

他在聖荷西和聖塔克魯斯之間的舊舞台路購買土地，這條道路從新興的郊區通往海邊。然後，他將自己的奇異苗圃搬到新址。他移植了那些可移植的新奇樹木，無法移植的樹則砍下，將它們當作家具一樣運來，然後再開始種植更多的樹。一九四七年，他開始營業，生意說不上興旺，不過也算聊勝於無。訪客在路邊停好車，走過來按鈴，厄蘭森酌收一點費用，讓他們參觀自己的作品。他原本有著穩定如細流的來客量，直到新路線十七號高速公路使大部分交通改道為止。在生意好的一年，他的收入超過三百二十美元。他稱自己的活樹雕塑園區為「樹木馬戲團」。

厄蘭森接下來的故事與我們的主題無關，我只是想強調樹木造型術令人困惑的不自然特質。正如你已經讀過的，另一種形狀奇特的樹木馬戲團，是一九九〇年代後期到本世紀前二十年間，從基因體數據和譜系分析發展而來的。這個造型大業持續進行。雖然杜立德已經「撤退」到哲學領域，以思考這一切的意涵，但是他指導過的許多前研究生和博士後研究員，現在都成為這個領域的傑出研究者，致力於闡明生命的深厚歷史。馬丁和他的同事繼續從事重要研究，戈加滕、勞倫斯、庫寧以及許多其他人也是，人數之多難以計數，遑論列舉。過去十年中，年輕新秀嶄露頭角，例如在瑞典的荷蘭人艾特瑪研究古菌的新譜系，它們可能有助於我們對早期演化的理解。公共數據資料庫裡面讓人取用的基因體序列、用於分析這些基因體的軟體工具以及電腦運算能力都大幅增加，將發現和洞察的浪潮推向突破的高峰。沒有人可以完整記錄一切，或將之簡單描述，但是在這所有的新數據、現象和構想之中，這些科學家正在處理一些相當棘手的問題。

這裡有三個問題非提不可。第一個問題：達爾文真的錯了嗎？如果是的話，錯在哪裡？他的演化論受到嚴峻的挑戰，還是只需要修正？第二個問題：真核細胞的起源是什麼？內共生論以及米列史科夫斯基和馬古利斯及其他支持者的想法，才剛開始回答這個問題。粒線體和葉綠體是被捕獲的細菌，好吧。可是，其他從原核生物跳到真核生物的劃時代轉變呢？那大約是在二十億年前發生的，比如細胞核是如何生成的？所有神奇演進似乎都在宿主細胞這個容器中發生，那麼宿主細胞的特性是什麼？能夠匯合成如此複雜的細胞實體，成為所有動物、所有植物、所有真菌，和其他真核生物的祖先的確切材料和狀況是什麼？這種複雜性又是如何開始的？

第三個問題，也是最觸及痛處的問題：這些發現對「人類」的概念有何影響？人類個體是什麼？**你**是由什麼構成的？事實可能比你想的還奇怪。

第七部

合衆爲人

第七十章

很久以前，至少在雷文霍克從自己牙齒上刮下一些牙菌斑，然後透過他的顯微鏡觀察到這些小東西的那一天開始，世人就認識到有細菌和其他微生物棲息在健康人體之中。從那時起約莫三百年的光景，我們在科學上有了大幅度的進步。科學家見識到我們身上其實還有著其他生物大量殖民，並開始對它們進行統計調查。與此同時，現代微生物學也跟著同步發展。雷文霍克當年在自己嘴裡發現外來生物，因而感到震驚，而我們很快就發現更驚人的事實：人類基因體中竟然夾雜著外來基因，更不用提那些在我們身體各個部位和表面繁衍茁壯的完整微生物群了。

你肯定聽說過**微生物體**一詞。如今，在新聞、雜誌，和許多科學家申請經費的研究計畫提案中，這是一個熱門的科學流行語。它也是「將微小生物視為大型生物內的重要組成部分」這個現象的貼切標籤，近年來，這個現象獲得廣泛的認可。這個詞不算新，但在李德伯格的推廣下，它更帶有另一層意義：「片利共生、互利共生或致病微生物所組成的生態共同體，這幾種微生物確實共享我們的身體空間，但在影響健康和疾病上的重要性卻幾乎完全被忽視。」[309]如上所述，**微生物體**通常是指「人類微生物體」，也就是居住在**我們**體內的微生物群落。其他各種複雜的多細胞生物也都有各自版本的這種內生生物。馬身上的微生物體和老虎的微生物體分別自成一格，是不同的群落。人類的微生物體則是人類的。這些特定的小生物已經演化成人體的參與者，而我們則演化成深深依賴著它們。

當然，人類微生物體並不是一張不變的列表，列在其上的，並非所有人在任何時候都共有的微生物物種，而是一組如萬花筒般的各種可能組合。正如「人類基因體」是個單獨的詞彙，暗示著一個單獨的實體，但實際上包含許多個人與個人之間的變異，「人類微生物體」也是如此。當我說「這些特定的小生物」是人體的參與者時，我指的是人類身體裡面和表面的一整套常駐微生物的組合，住客名單因人而異，並且會隨著環境和時間而變化。

我們現在對於人類的健康有了更新的認識，而這正與微生物體的這種可變性息息相關。對每個人來說，常駐微生物有如一群代表團，團員的組成取決於我們的身分、我們的職業、我們的出生和成長背景、我們足跡所到之處、我們的食物攝取等等。而這團員的組成又對我們產生影響。

人類微生物體已成為科學研究和醫學關注的主要焦點，因為它直接或可能涉及到一長串不健康狀況：像是肥胖、兒童糖尿病、氣喘、乳糜瀉、潰瘍性結腸炎、某些類型的癌症、克隆氏症和其他疾病。科學家漸漸發現，一個健康的人通常攜帶著健康而多樣的微生物體；如果微生物體出於某種因素被耗盡、受到干擾或未能充分發育，就可能會產生有害的結果。正如人體內出現某些微生物可能會有問題一樣（我們稱之為傳染病），缺乏某些微生物也可能是個問題。去除腸道中的**多形擬桿**

菌，可能讓人難以消化蔬菜。微生物之間的不平衡，一種過多，另一種過少，也會造成麻煩。使用抗生素會破壞大腸原本的健康細菌群落，少量原本常駐的**困難梭狀芽孢桿菌**在用藥後倖存下來，但因為許多其他細菌已被消滅，現在環境中再也沒有競爭者，可能會爆發成嚴重感染。它可能會削弱腸壁，引起發燒和腹瀉，甚至可能導致死亡。

最近的一項數據估計，每個人體約含有三十七兆個人類細胞，同時還包含大約一百兆個細菌細胞，細菌細胞與人類細胞的比例幾乎為三比一。（另一項研究提出一個較低的比例，大致為一比一，但這仍然意味著你體內有三十七兆個細菌細胞。）這甚至還沒有計入所有非細菌微生物——病毒顆粒、真菌細胞、古菌和其他小乘客——它們通常寄居於我們的內臟、嘴巴、鼻孔、毛囊、皮膚表面和身體周遭的其他地方。這些偷渡客可能代表一萬多個物種（考慮到原核生物這個類別的模糊性，或許該在「物種」上加引號）。其中大約十分之一，或許有一千個物種，是生活在人類腸道內的細菌。由於我們數以兆計的微生物細胞中的每一個通常都比人類細胞小得多，因此完整的微生物體僅占我們身體質量的百分之一到三。對於一個九十公斤重的成年人來說，大約是一到三公斤。在體積上，可能也只有一到四公升而已。儘管如此，那區區幾公升的小細胞很忙碌，也很重要。

但上述這些僅僅是我在這裡想說明的一部分。其他書籍，包括專業書籍和科普書，近期都不約而同描述了人類微生物體的性質和運作方式。後者中最出色的當屬艾德．楊的《我擁群像》，這本書有如一本百科全書，詳述關於人類和其他物種之中，微生物生態系統的互動。我這本書的目的則不同，因此沒有必要去涵蓋大致相同的領域。但是，既然微生物體一詞已經進入我們的文化成為日常用語，它可以是介紹其他事物很好的起點，甚至是更為基本和棘手的事物，像是介紹人類本質的複合性。

雷文霍克在一六八三年九月十七日寫給皇家學會的一封信中，報告了他對口腔生物的發現，以及對其他四個人類似樣本的進一步觀察。從他的肉眼看來，這塊牙菌斑是「一點點的白色物質，像麵糊一樣厚」[310]。然而，在他的顯微鏡下放大之後，它更像是：「我當時格外驚奇地看到，在上述物質中有許多非常微小的小生物，非常優美地移動著。」它們當中最大的「以一種非常強烈和迅速的動作射入水（或唾液）中，像梭子魚穿水而過一樣。」那是很快的速度：與鱸魚或鯉魚相比，梭子魚就像箭頭一樣。而較小的野獸「像陀螺一樣旋轉」。這是一個豐富而繁忙的生態系統，特別是雷文霍克從一個研究對象那裡收集到的樣品：一個一生中從來沒有刷過牙的老人。在老人提供的口腔黏液中，他發現了「一群令人難以置信的活體小生物，它們游泳的速度比我迄今見過的任何生物都要靈活快速。」這些小傢伙中，有一種體型較大的，它們「在前進時將身體彎成曲線」。他觀察著各種微生物，根據他留下的粗略證據，現在無法斷定它們的名稱。但所有的旋轉和彎曲動作都顯示螺旋體（螺旋狀細菌）可能就在其中。

三個多世紀後的一九九四年，一群醫學微生物學家的研究報告，在更廣泛的背景下證實了螺旋體的可能性。這個研究計畫的主持人是德國弗萊堡大學的高貝爾。他們在一名患有嚴重牙周炎（牙齦疾病，牙齒會從顎骨處開始腐爛）的二十九歲婦女的口腔中尋找生物多樣性，這些科學家發現了數十種可歸於同一個屬的螺旋體。這個屬就叫做螺旋體屬，因包含了梅毒螺旋體這種會引發梅毒的小惡魔而惡名遠播。而其他螺旋體雖然沒有那麼戲劇化，不過也相當麻煩，它們會引起那個女人身上所見的牙周炎。不過這個案例讓我們注意的地方，並不是在病人口中肆虐的噬骨螺旋菌的多樣性，而是高貝爾的團隊使用渥易斯的方法進行研究工作。

更具體地說，他們透過對16Ｓ核糖體ＲＮＡ樣本進行定序和比較，鑑定了許多不同種類的口腔螺旋體，不過他們比渥易斯更進一步。渥易斯在培養基中培養細菌和其他微生物，然後提取它們的核糖體ＲＮＡ。有時候，這些小生物無法圈養，由於太過野性和對環境敏感，無法以人工在實驗室中培育。在這種情況下，需要採用不同的方式來檢測新的未知微生物。高貝爾和他的同事說，他們使用的方法，是由渥易斯的好朋友和主要助手佩斯開發的。

第七十一章

佩斯一九五〇年代在印第安納州的一個小鎮長大，他是個聰明的孩子，很早就對科學產生興趣，有一次在家裡化學實驗室做實驗時，把左耳膜炸破了。他也像杜立德一樣，在前蘇聯史波尼克人造衛星發射之際認真起來，確立了自己未來的職志方向。他高中時參加一個科學夏令營，然後去一個所謂的大城市念大學：布魯明頓。一九六四年，他到伊利諾大學念研究所，終於開了眼界，深受史畢格爾曼指導下的博士生前景所吸引。史畢格爾曼是當時的傑出人物，以核酸研究聞名。渥易斯大約在同一段時間抵達厄巴納，三十六歲的年紀，被聘為副教授，但基本上還不為人知，剛剛開始著手撰寫他關於遺傳密碼的早期著作。渥易斯的實驗室和史畢格爾曼的實驗室，都位在莫里爾大樓三樓的同一條走廊上。佩斯也跟杜立德一樣（不過早了幾年），發現年輕的渥易斯似乎比穿著膠底鞋、令人畏懼的史畢格爾曼博士更友善，在某些方面更激勵人心。

「我們會聚在一起聊天，氣氛融洽。他的實驗室就在走廊盡頭。」五十年後，當我們坐在佩斯位於科羅拉多大學波德分校的實驗室裡時，他這麼告訴我。「他正在做一些我非常感興趣的事情。」對於如此深奧的科學假設來說，也許**做**這個動詞是不夠精確的，佩斯改口修正為「……『思考』我非常感興趣的東西。」他感興趣的東西，指的是透過遺傳密碼的機制（克里克最喜歡的謎題），一直回推到密碼的演化起源，再到生命型態本身最初期的無形悸動。渥易斯正在思考這些重大問題，嘗試拓展科學調查能力可及的界限，不是隨便想想，而是帶著強烈的求知慾望。佩斯說：「走廊上親切的聰明傢伙，思考著生命的起源，以及那些知名的科學家沒有想到的事情。」他笑了：「在那些年裡，我們有很多互動。」研究生佩斯邀請年輕教授渥易斯加入他的論文口試委員會。渥易斯同意了，他們的友誼持續增長。

這時已經是一九六〇年代後期。佩斯是一個精神奕奕、充滿冒險精神的年輕人，熱愛洞穴探險，喜歡摩托車，還有一位活潑的妻子伯納黛特·佩斯，她是個分子生物學博士。佩斯喜歡騎著寶馬重機 BMW R69S 公路旅行，他曾經騎過一趟從德國到土耳其當天來回的公路之旅，伯納黛特在身後緊摟著他。結果兩人回來之後，伯納黛特也想要一輛。「那是在她開始練習空中飛人之前的事。」佩斯告訴我。伯納黛特後來成為一名相當專業的空中飛人表演者，當卡森和巴恩斯馬戲團的表演者受傷時（這種情況經常發生在空中飛人身上），她的專業程度甚至足以替補受傷團員，與他們一起表演。佩斯和伯納黛特在院子裡架了一個高空表演的台子，有時這對夫婦舉辦派對，當伯納黛特為他們的朋友表演時，佩斯會戴上禮帽、穿上緊身衣、打上領結，擔任特技表演指揮。這些活動絲毫沒有減損他們在科學研究上的嚴謹，伯納黛特是佩斯的合著者，他們共同發表了十幾篇深奧的論文。這也沒有降低他在渥易斯心目中的評價。渥易斯是一個保守的人，但又是一個激進的思想家，他只是將佩斯這些冒險活動視為「大膽浪漫的探險」。

佩斯拿到博士學位後，還獲得為期兩年的博士後研究經費，然後他離開厄巴納去從事他的第一份學術工作，但仍與沃易斯保持著密切聯繫。佩斯在丹佛的國立猶太醫學研究中心成立了自己的實驗室，繼續研究他的論文主題：RNA的複製機制。杜立德從厄巴納來到丹佛，在他的指導下做博士後研究。後來索金也來這裡，他是渥易斯早期定序工作的得力助手，仍對核糖體RNA很感興趣。一九七〇年代，佩斯與他們兩人以及渥易斯曾共同發表了一些論文。

在一九八〇年代，他的研究更聚焦於如何實現一個巧妙的見解：渥易斯那套識別微生物，並將它們排列在演化樹上的方法，佩斯覺得或許可以稍微變化，然後用來檢測那些無法在實驗室中培養的生物。那些未知的生物，**無論**它們是什麼，畢竟也有16S核糖體RNA。如果他能找到這些生物，將16S核糖體RNA抽取出來進行定序，把各個樣本分類整理好，他就不需要養它們了。他再也不需要純粹的培養物了。或者更棒的是，他可以從樣本中提取DNA而不是RNA，將它增幅到可以分析的數量，然後查看那些負責轉錄為16S核糖體RNA分子的基因，有哪些不同的版本。這可能會有助於我們理解一些生活在極端環境但物種豐富的野生神祕小生物，以及許多其他生活在不那麼極端但以前被忽視的地方的微生物。如果這個方法奏效，它將為地球的生物多樣性開闢寬廣的新視野，因為地球上大多數的生命形式都是微生物，而這些微生物中的大多數從未（而且可能永遠不會）被活捉到實驗室，在人工圈養環境中生存和繁殖。它們是生物界的暗物質，數量巨大而重要，但我們肉眼看不見＊。

佩斯的方法果然有效。佩斯和他的年輕合作夥伴，用來自三個截然不同的極端環境樣本，證明了這個原理。第一個是太平洋下方數千公尺深的深海熱泉。第二個是新墨西哥州赫利附近的銅礦場浸出池。第三個是黃石國家公園的溫泉。從深海熱泉中，佩斯的團隊取得一種巨大管蟲的組織，該樣本由伍茲霍爾海洋研究所的同事提供，管蟲樣本大概是使用深海探測潛艇阿爾文號（Alvin）所抓取的。他們從礦場的浸出池中，撈出將近一公斤的有毒泥漿。黃石公園的情況就不同了，對這幾個丹佛的大男孩來說，有點像是一個好玩的活動。

「我當時正坐在辦公室裡讀這本書。」佩斯告訴我，他從書架上拿出一本厚厚的書：布洛克關於嗜熱微生物的論文。我之前提過，布洛克在黃石公園溫泉中發現了水生棲熱菌，從而為可以大量複製ＤＮＡ的聚合酶連鎖反應技術（使用水生棲熱菌中的酵素），以及隨之而來的所有分子生物學研究開闢了道路。佩斯說：「其中一篇關於黃石公園章魚溫泉的文章，裡面有一大堆『所謂的』粉紅色細絲。」前述「所謂的」一詞正是布洛克本人說的，他認為粉紅色的細絲是細菌聚集體，但從

＊譯注：以前的科學家之所以需要在實驗室培養微生物，是因為微生物的體積太小，因此需要在實驗室將它們培養到一定數量才能夠分析。佩斯之所以能跳過培養階段直接分析微生物的ＲＮＡ或是ＤＮＡ，有賴於第二十一章提到的一個技術「聚合酶連鎖反應」。這是八〇年代才出現的技術。有了這個技術，科學家得以直接分析極為微量的微生物基因，而不再需要先大量培養。

未在他的實驗室中成功培養出來。它們比水生棲熱菌更難控制，部分原因可能是它們需要非常高的溫度。大多數微生物學家原本認為，任何生命形式的耐熱上限約為攝氏七十三度（華氏一六三度），直到一九六〇年代中期布洛克造訪黃石公園才打破這個印象。例如，他發現水生棲熱菌不是在溫泉的源頭，而是在其流出通道的下游生長，溫度為相對溫和的攝氏六十九度。但這些粉紅色的細絲生長在章魚溫泉最熱的部分，溫度高達攝氏九十二度。「真是天殺的熱。」佩斯提醒我。水的沸點是一百度。閱讀布洛克書中的描述，佩斯發現自己很想了解這些嗜熱微生物的特性，以及它們的生存方式。這一切都發生在一九八一年，但他記得很清楚，因為這基本上為他設定了職業生涯的方向。

他從辦公室衝進實驗室，他的三個研究生站在那裡。「喂，你們看看這個，」佩斯回憶當時歡呼的自己：「這座黃石公園的溫泉，章魚溫泉，據說有數量重達公斤級活在高溫下的生物質！」公斤級，生物質：如同阿基米德跳出浴缸興奮地大喊「我找到了」，這些術語則是微生物學家版的「我找到了」。他的意思是：一**大堆奇怪的蟲子，在幾乎不可能的高溫下快樂生長！**

我們快去取一些回來吧，他說。他想像著從粉紅色細絲中提取核糖體RNA，進行定序，鑑定出全新的生物。這些生物不僅是未知的，而且傳統微生物學方法**無法得知**的。他回憶道：「天哪！我們可以找出這世界上還有誰也在。」微生物學家的另一個怪癖：把細菌或古菌擬人化。

探險隊逐漸成形，佩斯還邀請沃易斯加入。因此，這位厄巴納的智者與佩斯團隊一同遠征黃石公園，在間歇泉區搭起營帳，幫忙從章魚泉收集樣本，著迷地參與這次「大膽浪漫的微生物學探險」。他們發現那些在沸點附近蓬勃繁衍，只能透過核糖體ＲＮＡ定序來描繪其特性的微生物群落，主要有三種。兩種是細菌，一種是古菌。三種都是科學界的新發現。渥易斯高興地回到厄巴納的家，不過，他後來告訴佩斯，由於睡在地上，他的背痛過了好幾個月時間才康復。

有一張畫質粗糙的相片，差不多就是在這個時候，由實驗室中的某個人拍攝，保存在關於沃易斯的紀念文獻當中；照片中是留著鬍鬚的渥易斯和精瘦年輕的佩斯兩人的合影。他們都穿著Ｔ恤，佩斯一頭長髮，戴著飛行員眼鏡，左手放在髖部上，二人高舉內容物不明的實驗室燒杯，意氣風發地互相敬酒，場合不詳。也許就是那回，他們帶著一堆奇怪的微生物從黃石公園回來？正如我看過同一張照片的轉載，標題只寫著「界裡的友誼」[311]。界實際上是三界，或者更準確地說，是三域：細菌、真核生物、古菌。這張快照提醒我們，那是一段孤獨但激動人心的時光，而佩斯占據了一個特殊的位置。在渥易斯的一長串聯絡人（他的部門同事、他的德國崇拜者、他的研究生、他的博士後研究員、他的實驗室助理、他的其他合著者和合作者）中，之後數年間再也沒有人比佩斯付出更多的努力，去證實和辯護渥易斯對生命最深層歷史的觀點。

佩斯從來都不是渥易斯實驗室的成員。渥易斯曾擔任他的博士學位考試委員，但史畢格爾曼才是正式紀錄的指導教授。他與渥易斯的關係開始於走廊上的隨意閒聊，隨著時間推移，藉由共同的興趣和信念而日漸加深。他有自己描述這段關係的簡單方式，在我們於波德校園的交談中，他說道：「我是他的科學兒子。」

第七十二章

寄居人體的微生物從來不是佩斯直接關注的焦點，他對地球上微生物多樣性這種更廣泛的主題比較感興趣。但是人類微生物體的發展，很大程度上是根據他和渥易斯的研究而得來的。渥易斯開創了使用16S核糖體RNA鑑定和比較微生物的技術。他所研究的微生物，如沃爾夫的產甲烷菌，都是在實驗室中分離和培養的。它們在人工培育的環境中生長（並不一定那麼容易，但至少沃爾夫和鮑爾奇解決了產甲烷菌的問題），然後渥易斯從這些純化培養物中，取得他的核糖體RNA。另一方面，佩斯憑藉著自己的遠見和技能，獲得那些只能生活在野外的微生物的證據。他拓展渥易斯的技術，應用到各種環境中的原始樣本，包括像章魚溫泉那樣的極端環境。他取得這些樣本中的16S核糖體RNA以及編碼它們的基因，大量純化後，來檢測和鑑定從未（也許永遠**無法**）在實驗室中培養的新生物。

微生物體的文獻證明了這兩項貢獻的重要性，例如高貝爾關於牙齦疾病的論文和許多其他論文。它們還成為生物學一個全新分支的基礎——**總體基因體學**：直接解析環境中的遺傳物質得知的微生物及群落研究。

同時，對人類微生物體的研究，又使世人對水平基因轉移有了一些新的認識。事實證明，這種現象發生在我們自己的腸胃、鼻腔和口腔之中。細菌總是不斷地在演化，而且是朝著更強大的毒性、抗生素抗藥性，或人類宿主間的傳染性等方向進化，這使得它們能夠增加達爾文演化論所說的「適者生存」的成功率。快速演化通常比緩慢演化好，如果要為演化所需的可遺傳變異添加主要的新可能性，水平基因轉移是最快的方式。因此，碰巧在人類結腸或鼻孔遇到其他共享棲地的細菌，然後透過水平轉移獲得全新基因，是細菌改善生存展望和族群數量的有效方式。這一點透過麻省理工學院艾爾姆主導的研究，獲得了證明。

艾爾姆的小組研究了兩千兩百三十五個完整的細菌基因體，這些基因體全都來自一個由聯邦機構所維護的綜合公開資料庫。換句話說，他們下載了其他研究人員收集的大量序列數據，就像你下載一整季《怪奇物語》影集。這兩千兩百三十五個基因體中，有一半以上來自「人類相關細菌」：人體的居民，人類微生物體的成員[312]。艾爾姆的團隊按照渥易斯的方法，使用16S核糖體RNA基因作為標準來衡量這些細菌的親緣關係。他們知道每種細菌代表的地理起源，至少清楚是哪個大陸。他們知道每種細菌的生態環境。對人類相關細菌而言，這些資訊則代表人體的哪個部位：胃部、口腔、陰道、腋窩，還是皮膚？這三個參數，關聯性、地理位置和生態環境，大致勾勒出他們問題的輪廓：細菌間進行水平基因轉移時，哪個因素最為重要？

他們篩選所有基因體，看看有沒有什麼可疑異常：比如兩種非常不同的細菌，卻有極其相似版本的特定基因。這是大規模的生物資訊學，不過龐大的生物資訊分析現在已經變得相對快速且便宜。他們的假設非常合理：在兩個譜系相距遙遠的細菌體內，如果有某個極為相似的基因，那表示該基因應該在最近發生了水平轉移事件。艾爾姆原先希望他們能找到幾個這樣的例子。「我在想五到十個，」他從他的實驗室用電話告訴我：「如果我們能找到五到十個基因，那就很有意思了。」結果，他們發現了一萬零七百七十個。艾爾姆說，找到這麼多轉移本身就「相當令人震驚」。

在這三個參數中，生態環境顯然很重要。例如，他們發現寄居人體細菌中的水平基因轉移發生頻率，是棲息在其他各種環境中細菌的二十五倍。不僅如此，從另一個角度分析他們的數據，艾爾姆的團隊還發現，棲息在人體**同一部位**的細菌之間發生水平基因轉移的頻率，高於不同部位之間的轉移。說得清楚一些：生活在我們腸道中的細菌，傾向於與其他腸內菌交換基因。牙齦細菌、陰道細菌、皮膚細菌也是如此。這些基因轉移主要發生在短空間距離內，即使彼此間的親緣關係距離很大（兩個細菌的譜系之間距離非常遠）也無妨。居住在某人陰道中的生態環境提供了某種接近性，也就是對非常特定環境的共同適應性，因此似乎是兩種細菌透過水平基因轉移，共享基因的大好機會。

所以，對我們體內的水平基因轉移來說，生態環境比親緣關係更重要。但數據中還藏有另一則訊息。艾爾姆的團隊也發現，生態環境也比地理位置更重要。他們的研究中，「人類相關基因體」裡面提到的微生物，來自於數個不同大陸的人。同一大陸上細菌之間的基因轉移，比大陸之間的基因轉移發生得更頻繁，這點毫不奇怪。但是，這種規模的主客場差異，並不像涉及身體部位的主客場差異那麼大。人類腸道、陰道、鼻腔或皮膚的共享生態，對水平轉移來說還是最有利的。同一細菌譜系中成員的共享親緣關係排在第二位。同一大陸的共享地理位置位居弱勢的第三。

艾爾姆的團隊寫道：「總而言之，這些分析指出，近期的水平基因轉移經常跨越大陸和演化樹，以某種生態結構網絡連接全球的人類微生物體。」[313]更簡單地說：基因是橫向移動的，從一個演化分支到另一個演化分支，甚至在我們的體內也是如此。

第七十三章

渥易斯透過閱讀期刊報告密切關注新發現，儘管他本人不再站在實驗室工作和發現的最前線。他現在主要是一個思想家。

在二〇〇〇年代初期，當杜立德和其他資深科學家發表他們那些關於水平基因轉移、頗有影響力的論文時，艾爾姆和其他年輕研究人員也以高度興趣吸收了這些有如警鐘的論文；也就是此時，渥易斯寫下他的「千禧年系列」，數篇關於細胞演化和「通用親緣關係樹」的論文。他在那些論文中承認，在地球生命的早期階段，水平基因轉移必定是一個極其重要的過程，接著根據很少的數據資料提出自己的最後防線：在那之後它就沒有那麼重要了。這使他能夠繼續堅持他的「通用」樹的普遍性。這棵樹單單根據從16S核糖體RNA而來的證據，畫出三個主要分支，分別標記為細菌、真核生物、古菌。他宣告古菌是生命的第三大域，這在一九七七年當時是革命性的，後來也成為他想捍衛的正統觀念。這是科學領域中會發生的情形。典範會轉移，不過在一位科學家的人生和思想中很少會發生兩次。

渥易斯並不孤單（佩斯總是站在他那邊，其他一些人也是如此），但他對「一棵唯一的樹」的固執主張，使他逐漸成為少數，他其實清楚這一點。渥易斯承認，現在許多分子生物學家似乎覺得，長久以往的水平基因轉移，已經「抹除了」這幅唯一有效的樹狀親緣關係圖上面的「深層祖先痕跡」[314]。他不同意。「這些草率的結論是錯誤的。」他寫道。

大約同時，他自己的職涯發生了兩方面的變化。第一個與一位新同事有關。二〇〇二年九月的一天，他以電子郵件聯繫伊利諾大學校園另一隅的一位理論物理學家戈登菲爾德。戈登菲爾德是個英國人，比他年輕將近三十歲，以助理教授的身分來到厄巴納，晉升為正教授，他的中年職業生涯都在研究複雜交互系統的動力學，包括晶體生長、紊流現象、材料結構相變以及雪花的形成等主題。這些主題的共同點，是隨著時間推移而演變的模式。戈登菲爾德與渥易斯未曾謀面，但他對渥易斯的盛名早有耳聞。後來，他稱那封渥易斯初次寄給他的郵件為「我生命中最重要的電子郵件」[315]。

當初其實是渥易斯聯繫物理系主任，詢問道：「我需要一位物理學家的協助，我該找誰？」系主任推薦戈登菲爾德。在電子郵件中，渥易斯解釋他想與**某人**討論複雜動態系統的主題。他寫道，他覺得當前分子生物學的視野已經走到盡頭，需要重新聚焦於嶄新的見解。而新見解可能必須先認識到，細胞本身是一個複雜的動態系統，並且可能只有以這種方式，才能理解細胞演化可能經歷的各個階段。當複雜系統彼此隨機交互作用時，有時一些超越現存未連接元素之間的性質會慢慢浮現出來。渥易斯寫道：「我的電話號碼是三－九三六九，如果你有意願和我討論一下的話。」[316]

戈登菲爾德迅速回覆。他受寵若驚，也很感興趣，但他不得不承認，他對生物學所知甚少。

渥易斯回覆道：「對於目前的生物學，一開始你可能會覺得很陌生，但是假如我的判斷正確的話，這個領域肯定會朝著你的研究方向發展。」[317]結果發現，渥易斯心裡盤算的並不僅僅是一次對話，而是一次合作。渥易斯想要一個合作夥伴，能夠了解複雜交互系統，並且能夠用出色的數學能力量化其動態。那個夥伴是否知道古菌和細菌的差別，或道金斯和達爾文的不同，對他來說則沒有那麼重要。

戈登菲爾德後來寫道：「於是，一段長達十幾年的科學合作關係和友誼開始了，直到他去世為止。在那段時間裡，我們幾乎日日見面，不然就是透過電話或電子郵件交談。」[318]渥易斯本人受過物理學的訓練：他在安默斯特學院攻讀數學和物理學，在耶魯大學攻讀生物物理學博士學位。不僅如此，渥易斯還為自己的學術血統自豪，這份血統由他的博士導師波拉德，上溯到劍橋的卡文迪希實驗室。波拉德自己在卡文迪希的博士導師，是發現中子的查兌克。當時的實驗室負責人是拉塞福，他解開了放射性和原子的許多謎團；在拉塞福任期之前，湯姆森（也就是克耳文勳爵＊）曾領導過卡文迪希實驗室；在湯姆森之前是馬克士威。這些人都是現代物理學的巨擘，除了查兌克、拉塞福和湯姆森之外，卡文迪希實驗室還有其他二十六名成員（包括兩位生物學家華生和克里克）得到諾貝爾獎。戈登菲爾德在卡文迪希拿到物理學博士學位，這一點可能讓他作為渥易斯職涯最後階段的年輕合作者，增添了些許吸引力。渥易斯的職涯現在又繞回生物物理學和數學領域，因為他正在摸索，想要更深入地了解早期演化，也就是達爾文閾值前的ＲＮＡ世界的樣貌；以及生命起源後，何以如此迅速地就演變出如此的複雜性。

渥易斯和戈登菲爾德在他們合作的十年間寫了許多論文，其中最重要而且最引人注目的，是關於遺傳密碼的起源。這篇論文的作者中，還有一位年輕的物理學家韋西吉恩，論文發表於二〇〇六年，再度提出渥易斯在他一九六七年的書中努力想解決的主題。論文有一個激進的命題：所謂的密碼普遍性，也就是說「所有生物都使用相同的三字母DNA組合，代表相同的氨基酸」，其實反映了生命早期歷史中的動態演化過程，而不是如克里克所說的，是一次可以追溯回祖先時代，發生在一小群共同祖先中的「凍結的意外」。該命題在論文中有電腦模型和大量數學推論的支持。動態過程涉及「非達爾文」機制[319]，因此不同譜系之間的創新共享是有可能的。**不僅**可能，這種共享能力還十分有利甚至成為必要。他們認為，這些「非達爾文」機制中包括了水平基因轉移，這個現象發生的程度甚至比之後的時期「更加氾濫和普遍」。根據這個觀點，即使供體生物仍使用略為不同的密碼，水平轉移的基因對受體可能還是有價值的。這種轉移盛行的結果，形成了一套單一的編碼和轉譯模式。有了統一的密碼，就能夠將來自某個譜系生物的基因，最佳化應用於另一個譜系的生物身上。根據韋西吉恩、渥易斯和戈登菲爾德的說法，水平基因轉移不僅僅是一種古老而普遍的現象；它還是早期演化的主要因素之一，塑造了我們所知的生命，以及所有生命賴以建構的訊息系統。

＊譯注：湯姆森因為在科學上的貢獻，於一八六六年受封，成為第一代克耳文男爵。

一年後，另一篇值得一提的「戈登菲爾德－渥易斯」合著出現在《自然》期刊上，標題為〈生物學的下一場革命〉。文章篇幅只有一頁。兩位作者說，論文的目的是要解釋為什麼在新思維和「即將到來的巨量基因體數據」[320]的催化下，一場澈底的變革會很快席捲整個科學界，並可能迫使生物學家修改他們的一些基本信條，包括物種、有機體和演化本身的概念。他們的解釋從水平基因轉移開始。

「在微生物中，水平基因轉移無所不在而且力量強大。」[321]戈登菲爾德和渥易斯寫道，並承認（渥易斯先前不願意承認）這不僅僅是發生在遙遠過去的事情。「現有研究強烈表明，微生物會根據情況需要而吸收和捨棄基因，以回應所處的環境。」兩人論述，由於基因的流動性，「物種」的概念在細菌和古菌中毫無用處。隨著基因橫向流動，訊息跨越邊界，能量透過群落和環境從細胞向上流動，「有機體」作為一個單獨生物或獨立個體的概念，似乎也不那麼具有效力了。

然後是我們熟悉的達爾文式的「演化」，那似乎也過時了。他們的想法是：演化創新可能透過累積突變以外的方式發生，也會透過垂直遺傳以外的方式傳播。他們宣稱，這樣一來達爾文的演化模式就有問題了。渥易斯一直在閱讀一些出色而非傳統科學思想家的作品，例如生物學家考夫曼和物理學家普里戈金，以及他們所提倡的「混沌和複雜性理論」。他們主張某些不可預測卻又複雜、令人詫異的「突現性質」，可能在複雜的交互系統中自發產生。特別是考夫曼，在《秩序的起源》和《宇宙為家》等書中，提出「自我形成組織」的現象，有可能出現在生物系統中[322]。對一些生物學家來說，這些想法似乎是危險的，一旦被誤解，肯定會再次為神創論者提供支援，用以否定達爾文的理論。然而對求知若渴的渥易斯來說，它們很有吸引力。

戈登菲爾德和渥易斯寫道，在充滿混亂的RNA世界中的某處，一個「運作系統」可能已經自發形成[323]，在此之上，一套更可靠、更新，可以交流和應用的RNA自我複製機制，才終於從原本充滿隨機錯誤的舊系統改進而成。他們所影射的，是最終在細胞中看到的轉譯系統，可以將RNA訊息轉化為可用的蛋白質。該機制的核心是核糖體，而核糖體的核心是渥易斯心愛的16S核糖體RNA分子。這個想法導向另一個想法：早期生命以戈登菲爾德和渥易斯所說的「拉馬克式」演化，意味著就後天特徵的遺傳而言，垂直遺傳不如水平基因轉移重要。「因此，我們認為傳統意義上，把達爾文的名字與演化連結有待商榷，因為其他模式也必須納入考量。」這是粉飾過的辭令，本意是：**讓我們把達爾文的聖像從神殿的立柱上拉下來吧。達爾文可能並非全錯，但是他的理論未能涵蓋最初的二十億年**。

第七十四章

渥易斯職涯的另一個轉捩點，源自於稍早的一九九七年，當時他在一場會議中遲到，與會者有教務長、幾位院長、一些教職員，以及某個慈善基金會的代表。該基金會正考慮向伊利諾大學提供一筆巨額資金。如果能夠得到贊助，學校將成立一個基因體比較研究中心。計畫提案來自一位研究哺乳動物基因體和免疫學的生物學家，也是與渥易斯關係友好的年輕人路文。身為哺乳動物研究員的路文，為他們的研究計畫發明了一個新潮的名字：**親緣基因體學**。他將是這項計畫初期的首席研究員。而渥易斯的加入會為它增添明星光環，基金會的計畫專員在投入資金之前亟欲聽取他的意見。但是渥易斯前一天從梯子上摔下來，弄傷了脖子，因為這個緣故，還有一些其他理由，像是他與生俱來的暴躁脾氣，他的同事沒有人料到他會出席這次會議。最終，他還是出現了，正如路文後來回憶的那樣，一個「戴著全副頸套的怪人」[324]，安靜地坐在會議桌的盡頭。他看起來很不舒服，可能正忍受著痛苦。計畫專員問他：「那麼，渥易斯教授，可否跟我們談談親緣基因體學對你來說意義為何？」

他深吸一口氣，閉上雙眼尋思片刻，然後開始滔滔不絕即席發言。路文回憶那段演說猶如「一場未經排練的宣言，一道洶湧的科學意識流，會議室裡的每個人都為之震懾。我們愣坐著好一會兒說不出話，明白卡爾剛剛做了一件了不起的事。」[325]他為整個野心勃勃的計畫制定了理論基礎：使用分子證據，揭露生物之間的真實關係，並沿著時光逆流追溯這些關係，以闡明地球上所有生命的真實歷史。哦，就這些嗎？「當時真該把它錄下來。」路文後來說。

渥易斯的表現尤其讓路文感到驚訝，因為他知道渥易斯甚至不喜歡**親緣基因體學**這個詞。它看起來煞有其事，然而定義其實很模糊。不過，如果非要有一個代表性的稱謂不可的話，它已經足夠了，至少對基金資助者來說是這樣。它可以作為渥易斯自己的研究的標籤，加上路文和厄巴納其他人所組建的跨領域團隊的研究，這樣可以把他們的計畫與其他地方的研究區分開來。路文認為，出於對庇護他一生的大學的忠誠，渥易斯發表了他的演講並達成目標。「這是他為伊利諾大學做的。」

無論渥易斯的動機為何，無論他是否有什麼未表明的異議，總之，他的發言奏效了。基金會的支票在兩個月內入帳，為更大規模的挑戰提供種子資金，他們的研究計畫開始了。十年後，耗資七千五百萬美元，伊利諾大學成立了基因體生物學研究所，由路文擔任創始主任，渥易斯擔任常駐顧問。

路文認為自己是渥易斯「不大可能會有的朋友」[326]，原因之一是他們的科學背景差異很大。路文來自動物科學領域，研究牲畜和影響其健康的因素，包括遺傳學和免疫學，他的研究主題包括牛白血病病毒，一種入侵乳牛基因體的反轉錄病毒。渥易斯則不太關心動物，至少在科學研究上不太關心，因為讓他感興趣的演化問題，還要追溯到更早的時間。動物只占了生命樹樹冠的一根小樹枝，他關心的是又大又深的分支。路文聽說過一些關於渥易斯難以親近的「駭人傳聞」，但在厄巴納待了大約十年後，隨著他自己的研究趨向比較哺乳動物基因體學，他愈來愈好奇，無論如何都想和渥易斯碰個面。

「大家覺得他是個獨行俠，一個乖僻又憤憤不平的人。」我跟路文約在加州大學戴維斯分校談話時，他如此告訴我。他最近剛結束在那裡研究副校長的任期。「我見到的渥易斯與大家口中所說的完全相反。」他走進渥易斯的實驗室，那裡的牆面仍然掛著幾張泛黃的紙，那是二十年前與福克斯和其他人一起畫的早期的生命樹。渥易斯像往常一樣坐在他的老旋轉椅上，雙腳擱在實驗室的長凳上。他站起身來，親切地向路文打招呼，帶他參觀一番，還聊了幾個小時。他們的友誼逐漸變得深厚，充滿信任。當基因體生物學研究所（IGB）成立時，渥易斯遊說校方任命路文為所長，然後他又說服不太情願放棄原本研究的路文接受這個職位。當基因體生物學研究所於二〇〇七年落成時，他們都搬了進去。那是位在大學天文台對面，一座俐落時尚的新大樓，大片窗戶俯瞰著石頭廣場。

對於搬離原先的實驗室，渥易斯很不捨。四十多年來，他一直都待在莫里爾大樓的三樓：他最偉大的發現、最艱辛的工作，和許多美好時光的所在地。路文說服他接受基因體生物學研究所大樓裡一間還不錯的辦公室（他拒絕了一間大辦公室），從那裡可以看到廣場。路文覺得這個變動，結束了渥易斯在莫里爾時期的「與世隔絕」[327]，讓他置身於「新的年輕團隊」中，例如戈登菲爾德和其他人，「以及他鍾愛的能幹助手派珀」。渥易斯搬進大樓時遇到了派珀，她在那裡協助一項研究計畫，戈登菲爾德稱其為「生物複雜性」計畫，後來她成為渥易斯的保護者、幫手和朋友。這一切似乎都對渥易斯親善友好，除了辦公室的安排出了一點狀況，使得他與路文的情誼籠罩上一層小陰影，當時路文為廣場訂製一組三件式的雕塑，想要表揚渥易斯最知名的成就：生物第三域的闡明。

路文後來寫道：「我原本想做點甚麼來表彰卡爾的發現，以象徵性的樹來發想。」[328]經過委員會審議，在全國性的競爭中選出一位來自芝加哥的「不敬」藝術家。在作品中，樹的概念消失了。雕塑家製作了三坨抽象的巨大物體，由聚氨酯模塑而成，但看起來有點像是從湯匙上刮下來的餅乾麵團。它們的形狀不規則，大小和顏色都不同。最大的一座是黃綠色，中號的是深橘色，最小的則是鮮黃色。下回造訪厄巴納時不妨過去看看。路文接受了這些異形，並將它們與廣場一起重新命名為「達爾文的遊樂場」。這在渥易斯眼中簡直是一種公然侮辱（對路文則是終生的懊悔），他連瞧都不想瞧。他開始經由遠離廣場的側門出入研究所，接著他搬到一間沒有窗戶的辦公室。「最終，他原諒了我。」路文寫道，但是過程並不容易。

這便是渥易斯的晚期階段，此刻的他對達爾文充滿憤怒，對二十世紀的分子生物學心灰意冷，對他自認最好的想法受到抵制感覺挫敗，對「原核生物」一詞感到惱火，對自己沒有收到應得的讚譽滿腔怨懟，尤其失望沒有獲頒諾貝爾獎，而且拒絕欣賞窗外以達爾文為名的現代藝術。他還剩下五年的壽命。

第七十五章

透過凡特團隊和國際定序聯盟之間的競爭性「合作」，人類基因體的定序（二〇〇〇年的粗略草稿，和二〇〇三年有所改進但仍屬臨時的版本）終於問世，科學家對全序列仔細檢視後，開始有了一些意料之外的發現。

這些意外發現不僅與人類DNA的構成及各部分的功能有關，還與它如何組成，以及某些片段的來源有關。第一個重大發現結果是誤報：定序聯盟在二〇〇一年宣布，有兩百二十三個人類基因「可能是來自細菌的水平轉移」[329]。團隊在數據不足的情況下做出一些倉促的假設，但他們的說法無法成立。正如之前所描述的，薩茲伯格和其他批評者迅速指出他們的錯誤。日後對非人類生物基因體的進一步定序，幫助我們更正確地了解人類基因體。與此同時，定序聯盟在二〇〇一年發表的分析報告中，還提到人類基因體定序另一個較少受到公眾關注的發現：在三十億個字母的序列中，存在著大量看似毫無意義的重複。它位於基因體內，像一個巨大的、裝滿所謂「垃圾DNA」的掩埋場。

構成人類的基本藍圖中，居然有數量如此眾多的贅言，多到幾乎令人羞愧的地步。其中大部分像是忽然冒出一堆相對較短的密碼，每段長度只有幾百到幾千個鹼基，重複出現數千或數十萬次。整體來說，這些重複序列幾乎占了整個基因體的一半（實際產生蛋白質的編碼序列只占基因體的百分之五）。其實早在好幾年以前，甚至是在DNA定序成為可能之前，科學家就已經藉由其他方法發現了這些重複片段，有些生物學家並將它們貼上「垃圾」標籤而排除。其他科學家用比較描述性的方式，稱它們為「轉位因子」。它們可以轉位，是因為它們似乎不僅能夠多次自我複製，而且還可以跳躍到基因體的不同部分。事實上，這些跳躍、重複的序列並非一無是處；它們是線索，在某些情況下甚至比線索更重要。定序聯盟的科學家認為它們具有潛在的啟發性，是「非凡的訊息寶庫」[330]，構成了關於人類演化的「豐富的古生物學紀錄」。至於那個紀錄揭示了什麼？這可就難說了。

對這些轉位因子的研究，其實有一段有點令人啼笑皆非的前傳。早在一九四〇年代，一位頗有遠見的植物遺傳學家麥克林托克，在研究玉米的遺傳時首先發現了它們。那時麥克林托克在長島的冷泉港實驗室工作，她親自種植和照顧玉米，每年夏天在四千平方公尺左右的土地上種植數百種玉米。透過對玉米種子照射X射線的方式人工誘導突變，再透過手工授粉建立遺傳雜交，接著她從染色體到染色體、從玉米稈到玉米稈去追蹤這些突變。在分子生物學出現之前的時代，玉米是遺傳學家非常有用的研究對象，因為許多突變可以透過雜色玉米粒的顏色清楚地顯示出來。麥克林托克發現，她以人工誘導的一些變化，似乎以整體移動的形式，在植物發育過程中，以某種方式從染色體某個位點彈跳到另一個染色體的位點上。她格外關注其中兩個突變，觀察它們交互作用導致染色體斷裂的方式。她稱它們為「控制因子」[331]，因為它們似乎會影響到基因表達。除了觀察到跟基因調控有關係，她發現到的東西，也是有史以來第一個被識別的轉位因子。由於這個緣故，將近四十年後，她拿到了諾貝爾獎。

不過，她的故事讓人覺得諷刺的部分，並不是長期默默無聞到一朝備受讚譽。這是神話般的版本，令許多人滿意但其實並不正確，許多人喜歡講這個故事，將他們口中的麥克林托克塑造成偉大的女性主義英雄。當然，她的經歷與成就堪稱英雄，她本人也偏好神話版本，但女性主義從來都不是她想揮舞的大旗。真正滑稽之處是，麥克林托克向來都認為，她的因子在調控方面的作用，比它們在基因體中從一個地方跳到另一個地方這件事要重要得多。根據一些證據，她甚至對轉位不怎麼感興趣，至少在她的研究生涯後期是這樣。但諾貝爾委員會卻是因為她「發現可移動的遺傳因子」而授予獎項[332]。

在麥克林托克的早期研究之後，隨著基因研究進入分子層面，在其他生物的基因體中也發現轉位因子，比如細菌、果蠅、酵母與人類都有。它們有一個較短的稱呼：「轉位子」。其中一些還得到好記的名字，就像基因也有名字一樣。有一組稱為**水手**的轉位子，數百萬年來一直到處航行，可以在果蠅和許多動物的基因體中找到它們的蹤跡，也包括人類。人類最初的兩個**水手**因子，是在早期靈長類演化期間從某處而來的。在我們祖先的基因體中複製了大約一萬四千次。為數最多的人類轉位子是*Alu*。它的長度只有大約三百個鹼基，但這個三百個字母構成的無意義字詞，在人類基因體中出現超過一百萬次。我們知道大自然的千變萬化，但在達爾文天擇理論中的大自然，也被認為是非常經濟高效的，這種冗餘吸引了一些生物學家想一探究竟。其中一位是來自土魯斯的法國人費肖特。

費肖特在巴黎大學攻讀博士學位時，研究昆蟲中的轉位因子。他被喬治亞州雅典市的喬治亞大學聘為博士後研究員，再度協助研究轉位因子，這次是研究稻米。他同時還把研究玉米當作子計畫，在溫室中雜交玉米植株，很像麥克林托克所做的事情。玉米仍然非常適合進行這類研究的部分原因是，單單轉位子就占了玉米基因體的百分之八十五，而且它們經常在基因體內跳來跳去，這麼大的比例，是麥克林托克在一九四〇到一九五〇年代做實驗時也沒有料到的事情。接著費肖特從桃子州*來到德州大學阿靈頓分校；他的研究從穀物轉向脊椎動物。不變的是這些瘋狂的移動因子，在基因體中不斷地彈跳和自我複製。當我與他會面時，他已經是猶他大學醫學院的教授，研究重心是人類和其他脊椎動物的轉位子。在他辦公桌上方的層架，擺放著兩根雜色玉米棒：這無疑是為了紀念他在喬治亞大學那些汗流浹背的日子，也是對麥克林托克的致敬。

費肖特在德州的第一個研究生是一位本地人，名叫約翰・佩斯二世（與之前提到的諾曼・佩斯

---

*譯注：喬治亞州的暱稱。

沒有關聯）。他比其他同學年長一些，已婚，有孩子，還有十年的電腦程式設計經驗。佩斯原本只想拿個碩士學位，這樣他就可以隨便找個社區大學教授生物學。但隨後在費肖特的指導下，他有了重大發現。佩斯運用他的電腦技能掃描基因體以尋找轉位子，他在一種名為「灌叢嬰猴」的東非靈長類動物中發現一個轉位子。該因子長約三千個字母，在灌叢嬰猴基因體中重複了七千多次。這已經夠引人注目了，但對佩斯來說更奇怪的是，在一種非常不同的動物基因體中也發現幾乎相同的因子：原產於北美的小棕蝙蝠。小棕蝙蝠的轉位子複製了將近三千次。

佩斯和費肖特以及實驗室的其他人擴大基因體掃描的範圍，他們在來自馬達加斯加的無尾蝟（一種像迷你型豪豬的小型哺乳類動物）中，發現很類似這個轉位子的變形。他們也在來自南美洲的負鼠、來自西非的青蛙，和來自美國東南部的蜥蜴中，辨識出相同轉位子的局部片段。明顯的，這種極度獨特和敏捷的ＤＮＡ片段，已經在生物內部和不同生物之間，以及大陸內部和大陸之間傳播開來，但是在其他脊椎動物（包括十九種哺乳類動物）的基因體中卻完全找不到它的蹤跡，這強烈表示它是橫向傳播，而不是經由脊椎動物祖先的垂直遺傳。一旦傳遞到一個新的基因體，它就大量自我複製。無尾蝟的基因體包含一萬三千九百六十三個完整複製的轉位子，灌叢嬰猴的基因體則有七千一百四十五個。不同動物中的每個版本與其他版本，至少有百分之九十六相同，充分說明它們共享單一來源，而且入侵歷史非常短。任何一組如此具侵入性和奇特的轉位子，都值得擁有一個生動的綽號，因此費肖特的團隊稱之為「太空入侵者」。

「這個名字是誰取的？」我問費肖特。

「是我。你知道的，我負責宣傳行銷。辛苦活讓他們做。」教授式的自嘲讓我們兩個都笑了。

關於這些重要的科學雜務，他繼續開玩笑說道：「我為因子命名、跟記者和作家打交道。」

此外，他提醒我，這些無尾蝟、負鼠，以及其他動物的基因體，都可以透過網路資料庫公開取得。現在這個年代，人類對全基因體進行定序並共享資訊，對科學發展來說是件好事。費肖特說：「這是最民主的研究。任何人都可能在任何時候找出轉位子，只需連上網路，你就可以做到。」你可以做到，只要你有網路連線以及生物學知識和電腦技能，可以用正確的方式提出正確的問題。不過這還是比使用臉書的難度高一些。關於這項研究的論文發表於二〇〇八年，佩斯二世，一個原先只想拿到碩士學位的低調傢伙，帶著博士學位離開了德州大學阿靈頓分校。

關於這些轉位子的未知層面，費肖特感興趣的是：（一）它們最初來自何方？（二）它們如何進入一個新的基因體？以及（三）它們為什麼在進入新基因體之後大量自我複製？這三個問題都還沒有確切的答案，但費肖特有他自己偏好的猜測。第三點，關於轉位子忙著自我複製的問題，他贊同道金斯在他一九七六年的暢銷書《自私的基因》中提到的「多餘DNA」概念，也就是非編碼DNA唯一「目的」是生存和增殖。這概念更由杜立德和一名研究生在一九八〇年的一篇論文中進一步發展。按照這個邏輯，轉位子已經具備自我複製的能力，因為這會提高它們長期生存的前景。它們自我複製的速度比宿主基因體的複製速度快，有時它們會跳入其他生物譜系，這使它們能夠避免隨著單一譜系的消亡而滅絕。作為某種附屬效應，當添加到基因體中的多餘DNA發生突變時，就變得可供細胞運作使用，甚至可能是有用的。

例如基因調控，這是麥克林托克對轉位子作用的解釋。到頭來，這可能會給宿主生物增添一些生存優勢，而且若是宿主譜系在滅絕中倖存下來，轉位子也能倖存下來。然而，目前為止並沒有證據證明這一點。這只是麥克林托克的假設。

讓費肖特格外好奇的轉位子三大未知中的第一個（任何一種轉位子的終極起源）仍然是個謎，但是關於第二個（抵達方式），他有一些想法：透過寄生蟲和感染。病毒偶爾會攜帶一些這種自私的DNA從一個物種到另一個物種，就像病毒有時在水平基因轉移過程中攜帶整個基因一樣。兩種情形十分類似，所以費肖特和他的團隊開始將這個過程稱為「水平轉位子轉移」（HTT），可視為水平基因轉移的一個子類別。他們在一種寄生昆蟲「錐蝽」體內發現跟轉位子轉移有關的證據。錐蝽是一種討人厭的小生物，這種昆蟲原產於南美洲和中美洲，以鳥類、爬行動物和哺乳動物（包括人類）的血液為食。它屬於俗稱接吻蟲族群的一類，因為它們傾向叮咬受害者嘴唇附近皮膚較薄的區域。

接吻蟲在美洲熱帶地區不受歡迎，不僅是因為它們咬人，還因為它們會傳播查加斯病（南美錐蟲病）。這是一種由受害者的血液和組織中繁殖的原蟲所引起的疾病，揮之不去，有時甚至會致命。達爾文於小獵犬號航行期間在阿根廷遇到了接吻蟲，當時他騎馬在內陸短途旅行，睡在一個蚊蟲肆虐的村莊。他在筆記本上記錄說：「感覺有無數近一英寸長、又黑又軟的生物在你身體的各個部位爬行，真是太恐怖、太噁心了……還狂吸你的鮮血。」[333] 典型的達爾文，當他還年輕力壯的時候一點也不以為意，他認為「每件事都體驗一下對人生有益」。時至今日我們已不知道接吻蟲是否為他帶來了南美錐蟲病（除非從西敏寺大教堂的地底下把他給挖出來），但這一直是讓中年達爾文飽受折磨的神祕慢性病的假設之一。

事實證明，這種接吻蟲，錐蝽，肚子裡攜帶的不僅僅是查加斯原蟲。和佩斯研究的無尾蝟、負鼠和青蛙一樣，它的基因體中也攜帶大量的轉位子，且其基因體是現成可用的，別人已經完成定序，大概是出於對南美錐蟲病的醫學研究。費肖特發現轉位子，他告訴我，當時他「在家裡亂搞了一晚」。他所說的「亂搞」，是指使用複雜的生物資訊學工具掃描大量已發表的基因體，以查看**太空入侵者**可能出現的位置。出乎意料地，他在接吻蟲中找到了。從過去與佩斯的合作中，他已經知道轉位子存在於幾種哺乳動物中，其中包括負鼠，這是接吻蟲在南美的首選宿主之一。這種蟲子的吸血習慣引起他的合理懷疑，這似乎為DNA的轉移和疾病的傳播提供了大好機會。錐蝽可能是轉位子的中介，或載體。第二天早上，他通知他的兩個博士後研究員，請他們詳加調查。進一步掃描蟲子的基因體後，他們不僅發現兩百多個**太空入侵者**的拷貝，還發現其他三個先前已知存在於哺乳動物中的轉位子。從突變率的證據來看，轉移似乎發生在一千五百萬到四千六百萬年前的時間範圍內。

讓我們先暫停片刻，來了解這種情況有多奇怪：自私的DNA從一種哺乳動物的基因體，透過吸血昆蟲的腹部，進入另一種哺乳動物；它又在那裡將自己插入該哺乳動物的基因體中。轉位的DNA成為第二種哺乳動物可遺傳給後代的一部分。一旦轉位子的自我複製開始，它就會添加大量DNA至基因體內。結果可能有好有壞，但好的機率要低很多。如果不好的話，它會擾亂基因體，破壞必要的基因功能，誘發先天性疾病，甚至可能導致哺乳動物的譜系滅絕。科學界將永遠沒有機會看到那個轉位子，因為它已經隨著那支不幸的血脈消失了。但是如果這哺乳動物夠幸運的話，新的DNA不會帶來致命傷害，其中一些甚至可能變得有用。它增加可能性、增加原始遺傳物質、增加從原來的的轉位子DNA形成新基因的機會。隨著環境變化，新基因可能意味著生存和滅亡的差異。如果一個新基因具有明顯的價值，它就會在整個種群中傳播，它會經受時間的考驗，並且將自己保存在負鼠、猴子、青蛙或其他生物的譜系中，讓費肖特的團隊在數百萬年後發現。同時，它可能改變演化的進程。

包括人類的演化。早在二〇〇七年，佩斯和費肖特以略為不同的方式蒐集了一份轉位子列表，這些轉位子在過去八千萬年中，很可能透過水平轉移進入靈長類動物譜系。他們找到四十個轉位子，每一個都經過大量的自我複製。這些副本現在構成大約九萬八千個獨特的因子，九萬八千段外來的DNA，占人類基因體的百分之一。它們仍然與我們同在，緩慢地變化著，它們的作用在很大程度上也還是未知的。

第七十六章

隨著研究生涯劃下句點，渥易斯擔任起他的新角色：一位備受尊敬但脾氣暴躁而且意見強烈的長者。他集滿各種獎項，同時也寫作。二〇〇〇年之前，他已經獲得麥克阿瑟獎，當選為美國國家科學院院士，也獲得國家科學院頒發的獎章；他獲得荷蘭皇家藝術與科學學院頒發的雷文霍克獎章（Leeuwenhoek Medal，微生物學的最高榮譽）；他還是二〇〇〇年美國國家科學獎章的獲獎者，由美國總統在科學顧問的建議下授予。渥易斯謝絕參加在華盛頓舉行的頒獎典禮，因為他不想與當時的總統柯林頓握手。

二〇〇三年，瑞典皇家科學院決定頒給他克拉福德獎（Crafoord Prize），克拉福德獎是為了補足諾貝爾獎沒有涵蓋的其他幾個基礎科學領域而設立的，由瑞典國王頒發。渥易斯很討厭旅行，但他確實為那次活動去了斯德哥爾摩，還邀請路文和歐森（他在厄巴納的忠實合作者）同行，這回他毫不猶豫地與瑞典國王卡爾十六世古斯塔夫握手。克拉福德獎有時會由數人同享（例如E．O．威爾遜和生物學家埃利希在一九九〇年共享），但渥易斯一人獨得五十萬美元的獎金和榮譽。路文後來寫道：「對於卡爾來說，獨自贏得克拉福德獎是一次意義非凡的肯定，他甚至開玩笑說，單獨贏得克拉福德獎（尤其是沒有凡特），比與人共享諾貝爾獎更好。」[334]勇氣十足的大話，但老實說連路文都不相信。「事實上，我確定卡爾非常渴望獲得諾貝爾獎。」他可以用諾貝爾獎缺乏生物學類別的理由來安慰自己，不過麥克林托克因為她的生物學研究成果，獲得諾貝爾獎的生理學與醫學獎，華生和克里克也是如此。渥易斯曾名列諾貝爾獎候選人，然而也許他的古菌發現有點太鮮為人知了，也或許他只是活得不夠長。

拿到克拉福德獎一年後，也就是二〇〇四年，他發表了另一篇雄心勃勃的論文。這次不是出現在《自然》或《科學》期刊中，而是出現在更專精領域的《微生物學和分子生物學評論》中，期刊編輯應允他十五頁長的篇幅。這是一個正合他意的宣洩管道，不僅發揮空間綽綽有餘，而且也因為他亟欲向分子生物學領域表達他的想法。他想要搞點破壞。

他將這篇文章命名為〈新世紀的新生物學〉。他的中心論點是分子生物學未能兌現早期的承諾，還日漸墮落成「一門工程學科」[335]。他的意思是，這門學科的重心開始轉移到應用方面，例如有機體的基因改造，用於農業或環境修復，以及對人類健康的關注。渥易斯對人類健康的興趣遠不如對演化論那麼感興趣。回到分子時代的曙光——當艾佛瑞發現轉形作用，當華生和克里克解開了DNA的結構，當克里克提出「蛋白質分類法」作為辨別生命樹的一種方式時，當楚克坎德爾和鮑林提出使用分子作為演化時鐘——在那個輝煌的時代，分子生物學似乎是一個可以闡明「生物世界總體規畫」的科學分支[336]。但隨之而來的卻是分裂。兩種生物學：分子生物學走向一個方向，而演化生物學走向另一個方向。在美國和世界大部分地區的大學中，生物學界出現分歧：兩套分離的課程，兩棟分離的建築。

渥易斯認為，更糟糕的是，分子生物學對它所認為的機械論問題採取「化約主義者」的簡化觀點[337]，例如基因和細胞的運作。它忽略了演化的「整體問題」、生命的終極起源，以及「各種生命形式是如何系統化地組織起來的？」這個最深奧的謎團。它對超過四十億年的大歷史失去興趣，或者從未有過任何興趣。渥易斯寫道：「不然怎樣才能合理化某些世界頂尖分子生物學家（以及其他人），宣稱人類基因體（一個從醫學角度啟發的問題）是生物學的『聖杯』的奇怪說法？從工程角度運作的生物學是多麼令人震驚的例子，缺乏真正準則和願景的生物學！」[338]

從未有人將渥易斯視為是那種會手下留情的人。隨著年齡的增長，他變得愈來愈好鬥，對達爾文的鄙視也日益增加，同時伴隨著他對分子生物學的蔑視，雖然這兩方面的性質不太相同。其他人的說詞表示，渥易斯對達爾文的敵意已經在他體內燃燒了很長時間，既非私怨也無特定形式，時有時無地對這位年代久遠且大名鼎鼎的人物充滿憎恨。根據他朋友戈登菲爾德的說法，渥易斯直到二〇〇〇年左右才讀《物種起源》，因為他認為這無關他感興趣的演化問題。原本他對達爾文理論的了解，是從二手資料中得知的（其實大多數人甚至生物學家也都是如此）。然後他讀了《物種起源》和達爾文的一些其他著作，起初他的反應十分正面。二〇〇五年，一位採訪者問他有哪些科學家啟發了他時，他提到克里克、桑格和其他一些人，其中包括達爾文，「我很晚才接觸到他的著作，但隨著我愈來愈深入演化領域，對這些論述的倚賴也與日俱增。他的見解怎麼會在這麼多方面都這麼正確呢？真是太驚人了！」[339]那次訪談發表在一本專業期刊《當代生物學》上。他的回答被記錄在案。

然而後來發生了一些事情，從根本上改變他對達爾文的看法，或只是他表達得太直率。他更加仔細地閱讀達爾文的《物種起源》。事實上，根據戈登菲爾德的說法，渥易斯不只鉅細靡遺地閱讀，還將第一版與達爾文自己修改過的所有其他五個版本進行比較（戈登菲爾德與他一起進行比較）。他也閱讀了達爾文與華萊士之間現存的通信，後者在一八五八年與達爾文共同發表天擇說。其中一些信件，與部分學者持續爭論的問題有關，亦即達爾文是否占據了不應得的功勞？最極端的看法是，一些學者指責達爾文的部分理論是從華萊士那裡竊取來的，並隱瞞自己的惡行。這是一個充滿挑釁意味的指控，帶有完美誹謗所需的各種誘餌，但它的可信度（在我看來）隨著透徹閱讀達爾文和華萊士交流的文獻而煙消雲散，這些文獻證據相當充分。但對渥易斯而言，則有不同的感受。

他還研究了達爾文的前輩，比如拉馬克；比如布萊思，一位在印度工作的英國動物學家；比如達爾文的祖父伊拉斯謨斯．達爾文，他提出了演化改變的早期概念，或者說演化概念的部分版本，這些都被達爾文有效地組合起來。而在渥易斯眼中，這一切開始看起來像是高度的智慧財產剽竊。他的黑暗觀點得到《達爾文陰謀》這本書的肯定，或者該說是被它觸發，這是一本立場偏頗的小冊子，指責達爾文抄襲和欺騙。作者是一位名叫戴維斯的英國廣播公司製作人。它的副標題是：一**樁**

科學犯罪的起源。

發現戴維斯的書後，渥易斯簡直將其視為上天的啟示。他主動結識戴維斯，訂購多本《達爾文陰謀》四處分送。在這個「達爾文剽竊華萊士」的敘事版本中，核心截取自事實和情節，足以說服輕信的讀者，並且構成辛辣的故事。從渥易斯的例子看來，最令人驚訝的是，一個在其他問題上見解如此深刻的思想家，在這方面卻相對膚淺。在他生命的最後階段，這種刺激性似乎有助於緩解他自身的挫敗感，就像薄荷喉糖一樣。

大多數時刻，他會在私底下向朋友和同事表達對達爾文的不滿。例如，在二〇〇九年二月十二日，達爾文兩百歲生日那天，渥易斯向一些特別選定的朋友發送一條簡短的消息：「讓今天成為充滿憤怒的一日！」他開始與薩普合作編寫一本名為《超越上帝與達爾文》的書，在薩普眼中，這算是渥易斯另一本優秀但太過大部頭的巨著《演化的新基礎》的大眾普及版。這本新書將對分子親緣關係學帶來的革命進行精簡的說明，呈現出渥易斯和他一些同事的發現，已經超越了達爾文理論，與此同時又沒有給予神創論任何意識形態上的支持。這是薩普原定標題的意義所在。這些發現（內共生、水平基因轉移和極度扭曲的生命樹）超越上帝與達爾文相對的二分法，超越神創論對上《物種起源》。它們超越達爾文的理論，但沒有破壞演化的現實。

薩普寫了一篇介紹文，發送給渥易斯徵求意見。在這份草稿中，渥易斯用全體大寫的方式添加了他的註釋，給人一種嚴厲編輯的印象。渥易斯在一段文字後標註：「**修改再有力一點**。」大多數評論都是小問題和措辭建議。但在草稿的最後，渥易斯寫道：「**揚＊，你賦予達爾文的實質內涵比這個混蛋應得的要多太多。**」[340]

在這次交流後不久，薩普便放棄了這個計畫，所以《超越上帝與達爾文》一書從未被寫下。薩普告訴我，他並不是對這個主題失去興趣，而是對這本書失去興趣。他也對渥易斯日益擴張、無止盡索求關注肯定的自我感到灰心洩氣。「在晚年，卡爾認為他比生命還偉大。」

「而且也比達爾文更偉大。」我接話。

我們討論這個問題時，正好在蒙特婁一家吵雜的餐廳共進午餐。薩普吞了吞食物，略過我的評論，然後說：「我不喜歡他的那一面。」儘管渥易斯對早夭的《超越上帝與達爾文》感到失望，但他們的友誼還是持續到了最後。薩普認為渥易斯其實不是很在意這本書是否完成，他後來這樣告訴我。即便如此，渥易斯可能很樂意一直寫這本書，因為這讓他們有機會通話和通信，以及親自討論。「他真正想要的是有人跟他對話。」渥易斯是個孤獨的人，儘管他有妻子和兩個孩子，就住在學校旁的家裡，但朋友對他而言很珍貴。

這份附有渥易斯評論的介紹草稿，跟他的其他論文，現存於伊利諾大學檔案館中。正當檔案管理員法蘭屈向我展示渥易斯最早的RNA指紋X光片時的那一天，保存在那裡的另一件物品引起我的注意。那是一本廉價的線圈筆記本，鮮黃色的封面已經褪成奶油色，購自二〇〇六年後某個時間的CVS藥房。筆記本沒有標籤和標題，但是包含了幾頁渥易斯的隨手塗寫。某一頁有著一行字：

「第一本書：在科學中成長」[341]，顯示他可能打算寫一本自傳。下一頁標題為「前言」，標示日期在達爾文誕辰二百週年慶祝活動期間（正好是二〇〇八年世界金融危機之後），當時，渥易斯的不滿情緒正達到頂峰。

之前提過，達爾文出生於一八〇九年二月十二日。渥易斯寫道：「當我下筆時，這一年是二〇〇九年。達爾文，達爾文，這一年到處都是達爾文，但沒有人認真思考過。希望今年會是生物學的最低點，就像世界經濟一樣（希望如此），接下來生物學和經濟兩者都將復甦。」後面幾段混亂、暴躁、無定論的思緒則是關於演化——生物學的中心——以及社會大眾將演化生物學與達爾文主義混淆的可悲事實。這部分的最末一頁內容大多用鋸齒線劃掉，只留下一句話：「科學不會透過『祕而不宣』和『外交手段』（例如工於心計）而成功；煉金術才那樣。」筆記本的其餘部分空白。他的自傳，就像跟薩普合著的那本書一樣，從未實現。

在渥易斯的朋友和同事的記憶中，還有一些相同脈絡的故事。其中一位是基因體生物學研究所的化學家，她講述了一則軼事（雖然她不願意再重複一次讓我引用），反映渥易斯對演化的晚期態度，以及他自己在演化史上的地位。她到華盛頓去拜訪一位重要的科學官僚，可能是國家科學基金會的專案人員之類，她注意到辦公室的牆上掛著兩幅肖像：達爾文和渥易斯。回到厄巴納，她告訴渥易斯這件事，以為他可能會覺得高興。結果渥易斯回答：「放達爾文幹嘛？」

＊譯注：薩普的名字。

第七十七章

分子生物學家現在明白，薩普在他從未出版的那本書的引言草稿中寫道：「細菌透過承繼外來基因而迅速演化。」[342]他很清楚，這聽起來更像是拉馬克主義而不是達爾文主義。他心裡想的正是水平基因轉移。

不僅細菌用跳過界限的方式演化，動物有時也是如此。不是只有昆蟲和蛭形輪蟲，哺乳類有時候也會這樣。「構成我們身體的細胞，也並未以典型的達爾文式基因突變和天擇方式逐漸出現。」[343]有些變化一瞬間就發生了。粒線體以被捕獲細菌的態勢，在我們遠古的真核生物或前真核生物譜系中突然出現。植物以同樣的方式獲得葉綠體。我們的基因體是一幅馬賽克鑲嵌畫。我們全部都是共生複合體，甚至我們人類也是。

薩普寫道：「同時也需要考慮，我們自身的DNA中有很大比例是由病毒而來的。」[344]最常被引用的數字是百分之八：大約百分之八的人類基因體由反轉錄病毒（retrovirus）遺留下來。這些反轉錄病毒入侵我們的譜系，它們不僅僅入侵我們祖先的身體，還入侵了我們祖先的DNA並且留下來。我們至少有十二分之一是由病毒所構成，在我們自身的核心最深處。好好想想這一點，薩普這樣敦促。

於是我聽從薩普的指示。當我得知很少有科學家比巴黎南郊古斯塔夫魯西癌症研究中心的海德曼更仔細地研究我們基因體中的病毒部分時，我覺得非去拜訪他不可。

第七十八章

海德曼最初接受的也是物理和數學訓練，然後才成為生物學家。他在巴黎長大，在城裡一些最好的機構受教育：巴黎高等師範學院、巴黎大學和巴斯德研究所。他的父親是一名天文物理學家，他本來也想朝天文物理學發展，但後來他轉向神經生物學和複雜神經元網路科學，這種複雜性（而具有急迫特質），與渥易斯晚年和戈登菲爾德的合作中，引起渥易斯興趣的那種複雜性大致是同一類的。海德曼在完成該領域的博士學位後，渴望做一些與人類健康更密切相關的事情，因此他開始思考腫瘤與轉位子以及反轉錄病毒的關係。

相對於通常的DNA轉錄過程，反轉錄病毒是一種反向運作的病毒。反轉錄病毒不遵循「DNA轉錄成RNA，RNA轉譯成蛋白質」這一條把遺傳訊息轉化為活體應用的正常途徑。相反的，它使用RNA基因體來製造DNA雙鏈分子＊。有了這個技巧，加上一些其他的工具，反轉錄病毒不僅可以入侵細胞，還可以進入細胞核，並將自身基因體的DNA版本貼到細胞的DNA中，成為細胞基因體的永久部分。每當細胞或其後代複製時，這段外來片段也會被複製。如果反轉錄病毒碰巧感染了生殖細胞系（卵子或精子，或在卵巢和睪丸中製造它們的細胞），那麼插入的病毒序列將會遺傳下去，變成基因體的永久部分。這時，它對生物體而言不再是外來物。它現在變成**內源的**（endogenous），意思就是原生的、固有的。這類病毒我們稱之為內源性反轉錄病毒（ERVs），因為對被它們所感染的生物譜系來說，它們已變成原生的了。

將自身插入人類基因體的反轉錄病毒，稱為「人類內源性反轉錄病毒」或HERV。這些人類內源性反轉錄病毒，就是占據人類基因體百分之八的病毒。海德曼的研究就是從這裡出發，相信我，它所牽涉的意涵絕對會讓你驚訝不已。

某些反轉錄病毒會導致癌症，例如海德曼研究的小鼠白血病病毒。當然，最惡名昭彰的反轉錄病毒，當數會導致愛滋病的HIV-1了。海德曼在一九八〇年代後期成立自己的實驗室，像他這樣對反轉錄病毒感興趣的科學家，若是啟動一項關於HIV-1的研究計畫應該比較合情合理。贊助資金會大量流入，研究的意義重大而且也有迫切需求。但是他卻做了一些不是那麼引人注目的事情。

腫瘤生物學也有其急迫性，腫瘤與反轉錄病毒的關聯一直縈繞在他心頭。在基因體定序問世之前的幾年，他知道一些早期的電子顯微鏡觀察紀錄，不只一位電子顯微鏡專家曾經看到過病毒模樣的顆粒大量出現在胎盤組織和一些腫瘤中。胎盤組織？這似乎很奇怪，這條支線也許富有潛在成果也不一定，因此海德曼開始在剛從醫院收回的人類胎盤中，尋找反轉錄病毒的證據。他和他的團隊

＊譯注：由DNA製造RNA的過程稱為轉錄，而從RNA反向製造回DNA則稱為反轉錄。

發現一個新病毒家族，會嵌入胎盤DNA中，他們命名為HERV-L。進一步的研究還發現，類似的序列（其他的ERV-L變種）也存在於小鼠基因體和其他哺乳動物的基因體中。「我們做了一次病毒考古。」海德曼在二〇〇九年的一次訪談中說道[345]。

他們在動物基因體中發現ERV-L的存在，包括我們的基因體，時間可以追溯到大約一億年前，也就是在哺乳動物出現大分化之前。在靈長類動物基因體中，這東西像轉位子一樣自我複製了大約兩百次。它有什麼功能呢？可以有基因的功能嗎？他們對此好奇。也許是，也許不是。它可能只是自私的DNA，透過在多種基因體中彈跳和複製，使自身永存。海德曼的團隊並沒有說他們知道答案，但那只是海德曼對人類基因體中的病毒部分，亦即對人類的身分，長達數十年探索的起點而已。在他長期的尋找中，他發現到，**某些**人類內源性反轉錄病毒（就算不是前面提到的那一種），確實扮演了人類基因的角色。

海德曼是個慷慨大方的人，也是位傑出的研究人員。當他得知我在巴黎的住處時，他說：啊，離我家很近。別搭地鐵了，我去接你。於是我站在我在第十七區的小旅館外面，早晨八點很準時的，一輛白色小型福斯汽車在路邊停靠。一位留著灰白鬍子、濃密眉毛、毛衣外面罩著一件藍色西裝外套的男士踏出車外，歡迎我上車。他沒有像我預期的那樣，往北開上那條圍繞巴黎一圈的環城大道，而是往東南行駛通往市中心的道路，沿途景色如畫。交通還算順暢。一路上，他不時介紹一些景點：這是瑪德蓮教堂、這是協和廣場，穿越塞納河時，羅浮宮就在我們的左手邊，當然還有巴黎聖母院，就在上游一點的地方，現在來到聖日耳曼大道和索邦大學，那邊是我之前就讀的高等師範學院，他告訴我。我心想，這人每天享受著堪稱是全世界最優雅的通勤路線了。我們在不到一個小時內到達古斯塔夫魯西癌症研究中心，一路上我們都在談論他的背景和研究，然後在他實驗室的辦公室又談了六個小時，僅稍稍被午餐打斷。

辦公室位於實驗室走廊的盡頭，一間帶窗戶的小房間，可俯瞰猶太城的樹頂，猶太城是魯西癌症研究中心所在的郊區小鎮。他的房間裡擺滿了書架，架子上成堆的期刊論文、文件夾和箱子，其中許多都印在彩色紙張上，藍色、綠色、橙色、粉紅，當然還有白色，為極為嚴肅的工作空間營造出一種明快的蒙德里安風格＊。我們坐在他的蘋果筆記型電腦旁邊，他一邊講解一邊播放數據跟圖表給我看，說明他二十年來一直在做的研究。從當初發現 HERV-L 開始，接著是他的團隊在不久後，又發現另一種人類內源性反轉錄病毒的故事。這兩個發現的差別在於，人類基因體的定序剛好在這期間完成，而且該序列對外公開供人使用，海德曼的研究方法也相應地產生變化。他的團隊篩選了整個基因體，尋找未知內源性反轉錄病毒的證據。他們特別要尋找的是某類特定的基因：一個他們熟悉的、可識別的基因，一種可以形成病毒外套膜的基因。外套膜是一種圍繞病毒粒子外殼的黏性包覆物。他們找到二十個。

＊譯注：蒙德里安（Mondrian）是荷蘭抽象藝術家，作品特色為幾何圖案構成的色塊。

「它們都是外套膜基因，在這些基因當中，有兩個很重要。」海德曼告訴我。其中之一已經被其他研究人員發現，並命名為**合胞素**（syncytin）。這個基因會自我表現並會合成自己的蛋白，而且特別容易在胎盤組織中表現。它在那裡做什麼？一開始沒有人知道，但它的命名來自於「使細**胞**（cyt）融**合**（syn）在一起的能力」之意。這種效果已經在實驗室細胞培養中得到證實。將細胞融合成具有多個細胞核的聚合細胞團，而不是數個單層細胞壁，是建構一層人類胎盤的關鍵步驟。該層組織像是一種可滲透的原生質墊，是胎盤中介母體血液和胎兒血液的地方（請做好心理準備接收一個有點饒舌的術語：這組織被稱為**融合細胞滋養層**。好了，現在你可以放鬆了，不用掛懷）。於是有人假設：合胞素可能有助於形成融合細胞滋養層。海德曼的小組發現的是另一種外套膜基因，它是由一種完全不同的反轉錄病毒留下的，具有相似的融合人類細胞的能力。他們將它命名為合胞素－2（第一個則稱為合胞素－1）。他們的實驗室測試顯示，這兩種合胞素引起細胞融合的能力相同，因此更進一步強化這些基因有助於建構胎盤的假設。

不久之後，海德曼的團隊又在普通的實驗室小鼠身上，找到兩個具有類似功能的基因。這兩個小鼠基因跟人類的合胞素基因有著不小的差別，這差別大到值得為它們另外取名：於是它們就叫做合胞素－A與合胞素－B。隨後的基因體掃描，更在其他的囓齒類像是大鼠、沙鼠、田鼠跟倉鼠身上，找到一樣的基因。因此我們現在知道，小鼠身上的這兩個基因年代可說相當久遠，至少在兩千萬年前囓齒類生物分家之前，就進入了牠們體內。

海德曼告訴我：「在這個階段，我們想到一個問題。一個偶然捕獲的基因怎麼可能會如此重要？」

建構胎盤顯然極為重要，但研究團隊需要更多證據，將合胞素與這個功能聯繫起來。他們透過基因改造小鼠來做實驗，使用「基因剔除」小鼠[346]，透過分子操作將合胞素－A基因剔除。他們讓這些小鼠交配繁殖，結果發現懷孕老鼠的胚胎都活不過十三天，全部在子宮內死亡。正常小鼠的妊娠期為十九至二十一天，與這些夭折的老鼠有一段不小的差距。解剖結果顯示，胎盤和胎兒之間的邊界有結構性的缺陷，限制胎兒的血管發育，也抑制胎兒的生長，並殺死未出生的老鼠。這結果很有說服力。但是，你當然不能在人類身上進行那個實驗。

海德曼的好奇心一下子急速上升。他和他的團隊在歐洲兔體內發現一個**合胞素**基因；他們在狗和貓的基因體中發現一個食肉動物**合胞素**；他們在牛和羊體內發現一個；他們在地松鼠體內也發現一個。「我們與許多大學、實驗室和動物園合作。」他們特別與法國的一家動物園合作，「該動物園有很多動物，讓我們在情況許可時就能夠獲得胎盤。」他們甚至在有袋動物體內發現了這些基因中的一種。

有袋動物，牠們有胎盤？

「壽命非常短暫的胎盤。在有袋動物中有負鼠，或者袋鼠以及沙袋鼠之類的動物。牠們的胎盤壽命很短。」他說，不過有些人不這麼認為，他們認為有袋動物沒有胎盤，「因為胎兒將會進入母親體外的育兒袋中。」所以雌性有袋動物只有壽命短暫的胎盤，以及在體外育兒袋的懷孕過程，是的，即便是有袋動物，也有一個病毒基因在幫助胎盤形成。海德曼的小組將該基因命名為**合胞素-*Opo1***，這是因為他們首次發現這個基因的有袋動物叫做灰色短尾負鼠＊。

上面這些基因，全都有四大共同點。一，每一個都源自一種反轉錄病毒的外套膜基因，該基因將自身插入哺乳動物基因體中。二，每一個都表現出一種蛋白質，遍布胎盤四處。三，每一個都會導致細胞融合（至少在實驗室培養中），這表明它可以產生帶有一層特殊融合細胞的原生質層，有助於在胎盤和胎兒之間進行調節，讓營養和氣體從母體滲入，讓廢物滲出。四，每一個都是古老的基因，其功能性通過天擇的考驗（相較於隨機突變的混亂）保存了數百萬年。它們被保存下來足以證明這些基因是有用處的。它們不是垃圾ＤＮＡ。它們是工具，而不是廢料。它們幫助最能適應的哺乳動物生存下來。

海德曼小組歸納的這四點，代表了構成**合胞素**的典範標準。但他的團隊也意識到，同樣值得注意的是，這些基因所**缺乏**的共同點：它們都有不同的來源。它們代表各自獨立的捕獲事件，各自獨立的基因馴化過程，來自完全不同的反轉錄病毒。海德曼猜測，這種獨立性可以解釋胎盤的高度多樣性。在哺乳動物物種中，胎盤的結構極其多變。他給了我一整場關於胎盤結構和分類學的專題演講，既奇妙又深奧，我就不在這裡折磨你了。

「牠們捕獲不同的合胞素。」他說，「『牠們』意味著整個演化史上的不同哺乳動物譜系。「牠們捕獲到不同的外套膜基因，因為牠們是從不同的病毒中抓下來。捕獲過程的差異造成結構上的不同。很好。」此外，這些捕獲都發生在截然不同的時間點。靈長類動物**合胞素**－2的歷史，至少可以追溯到四千萬年前。而如前所述，囓齒動物的合胞素則已經在這個譜系中存在了兩千萬年。牛羊**合胞素**似乎有三千萬年的歷史，而有袋動物中的**合胞素**可能在八千萬多年前就進入這個譜系。海德曼說，這反映出反轉錄病毒對動物及其基因體的持續轟炸。大多數感染並沒有導致病毒將自身插入基因體，但有一小部分感染使得病毒的基因插入基因體，而這一小部分感染就產生了內源性反轉錄病毒。這些內源性反轉錄病毒中，還有一小部分將它們的外套膜基因轉化為**合胞素**。

可是，等等。「在不同時間，出現在不同哺乳動物譜系中的不同合胞素」的整個模式，引發了另一個問題。當我在登機飛往巴黎前閱讀海德曼的論文時，一個邏輯困境突然閃現腦海。如果這些必需的合胞素中，有一些已有二千萬年的歷史，有些已有三千萬年的歷史，有些已有四千萬年的歷史，那麼在這些基因捕獲發生之前，哺乳動物譜系究竟是如何產生的？第一個胎盤是如何演化而成的？這些基因是在哺乳動物演化過程中間歇和偶然獲得的，但它們卻又一直是必要的。沒有胎盤，你就不會**是**胎盤哺乳類動物。哪個先出現，隨機還是必然？

「是的。沒錯，」海德曼說：「這就是矛盾的地方。」

＊譯注：負鼠的英文是 opossum，所以基因取前三個字母，稱為合胞素-Opo1。

第七十九章

海德曼和他的年輕同事用一個假設來回答這個矛盾問題。他們的假設跟**合胞素**基因的另一種出色的能力有關，這能力可能也來自在遠古時代病毒外套膜基因經修改而來。那就是「免疫抑制」。

反轉錄病毒外套膜，是複雜且多用途的結構，編碼它們的基因也同樣具有多用途。除了引起細胞間融合的能力，它們還可以抑制宿主的抗病毒免疫反應，這對於入侵的病毒具有明顯的價值。對於哺乳動物的胎盤，它則具有其他不那麼明顯的價值。哺乳動物的胎兒和胎盤，攜帶著與母親不同的基因體，它們有一半的DNA來自父親。如果母親的免疫系統處於完全警戒狀態，她的白血球細胞可能會攻擊胎兒並排斥它。胎盤是胎盤哺乳類動物中一種獨特的適應性器官，它的部分作用，是透過抑制免疫反應，來保持母親和胎兒之間的和平。這使得體內懷孕和分娩成為可能，是早期哺乳動物從爬行動物譜系分化出來時的一項創新發明，而且顯然比產卵多了某些優勢。不過鳥類現今仍然存在，海德曼提醒我，意味著這優勢不是絕對的。鳥類沒有胎盤。牠們很早就將胚胎放入橢圓形的硬殼小容器中，將它們送出體外自給自足，牠們送給胎兒營養豐富的蛋黃，同時又僅需幫它們保持溫暖。牠們就是這樣產卵，鱷魚也是如此。後來在某些情況下，胎盤為某些脊椎動物譜系帶來優勢。其中一個哺乳動物的譜系把握了這一優勢，而另一個譜系，也就是我們現在稱為單孔目動物（其中包含鴨嘴獸和針鼴，屬於產卵哺乳動物）的祖先則沒有。懷孕和活產有什麼好處？嗯，比方說，其中之一就是它允許母親四處走動，將胎兒妥善存放在她體內的安全地帶，而不是像孵蛋的鴨子一樣坐以待斃。

根據海德曼的假設，這一切就是在說，在胎盤哺乳類動物出現前所捕獲的第一個合胞素基因，可能幫助對胎兒的免疫抑制作用，然後慢慢出現它作為胎盤發育的中間層的附加作用。後來的**合胞素**可能進入到哺乳動物譜系中取而代之，改良第一個合胞素基因。

海德曼和我在附近吃午飯，然後回來總結這場對談。我問他，關於演化是如何運作的、關於生命樹，這一切告訴我們什麼？

這個問題的廣度和直接了當，讓他嘆了口氣。「我們的基因不僅僅是我們的基因。」他回答。然後他笑了，我也笑了，但不太自在，因為我不確定自己有沒有聽錯。我請他重複一遍。

他說：「**我們**的基因不僅僅是**我們自己**的基因，我們的基因也有反轉錄病毒基因。」

第八十章

海德曼帶給我們的訊息是：我們人類的基因中有相當大一部分，來自非人類、非靈長類動物。不過比這還要發人深省，更進一步的，則是CRISPR的美麗新世界。或許你已經知道，這個簡潔的縮寫詞指的是非常複雜的東西：它是一個轟動一時的高效基因體編輯系統，在報紙上天天刊載，在雜誌上大為流傳，被《科學》期刊評為二〇一五年的年度突破，並被廣泛預期將為某人帶來諾貝爾獎。CRISPR不只比海德曼所說的更進一步，它是通往未來基因工程最近的大躍進。這項技術為編輯基因體（包括人類基因體），帶來更經濟也更精準的可能，可以應用在實驗室和（最終）臨床上。

CRISPR全名為**常間回文重複序列叢集**（clustered regularly interpaced short palindromic repeats）[347]。回文是一段不管正著讀或倒著讀都一模一樣的文句。在語言領域，那是巧妙的文字遊戲，例如講述拿破崙流放厄巴島（Elba）故事的那句「落敗孤島孤敗落」，或者英文裡提到晚節不保的法國企業家雷賽布「A man, a plan, a canal: Panama」*。文字回文可能構成完整文句，但內容不一定有意義。例如：「內湖吹風機風吹湖內」也是一種回文†。

在DNA基因體中，回文模式的可用字母只有A、C、G、T這四個編碼字母。因此，DNA編碼的回文重複看起來會像是 GTTCCTAAATGTA-ATGTAAATCCTTG。看似無意義，但這種DNA回文其實標記著重要的功能。它們是促使科學家發現自然界中存在的 CRISPR 機制的第一個證據（稍後詳細介紹），並在幾年內將其發展為一種非凡且新穎的基因工程方法。整個系統除了回文還包括其他分子元素（多種酶和幾種RNA）但 CRISPR 已成為該系統的非正式代名詞。

CRISPR 基因編輯，使研究人員能夠針對高達三十億個字母的人類基因體中的任何突變、任何單一「錯誤」字母，發送更正的生化工具。它為父母親提供希望，任何先天性缺陷、可能殺死或折磨他們孩子的突變，現在不僅可以透過基因檢測篩檢出來，而且可以在胎兒開始生長之前逆轉。刪除並替換會導致肌肉萎縮症的基因？太妙了。消除囊狀纖維化症的突變威脅？簡直神勇。據統計，有超過一萬種可遺傳人類疾病，每一種都是由一個不良基因引起的，當中絕大多數可以使用 CRISPR 來修復。此外，這些修復不僅可以修復兒童的體細胞（身體細胞），還可以修復生殖細胞系，也就是將DNA遺傳給後代的神聖生殖細胞。這是如何辦到的？就是在體外受精的早期進行基因編輯：培養皿裡的一個人類卵子，一個人類精子，加上一劑 CRISPR 魔法。這種種系工程格外強

＊譯注：雷賽布（Ferdinand de Lesseps）曾成功開鑿蘇伊士運河。但是在晚年開鑿巴拿馬運河時，卻以失敗破產告終。

†譯注：文中列舉數條英文幽默回文，為方便讀者理解，在此採用中文範例。

大但也具有高度爭議，因為它影響的是族群，而不僅僅是個人。種系調整很可能造成生物譜系中的永久性改變。它可能改變未來的生命，而不僅僅是現在的生命。它可能改變整個物種的演化軌跡，例如我們人類。

這種情景尚未發生。據我們所知，目前還沒有經由 CRISPR 編輯改造的試管嬰兒誕生＊。該領域的一些著名研究人員大聲呼籲應該謹慎、克制以對，甚至全球暫停使用 CRISPR 進行人類遺傳工程。其他人則指出，CRISPR 具有插入新DNA片段的終極潛力，以及修復突變的近期潛力，因此將會帶來高科技優生學的威脅。為您未出生的孩子增添一個基因，以確保更高的智力、運動才能或音樂營的大提琴首席？呃。然後，什麼？我們將生活在如同烏比岡湖小鎮那樣，所有孩子都比一般小孩優秀的世界†？這種夢幻的前景有時稱為「自願」基因改造，以便與由緊急醫療需求驅使的治療性改造做出區隔。就像其他類型的「自願」父母將後代推上人生階梯一樣，例如聘請私人家庭教師指導孩子參加大學入學考試，這似乎不僅是誘人且出於關愛與善意的舉動，而且在競爭中也是必需的。但是，對於富人和特權階級來說似乎不可或缺的東西，對其他人來說往往難以想像。這勢必會加劇富裕階層與貧困階層之間、優化者與普通者之間、精心基因改造的兒童與那些以老派方式自然受孕的兒童之間的差距。與SAT輔導、鼻子整形手術，或五歲就開始的跆拳道課程不同的是，這種一臂之力，其影響無論好壞，都會傳遞給未來的世代。

目前，人類種系工程還只是一種迫在眉睫的可能性，尚未成為失控的趨勢。但在本書寫作期間，最新消息之一是在奧勒岡州和其他地方的國際科學家團隊在《自然》期刊上發表的一篇報告，他們在單細胞人類胚胎上使用 CRISPR 工具修正突變。

這種特殊突變會導致一種叫做肥厚性心肌病變的心臟病（ＨＣＭ），它可能表現為突發性心臟衰竭，有時在看似健康的年輕運動員身上發生。它的死亡率不高，但是影響到許多人的生活‡。這個關於肥厚性心肌病變的研究在實驗室中進行，並未應用在臨床醫學上。實驗中有五十四個人類胚胎，每個胚胎都用 CRISPR 修復技術處理過，其中大多數成功，有些失敗，但是之後沒有任何一個胚胎被植入人類子宮或長成 CRISPR 嬰兒。儘管如此，跨越這個門檻只是時間問題，而且照目前的研究速度來看，可能也不需要太多時間※。CRISPR 基因剪輯正當紅又民主，成本低廉而且相對容易。事實上，一家公司現在以不到兩百美元的價格，在網路上銷售讓顧客自己動手做的 CRISPR 全套試劑盒（當然是用於細菌而非人類的基因工程）。現在，全世界訓練有素的研究人員，也許還有

＊譯注：本書成書時，尚未有中國科學家賀建奎的基因編輯嬰兒事件。

† 譯注：烏比岡湖（Lake Wobegon）是美國作家凱羅爾（Garrison Keillor）創造的世界，在那裡所有的孩童都比一般人優秀。

‡ 譯注：肥厚性心肌病變要比想像中更常見，據統計一般人口罹患率約千分之二，而罹患肥厚性心肌病變的病人，每年死亡率在百分之三至四間。《臺灣醫檢會報》第十八卷第二期。

※ 譯注：二〇一八年底，中國的科學家賀健奎就用這項技術成功修改人類胚胎，最後生下兩個嬰兒。

一些野心勃勃卻不審慎明智的科學家，手上都已經握有這些工具。

我的目的不是詳細說明 CRISPR 的運作原理，也不是探討其倫理影響的範圍。未來幾年，你多半會從其他地方，聽到一大堆這些方面的相關資訊。我想說的是，CRISPR 的起源（而不是人類對它的重新利用），是將它與渥易斯和新的生命樹聯繫起來的原因。這些起源在那些報導 CRISPR 神奇應用的新聞中很少被提及，不過它們本身就很吸引人，並且與本書密切相關。

一九八〇年代末和一九九〇年代初，幾個科學家團隊在某些微生物的基因體中發現奇怪的重複序列，其中包括人類腸道中熟悉的細菌大腸桿菌。這些序列通常約三十個字母長，就像書擋一樣位於中點的兩側，夾在中間的則是一段不重複的短字母序列。大致可以想像成這樣：「落敗孤島祝你健康島孤敗落」請記住，這些單詞都是用A、T、C、G寫成的。沒有人知道這些奇怪的DNA片段有什麼作用，甚或它們是否具有任何作用。但在二〇〇二年，它們有了自己的名字和縮寫：CRISPR，研究人員繼續猜測它們的功能。三年後，這個謎團被一位名叫莫希卡的西班牙科學家破解。

莫希卡在地中海港口聖波拉附近長大，熟悉海岸線的一切，他的博士學位研究的是一種微生物的基因體，那是渥易斯珍視的古菌之一，生長在聖波拉地區的鹹水沼澤中。該類微生物屬於嗜鹽菌，就是很喜歡鹽的意思。檢視這種細菌的基因體，他注意到一個奇特的模式：一堆近乎完美的回文片段，在每段回文的鏡像兩側之間，有一區由其他字母組成的間隔區。出於好奇，接下來十年他花費大部分時間尋找相同的模式。他發現到其他版本，其他回文，不僅存在於古菌中，而且也出現在已發表的細菌基因體當中。一個日本團隊在一九八七年報告了一個出現在大腸桿菌基因體的案例，不過他們對這序列的涵義感到困惑。到二〇〇〇年，透過搜索已發表的基因體，莫西卡在十九種不同的微生物中都發現了CRISPR序列，其中有細菌也有古菌。他懷疑這些相似的序列可能具有共同的功能。不過令他特別感興趣的部分，是塞在那些重複回文之間的片段，在我前面舉的例子中是「祝你健康」的部分，但實際上這段序列還要更長一些，每段都有幾十個字母，我們稱之為「間隔區」。它們的意思是什麼？它們做了什麼？為什麼在這個序列中是「祝你健康」，在那個序列中也許是「阿布拉卡達布拉」，而不是「可惡洋基佬」或「郎普爾斯提爾斯金」？二〇〇三年，在炎熱的八月，莫希卡躲在他位於聖波拉北方的阿利坎特大學辦公室裡，開著空調，試圖了解這個狀況。

他用文字處理程式鍵入許多CRISPR中的間隔區序列，並將它們輸入到一個龐大的已知基因體數據庫中，想要尋找類似的序列。他在某些病毒中的ＤＮＡ片段中，發現一些相對應的序列。另外同樣引人注目，甚或是更有趣的是，他在細菌質體間也發現相同的序列，質體就是那些具有感染性，可水平轉移ＤＮＡ的小粒子。因此，CRISPR似乎代表著過去感染的紀錄，在感染期間，細菌和古菌捕獲外來ＤＮＡ的片段，並將這些片段整合到自己的基因體中。可是，這麼做的目的是什麼？

嗯，病毒感染可能會殺死細菌或古菌，而質體感染（ＤＮＡ的水平轉移）可能會改變它的基因體，結果或許好或許壞。微生物可能獲得阻止此類入侵的方法。或許，莫希卡推測，這些CRISPR是某種免疫機制，可以防止被間隔區中的病毒再次感染。所以它是一種感染的記憶，以作為對未來感染的防禦嗎？在我們人類的世界中有一個詞彙形容它，稱之為疫苗接種。

莫希卡與三位合著者，將他有所根據的推測寫成一篇論文，提交給《自然》期刊，結果被拒絕。他相繼嘗試其他幾個主要期刊，全都遭到拒絕。編輯沒有見到任何看起來新穎或很重要的東西。幾個月的時間過去，莫希卡開始擔心會被別人搶先一步發表。最後，他將草稿寄給《分子演化期刊》，渥易斯和四位同事也是在這裡初次發表他們的論文，建議可能有另一種生命形式的存在。莫希卡這篇關於 CRISPR 可能涉及免疫防禦的論文，於二〇〇五年發表。

就在這些研究進展的同時，二〇〇二年又增加了一條線索。當時一個荷蘭研究團隊發現四個一組的奇怪基因，在許多基因體中，它們都位於 CRISPR 序列的旁邊。在缺乏 CRISPR 序列的微生物基因體中，明顯都沒有這些 CRISPR 相關基因（簡稱 *cas* 基因）[348]。它們似乎與 CRISPR 有某種功能上的關聯，不僅僅是偶然的臨近。起初，荷蘭團隊和其他人都不知道是什麼功能。然後很快地，許多研究都提出對 CRISPR 和 *cas* 基因的進一步解釋，它的功能開始變得很清楚：*cas* 基因可以在 CRISPR 間隔區的指引下，去執行攻擊和拆解侵入性ＤＮＡ。莫希卡的假說得到有力的證明：CRISPR-*cas* 是微生物自然演化出的一種防禦機制，用來抵禦感染和傳染性遺傳。這是它們的後天免疫系統版本。我們有抗體和白血球細胞；它們有 CRISPR。它可以保護細菌和古菌免受殺手級病毒的侵害，並充當防止水平基因轉移的屏障（有時有用，有時受限制）。它有助於微生物保持自身健康和自身特質的連續性。水平基因轉移在細菌和古菌中依然猖獗，但它們的 CRISPR-*cas* 基因至少保護它們免於遭受某些轉移。

這便是 CRISPR 的背景故事。故事中更輝煌、世人更熟悉的部分，始於後來的二〇一二年，當時其他科學家開始將 CRISPR 序列和 *cas* 基因重新用於編輯哺乳動物基因體：實驗室老鼠、瀕危物種、入侵害蟲，和人類的基因體。這個大業將 CRISPR 推向現在、推向未來、推向人類種系工程，以及其他應用領域，不但奇妙而充滿可能性。有朝一日宣布 CRISPR 的諾貝爾獎時，獲獎者的名字可能不包括莫希卡，也不包括荷蘭團隊，或他們的任何同事，他們純粹是將 CRISPR 作為細菌和古菌間的演化現象進行研究。你更有可能聽到的是，讓 CRISPR 成為人類使用工具的科學家的名字：道納、夏彭提耶、張鋒或其他人＊。這個諾貝爾獎所讚揚的那個難以想像的新前景，或許會讓眾人感到欣喜，又或者是擔憂。但是，如果渥易斯還在世，考量他對「從工程角度運作的生物學」的強烈偏見，他應該不會為此歡呼。

在二〇〇四年那則飽含怒氣的宣言「新世紀的新生物學」中，渥易斯寫道：

＊譯注：二〇二〇年的諾貝爾化學獎，正是頒給對 CRISPR 深入研究的美國科學家道納（Jennifer Doudna）與法國科學家夏彭提耶（Emmanuelle Charpentier），而另外一位未獲獎的熱門人選，在麻省理工學院的張峰，則與道納等人有CRISPR專利上的爭執。

現代社會清楚知道，自己迫切需要學習如何與生物圈和諧共處。今天，我們比以往任何時候都更需要一門生物科學，以幫助我們做到這一點，為我們指點迷津。生物工程學可能仍會向我們展示如何到達彼岸；它只是不知道「彼岸」在何方。349

他補充說，生物學真正的目的，不是改變世界，而是理解世界。話說回來，這個大膽的新世紀真的不再是他的世紀，他其實明白這一點。

第八十一章

渥易斯離世了。當這件事發生的時候，想必在很多人腦海中留下深刻的回憶，其中一些人對外發表了這些回憶，一些人選擇將他們的故事和觀點收藏保密。我有一部分的任務，就是收集這些記憶樣本並將碎片拼湊在一起。四年來，我感覺自己有點像電影《大國民》中的新聞短片記者，被製作人派去追查主角凱恩的老朋友和聯繫方式，並試圖解開他性格的奧祕。是什麼原因驅使凱恩成為如此無情的成功人士和如此渴求關注的混蛋？他最後的遺言「玫瑰花蕾」是什麼意思？那個詞、那件物品、那個人（如果「玫瑰花蕾」是指一個人的話），是他人生和性格的關鍵嗎？或者只不過是一條假線索？是否有**任何東西**某種意義上是這個人的人生和性格的關鍵，其他人可以找到並轉動它，像打開一扇門一樣？導演奧森·威爾斯的運鏡和敘事結構，讓「玫瑰花蕾」發揮絕佳的效果，你可能還記得他的凱恩（如果你看過這部電影的話，如果還沒有，強力推薦）是一個令人生畏的神祕人物。你可能不記得那位新聞記者，總之不會記得他的名字（冷知識：他叫湯普森），因為他只是那個從一個消息來源追蹤到另一個消息來源，並提出問題的人。湯普森總是背對著鏡頭；他站在陰影中或銀幕外，我們從未見過他的真面目。他是觀眾的代理人，目擊者與之交談。這工作就是這麼運作的。

沃爾夫跟我說過一個故事，我之前告訴過你，早在渥易斯聲名大噪之前，他曾在巴黎一場重量級生物學家齊聚的大型會議上蒙受羞辱。他發表了他的論文，沒有人加以評論，也沒有人提出任何問題，大家就這樣離席去用午餐。「這幾乎成了致命傷。」沃爾夫說。渥易斯下定決心，不再讓他的研究成果被忽視，這就是為何他在發現古菌時，首肯發布了一場記者會，而不是讓他的期刊論文為自己發聲，結果適得其反。雖然他登上《紐約時報》的頭版，卻遭到其他科學家的批評，第三域的真實性受到質疑，理由是他將宣傳置於正規的科學發表之上。

該事件是渥易斯的「玫瑰花蕾」時刻嗎？我不這麼認為。我也沒有聽人提過他曾有其他挫折、尷尬和被忽視的感受，資訊來源有些是私人來往，有些是專業領域的，包括他沒有獲頒諾貝爾獎一事。我同意電影中湯普森的結論：沒有任何單一的文字、傷口、怨恨，或童年時期的匱乏，可以完全解釋一個人的一生。有太多互動交織在一起了，複雜性理論，為人類行為提供比這種機械決定論的解謎方式更好的隱喻。

渥易斯沒有留下任何個人手札或日記。他在厄巴納的檔案裡有大量的科學論文、草稿和專業信函，但關於私人的內容卻很少。在他職業生涯早期只出版了《遺傳密碼》一書，這本書在他的科學成就中算不上舉足輕重，也看不出他的性格。他在撰寫的一些評論文章和章節中提及一些軼事和回顧，就像他為古菌編輯的那本巨著所寫的那一章一樣；但這些人物情節都和實驗室有關。

例如，當他從X光片中初次意識到古菌代表一種獨特的生命形式時，渥易斯寫下：「我迫不及待要與喬治分享這超越生物學的經驗，喬治．福克斯一定是持懷疑態度的。喬治總是抱持著懷疑態度，這是他之所以能夠成為優秀科學家的原因。」[350]當諾貝爾獎得主盧瑞亞，在他們發表第一篇古菌論文後，打電話給沃爾夫，告訴沃爾夫他應該遠離渥易斯和他的瘋狂科學時，渥易斯的反應是：「盧瑞亞這傢伙怎麼可以那樣魯莽地指責他的朋友、我的同事？他有什麼立場說這些話？」

渥易斯沒有寫下任何自傳，他也鮮少對外談及自己的家庭生活。他最接近自述的東西，可能是一篇他對自己的研究和重要性的正式客觀評估，以第三人稱寫成，在一九九五年以五頁長的電子郵件發送給佩斯，可能是在佩斯提名他為諾貝爾獎候選人時提出的要求，就在他對達爾文的感覺完全變質之前。渥易斯論渥易斯，用這份文件在科學史上為他自己發聲，就像你我可能在求職信中為自己發言一樣。我個人拜讀過，但目前無法在這裡引用。大意是他認為自己的定位足以與雷文霍克和達爾文並列。

有一位認識渥易斯很久的人名叫高德，現在是一位傑出的分子生物學家和生物科技企業家，同樣居住在科羅拉多州。他在紐約的許奈克塔迪時期就認識渥易斯，當時他們都在奇異公司工作，多年來一直與他保持密切聯繫。當時的渥易斯是一名三十二歲的生物物理學家，受僱於奇異電子實驗室，實驗室的目的，連他自己和他的老闆都不太清楚。那時的高德是一名十九歲的耶魯學生，有一份暑期工作。他被分派到一個沉重的研究項目，需要為老鼠注射致癌化學物質，然後試圖防止癌症的發生。沒有人引導高德做實驗，當他在這些生病和垂死的老鼠中迷失方向時，渥易斯過來幫助他。他們一起用這些可憐的囓齒動物做實驗，殺死了許多老鼠。渥易斯對這個實驗感興趣嗎？

「我不這麼認為。」五十四年後，當我們坐在厄巴納的長椅上時，高德告訴我：「我覺得他根本不在乎這件事，他感興趣的是花時間讓自己開心。」他和年輕的高德十分投緣。「置身於讓他生氣蓬勃的人當中，顯然可以讓他得到樂趣。」他愛笑。「他的笑聲很誇張，幾乎是嘎嘎大笑。」他們也認真談論，或者說渥易斯認真談論，特別是關於遺傳密碼和它如何演化的問題，而高德專注聆聽，像個聽著猶太教拉比解釋〈妥拉〉章節的孩子。

有些人認為渥易斯冷峻陰沉，然而在高德眼中看到的是一個截然不同的人：孤獨、渴望良伴、有時喧鬧，總是對新想法感興趣，神采奕奕。高德在許奈克塔迪與一個當地的女孩交往，但他們約會時無處可去。渥易斯讓他們把車停在他的車道上幽會，他會出來和車裡的這對小情侶親切地說晚安。高德說：「我只是很幸運，直到最後，我一直都是他的朋友。」

高德覺得，渥易斯的腦子好像分叉成兩個部分。一方面是他的深度學習，主要是透過自學而非正規訓練得來的；以及他持續不斷地追根究柢。高德提醒我，他是一名生物物理學家，不是生物學家。「他不懂生物學。他一輩子對生物學的了解比**我**知道的還少。」高德開玩笑地說：「這麼說聽起來真糟糕。但他並沒有認真思考生物學，他思索的是三十五億年前發生的事情。那不是生物學。」高德的意思是，它更像是物理學、分子演化學和地質學的合體，由一個完美的自學者沉思默想構築出的RNA世界。

「他的另一部分，」高德說，那是分叉的另一邊：「他喜歡和熱愛生活的人在一起。」例如，高德提到渥易斯認識最久和最要好的兩個朋友：佩斯和他的摩托車，以及他的空中飛人妻子；還有另一個人諾勒，和他的爵士樂。

於是我去見了諾勒，他現在是加州大學聖塔克魯斯分校的榮譽教授，也是世界知名的核糖體專家。我沿著陡峭的彎道駛上蒙特利灣上方樹木繁茂的懸崖，校園建築物懸臂建在小峽谷上，被紅杉和尤加利樹遮蔽。我在一個氣氛歡愉的小辦公室裡找到了諾勒。他穿著黑色運動衫、牛仔褲、運動鞋，有著白髮、白鬚、蛋型臉，氣質安靜沉著，給人一種神父或神諭祭司的感覺。但他其實和藹可親又直率，一點也不晦澀難解。在一個書架上放著兩本權威巨著《核糖體》（他是共同編輯之一），和一瓶所剩無幾的拉弗格威士忌。

他在一九七〇年代初認識渥易斯。當時的諾勒還只是加州大學聖塔克魯斯分校的年輕助理教授，剛剛開始他的核糖體研究。諾勒的興趣在核糖體的結構和功能，而不是深層的種系發生，但他使用類似於渥易斯的方法，對短片段的核糖體RNA進行定序，因為他想了解這些分子如何促進核糖體的功能。同時，除了實驗室工作外，他還分配時間從事薩克斯風爵士樂專業演奏，與許多團體合作，這些團體的水準，可都與爵士名團艾靈頓公爵不相上下。他曾與鐵琴演奏家巴比．赫奇森同台表演；他和偉大的小號手查特．貝克共享舞台。然後，在排練或演出後，他會衝回實驗室看看他最新的電泳結果顯示了什麼。諾勒曾對他的核糖體RNA序列與史特拉斯堡某個實驗室所發表的序列不一致而感到困擾。他打電話給渥易斯，兩人是在渥易斯短暫拜訪聖塔克魯斯分校時認識的。渥易斯向諾勒保證他的結果是正確的，法國版本錯了。當渥易斯評論說：「這些序列是神聖的古卷，它們應該只託付給那些了解它們涵義的人」[351]的時候，聽起來甚至有些生氣。

隨著諾勒研究的進展，渥易斯讚賞不已，多次邀請他到厄巴納舉辦研討會，或只是單純小聚和閒聊科學。他們合作撰寫了一些論文。他們會喝一點蘇格蘭威士忌，坐在渥易斯家的小書房裡，一起聽爵士樂。偶爾他們還會一起玩音樂，渥易斯彈家裡的鋼琴。

「他爵士鋼琴彈得很好嗎？」我問道。

「嗯……不能說超凡入聖，」諾勒技巧地說：「就是隨手彈彈，然後他知道一些曲子……」出現了一個漫長而謹慎的停頓，「他不是鋼琴大師，但和他合奏很有趣。」渥易斯即使不是一位才華橫溢的演奏家，但是爵士樂的重度樂迷。他喜歡亞特．泰坦，他喜歡艾拉．費茲潔拉和傑瑞．穆利根＊。他有一隻黑色的家貓，名叫邁爾斯†。在給諾勒的一封信中，他隨意多打了一段附語，粗心地打字：「米爾特．傑克遜讓萊諾．漢普頓看起來橡鐘樓怪人加西莫多的父親。」值得稱讚的是，渥易斯意識到自己在音樂上的局限，他不是和諾勒同等級的音樂家。因此有一次諾勒來訪，他聘請一個專業的節奏組，三個人，鋼琴、貝斯和鼓，與諾勒一起演奏，這讓他大吃一驚。他們在客廳架設妥當，渥易斯還邀請一些朋友過來同樂。諾勒告訴我，「我的意思是，說到好客，他可以做到這個地步。」

渥易斯對他認定的朋友，除了慷慨之外，還很忠誠。諾勒在厄巴納的一次訪問研討會上，進入提問時間時，突然有某個外系的教授闖入打斷，聲稱他已經預訂了該時段，想要大家讓出會議室。渥易斯認為這種闖入行為簡直是「喧騰、小氣、侮辱人」[352]。之後，渥易斯寫了封簡短的便箋給對方，說他應該向諾勒教授道歉，然後興沖沖地將最喜歡的橡皮圖章沾上印泥，斜橫向用力蓋在那封正式的譴責信上，印章的內容是一句話：「願你的姊妹被眾流浪理髮師用刮鬍泡好好招呼一下」‡，他也給諾勒寄了一份副本。

他們幾乎每天都會以電話交談，即便是在那個長途電話需要收費的年代，在那個電子郵件和傳真出現之前的年代。諾勒說，在後面那些年，「我常常三更半夜接到他的電話，他喝了幾杯蘇格蘭威士忌，在電話那頭說個不停。」內容不是關於核糖體RNA的討論，而是關於演化、關於宇宙的

---

* 編按：亞特・泰坦（Art Tatum），爵士鋼琴家。艾拉・費茲潔拉（Ella Fitzgerald），爵士歌手，有「爵士第一夫人」之稱。傑瑞・穆利根（Gerry Mulligan），爵士薩克斯風手與作曲家。

† 編按：邁爾斯（Miles），取自傳奇爵士小號手邁爾斯・戴維斯（Miles Davis）。

‡ 譯注：原文為 May a band of normadic barbers gang-lather your sister，是具有強烈性暗示的罵人話語。渥易斯很喜歡這個圖章，會在許多不同場合使用它。

漫談，有時候是德爾菲神諭般的宣告，比如「時間是存在的殘餘。」「核糖體無聲地教導著。」他喜歡一個故事，講一位不太知名的音樂家，在聽到泰坦的音樂時的反應：「我聽到了，但我不敢置信。」

在某次造訪聖塔克魯斯期間，諾勒的實驗室人員、所有年輕學生和博士後舉辦了一次小型慶祝活動，渥易斯偶然發現廚房裡有一盤巧克力布朗尼蛋糕，吃了四五塊。一名學生注意到了，想起那是加了大麻的巧克力蛋糕，連忙向諾勒博士發出警報。諾勒問渥易斯是否安好，渥易斯說不用擔心，接下來的聚會中，只見他無害地坐在角落裡，斷斷續續地爆笑，笑到眼淚順著臉頰滑落。據說他在一九六〇年代曾接觸過更強效的藥物，但今晚似乎更加愉快。隔天早上，諾勒煮咖啡時，渥易斯捏了捏自己的眉頭，宣布說：「昨晚我發現了幽默。」[353]

諾勒告訴我：「他很複雜。他一直是一位大師。他總認為自己是一個不被賞識的天才，或者說，被**低估**，被認可得不夠。」但從來不會過度糾結太久。諾勒回憶道：「在發表嚴厲的聲明之後，他會說一些下流的話。」像是一個黃色笑話，或者對他憎恨的人粗魯咒罵一番，例如分子生物學那群偉大的創始元老，或達爾文。

諾勒在他對渥易斯的紀念文章結尾寫道：「卡爾是一位極富創造力而且難以妥協的科學家和思想家，他遙遙佇立在與同時代其他人不同之處。」[354]諾勒是個心思細緻的人，同時也很坦率又忠於朋友，我們不難看出「佇立在不同之處」有兩個涵義：一方面是指渥易斯不同凡響的傑出，另一方面，對許多人來說，他既嚴峻又遙遠。

這正是我之所以覺得另一位科學家沃斯布林克的敘述如此有趣的原因。我是偶然聽說沃斯布林克這個人的，不是在高德和諾勒、佩斯、戈登菲爾德和福克斯等人齊聚的渥易斯紀念座談會上，也不是經由出現在《科學》、《自然》和其他刊物中的緬懷回憶錄中。當《RNA生物學》期刊特別出版一期渥易斯紀念專刊時，沃斯布林克並不在作者之列。但他在一九八〇年代認識渥易斯，當時的沃斯布林克是昆蟲學博士生，因為伊利諾大學昆蟲學系跟渥易斯的實驗室在同一條走廊盡頭處。莫里爾大樓三樓，再次將本書的人物聚集在一起。我到紐哈芬的康乃狄克州立農業實驗站拜訪沃斯布林克，他現在在另一棟大樓的三樓辦公室裡，這個辦公室很小，牆上裝飾著昆蟲和蜘蛛的海報，他的辦公桌上堆滿了裝在小塑膠杯裡的吉普賽蛾毛毛蟲。吉普賽蛾是一種會導致重大經濟損失的害蟲，有時會使一整片橡樹和其他森林嚴重落葉，而這些杯子中的幼蟲被培育來作為研究之用。

沃斯布林克像一頭開朗的大熊，他有長島口音，頭髮稀疏，下巴布滿灰色鬍渣。他透露，他已經六十三歲了，不應該再自己培養實驗用毛毛蟲，可惜他的老闆不欣賞他，拒絕提拔他。沒關係，他把挫折（同時也是滿桌的毛毛蟲）推到一邊，用了整整一個小時，充滿感情地追憶起他的好朋友卡爾。

他們初次見面是因為沃斯布林克聽說渥易斯在分子親緣關係和RNA列表方面的研究，沃斯布林克想知道該技術如何應用於昆蟲，或它們攜帶的寄生蟲身上。此外，他也需要工作，他是一個拮据的研究生，而他的助教職位已經結束。「所以我過去那邊和卡爾談談，卡爾很能領會不雅幽默的趣味，不知道你是否知道這點。」當時沃斯布林克說了一個黃色笑話，我不便重複，總之渥易斯笑了出來。「我們一拍即合。」渥易斯聘任他參與一項計畫，他們就這樣變成朋友。

在週五午後，他們會穿過古德溫大道到崔諾酒吧喝啤酒，或者在旁邊的義大利餐廳提波內用餐，這是渥易斯最喜歡的小歇地點。兩人喝完啤酒，微醺的狀態下，他們可能會去看場電影，像是喜劇二人組奇克和沖的電影，或一些非主流科幻片。渥易斯有一句沒那麼神諭的格言：「啤酒開啟人類心靈。」他們還認真地談論演化等問題，沃斯布林克看到渥易斯非常渴望找到「終極答案」。他也看到渥易斯的自負。沃斯布林克成為渥易斯的「自負調節器」。只要他在，渥易斯根本無法嚴肅太久。

「有一次我們在他家後院，他偶爾會邀請學生到家中烤肉聚餐，大家會喝得大醉，然後他會站起來開始發表宣言，你知道的。」沃斯布林克告訴我：「那天我第一次拎起他，把他扔進了灌木叢圍籬。」

「你把卡爾．渥易斯扔進樹叢裡了？」

「是啊。他的妻子和孩子大叫出聲：『哇，他把卡爾扔到灌木叢裡了。』結果卡爾喊說：『不是，不要丟進我家的灌木叢裡！是鄰居家的！』」

一肚子啤酒、興高采烈的渥易斯似乎更在意他的灌木籬笆，而不是他的人身安全或尊嚴。他的妻子蓋伊，顯然是一個沉默寡言的女人，很少在渥易斯較公開的故事中扮演發言者，甚至跑龍套的角色也沒有，但在這個故事中，她得以驚聲呼叫。「總而言之，我把他扔進了灌木叢。」沃斯布林克說。他們的友誼只增無減。

有時候，他們會自己釀造香檳。他們向當地農場購買蘋果酒，渥易斯從微生物學系取得一些香檳酵母，然後讓它發泡。「兩週後，就會呈現小便黃色，你知道的，在週五的午後，我和卡爾會開始喝。」他們喝得愈多，愈覺得他們自製的飲品美味。渥易斯會說一些大意像是「那些傢伙，那些葡萄酒鑑賞家，他們一定會嗤之以鼻。但這真是好東西。」這樣的話。他們為這種令人陶醉的酩酊快樂狀態創造了一個術語：耍蠢。「我們來耍蠢吧，卡爾。」沃斯布林克會這麼說，然後他們真的說到做到。

渥易斯很慷慨，在沃斯布林克有需要時，會借點錢給他的好友，對實驗室的其他人也很留心。當時他的實驗室裡有一個中國學生，一個穿著人民裝的謙恭年輕人。他也是一九八五年發表的粒線體起源論文的第一作者，博士候選人楊德成。渥易斯發現楊的經濟十分拮据，便額外付費讓他教大家太極拳。這個安排的奇特之處在於，楊自己不會打太極，他必須先學習才能教別人。但他們就聚在那裡，在莫里爾大樓外的中庭練太極：一位白髮蒼蒼的瘦小教授、一隻溫和的大熊，加上渥易斯實驗室的其他人，以及一名奮力在每次上課前都比別人先多學一節課的中國學生。

沃斯布林克也看到渥易斯雄心壯志和好強的一面。每年，隨著美國國家科學院新當選成員名單的公布，而渥易斯的名字不在其中，他都會說：「我的朋友讓我失望了。」有一年，他認為為時已晚，決意不再期待。沃斯布林克記得他說，如果他們現在開口邀請，「我一定拒絕他們。」隔年，沃斯布林克聽說他當選了。「你拒絕了他們，對吧，卡爾？」他調侃道。

渥易斯有點發窘，不好意思地微笑。「你太了解我了，可不是嗎。」他其實很高興能夠加入，他太需要加入了。

的確，他覺得自己被低估了。他做了這麼嚴肅的科學研究，發現第三種生命形式，掀起爭議，沃斯布林克在厄巴納的整段時期中，渥易斯「仍在揮汗苦熬」。他缺乏在科學界攀登上位的經營策略和手腕，沃斯布林克稱之為「跳踢踏舞」。這對渥易斯來說代價高昂。而沃斯布林克本人，與他還在培育的毛毛蟲一起，對這種代價多少有點了解。然後談到渥易斯的達爾文情結。「卡爾對達爾文懷有某種恨意。」沃斯布林克自告奮勇說明。解釋起來並不容易：是抽象的、哲學的、他自尊的一部分嗎？「每隔一段時間，他就會說：『我比達爾文更重要。』」

我接口說，我從其他人那裡聽過類似的故事。

「每當他這麼說時，我就會告訴他，我要把他扔進樹叢裡。」

有一回，沃斯布林克拿到一台精美的老式德國林好夫大片幅相機，四乘五英寸底片，他叫渥易斯坐下來，要幫他拍一些人像照。他們在渥易斯的住家和庭院裡拍了一系列照片，沃斯布林克在他的電腦上給我看了一組選集。一張是穿著法蘭絨襯衫的渥易斯，坐在門廳的桌子旁，桌燈看起來都比他自在。一張是窗前的渥易斯，明暗對比之下有一種戲劇性的夢幻感。一張是戶外的渥易斯，坐在一張鋁製庭園椅上，眯著眼睛。一張是渥易斯的頭支在拳頭上，看起來像個孩子。他似乎沒有掌握到拍照的訣竅。然而，隨後出現了一張相片，渥易斯往前坐，頭髮狂亂，留著鬍鬚，深陷的雙眼勇敢地直直瞪視鏡頭，在他身後，那片著名的灌木叢模糊得恰到好處。天啊，我想，這是我見過最好的渥易斯照片了。總之，**這**便是摯友眼中的他。但，這個他又是**怎樣**的人？

第八十二章

當渥易斯去世時，還在爭議中的最大謎團之一便是真核細胞的起源，也就是說，我們生命最深處的開端，直至今日仍然沒有定論。如果像渥易斯在一九七七年宣布的那樣，存在三個生命領域，其中一個領域是真核生物，包括所有動物、植物、真菌，和所有細胞裡面含有細胞核的微生物，那麼這個最終演化出人類和我們可見的所有其他生物的譜系的基礎故事是什麼？是什麼讓真核生物如此不同？是什麼讓牠們走上如此不同的道路，從細菌和古菌的微小和相對簡單，走向巨大而複雜的紅杉、藍鯨和白犀牛，更不用說人類和我們對地球的所有特殊貢獻，像是美國職棒、抑揚五步格和葛利果聖歌？哪些部分以及哪些過程組合在一起，形成了第一個真核細胞？

如此重大的事件大概發生在十六億到二十一億年前之間。這個足足有五億年之久的窗口，反映當前科學不確定性的程度。不同陣營的意見強烈分歧，都提供了一些假設。岩石中早期微生物形式的化石證據，並沒能提供多少解答，科學家還是從基因體序列中發掘出更精確多樣的線索，並且其中一些線索仍然來自16S核糖體RNA，這要歸功於渥易斯當初的洞察力，以及後來四十多年間他的追隨者的心血。但是這些數據的涵義為何則見仁見智。現在所有的專家都同意，當年內共生作用發揮了重要作用：不知何故，某個細菌被另一個細胞（宿主）捕獲並且在體內被馴化，然後成為粒線體。它們一旦存在早期真核細胞中並且數量變多後，就會提供大量能量，遠遠超出當時可用的任何能量，讓這些新細胞可以增加體積與複雜性，進而演化成多細胞生物。複雜性增加的一個顯著特徵，就是控制，特別是對遺傳材料的控制。更具體地說，這意味著將每個細胞的大部分DNA包裝在一個內部胞器中，也就是由膜包圍住的細胞核。因此，真核生物起源之謎包含三個主要問題：一，原始宿主細胞是什麼？二，粒線體的獲取是否觸發了最關鍵的變化？或者，是由它引起的嗎？三，細胞核是從何而來的？更簡化的提問方式則是：一個東西跑到另一個東西裡面，形成複雜之類的東西？這些「東西」到底是什麼？

關於前兩個問題，最近的新證據來自一個意想不到的地點：大西洋底部。它來自於格陵蘭和挪威之間，一個近兩千四百多公尺深的區域所挖掘出的海洋沉積物，這地區附近有一個稱為洛基城堡的深海熱泉。洛基是北歐神話中既狡猾又會變形的神；挪威主導團隊在發現這個熱泉後取了這個名字，因為這個礦化的噴口看起來就像一座城堡，而且所在位置難以尋找。他們與其他科學家一起分析這些海洋沉積物裡面所包含的DNA，發現這代表了一個全新的古菌譜系，這些細菌的基因體與已知的任何東西都截然不同，似乎代表一個獨特的分類門（門是非常高的分類位階；比方說，所有脊椎動物都同屬於一個門）。帶領這項基因體研究的生物學家，是任職於瑞典一所大學的年輕荷蘭人，名叫艾特瑪。他結合深處城堡和狡猾神祇的語義，將這個族群命名為洛基古菌。

艾特瑪團隊於二〇一五年公布這項發現。這項發現具有廣泛報導的價值，因為洛基古菌的基因體，似乎與我們人類譜系起源的宿主細胞非常接近。《華盛頓郵報》的一則標題說：「新發現的『失落的環節』顯示人類如何從單細胞生物演化而來。」[355]這些從深海軟泥中提取的古菌，真的是二十億年前那些，自身譜系在經過激烈分化後，變成現代真核生物的古菌的表親嗎？這些古菌是我們最親近的微生物親戚嗎？也許真的是。這一點引起大眾的注意。

但是，使艾特瑪的研究在早期演化專家當中引發爭議的，還有另外兩點。首先，艾特瑪團隊提出證據，表明洛基古菌等細胞在獲得粒線體**之前**，就已經開始發展出複雜性。也許是重要的蛋白質、內部結構、可以包圍並吞噬細菌的能力。若是如此，那麼偉大的粒線體捕獲事件，就是生命史上最大轉變的結果，或一連串變化其中之一的事件，而不是原因。某些人，例如馬丁，會強烈反對。

其次，艾特瑪團隊將真核生物的起源置於古菌**中**，而不是古菌旁邊。如果這個論點正確的話，便意味著我們又回到一棵兩個分支的生命樹，而兩大分支不管哪一支，都不是我們長久以來珍而重之、視為己有的。這也就是說，我們人類就是古菌這種獨立生命形式的後代，這在一九七七年之前是無法想像的。（這種情況會產生錯綜複雜的糾葛，牽扯到在我們的譜系開始之前，細菌的基因水平轉移到我們的古菌祖先中，結果導致細菌也混入我們的基因體內，但本質仍然是：喔，我們就是**它們！**）某些人，例如佩斯，會強烈反對。渥易斯也不會同意，只是他在世的時間不夠長，無緣被艾特瑪二〇一五年發表在《自然》期刊上的論文激怒。

六月的一個早晨，在多倫多的一間會議室裡，艾特瑪向一屋子全神貫注的聽眾描述這項研究，其中包括杜立德和幾十名研究人員，還有我。當我之後與杜立德碰面時，他用一貫的自嘲式幽默說：「我有點被洗腦了。」

也是後來，我坐下來與艾特瑪對談。我們談到他當時仍未發表的最新研究，這會把同樣的涵義推得更進一步：粒線體是大轉變的次要因素，人類祖先植根於古菌中，位於兩分支的生命樹上。他很清楚反對的觀點，也清楚自己將會遭遇何等激烈的爭論。他說：「我真的有在為某些可能迎面撲來的風暴做準備。」

第八十三章

二〇一二年春末，渥易斯的健康狀況開始惡化。他八十三歲了，仍然每天進基因體生物學研究所的辦公室，仍然思索著他的大問題，對退休一點也不感興趣。五月的一個早晨，他與當時在加州大學戴維斯分校的朋友路文通電話，祝賀路文當選美國國家科學院院士。他警告路文提防章程第六十一節中的「踢糞鄉巴佬」[356]，亦即路文獲選身分的學院章節。第六十一節是動物學、營養學，和應用微生物學，符合路文的農業生物學背景。很難說路易斯口中的「踢糞鄉巴佬」，究竟是對在牛隻糞肥中打滾的科學家的親暱稱呼，還是不加修飾地如實反映了他對應用生物學的厭惡。路文在他的渥易斯回憶錄中提到這通電話，然後寫道：「感傷的是，在接下來的幾個月裡，卡爾的體力似乎正在衰弱，他的精神狀態也在下滑。」[357]路文盡可能地和渥易斯保持聯繫，儘管兩人相隔遙遠。

初夏，渥易斯的健康狀況更加惡化，可能和某種腸道阻塞有關，當時他與家人在麻州的瑪莎葡萄園島度假。家人帶他去波士頓的麻州總醫院，那裡的影像診斷顯示渥易斯得了胰腺癌。情況嚴重，腫瘤像絞殺植物一樣包覆進一條動脈中。緊急手術解除了堵塞，但無法切除腫瘤，它與動脈壁纏結得太緊密了。接下來發生的事情，也就是渥易斯在世的最後六個月，了解最透徹的是他的行政助理派珀，她在基因體生物學研究所工作期間成為他的幕僚和朋友。她按照渥易斯的意願協助他尊嚴離世，不過並非臨終醫療中的「壯烈手段」一類，地點也不在麻州。

派珀與渥易斯的關係就像空地上偶然綻放的花朵。他不是在基因體生物學研究所招聘她的，也不是從原先的實驗室帶她過來。當研究所於二〇〇七年成立時，她從另一個單位轉調過來，被分配到戈登菲爾德帶領的生物複雜性研究計畫。派珀告訴我：「有一天，我只是坐在我的辦公桌前，這個一頭白髮的瘦小傢伙過來，手裡拿著一袋書，我問他：『你需要甚麼幫助嗎？』他說：『對啊。』」他們一見如故，後來也變得親近。「我認為他對我那麼信任，主要是因為我對他一無所求。」

派珀和我約在厄巴納的一家咖啡館碰面，就在提波內餐廳再過去一點的街區附近。她約莫五十來歲，灰白的頭髮攏著臉龐，聲音柔和，態度堅定。「他有一次跟我說：『你知道嗎，黛比，我們就像家人一樣。』」但幾乎比家人更好，他補充說，因為「我們沒有那麼多糾葛。」

她談到渥易斯對自己在一九七〇年代後期聲名大噪的反應，當時他在《紐約時報》和其他地方獲得了安迪沃荷口中的十五分鐘盛名，緊接著他認為自己受到同儕社群的排斥和強烈反對。「當時我不在場，但我們時常聊到這件事。」三十年過去了，渥易斯的委屈不平依舊縈繞心頭。她轉述他的說法：「這麼驚人的發現，結果世人們要麼不是認為它不重要，不然就認為那不是真的。」

然而在派珀的印象中，渥易斯一心渴望為人所知的，是他所做的研究，而不是他自己。他厭惡

（或聲稱厭惡）所謂科學中的「個人崇拜」，例如達爾文幾乎封聖的地位。渥易斯不想那樣，至少，在對他的為人知之甚深的派珀眼中是如此。也有其他認識他更長時間的科學界同事對此不同意；但派珀對渥易斯一直是支持和寬容的，直到最後一刻。她告訴我：「他不希望他的研究成果太過度地與他個人相連，他認為它們應該獨立存在。」在她護衛下的最後幾年，許多來訪的學者都想會晤大名鼎鼎的渥易斯，無論他們的研究領域是否相關，無論他們對他的研究理解與否。有時候他會告訴她，「我不是娛樂大眾的跳舞熊。」他不想見這些人，不想沉浸在他人的仰慕中。他也不想到處旅行。「他只想一個人靜靜思考。」在戈登菲爾德的全力支持下，派珀在基因體生物學研究所的角色，逐漸演變成渥易斯的私人助理，一切以他的需求為優先。她說這有點奇怪，因為一開始的時候，她完全不知道他是誰、他做了什麼、他的名聲有多大。

「他就只是這麼個滿頭白髮的老先生。」我插嘴。

「就只是這麼個白頭髮的獨行俠教授，是的，」她同意：「就在我對面的辦公室裡。」隨著他們日漸熟悉，她發現他很有趣、很善良、重視個人隱私。他是她見過最聰明的人，雖然在日常瑣事上，他可能一點概念也沒有。他的思緒漫遊宇宙四方，不知所蹤。他是派珀最好的朋友之一，她至今仍然非常想念他。不張揚做作嗎？我好奇。是的，不張揚做作。然後她補充說明了一下。

「他一點也不矯揉造作。他真的很低調。不過他會說：『我還有很多要謙虛的地方。』」她笑著說。

幾分鐘後，我們談到難受的部分。渥易斯於二〇一二年七月初被診斷出罹患癌症。她回憶道，他在七月三日接受了緊急手術。「他打電話給我，問我願不願意過去。」七月四日，她動身飛往波士頓。

第八十四章

關於渥易斯在生物學界推波助瀾掀起的動盪，同時也是我試圖在本書描繪的大變動中，有三個違反直覺的觀點，三個受到挑戰的地球生物分類思維。它們分別是：物種、個體、生命樹。

物種：物種是一個群集的實體但彼此有別，就像一個擁有固定成員名單的俱樂部。這個物種和那個物種之間的界線涇渭分明，不會模糊不清。

個體：有機體也是分離的，具有單一的特性。例如一隻名叫魯弗斯的棕色小狗、一頭長著驚人象牙的大象，或是一個名叫達爾文的人類。

生命樹：遺傳總是從祖先垂直流向後代，總是分叉和發散，從不收斂聚合。所以生命史的樣貌被描繪成一棵樹的形狀。

現在我們知道，這三種分類中的每一個都是錯誤的。

早在分子親緣關係學開始讓問題變得複雜化之前，生物學家已經就如何定義**物種**爭論了很長時間。這個概念至少可以追溯到林奈，或者廣義一點來說，可以追溯到亞里斯多德（又是他！）。不過我們無須理會深遠的哲學史和詞源史。正如林奈在他的分類系統中所使用的那樣，十八世紀，物種是一個實體（是生物的群集，但仍然是一個實體），具有不變性和本質。十九世紀的達爾文，在華萊士等人的幫助下，駁斥林奈的那種理想主義，說服世人相信物種會變化、會有新物種誕生、也會有物種消失滅絕，物種由彼此不同的個體組成，具有一定程度的相似性，但沒有根深蒂固的共同本質。二十世紀，麥爾提出明確的**物種**定義，我之前提到他是新達爾文主義的奠基人之一。麥爾的觀點很重要，因為他除了是一位傑出的理論演化學家之外，還撰寫生物史書籍，經常以令人心生敬意的第三人稱，將自己寫進傳奇之中。麥爾在一九四二年提出的著名定義是：「物種是實際上或有潛在可能混種繁殖的自然種群，與其他物種族群存在著生殖隔離。」[358]你大概已經了解到這個定義會產生兩個問題。

第一個問題：它不適用於細菌和古菌，它們不會像麥爾所暗示的那樣，跟任何東西「混種繁殖」＊。第二個問題：如果基因會不斷水平轉移（透過病毒感染和其他機制），而且如果一個物種有時會與另一個物種繁殖，產生新的混種後代譜系（這種雜交經常發生在植物之間，有時也發生在動物之間），那麼「生殖隔離」該如何成為絕對標準？答案是：的確，生殖隔離是一種有用而且直觀的標準，但它不是絕對標準。

以智人這個讓我們備感親切的物種為例，在DNA定序時代，科學家認識到人類基因體包含雜

＊譯注：作者的意思是，細菌是無性生殖的產物，並非透過交配而產生後代，因此這個定義無法用在細菌身上。

交事件的證據。尼安德塔人於一八五六年被發現，於一八六四年定名，幾十年來一直被認為是一個不同物種，在人科之中與我們密切相關，但又截然不同。目前一些專家認為尼安德塔人是智人的一個亞種，更合適的名稱應該是**尼安德塔智人**，其他人則認為尼安德塔人仍然是正確的標籤，代表該種群是一個完整的物種。無論如何，在大約三十萬到六十萬年前的某個時間，或更早之前，當古人類先驅遠離非洲開始殖民歐亞大陸時，我們的譜系與他們的譜系產生分化。這些先驅者後來分化出一些非洲以外的人種，其中就包括尼安德塔人。至於我們人類譜系的智人，被稱為「現代人類」，則是在另一波出走潮時才離開非洲，再度落腳歐洲，不過時間上要晚得多，大約在五萬年前。然後，出於某種原因，尼安德塔人消失了。

長期以來古人類學家都推測，我們的祖先或許直接武力侵略，或者透過彼此競爭，迫使尼安德塔人滅絕；抑或是藉由相互雜交，在一定程度上將他們吸收。不過，這些假設都沒有確切的證據證實。最近，一支包括瑞典生物學家帕博在內的研究團隊，對尼安德塔人的ＤＮＡ進行復原和定序，分析結果顯示尼安德塔人和現代人類之間確實發生了雜交。人類基因體，特別是在那些經由雜交誕下的非洲以外人類後代身上發現的基因體，包含大約百分之一至百分之三的尼安德塔人ＤＮＡ。

其實在我們的基因體中，還不只有尼安德塔人的成分。人類譜系與黑猩猩譜系，大約在七百萬年前、一千萬年前，甚或是一千三百萬年前（沒有人知道準確的時間點）分道揚鑣。但是最近的基因體分析表明，在大分化之後的某個時間，原始人類祖先和黑猩猩祖先在演化的道路上又回到同一處，發生雜交，然後在我們的基因體中留下不折不扣的黑猩猩基因（不只是與人類相近的基因而已）。事實上，我們完全分化的時間點並不明確，端視什麼時候超過了棘輪階段，發生再也無法回頭的事件。這次雜交的影響，讓我們基因體的某些部分，即使在今天看起來，都反而更接近黑猩猩的基因。我們曾經自負而篤定地相信，智人是一個獨立的實體，透過逐步演化的過程而產生，終於在空間上和時間上獨立存在。如今這些知識讓我們曾經明確的信念漸漸模糊。我們其實並沒有那麼獨立，也沒有那麼孤單。帕博將我們的基因體稱為鑲嵌體。正如我前面說過，他並不是第一個在基因體學領域使用這個比喻的人，但將它加諸於我們人類自身時，它對我們的自我意識形成格外強烈的衝擊。

當然，在我們的基因體中有黑猩猩基因或尼安德塔人基因，還不算是全貌。其中還有病毒DNA的存在，包括**合胞素**－2，一種從反轉錄病毒中產生的基因，被重新改造過後，使人類懷孕成為可能。內源性反轉錄病毒的基因元件占據人類基因體的百分之八，我們向來將智人視為靈長類物種，這個事實無疑使我們的感受變得複雜。

同時這也使得我們對人類「個體」性質的認知更加紛雜混亂。此外，讓我們百感交集的還有這些事情：我們每個人都含有數百兆個細菌細胞，代表著數千種不同細菌「種」，作為維持健康、消化系統運作，以及我們生理其他方面不可或缺的必需品。在我們的每一個人體細胞中，都存在捕獲的細菌，這些細菌早已轉化為粒線體，沒有它們就沒有你我。

長久以來，生物學家和科學哲學家一直試圖從生物學的角度，去定義和釐清「個體」的概念，這些努力至今仍未停止。有人認為，這樣的定義至關重要，因為天擇說的演化邏輯（達爾文的核心原則）取決於個體的差異化生存和繁殖。如果是這樣的話，個體是什麼呢？單個細菌是一個個體嗎？渥易斯和戈登菲爾德在他們二〇〇七年發表的論文〈生物學的下一場革命〉中，挑起了這個問題。羅馬尼亞生物學家索內亞認為，地球上所有的細菌構成一個單一的「超級有機體」，一個單一的、相互連結的遺傳實體。他說，不，只考量單個單個的細菌的話，它們不能稱為個體。一隻無法自我繁殖、一輩子為了蟻后繁殖能力最佳化而活的工蟻，是個體嗎？或者，蟻群本身才是一個個體？它是另一種「超級有機體」嗎？

又比如僧帽水母，這是水母一種很特別的親戚，長得像透明魚鰾，帶著螫人的觸手，漂浮在海面上。一隻僧帽水母是個體嗎？看起來似乎是，但生物學家告訴我們，一隻僧帽水母不算是個體。它也像蟻丘或白蟻群落一樣，是一群生物組成的群落（在這種情況下，組成牠的多細胞小生物稱作「個蟲」），為了共同的目的聚集在一起，以各種不同方式執行特定功能。同樣的，還有被稱為細胞狀黏菌的奇怪生物，在它們生命的某個階段，外觀和行為就像花園裡的蛞蝓，但是在另一個階段，它們會變成由一隻隻變形蟲組成的精密團隊。缺乏食物時，這些變形蟲會聚合成蛞蝓的模樣，共同努力爬向更適合的棲息地，長出一根莖狀物，上面結出果實狀的身體。當它打開時，就會釋放出孢子。如果孢子落在有食物顆粒（細菌）的地方，它們就會甦醒過來，成為新的變形蟲。

群聚成林的楊樹也是如此。它們表面上看似一棵棵獨立的樹木個體，但實際上，楊樹是透過地下根系無性繁殖而來，它們相互連結，共享相同的基因體，有時甚至能夠長出數百棵樹，涵蓋大片面積。整片樹林才是一個個體。根據統計，地球上最龐大的生物體可能是位在猶他州魚湖國家森林中，一片占地數十公頃、由數千棵樹木組成的楊樹林。這個個體的總重量約為六千噸，大約有八萬年的歷史。

這類案例說明了科學哲學家在他們博大精深的論文中所面臨的問題：「個體」很難定義，除非是一個一個例子來講，但是即便如此，也並非易事。珊瑚可能模稜兩可，地衣可能模稜兩可。大家都同意小狗是個體，貓頭鷹是個體，人類也是個體，不覺有異，但是若你從令人不安的分子角度來思考這件事，那就不是這麼回事了。正如帕博和馬丁所說的，我們是合眾而成的馬賽克拼貼，不是單獨的個體。

接下來，是第三個受到挑戰的分類：生命樹。你已經在這本書裡讀過，為何生命樹實際上看起來不會像一棵橡樹、也不會像美國白楊的原因。即使是成林的楊樹群也不適合拿來比喻，因為儘管它們在地下的根部相互連接，共享根系，但地上的部分卻沒有重新相連。它們的根部形成一個網絡，但它們的枝幹只會向外分散開展，彼此遠離，尋找可以讓樹葉充分吸收陽光的開闊空間。在大自然中，它們不會匯合在一起，也不會融為一體，與克魯薩克嫁接的白蠟楓或厄蘭森嫁接的美國梧桐不同。總而言之，生命樹不能算是一個真正的類別，因為生命的歷史並不像一棵樹。

渥易斯明白這一點，儘管釐清這個觀點不在他的首要任務之列。他最感興趣的是生命樹的大分支，而不是小枝枒。而這橫跨過去四十億年間的生命史大分支，在他看來可分成三大支：細菌、真核生物，和古菌。這三域從我們所知的所有生命的最後共同祖先分化出來，變成今日地球上所有我們認識的生物：使用共同遺傳密碼，都來自RNA世界，變成細胞之後通過達爾文閾值，最後演變得複雜萬分。讓我感覺莞爾的是，儘管渥易斯對複雜性及其產生方式深感興趣（他在晚年與戈登菲爾德合作時，對複雜性理論和突現性質很是著迷），他也醉心於單純性。生命三域，包含了一切：這就是簡單。這是他神聖的三位一體，近乎宗教性的崇高。

渥易斯是有神論者，不像許多科學家是無神論者。「他說他相信神的存在。」派珀告訴我。她自己是一個無神論者，沒有理由將他的信仰浪漫化，不需要像那些為達爾文捏造臨終前回歸聖公會故事的偽善騙子一樣。臨終前渥易斯並沒有突然傾向哪個宗教。他很穩定，雖然意識模糊。他是信神的。他曾在電子郵件中對派珀說：「願你不信的上帝保佑你。」她笑著告訴我，彷彿那是他們之間的一個甜蜜玩笑。

二〇一二年七月四日，派珀抵達波士頓後，發現渥易斯狀況不佳，不只是身體上，精神上也是。人困在麻州總醫院，被家人包圍，他對自己受到的治療方式非常不滿意。他想離開。「他們讓他服用好度，這藥簡直要把他逼瘋，」派珀告訴我。好度是一種叫做氟哌啶醇的藥物商品名，是用於治療思覺失調症、譫妄、精神病和其他形式躁動的抗精神病藥物。渥易斯成了精神病患嗎？並沒有。他情緒激動嗎？確實是的，他把手臂上的靜脈輸液管都扯下了。他的妻子和兩個孩子雖然擔憂，但還是小心翼翼，不敢挑戰醫療權威。派珀倒是沒有這個顧慮。「你們為什麼要給他好度？」她詢問看起來似乎是主治醫師的那個人。

「嗯，因為他很生氣。」

「他生氣是因為你給他服用好度。他想要保持頭腦清楚。」

渥易斯痛恨神智不清的狀態，派珀告訴我。他想要保持思考的能力。對他來說，沒有什麼比失去思考能力更糟，即便是醫學上回天乏術的命運，或一陣陣磨人的疼痛也比不上。這畢竟是他的生命，所以後來醫生停用了好度，他甚至拒絕止痛藥泰諾，儘管他剛剛接受一場大手術。一兩天前，他們才切開他的腹部，重新整理他的腸道。相較之下，比起無痛安適，他更寧願自己神智清明。

派珀告訴我：「當我們把這一切都處理好之後，他問我是否願意幫助他尊嚴離世。」她停頓了一下。「我答應了。」

醫師建議他在麻州總醫院待三個星期，渥易斯不願意，他拒絕化療。派珀幫助他登上花費一萬六千美元的醫療包機，回到厄巴納。「他們把他推進屋內。」她說，他終於到家了。

到家了，但仍有心願和任務未了。許多人想見他最後一面。派珀幫忙婉拒了大多數這類的支持者、校園高層，以及那些不在占用他剩餘精力和最後隱私優先順位的人。雖然他與妻子兒女的關係早已變得疏離，他現在希望他們能夠陪伴在身邊。還有幾位是渥易斯親近的友人。派珀帶來食物，有時候他能吃得下一點。高德過來探視。戈登菲爾德常來幫忙。八月時，渥易斯同意為了留下歷史紀錄，忍受一系列的錄影採訪。薩普為此前來，佩斯也是。渥易斯盡其所能，努力回答經過慎重構思的提問，問題主要是由薩普和戈登菲爾德列出的，探求對他的研究、他的發現，以及他那個時代的科學的反思。

這些影片將會留存在基因體生物學研究所（後來更名為「卡爾．渥易斯基因體生物學研究所」）。渥易斯臉色蒼白，明顯不舒服，坐在書櫃和常春藤盆栽前，連著兩天內，對著鏡頭說了六個多小時，費力地想記起所有事實和名稱，表達他的想法。當他做不到時，他感到沮喪，當他無法給出明確的回答時，經常會說「停拍」或「暫停」[359]。但攝影師還是繼續拍攝，沒有停機。渥易斯似乎沒有意識到，或者他並不在乎，他會在暫停片刻後重新開始。要說的還有很多，此刻卻為時已晚。他停頓了很長時間。他假裝對死亡視而不見。有一次他說：「我的記憶力變得很糟，很糟，很糟。」與此同時，攝影機捕捉到了一切。幾個月後，有人提出在他的追悼會播放部分影片想法，讓大家可以重溫他的聲音和影像。

在我們交談時，派珀回想起她聽到這個主意時的瞬間反應：「天哪，拜託不要。這樣豈不是讓他顯得又老又病？」

然而，在這個重病老人的表象之下，卻有著多重的其他真實，紛呈跌宕。有的直接浮現，有的橫向抵達。

致謝

這個寫作計畫的起點，始於我閱讀杜立德的著作，特別是一九九九年他發表在《科學》期刊上的論文，不過我遲至二〇一三年才有緣目睹。杜立德的著作將我引至幾個方向，最重要的是引導我接觸渥易斯的研究，然而他卻已經在二〇一二年十二月三十日去世。從這些線索出發，一個更大的主題：分子親緣關係學，以及對生命樹概念的澈底反思，開始在我面前展開，就像步入一個巨大的石灰岩洞穴，石壁上布滿令人驚嘆的新石器時代岩畫，突然間被手電筒照亮。我第一步馬上與杜立德取得聯繫，從一開始，他便萬分慷慨，惠我良多，而且從未試圖過分影響本書的呈現或走向。他在哈利法克斯和其他幾個不同場合，好幾次接受我長達數天的採訪；他閱讀了整本書的草稿，提供更準確的修正，但沒有試圖遊說我的主觀判斷或結論。多謝了，福特。

歷史學家薩普也以種種方式幫助了我：透過他出版的作品，尤其是他的大作《演化的新基礎》；願意長時間接受採訪；不僅與我分享他對渥易斯和馬古利斯的回憶（他與兩位都很熟稔），還與我分享一些私人電子郵件。儘管我們的目標讀者群並不一樣，寫作方式也截然不同，每當我拜託他提供洞見或解說時，薩普總是慷慨支持而且直言不諱。

感謝我的兩位科學家好友：吉爾平（自拙作《多多鳥之歌》以來，吉爾平就一直是我可靠的生物學家顧問）和桑茲（Dave Sands）。他們兩位雖然都不屬於分子親緣關係學的圈子，但對生物學界內的盛事都非常熟悉，也都閱讀了整本書的草稿並提供建議。

還有一群人提供我雙重協助：這幾年來接受我長時間的採訪，或回覆我的電子郵件和電話提問，然後閱讀相關部分的草稿以確保正確性，提供我詳盡的注解和重要的訂正。他們是：波嫩、布朗、霍托普、艾特瑪、費肖特、福克斯、高德、戈加滕、戈登菲爾德、格雷、格雷塞爾、海德曼、雷克、勞倫斯、萊維、路文、呂爾森、馬丁、諾勒、佩斯、派珀、羅素、薩根、索金、滕博爾（Jake Turnbull）、沃斯布林克、威登赫夫特（Blake Wiedenheft）和沃爾夫。也要感謝福克斯還跟我分享他與渥易斯和其他人，在一九八〇年合著的「大樹」論文的一系列草稿。

在這麼多縱容我好奇心的科學家中，我要特別感謝四位，因為他們如此慷慨地付出大量的時間、思想和耐心，然而出於本書結構和重點的原因，他們的貢獻很少或根本未能在書中提及。他們是：麥卡琴（John McCutcheon）、歐森、艾森和庫寧。例如，我與麥卡琴和他的同事在智利待了十天，在他的博士後研究員魯卡西克（Piotr Łukasik）的帶領下進行實地考察，拎著捕蟲網追逐蟬的蹤跡，目的是為了研究這些蟬體內的內共生細菌基因體。這項研究是麥卡琴實驗室研究重點的一部分：某些昆蟲內共生體的套疊式基因體和基因轉移，以及這種套疊式基因體，連同基因體的縮減，對內共生作用的意義為何（這甚至可能與粒線體的內共生起源有關）？儘管麥卡琴的研究非常迷人且重要，但我發現，它與我所寫的主題之間的關係實在太錯綜複雜了，我無法要求讀者與我一同試圖跟上他的步伐，這一點真是太遺憾了。智利風景如畫，麥卡琴的陪伴和談話內容都很棒，智利牛排和啤酒也不遑多讓。

同樣的，我在加州大學戴維斯分校度過了一個星期，旁聽艾森在一間大講堂裡，向數百名學生教授的生物學入門課，這堂課的主題是「生物多樣性和生命樹」。每天課後，艾森和我談論親緣關係學、演化、棒球和書籍。他的實驗室網站上寫著「所有微生物，無時無刻」的口號。不過在最後一日，他帶我去附近他最喜歡的保育濕地賞鳥。看，他一會兒說，那裡有一隻白面朱鷺！所以我確信這位生物學家除了關心微生物，也關心大型動物群。歐森是渥易斯在厄巴納生活期間最親密的工作夥伴之一，他耐心地引領我一覽那些未及出現在書中的想法和回憶。庫寧關於微生物基因體和演化的廣博思想，深深吸引了我。在他位於貝塞斯達（Bethesda）的辦公室進行首次採訪後，我告訴他我想拜讀他的大作《機會的邏輯》（*The Logic of Chance*），並且回來做第二次採訪。幾個月後我果真回去了，雖然未能在書中提到任何一次訪問，但與庫寧的對話是我執行這整個計畫過程中很享受的附加特權之一。

至於其他幫助我進行研究、歡迎我參觀他們的實驗室和辦公室、熱情回答我煩人提問的善心人士，他們的名單就更長了，我想最好還是從地理上來區分。在這個脈絡之中，會有一些出現過的姓名重複。在美加地區的是：艾爾姆、阿奇博爾德（John Archibald）、班菲爾德（Jillian Banfield）、波嫩、布斯（Austin Booth）、博登斯坦（Seth Bordenstein）、布朗、伯內特（Tyler Brunet）、杜立德、艾姆（Laura Eme）、埃若雪夫斯基（Mark Ereshefsky）、費肖特、傅尼葉（Greg Fournier）、福克斯、加洛（Bob Gallo）、戈加滕、高德、戈登菲爾德、格雷、約翰遜（Jacob P. Johnson）、基林（Patrick Keeling）、雷克、勞倫斯、路文、萊維、瑪格倫、瑪納斯特（Joanne Manaster）、馬里斯卡爾（Carlos Mariscal）、諾勒、奧馬利（Maureen O'Malley）、佩斯、派珀、雷爾曼（David Relman）、羅傑（Andrew Roger）、索金、廷彭（Ray Timpone）、沃斯布林克、威登赫夫特和沃爾夫。英國：卡瓦里爾史密斯（Tom Cavalier-Smith）、柯布（Matthew Cobb）、恩布利（Martin Embley）、麥金納尼（James McInerney），以及國家生物製劑標準品暨管制研究所和國家標準菌庫的許多人，包括阿特金、卡羅爾（Miles Carroll）、德西爾葛蘭姆（Ana Deheer-Graham）、格里斯比、盧爾（Ayuen Lual）、麥葛雷格（Hannah McGregor）、羅伯茲、肖克羅斯（Jane Shallcross），還有羅素和滕博爾。德國：施萊珀（Christa Schleper），當然還有馬丁。法國：海德曼。以色列：格雷塞爾。瑞典：艾特瑪。智利：魯卡西克、維洛索（Claudio Veloso），以及麥卡琴。

在伊利諾大學厄巴納香檳分校，我受到大學檔案館的普朗（Christopher Prom）和他的同事，尤其是法蘭屈的歡迎和幫助。在卡爾渥易斯基因體生物學研究所，主任羅賓森（Gene Robinson）和他的助手強森（Kim Johnson）為我安排了活動、聯絡人和資料的訪問權。透過研究所舉辦的一場活動（一場紀念座談會），我得以見到渥易斯的妹妹丹尼爾絲（Donna Daniels）。丹尼爾絲女士後來透過電子郵件，回答了我的一系列問題，還親切地與我分享她摯愛的兄長，及家族歷史的回憶。渥易斯的遺孀嘉布瑞拉・渥易斯（Gabriella Woese），和他的兒子羅伯特・渥易斯（Robert Woese），兩人慷慨地允許我引用他未曾發表的著作。

對作家而言，同事也十分重要。我暫且在此先提四位，特別感謝他們的作品、知識和友誼，幫助我完成這本書：齊默（Carl Zimmer）、艾德・楊、薩根和羅培茲（Barry Lopez）。

賽門與舒斯特出版社的班德（Bob Bender）幫這本書做了難得而重要的編輯：老派的編輯作風，細細引導作者，使作品在呈現上文意更加清楚，節奏更加穩定，與讀者的關係更加友好。對於班德和他的同事，從卡普（Jonathan Karp）到李（Johanna Li），我都非常感謝他們不可或缺又溫暖和善的合作。巴許（Philip Bashe）則敏銳地幫我審稿。

感謝我在ＩＣＭ的經紀人厄本（Amanda Urban），一次一次透過宣傳和諮詢的方式，幫助我選擇正確的企畫，並且找到正確的定位。

克里格（Emily Krieger）再次保護我免於那些被忽略掉的錯誤，感謝她孜孜不倦對這本書進行事實查核。感謝席德（Gloria Thiede）再次（至今三十年了）將神祕、模糊的冗長談話錄音，轉錄成作家可以取捨和使用的文字檔案，並且冒著斜視的風險，輸入完整的參考書目。兩位女士攜手努力，讓我的工作進度不至於更緩慢延宕，同時讓我不會顯得更笨拙。

在蒙大拿州的家中，我的妻子貝西（Betsy）仍是我的首席顧問、我最信任的意見領袖、力量和愛的典範。她也是我們領養的其他哺乳動物的族長。哈瑞（Harry）、尼克（Nick）和史黛拉（Stella），這些犬族的老靈魂，牠們看到了這個計畫的開始，卻來不及看到它結束。史蒂夫（Steve）和曼尼（Manny），年輕小輩，現在正在嚼鞋子。貓咪奧斯卡（Oscar）在一旁逗留。

注釋

這本書包含了有如蒙大拿州暴風雪一般的大量證據，儘管在我的私人注釋草稿中都完整記下它們的出處，但為了不想給讀者或出版商帶來額外的負擔，所以我並沒有在書中每一處都附上完整引文。歡迎任何迫切需要知道某個特定出處的人透過我的網站 www.davidquammen.com 與我聯繫。以下注解僅列出最重要的來源：也就是引用於那些已出版作品或歸類的檔案。採訪中的口頭引用會在本書內容的上下文中說明。完整的引用來源會在參考書目中提供。如果在本書的段落中多次引用某個來源，我只標注該參考資料一次，相信求知慾格外旺盛的讀者能夠輕易找到完整段落。

三個意料之外的發現：序論

1 New York Times, November 3, 1977.

第一部　達爾文的草圖

2 引用於 Browne (1995), 84。

3 Barrett (1987), 171–76.

4 同上，176。

5 同上，176–77。

6 Archibald (2014), 2. 將我引向亞里斯多德的這句話。

7 Pietsch (2012), 4–6.

8 Archibald (2014), fig. 1.4.

9 Lane (2015), 4.

10 Stevens (1983), 206.

11 同上，205。

12 同上，203。

13 同上，206。

14 Mayr (1982), 152.

15 Stevens (1983), 205.

16 同上，206。

17 Lawrence (1972), 21, 23.

18 Packard (1901), 37.

19 同上，56–57。

20 Mayr (1982), 354.

21 Pietsch (2012), 36–37.

22 同上，81。

23 Hitchcock (1863), 282.

24 同上，284。

25 Lawrence (1972), 21.

26 同上，24。

27 同上，25。

28 同上，29。

29 Archibald (2009), 573.

30 同上，575。

31 Darwin (1958), 120.

32 Barrett (1987), 375.

33 同上，375–76。

34 同上，399。

35 同上，397–99, 409。

36 Darwin (1859), 459.

37 同上，128。

38 同上，129。

39 同上，129–30。

40 Archibald (2009), 575–76.

第二部 另一種形式的生命

41 Watson and Crick (1953), 737.
42 Ridley (2006), 86, 來自大衛・布洛（David Blow）。
43 Judson (1979), 333.
44 Ridley (2006), 104.
45 Crick (1958), 142.
46 同上。
47 Zuckerkandl and Pauling (1965a), 97.
48 Morgan (1998), 161–62.
49 同上，172。
50 Zuckerkandl and Pauling (1965a), 148.
51 Morgan (1998), 155.
52 同上，155–56。
53 Zuckerkandl and Pauling (1965a), 101.
54 Woese (1965a), 1546.
55 Woese (2007), 2.
56 Sapp (2009), 156.
57 Woese (2007), 2.
58 一九六九年六月二十四日渥易斯寫給克里克的信件。Woese Archives, University of Illinois, Champaign-Urbana。
59 同上。
60 同上。
61 同上。
62 同上。
63 同上。
64 Crick (1958), 147.
65 一九六九年六月二十四日渥易斯寫給克里克的信件。
66 同上。
67 同上。
68 Morgan (1998), 161, n. 34.
69 Browntree (2014), 132.
70 "*Frederick Sanger: Sequencing Insulin*," Wikipedia, https://en.wikipedia.org/wiki/Frederick_Sanger#Sequencing_insulin.
71 Woese (2007), 1.
72 同上。

73 Luehrsen (2014), 217.
74 同上，218。
75 同上。
76 同上。
77 Bulloch (1938), 192.
78 同上。
79 Breed (1928), 143.
80 Stanier and van Niel (1962), 17.
81 Stanier et al. (1963), 85.
82 Stanier and van Niel (1962), 17.
83 同上。
84 Sapp (2005), 295.
85 Woese (2007), 3.
86 同上。
87 同上，6。
88 同上。
89 同上，7。
90 同上，4。
91 Sapp (2009), 166.
92 George Fox, "Remembering Carl," "Carl R. Woese Guest Book" (of posthumous remembrances), Carl R. Woese Institute for Genomic Biology online, last modified January 13, 2013, www.igb.illinois.edu/woese-guest-book.
93 Woese (2007), 4.
94 二〇〇五年一月二十四日福克斯寫給薩普的信件，引用於Sapp (2009), 167。
95 Wanger et al. (2008), 325.
96 Wolfe (1991). 13.
97 Woese (2007), 4.
98 同上。
99 同上。
100 Zuckerkandl and Pauling (1965a), 101.
101 Balch et al. (1977), 305.
102 同上。
103 Fox et al. (1977), 4537.
104 Woese and Fox (1977a), 5089.
105 *Washington Post*, November 3, 1977.

106 Woese (1970).
107 *New York Times*, November 3, 1977, 1.
108 Wolfe (2006), 3.
109 同上。
110 Woese (2007), 5.
111 同上，6。
112 同上，5。
113 Sapp (2009), 210.
114 Woese (1982), in Kandler, ed. (1982), 2.
115 同上。
116 同上。
117 Wolfe (2006), 7.

第三部　融合跟獲取

118 Margulis (1998), 29.
119 Sagan (1967).
120 同上，quoting Stanier et al. (1963), 85。
121 同上，226。
122 引用的文字出自二〇一一年雷克為馬古利斯撰寫的訃聞，不過馬古利斯自己也有類似的說法，請見Margulis (1998), 15–16。
123 Margulis (1998), 16.
124 Eric Goldscheider, "*Evolution Revolution*," *On Wisconsin* 110, no. 3 (Fall 2009): 46, https://onwisconsin.uwalumni.com/features/evolution-revolution/6.
125 Ris and Plaut (1962), 390.
126 引用於Keller (1986), 47。
127 Margulis (1998), 26–27.
128 Wilson (1925), 738–39.
129 Goldscheider, "Evolution Revolution" 46.
130 Poundstone (1999), 47.
131 同上，70。
132 Margulis (1998), 29.
133 同上，29–30。
134 同上，30。
135 Sapp et al. (2002), 416.
136 Merezhkowsky (1920), 引用於上一則來源, 425。

137 引用來源同上，419。
138 引用來源同上。
139 Martin (1999) 譯自Merezhkowsky (1905), 288。
140 同上，289。
141 同上，292。
142 同上。
143 同上，292–93。
144 Sapp et al. (2002), 432.
145 cited in Khakhina (1992), 48.
146 Sapp et al. (2002), 435.
147 Wallin (1927), ix–x.
148 Wallin (1923b), 68, 71.
149 Wallin (1927), 146–47.
150 同上，147。
151 Eliot (1971), 138.
152 Gatenby (1928), 165.
153 Lange (1966), 引用於Margulis (1970), 45。
154 Margulis (1981), 16.
155 同上，67。
156 Bonen and Doolittle (1975), 2314.
157 完整的序列出現在 Carbon et al. (1978), 155, fig. 2。
158 Gray and Doolittle (1982).
159 Yang et al. (1985).
160 "College and University Professors Question the 9/11 Commission Report," http://patriotsquestion911.com/professors.html.
161 "Butterfly Paper Bust-up," *Nature* online, last modified December 24, 2009, www.nature.com/news/2009/091224/full/news.2009.1162.html.
162 Mann (1991), headline.
163 引用於Martin Weil, "Lynn Margulis, Leading Evolutionary Biologist, Dies at 73," *Washington Post*, November 26, 2011。
164 Margulis and Sagan (2002), 12.
165 同上，13。
166 Dick Teresi (2011), "Discover Interview: Lynn Margulis Says She's Not Controversial, She's

Right," *Discover*, April 2011.

167 引用於Mann (1991), 4。

168 John Brockman, *Third Culture: Beyond the Scientific Revolution* (New York: Touchstone, 1996), 129.

169 出自二〇一五年七月六日的訪談。

170 Woese et al. (1990).

171 一九九一年一月十四日渥易斯寫給芝加哥大學校長尼可拉斯的信件。Woese Archives, University of Illinois, Chapaign-Urbana。

第四部　大樹

172 一八六四年三月三日達爾文寫給海克爾的信件。*The Correspondence of Charles Darwin*, vol. 12, 61。

173 Richards (2008), 22.

174 同上，42。

175 同上，50。

176 同上。

177 同上，63。

178 同上。

179 同上，79。

180 in *The Correspondence of Charles Darwin*, vol. 12, 485.

181 Haeckel (1863), 引用於Richards (2008), 94–95。

182 同上，83, and n. 12, 引用 Furbringer (1914)。

183 同上，11。

184 Haeckel (1880).

185 Richards (2008), 120.

186 引用於Gliboff (2008), 171。

187 Richards (2008), 117.

188 同上，126, 159。

189 同上，2, 223。

190 同上，140。

191 Kelly (1981), 引用來源同上，263。

192 Bowler (1988), 72.

193 同上，47, 76。

194 同上，87。

195 Hagen (2012), 67.

196 Westman and Peet (1985), 7, 10.

197 Hagen (2012), 68.
198 Whittaker (1957), 536.
199 同上，537。
200 Whittaker (1959), 223.
201 Whittaker (1969), 151.
202 同上。
203 Whittaker and Margulis (1978), 6.
204 Woese and Fox (1977), 5089.
205 一九七七年十一月十六日渥易斯寫給福克斯的信件。由福克斯提供。
206 同上。
207 Typescript of "Big Tree," version 1, courtesy of George Fox. All other typescript versions, likewise courtesy of George Fox.
208 Typescript of "Big Tree," version 7.
209 一九七九年八月二十七日渥易斯寫給福克斯的信件。Woese Archives, University of Illinois, Champaign-Urbana。
210 Fox et al. (1980), 458.
211 Lake et al. (1984), 3786.
212 引用於Sapp (2009), 247。
213 同上，248。
214 同上，249。
215 引用來源同上，251。
216 Woese (1987), 222.
217 同上，263。
218 同上，264。
219 一九八〇年二月十一日渥易斯寫給坎德勒的信件。Woese Archives, University of Illinois, Champaign-Urbana
220 該次會議的紀錄：Kandler et al. (1982)。
221 一九八九年六月三日渥易斯寫給齊里希的信件。Woese Archives, University of Illinois, Champaign-Urbana。
222 一九九〇年一月五日齊里希寫給渥易斯的信件。（Kandler Papers, University of Munich）引用於Sapp (2009), 386。
223 Woese et al. (1990), 4578.

第五部 傳染性遺傳

224 Pollock (1970), 11.

225 引用於Downie (1972), 2, from Wright (1941), 588。

226 Griffith (1928), 154.

227 同上，150。

228 同上，153。

229 Pollock (1970), 10.

230 Olby (1994), 178.

231 Pollock (1970), 7.

232 Morgan (1934), 315.

233 「無聊的分子」出自 Cobb (2015), 42, 54，「愚蠢的分子出自」Judson (1979), 59, 63。

234 Dubos (1976), 49.

235 同上，56。

236 McCarty (1985), 85, 92.

237 同上，101。

238 同上，104。

239 Dubos (1976), 4, 62.

240 McCarty (1985), 143.

241 一九四三年五月二十六日艾佛瑞寫給羅伊・艾佛瑞的信件，引用於Dubos (1976), 218–19。

242 McCarty (1985), 171.

243 Lederberg and Tatum (1946a), 558.

244 Lederberg, Cavalli, and Lederberg (1952), 720; 亦可參考一篇艾絲特・李德柏格強調自己研究結果優先性的文章："The True History of Fertility Factor F," Esther M. Zimmer Lederberg Memorial Website," (www.esthermlederberg.com/Clark_MemorialVita/HISTORY52.html)。

245 Lederberg et al. (1952), 729.

246 Lederberg (1952), 413.

247 Watanabe (1963), 87.

248 同上，108。

249 Levy (2002), 78–79.

250 Baker et al. (2014), 1696.

251 Gardner (1969), 774.

252 同上，775。

253 Miller (2002), 902.

254 Anthony Tucker, "E.S. Anderson," Guardian US, last modified March 21, 2006, www.theguardian.com/society/2006/mar/22/health.science.

255 Anderson (1968), 176.

256 同上。

257 Jones and Sneath (1970), 69.

258 同上。

259 Sonea and Panisset (1983), 112.

260 同上，8, 85。

261 Doolittle (2004), in Cracraft and Donoghue (2004), 88–89.

262 Heinemann and Sprague (1989), 205, abstract.

263 Lewin (1982).

264 同上，42。

265 Gladyshev et al. (2008), 1210, 1213.

266 Eyres et al. (2015), 1.

267 Werren (2005), 299.

268 Lander et al. (2001), 860.

269 Andersson et al. (2001), 1.

270 Edward R. Winstead, "Researchers Challenge Recent Claim That Humans Acquired 223 Bacterial Genes During Evolution," Genome News Network, last modified May 21, 2001, www.genomenewsnetwork.org/articles/05_01/Gene_transfer.shtml.

271 Nicholas Wade, "Link Between Human Genes and Bacteria Is Hotly Debated by Rival Scientific Camps," *New York Times* online, May 18, 2001.

272 引用來源同上。

第六部　樹的造型術

273 引用於一九七五年五月十三日克魯薩克的小兒子休戈（Hugo Krubsack）寫給姪子丹尼斯（Dennis Krubsack）的信件。編按：本條原出自維基百科「John Krubsack」的人物詞條注釋（https://en.wikipedia.org/wiki/John_Krubsack），該引言內容可見http://www.arborsmith.com/new-blog/2015/6/1/the-poineers-exerpt。

274 Woese et al. (1990), 4578, fig. 1.
275 佩斯所言，引用於Morell (1996), 1043。
276 同上。
277 引用於Pennisi (1998), 2。
278 Robert Feldman, 引用來源同上，3。
279 Doolittle remembers: email to DQ, February 5, 2017.
280 Brown et al. (1994), 575.
281 Doolittle (1999), 2124.
282 同上，2125, fig. 2。
283 Martin (1999), 101.
284 Doolittle (1999), 2127, fig. 3.
285 Doolittle (2000), 94.
286 同上，97。
287 Doolittle (1999), 2128.
288 Gogarten et al. (2002), 2226.
289 同上，2234。
290 Wilson (1925), 738–39.
291 Martin (1999), 99.
292 同上，101。
293 Dagan and Martin (2006), 1–2.
294 Woese (2000), 8392.
295 Koonin (2014), 197.
296 Woese (2002), 8742.
297 Graham Lawton, "Axing Darwin's Tree," *New Scientist*, January 24, 2009.
298 引用來源同上。
299 同上。
300 丹尼特、科因、理查・道金斯與麥爾斯致《新科學人》編輯的公開信。"Darwin Was Right," *New Scientist*, February 18, 2009。
301 同上。
302 Eric Lyons, "Startling Admission: 'Darwin Was Wrong,'" Apologetics Press. www.apologeticspress.org/APContent.aspx?category=23&article=2666.
303 未署名的編輯社論。*New Scientist*, "The Future of Life, but Not as We Know It," January 24, 2009。
304 同上。

305 Doolittle (1999), 2124.
306 Doolittle (2004), R176.
307 Doolittle (2000), 97.
308 "Axel Erlandson," Wikipedia, https://en.wikipedia.org/wiki/Axel_Erlandson, quoting from Wilma Erlandson (2001), My Father Talked to Trees, 13.

第七部　合眾為人

309 Lederberg (2001), 2.
310 一六八三年九月十七日雷文霍克寫給皇家學院的信件，引用於"Antony van Leeuwenhoek (1632–1723)," University of California Museum of Paleontology Online, www.ucmp.berkeley.edu/history/leeuwenhoek.html。
311 the photo appears in Gold (2013), 3206.
312 Smillie et al. (2011), 242.
313 同上，242。
314 同上。
315 Goldenfeld (2014), 248.
316 同上。
317 同上。
318 同上。
319 Vestigian et al. (2006), 10696.
320 Goldenfeld and Woese (2007), 369.
321 同上。
322 Kauffman (1993), xiii, 22–26.
323 Goldenfeld and Woese (2007), 369.
324 Lewin (2014), 273.
325 同上。
326 同上。
327 同上，275。
328 同上，276。
329 Lander et al. (2001), 860.
330 同上。
331 Comfort (2001), 9.
332 譯自瑞典文，同上，251。
333 Keynes, ed. (1988), 315, and n. 1.
334 Lewin (2014), 275.

335 Woese (2004), 173.
336 同上。
337 同上，174。
338 Woese (2004), 173.
339 Woese (2005), R112.
340 《超越上帝與達爾文》的草稿，現存於伊利諾大學厄巴納香檳分校的渥易斯檔案。
341 這本筆記目前存放在伊利諾大學厄巴納香檳分校的渥易斯檔案中。
342 《超越上帝與達爾文》的草稿，現存於伊利諾大學厄巴納香檳分校的渥易斯檔案。
343 同上。
344 同上。
345 Saib and Benkirane (2009), 4.
346 Dupressoir et al. (2005), 730.
347 Morange (2015), 221.
348 Jansen et al. (2002), 1565, 1569.
349 同上。
350 Woese (2007), 4.
351 一九七四年八月二十二日渥易斯寫給諾勒的信件，由諾勒提供。
352 一九八八年五月十七日渥易斯寫給赫斯教授（Professor J. Health）的信件，諾勒與作者分享的是信件附本。
353 Noller (2014), 230.
354 同上，230–31。
355 *Washington Post*, May 6, 2015.
356 Lewin (2014), 277.
357 同上。
358 Mayr (1942), 120.
359 這些錄影帶可經渥易斯基因體生物學研究所同意視聽。

參考書目

Acuña, Ricardo, Beatriz E. Padilla, Claudia P. Flórez-Ramos, José D. Rubio, Juan C. Herrera, Pablo Benavides, Sang-Jik Lee, Trevor H. Yeats, Ashley N. Egan, Jeffrey J. Doyle, and Jocelyn K. C. Rose. 2012. "Adaptive Horizontal Transfer of a Bacterial Gene to an Invasive Insect Pest of Coffee." *Proceedings of the National Academy of Sciences* 109 (11).

Akanni, Wasiu A., Karen Siu-Ting, Christopher J. Creevey, James O. McInerney, Mark Wilkinson, Peter G. Foster, and Davide Pisani. 2015. "Horizontal Gene Flow from Eubacteria to Archaebacteria and What It Means for Our Understanding of Eukaryogenesis." *Philosophical Transactions of the Royal Society of London (B)* 370 (1678).

Albers, Sonja-Verena, Patrick Forterre, David Prangishvili, and Christa Schleper. 2013."The Legacy of Carl Woese and Wolfram Zillig: From Phylogeny to Landmark Discoveries." *Nature Reviews Microbiology* 11 (10).

Amunts, Alexey, Alan Brown, Jaan Toots, Sjors H. W. Scheres, and V. Ramakrishnan. 2015."The Structure of the Human Mitochondrial Ribosome." *Science* 348 (6230).

Andam, Cheryl P., David Williams, and J. Peter Gogarten. 2010. "Natural Taxonomy in Light of Horizontal Gene Transfer." *Biology & Philosophy* 25 (4).

Andam, Cheryl P., and J. Peter Gogarten. 2011. "Biased Gene Transfer in Microbial Evolution." *Nature Reviews Microbiology* 9 (7).

Andam, Cheryl P., Gregory P. Fournier, and Johann Peter Gogarten. 2011. "Multilevel Populations and the Evolution of Antibiotic Resistance Through Horizontal Gene Transfer." *FEMS Microbiology Reviews* 35 (5).

Anderson, E. S. 1968. "The Ecology of Transferable Drug Resistance in the Enterobacteria." *Annual Review of Microbiology*, 22.

Anderson, Jan O., Asa M. Sjögren, Lesley A. M. Davis, T. Martin Embley, and Andrew J. Roger. 2003. "Phylogenetic Analyses of Diplomonad Genes Reveal Frequent Lateral Gene Transfers Affecting Eukaryotes." *Current Biology* 13.

Anderson, Norman G. 1970. "Evolutionary Significance of Virus Infection." *Nature* 227 (5265).

Anderson, O. Roger. 1983. *Radiolaria.* New York: Springer-Verlag.

Andersson, J. O. 2001. "Lateral Gene Transfer in Eukaryotes." *Cellular and Molecular Life Sciences* 62 (11).

Anderson, Jan O., W. Ford Doolittle, and Camilla L. Nesbø. 2001. "Are There Bugs in Our Genome?" *Science* 292 (5523).

Andersson, Jan O., Asa M. Sjögren, Lesley A. M. Davis, T. Martin Embley, and Andrew J. Roger. 2003. "Phylogenetic Analyses of Diplomonad Genes Reveal Frequent Lateral Gene Transfers Affecting Eukaryotes." *Current Biology* 13 (2).

Anon. 1941. "Obituary. F. Griffith, M.B., and W. M. Scott, M.D., Medical Officers, Ministry of Health." *British Medical Journal* 1 (4191).

Arbuckle, Jesse H., Maria M. Medveczky, Janos Luka, Stephen H. Hadley, Andrea Luegmayr, Dharam Ablashi, Troy C. Lund, Jakub Tolar, Kenny De Meirleir, Jose G. Montoya et al. 2010. "The Latent Human Herpesvirus-6A Genome Specifically Integrates in Telomeres of Human Chromosomes *In Vivo* and *In Vitro*." *Proceedings of the National Academy of Sciences* 107 (12).

Archibald, J. David. 2009. "Edward Hitchcock's Pre-Darwinian (1840) 'Tree of Life.'" *Journal of the History of Biology*

42.

Archibald, J. David. 2014. *Aristotle's Ladder, Darwin's Tree: The Evolution of Visual Metaphors for Biological Order.* New York: Columbia University Press.

Archibald, John. 2014. *One Plus One Equals One: Symbiosis and the Evolution of Complex Life.* New York: Oxford University Press.

Archibald, John M. 2008. "The Eocyte Hypothesis and the Origin of Eukaryotic Cells." *Proceedings of the National Academy of Sciences* 105 (51).

____. 2015. "Gene Transfer in Complex Cells." *Nature* 524 (7566).

Arkhipova, Irina R., Mark A. Batzer, Juergen Brosius, Cedric Feschotte, John V. Moran, Jurgen Schmitz, and Jerzy Jurka. 2012. "Genomic Impact of Eukaryotic Transposable Elements." *Mobile DNA* 3 (1).

Arnold, Michael L. 2007. *Evolution Through Genetic Exchange.* New York: Oxford University Press.

____. 2009. *Reticulate Evolution and Humans: Origins and Ecology.* New York: Oxford University Press.

Arnold, Michael L., and Edward J. Larson. 2004. "Evolution's New Look." *Wilson Quarterly* (Autumn).

Arnold, Michael L., and Axel Meyer. 2006. "Natural Hybridization in Primates: One Evolutionary Mechanism." *Zoology* 109 (4).

Arnold, Michael L., Yuval Sapir, and Noland H. Martin. 2008. "Genetic Exchange and the Origin of Adaptations: Prokaryotes to Primates." *Philosophical Transactions of the Royal Society of London (B)* 363 (1505).

Avery, Oswald T., Colin M. MacLeod, and Maclyn McCarty. 1944. "Studies on the Chemical Nature of the Substance Inducing Transformation of Pneumococcal Types: Induction of Transformation by a Desoxyribonucleic Acid Fraction

Isolated from Pneumococcus Type III." *Journal of Experimental Medicine* 79 (2).

Azad, Rajeev K., and Jeffrey G. Lawrence. 2011. "Towards More Robust Methods of Alien Gene Detection." *Nucleic Acids Research* 39 (9).

Baker, Kate S., Alison E. Mather, Hannah McGregor, Paul Coupland, Gemma C. Langridge, Martin Day, Ana Deheer-Graham, Julian Parkhill, Julie E. Russell, and Nicholas R. Thomson. 2014. "The Extant World War 1 Dysentery Bacillus NCTC1: A Genomic Analysis." *Lancet* 384 (9955).

Baker, Kate S., Edward Burnett, Hannah McGregor, Ana Deheer-Graham, Christine Boinett, Gemma C. Langridge, Alexander M. Wailan, Amy K. Cain, Nicholas R. Thomson, Julie E. Russell, and Julian Parkhill. 2015. "The Murray Collection of Pre-Antibiotic Era *Enterobacteriacae*: A Unique Research Resource." *Genome Medicine* 7 (97).

Balch, William E., and R. S. Wolfe. 1976. "New Approach to the Cultivation of Methanogenic Bacteria: 2-Mercaptoethanesulfonic Acid (HS-CoM)-Dependent Growth of *Methanobacterium ruminantium* in a Pressurized Atmosphere." *Applied and Environmental Microbiology* 32 (6).

Balch, William E., Linda J. Magrum, George E. Fox, Ralph S. Wolfe, and Carl R. Woese. 1977. "An Ancient Divergence Among the Bacteria." *Journal of Molecular Evolution* 9 (4).

Baldauf, Sandra L., Jeffrey D. Palmer, and W. Ford Doolittle. 1996. "The Root of the Universal Tree and the Origin of Eukaryotes Based on Elongation Factor Phylogeny." *Proceedings of the National Academy of Sciences* 93 (15).

Baltimore, David, Paul Berg, Michael Botchan, Dana Carroll, R. Alta Charo, George Church, Jacob E. Corn, George Q. Daley, Jennifer A. Doudna, Marsha Fenner et al. 2015. "A Prudent Path Forward for Genomic Engineering and Germline Gene Modification." *Science* 348 (6230).

Banfield, Jillian F., and Mark Young. 2009. "Variety—The Splice of Life—in Microbial Communities." *Science* 326 (5957).

Barker, H. A., and Robert E. Hungate. 1990. "Cornelius Bernardus van Niel, 1897–1985." From *Biographical Memoirs*, published by the National Academy of Sciences, Washington DC.

Barnett, W. Edgar, and David H. Brown. 1967. "Mitochondrial Transfer Ribonucleic Acids." *Proceedings of the National Academy of Sciences* 57 (2).

Barns, Susan M., Ruth E. Fundyga, Matthew W. Jeffries, and Norman R. Pace. 1994. "Remarkable Archaeal Diversity Detected in a Yellowstone National Park Hot Spring Environment." *Proceedings of the National Academy of Sciences* 91 (5).

Barns, Susan M., Charles F. Delwiche, Jeffrey D. Palmer, and Norman R. Pace. 1996. "Perspectives on Archaeal Diversity, Thermophily, and Monophyly from Environmental rRNA Sequences." *Proceedings of the National Academy of Sciences* 93 (17).

Barrangou, Rodolphe, Christophe Fremaux, Helene Deveau, Melissa Richards, Patrick Boyaval, Sylvain Moineau, Dennis A. Romero, and Philippe Horvath. 2007. "CRISPR Provides Acquired Resistance Against Viruses in Prokaryotes." *Science* 315 (5819).

Barrett, Paul H., and Peter J. Gautrey, Sandra Herbert, David Kohn, Sydney Smith, editors. 1987. *Charles Darwin's Notebooks 1836–1844: Geology, Transmutation of Species, Metaphysical Enquiries*. Ithaca (NY): Cornell University Press.

Belshaw, Robert, Vini Pereira, Aris Katzourakis, Gillian Talbot, Jan Pačes, Austin Burt, and Michael Tristem. 2004.

"Long-Term Reinfection of the Human Genome by Endogenous Retroviruses." *Proceedings of the National Academy of Sciences* 101 (14).

Bénit, Laurence, Nathalie de Parseval, Jean-François Casella, Isabelle Callebaut, Agnès Cordonnier, and Thierry Heidmann. 1997. "Cloning of a New Murine Endogenous Retrovirus, MuERV-L, with Strong Similarity to the Human HERV-L Element and with a *gag* Coding Sequence Closely Related to the *Fv1* Restriction Gene." *Journal of Virology* 71 (7).

Bénit, Laurence, Jean-Baptiste Lallemand, Jean-François Casella, Hervé Philippe, and Thierry Heidmann. 1999. "ERV-L Elements: A Family of Endogenous Retrovirus-like Elements Active Throughout the Evolution of Mammals." *Journal of Virology* 73 (4).

Bénit, Laurence, Philippe Dessen, and Thierry Heidmann. 2001. "Identification, Phylogeny, and Evolution of Retroviral Elements Based on Their Envelope Genes." *Journal of Virology* 75 (23).

Bergthorsson, Ulfar, Keith L. Adams, Brendan Thomason, and Jeffrey D. Palmer. 2003. "Widespread Horizontal Transfer of Mitochondrial Genes in Flowering Plants." *Nature* 424 (6945)

Bézier, Annie, Marc Annaheim, Juline Herbinière, Christoph Wetterwald, Gabor Gyapay, Sylvie Bernard-Samain, Patrick Wincker, Isabel Roditi, Manfred Heller, Maya Belghazi et al. 2009. "Polydnaviruses of Braconid Wasps Derive from an Ancestral Nudivirus." *Science* 323 (5916).

Blaise, Sandra, Nathalie de Parseval, Laurence Bénit, and Thierry Heidmann. 2003. "Genomewide Screening for Fusogenic Human Endogenous Retrovirus Envelopes Identifies Syncytin 2, a Gene Conserved on Primate Evolution." *Proceedings of the National Academy of Sciences* 100 (22).

Blaser, Martin J., MD. 2014. *Missing Microbes: How the Overuse of Antibiotics Is Fueling Our Modern Plagues.* New

York: Henry Holt.

Bokulich, Nicholas A., and Charles W. Bamforth. 2013. "The Microbiology of Malting and Brewing." *Microbiology and Molecular Biology Reviews* 77 (2).

Bolotin, Alexander, Benoit Quinquis, Alexei Sorokin, and S. Dusko Ehrlich. 2005. "Clustered Regularly Interspaced Short Palindrome Repeats (CRISPRs) Have Spacers of Extrachromosomal Origin." *Microbiology* 151 (8).

Bonen, Linda, and W. Ford Doolittle. 1975. "On the Prokaryotic Nature of Red Algal Chloroplasts." *Proceedings of the National Academy of Sciences* 72 (6).

____. 1978. "Ribosomal RNA Homologies and the Evolution of the Filamentous Blue-Green Bacteria." *Journal of Molecular Evolution* 10.

Bonen, L., and W. F. Doolittle. 1976. "Partial Sequences of 16S rRNA and the Phylogeny of Blue-Green Algae and Chloroplasts." *Nature* 261 (5562).

Bonen, L., R. S. Cunningham, M. W. Gray, and W. F. Doolittle. 1977. "Wheat Embryo Mitochondrial 18S Ribosomal RNA: Evidence for Its Prokaryotic Nature." *Nucleic Acids Research* 4 (3).

Boone, David R., Yitai Liu, Zhong-Ju Zhao, David L. Balkwill, Gwendolyn R. Drake, Todd O. Stevens, and Henry C. Aldrich. 1995. "*Bacillus infernus* sp. nov., an FE(III)-and Mn(IV)-Reducing Anaerobe from the Deep Terrestrial Subsurface." *International Journal of Systematic Bacteriology* 45 (3).

Boothby, Thomas C., Jennifer R. Tenlen, Frank W. Smith, Jeremy R. Wang, Kiera A. Patanella, Erin Osborne Nishimura, Sophia C. Tintori, Qing Li, Corbin D. Jones, Mark Yandell et al. 2015. "Evidence for Extensive Horizontal Gene Transfer from the Draft Genome of a Tardigrade." *Proceedings of the National Academy of Sciences* 112 (52).

Bordenstein, Sarah R., and Seth R. Bordenstein. 2016. "Eukaryotic Association Module in Phage WO Genomes from *Wolbachia*." *Nature Communications* 7.

Bordenstein, Seth R. 2007. "Evolutionary Genomics: Transdomain Gene Transfers." *Current Biology* 17 (21).

Bordenstein, Seth R., F. Patrick O'Hara, and John H. Werren. 2001. "*Wolbachia*-Induced Incompatibility Precedes Other Hybrid Incompatibilities in *Nasonia*." *Nature* 409 (6821).

Bosley, Katrine S., Michael Botchan, Annelien L. Bredenoord, Dana Carroll, R. Alta Charo, Emmanuelle Charpentier, Ron Cohen, Jacob Corn, Jennifer Doudna, Guoping Feng et al. 2015. "CRISPR Germline Engineering—The Community Speaks." *Nature Biotechnology* 33 (5).

Boto, Luis. 2009. "Horizontal Gene Transfer in Evolution: Facts and Challenges." *Proceedings of the Royal Society of London (B)* 277 (1683).

____. 2014. "Horizontal Gene Transfer in the Acquisition of Novel Traits by Metazoans." *Philosophical Transactions of the Royal Society of London (B)* 281 (1777).

Bouchard, Frederic, and Philippe Huneman, editors. 2013. *From Groups to Individuals: Evolution and Emerging Individuality.* Cambridge (MA): MIT Press.

Bowler, Peter J. 1989. *Evolution: The History of an Idea.* Revised edition. Berkeley, Los Angeles, London: University of California Press. First published 1983.

____. 1988. *The Non-Darwinian Revolution: Reinterpreting a Historical Myth.* Baltimore: Johns Hopkins University Press.

Breed, Robert S. 1928. "The Present Status of Systematic Bacteriology." *Journal of Bacteriology* 15 (3).

Brito, I. L., S. Yilmaz, K. Huang, L. Xu, S. D. Jupiter, A. P. Jenkins, W. Naisilisili, M. Tamminen, C. S. Smillie, J. R. Wortman et al. 2016. "Mobile Genes in the Human Microbiome Are Structured from Global to Individual Scales." *Nature* 535 (7612).

Brock, Thomas D., translator and editor. 1961. *Milestones in Microbiology: 1546 to 1940.* Washington (DC): ASM Press.

____. 1967. "Life at High Temperatures." *Science* 158 (3804).

____. 1995. "The Road to Yellowstone—And Beyond." *Annual Review of Microbiology.*

Brown, Christopher T., Laura A. Hug, Brian C. Thomas, Ital Sharon, Cindy J. Castelle, Andrea Singh, Michael J. Wilkins, Kelly C. Wrighton, Kenneth H. Williams, and Jillian F. Banfield. 2015. "Unusual Biology Across a Group Comprising More Than 15% of Domain Bacteria." *Nature* 523 (7559).

Brown, J. R., Y. Masuchi, F. T. Robb, and W. F. Doolittle. 1994. "Evolutionary Relationships of Bacterial and Archaeal Glutamine Synthetase Genes." *Journal of Molecular Evolution* 38 (6).

Brown, James R., and W. Ford Doolittle. 1995. "Root of the Universal Tree of Life Based on Ancient Aminoacyl-tRNA Synthetase Gene Duplications." *Proceedings of the National Academy of Sciences* 92 (7).

____. 1997. "*Archaea* and the Prokaryote-to-Eukaryote Transition." *Microbiology and Molecular Biology Reviews* 61 (4).

Brownlee, George G. 2014. *Fred Sanger: Double Nobel Laureate, A Biography.* Cambridge: Cambridge University Press.

Brucker, Robert M., and Seth R. Bordenstein. 2012. "Speciation by Symbiosis." *Trends in Ecology and Evolution* 27 (8).

Buchner, Paul. 1965. *Endosymbiosis of Animals with Plant Microorganisms.* Translated by Bertha Mueller, with the collaboration of Francis H. Foeckler. New York: John Wiley & Sons.

Bulloch, William. 1979. *The History of Bacteriology.* New York: Dover Publications. First published 1938 by Oxford

University Press.

Bult, Carol J., Owen White, Gary J. Olsen, Lixin Zhou, Robert D. Fleischmann, Granger G. Sutton, Judith A. Blake, Lisa M. FitzGerald, Rebecca A. Clayton, Jeannine D. Gocayne et al. (Woese and Venter). 1996. "Complete Genome Sequence of Methanogenic Archaeon, *Methanococcus jannaschii.*" *Science* 273 (5278).

Burstein, David, Christine L. Sun, Christopher T. Brown, Itai Sharon, Karthik Anantharaman, Alexander J. Probst, Brian C. Thomas, and Jillian F. Banfield. 2016. "Major Bacterial Lineages Are Essentially Devoid of CRISPR-Cas Viral Defence Systems." *Nature Communications* 7.

Bushman, Frederic. 2002. *Lateral DNA Transfer: Mechanisms and Consequences.* Cold Spring Harbor (NY): Cold Spring Harbor Laboratory Press.

Buss, Leo W. 1987. *The Evolution of Individuality.* Princeton (NJ): Princeton University Press.

Busslinger, Meinrad, Sandro Rusconi, and Max L. Birnstiel. 1982. "An Unusual Evolutionary Behaviour of a Sea Urchin Histone Gene Cluster." *EMBO Journal* 1 (1).

Campbell, Allan. 1981. "Evolutionary Significance of Accessory DNA Elements in Bacteria." *Annual Review of Microbiology* 35.

Campbell, Matthew A., James T. Van Leuven, Russell C. Meister, Kaitlin M. Carey, Chris Simon, and John P. McCutcheon. 2015. "Genome Expansion Via Lineage Splitting and Genome Reduction in the Cicada Endosymbiont *Hodgkinia.*" *Proceedings of the National Academy of Sciences* 112 (33).

Carbon, P., C. Ehresmann, B. Ehresmann, and J. P. Ebel. 1978. "The Sequence of *Escherichia coli* Ribosomal 16 S RNA Determined by New Rapid Gel Methods." *FEBS Letters* 94 (1).

Cartault, François, Patrick Munier, Edgar Benko, Isabelle Desguerre, Sylvain Hanein, Nathalie Boddaert, Simonetta Bandiera, Jeanine Vellayoudom, Pascale Krejbich-Trotot, Marc Bintner et al. 2012. "Mutation in a Primate-Conserved Retrotransposon Reveals a Noncoding RNA as a Mediator of Infantile Encephalopathy." *Proceedings of the National Academy of Sciences* 109 (13).

Cartwright, Paulyn, and Annalise M. Nawrocki. 2010. "Character Evolution in Hydrozoa (Phylum Cnidaria)." *Integrative and Comparative Biology* 50 (3).

C. elegans Sequencing Consortium. 1998. "Genome Sequence of the Nematode *C. elegans*: A Platform for Investigating Biology." *Science* 282 (5396).

Chain, P. S. G., E. Carniel, F. W. Larimer, J. Lamerdin, P. O. Stoutland, W. M. Regala, A. M. Georgescu, L. M. Vergez, M. L. Land, V. L. Motin et al. 2004. "Insights into the Evolution of *Yersinia pestis* Through Whole-Genome Comparison with *Yersinia pseudotuberculosis*." *Proceedings of the National Academy of Sciences* 101 (38).

Chargaff, Erwin. 1978. *Heraclitean Fire: Sketches from a Life Before Nature*. New York: Rockefeller University Press.

Cho, Yangrae, Yin-Long Qiu, Peter Kuhlman, and Jeffrey D. Palmer. 1998. "Explosive Invasion of Plant Mitochondria by a Group I Intron." *Proceedings of the National Academy of Sciences* 95 (24).

Choi, B. K., B. J. Paster, F. E. Dewhirst, and U. B. Gobel. 1994. "Diversity of Cultivable and Uncultivable Oral Spirochetes from a Patient with Severe Destructive Periodontitis." *Infection and Immunity* 62 (5).

Christner, Brent C., John C. Priscu, Amanda M. Achberger, Carlo Barbante, Sasha P. Carter, Knut Christianson, Alexander B. Michaud, Jill A. Mikucki, Andrew C. Mitchell, Mark L. Skidmore, Trista J. Vick-Majors, and the WISSARD Science Team. 2014. "A Microbial Ecosystem Beneath the West Antarctic Ice Sheet." *Nature* 512 (7514).

Chung, King-Thom, and Vincent Varel. 1998. "Ralph S. Wolfe (1921—). Pioneer of Biochemistry of Methanogenesis." *Anaerobe* 4 (5).

Chuong, Edward B., Nels C. Elde, and Cedric Feschotte. 2016. "Regulatory Evolution of Innate Immunity Through Co-Option of Endogenous Retroviruses." *Science* 351 (6277).

Churchill, Frederick B. 1968. "August Weismann and a Break from Tradition." *Journal of the History of Biology* 1 (1).

____. 2015. *August Weismann: Development, Heredity, and Evolution.* Cambridge (MA): Harvard University Press.

Ciccarelli, Francesca D., Tobias Doerks, Christian von Mering, Christopher J. Creevey, Berend Snel, and Peer Bork. 2006. "Toward Automatic Reconstruction of a Highly Resolved Tree of Life." *Science* 311 (5765).

Clark, Ronald W. 1984. *Einstein, the Life and Times.* New York: Harper Perennial. First published 1971.

Clarke, Ellen. 2011. "The Problem of Biological Individuality." *Biological Theory* 5 (4).

Cobb, Matthew. 2014. "Oswald Avery, DNA, and the Transformation of Biology." *Current Biology* 24 (2).

____. 2015. *Life's Greatest Secret: The Race to Crack the Genetic Code.* New York: Basic Books.

Cohn, Ferdinand, Dr. 1939. *Bacteria, The Smallest of Living Organisms.* Translated by Charles S. Dolley, 1881. Baltimore: Johns Hopkins Press. First published 1872.

Comfort, Nathaniel C. 2001. *The Tangled Field: Barbara McClintock's Search for the Patterns of Genetic Control.* Cambridge (MA): Harvard University Press.

Cong, Le, F. Ann Ran, David Cox, Shuailiang Lin, Robert Barretto, Naomi Habib, Patrick D. Hsu, Xuebing Wu, Wenyan Jiang, Luciano A. Marraffini, and Feng Zhang. 2013. "Multiplex Genome Engineering Using CRISPR/Cas Systems." *Science* 339 (6121).

Copeland, Herbert F. 1938. "The Kingdoms of Organisms." *Quarterly Review of Biology* 13 (4).

Cordaux, Richard, and Mark A. Batzer. 2009. "The Impact of Retrotransposons on Human Genome Evolution." *Nature Reviews Genetics* 10 (10).

Cordonnier, Agnès, Jean-François Casella, and Thierry Heidmann. 1995. "Isolation of Novel Human Endogenous Retrovirus-like Elements with Foamy Virus-Related *pol* Sequence." *Journal of Virology* 69 (9).

Cornelis, Guillaume, Odile Heidmann, Sibylle Bernard-Stoecklin, Karine Reynaud, Géraldine Véron, Baptiste Mulot, Anne Dupressoir, and Thierry Heidmann. 2012. "Ancestral Capture of *syncytin-Car1*, a Fusogenic Endogenous Retroviral *Envelope* Gene Involved in Placentation and Conserved in Carnivora." *Proceedings of the National Academy of Sciences* 109 (7).

Cornelis, Guillaume, Odile Heidmann, Séverine A. Degrelle, Cécile Vernochet, Christian Lavialle, Claire Letzelter, Sibylle Bernard-Stoecklin, Alexandre Hassanin, Baptiste Mulot, Michel Guillomot et al. 2013. "Captured Retroviral Envelope Syncytin Gene Associated with the Unique Placental Structure of Higher Ruminants." *Proceedings of the National Academy of Sciences* 110 (9).

Cornelis, Guillaume, Cécile Vernochet, Quentin Carradec, Sylvie Souquere, Baptiste Mulot, François Catzeflis, Maria A. Nilsson, Brandon R. Menzies, Marilyn B. Renfree, Gerard Pierron et al. 2015. "Retroviral Envelope Gene Captures and *syncytin* Exaptation for Placentation in Marsupials." *Proceedings of the National Academy of Sciences* 112 (5).

Costello, Elizabeth K., Keaton Stagaman, Les Dethlefsen, Brendan J. M. Bohannan, and David A. Relman. 2012. "The Application of Ecological Theory Toward an Understanding of the Human Microbiome." *Science* 336 (6086).

Cotton, James A., and James O. McInerney. 2010. "Eukaryotic Genes of Archaebacterial Origin Are More Important Than the More Numerous Eubacterial Genes, Irrespective of Function." *Proceedings of the National Academy of Sciences* 107 (40).

Cowdry, Edmund V., and Peter K. Olitsky. 1922. "Differences Between Mitochondria and Bacteria." *Journal of Experimental Medicine* 36 (5).

Cox, Cymon J., Peter G. Foster, Robert P. Hirt, Simon R. Harris, and T. Martin Embley. 2008. "The Archaebacterial Origin of Eukaryotes." *Proceedings of the National Academy of Sciences* 105 (51).

Cracraft, Joel, and Michael J. Donoghue, editors. 2004. *Assembling the Tree of Life.* New York: Oxford University Press.

Crick, Francis. 1970. "Central Dogma of Molecular Biology." *Nature* 227 (5258).

Crick, F. H. C. 1958. "On Protein Synthesis." *Symposia of the Society for Experimental Biology* 12.

Crick, F. H. C., F.R.S., Leslie Barnett, Dr. S. Brenner, and Dr. R. J. Watts-Tobin. 1961. "General Nature of the Genetic Code for Proteins." *Nature* 192 (4809).

Crisp, Alastair, Chiara Boschetti, Malcolm Perry, Alan Tunnacliffe, and Gos Micklem. 2015. "Expression of Multiple Horizontally Acquired Genes Is a Hallmark of Both Vertebrate and Invertebrate Genomes." *Genome Biology* 16 (50).

Cruz, Fernando de la, and Julian Davies. 2000. "Horizontal Gene Transfer and the Origin of Species: Lessons from Bacteria." *Trends in Microbiology* 8 (3).

Dagan, Tal, and William Martin. 2006. "The Tree of One Percent." *Genome Biology* 7 (118).

Dagan, Tal, Yael Artzy-Randrup, and William Martin. 2008. "Modular Networks and Cumulative Impact of Lateral Transfer in Prokaryote Genome Evolution." *Proceedings of the National Academy of Sciences* 105 (29).

Darwin, Charles. 1859. *On the Origin of Species by Means of Natural Selection, or the Preservation of Favoured Races in the Struggle for Life*. London: John Murray. Facsimile of the First Edition, Cambridge (MA): Harvard University Press, 1964.

_____. 1868. Letter to August Weismann, October 22, 1868. In *The Correspondence of Charles Darwin.* vol. 16. Edited by Frederick Burkhardt et al. Cambridge: Cambridge University Press. 2008.

_____. 1872. Letter to August Weismann, April 5, 1872. In *The Correspondence of Charles Darwin.* vol. 20. Edited by Frederick Burkhardt et al. Cambridge: Cambridge University Press. 2013.

Davies, Julian. 2001. "In a Map for Human Life, Count the Microbes, Too." *Science* 291 (5512).

Davies, Julian, and Dorothy Davies. 2010. "Origins and Evolution of Antibiotic Resistance." *Microbiology and Molecular Biology Reviews* 74 (3).

Davies, Roy. 2008. *The Darwin Conspiracy: Origins of a Scientific Crime.* London: Golden Square Books.

Dawes, Heather. 2004. "The Quiet Revolution." *Current Biology* 14 (15).

Dawkins, Richard. 2006. *The Selfish Gene.* 30th anniversary ed. New York: Oxford University Press. First published 1976.

Dawson, Martin H. 1930a. "The Transformation of Pneumococcal Types. I. The Conversion of R Forms of Pneumococcus into S Forms of the Homologous Type." *Journal of Experimental Medicine* 51 (1).

_____. 1930b. "The Transformation of Pneumococcal Types. II. The Interconvertiblity of Type-Specific S Pneumococci." *Journal of Experimental Medicine* 51 (1).

Dayhoff, M. O. 1964. "Computer Aids to Protein Sequence Determination." *Journal of Theoretical Biology* 8 (1).

Dayrat, Benoît. 2003. "The Roots of Phylogeny: How Did Haeckel Build His Trees?" *Systemic Biology* 52 (4).

Desmond, Adrian, and James Moore. 1991. *Darwin.* New York: Warner Books.

Dethlefsen, Les, Margaret McFall-Ngai, and David A. Relman. 2007. "An Ecological and Evolutionary Perspective on Human-Microbe Mutualism and Disease." *Nature* 449 (7164).

Dethlefsen, Les, Sue Huse, Mitchell L. Sogin, and David A. Relman. 2008. "The Pervasive Effects of an Antibiotic on the Human Gut Microbiota, as Revealed by Deep 16S rRNA Sequencing." *PLoS Biology* 6 (11).

Dodd, Matthew S., Dominic Papineau, Tor Grenne, John E. Slack, Martin Rittner, Franco Pirajno, Jonathan O'Neil, and Crispin T. S. Little. 2017. "Evidence for Early Life in Earth's Oldest Hydrothermal Vent Precipitates." *Nature* 543 (7643).

Dolan, Michael F., and Lynn Margulis. 2011. "Hans Ris. 1914–2002." From *Biographical Memoirs*, published by the National Academy of Sciences, Washington, (DC).

Dombrowski, Nina, John A. Donaho, Tony Gutierrez, Kiley W. Seitz, Andreas P. Teske, and Brett J. Baker. 2016. "Reconstructing Metabolic Pathways of Hydrocarbon-Degrading Bacteria from the Deepwater Horizon Oil Spill." *Nature Microbiology* 1 (7).

Doolittle, W. Ford. 1972. "Ribosomal Ribonucleic Acid Synthesis and Maturation in the Blue-Green Alga *Anacystis nidulans.*" *Journal of Bacteriology* 111 (2).

____. 1978. "Genes in Pieces: Were They Ever Together?" *Nature* 272 (5654).

____. 1980. "Revolutionary Concepts in Evolutionary Cell Biology." *Trends in Biochemical Sciences* 5 (6).

____. 1996. "At the Core of the Archaea." *Proceedings of the National Academy of Sciences* 93 (17).

____. 1996. "Some Aspects of the Biology of Cells and Their Possible Evolutionary Significance." In *Evolution of Microbial Life.* Edited by D. McLits Roberts, P. Sharp, G. Alderson, and M.A. Collins. Cambridge: Cambridge

University Press.

____. 1998. "You Are What You Eat: A Gene Transfer Ratchet Could Account for Bacterial Genes in Eukaryotic Nuclear Genomes." *Trends in Genetics* 14 (8).

____. 1999. "Lateral Genomics." *Trends in Cell Biology* 9 (12).

____. 1999. "Phylogenetic Classification and the Universal Tree." *Science* 284 (5423).

____. 2000. "Uprooting the Tree of Life." *Scientific American* 282 (2).

____. 2004. "Q&A, W. Ford Doolittle," *Current Biology* 14 (5).

____. 2009. "The Practice of Classification and the Theory of Evolution, and What the Demise of Charles Darwin's Tree of Life Hypothesis Means for Both of Them." *Philosophical Transactions of the Royal Society of London (B)* 364 (1527).

____. 2010. "The Attempt on the Life of the Tree of Life: Science, Philosophy and Politics." *Biology & Philosophy* 25 (4).

____. 2013. "Microbial Neopleomorphism." *Biology & Philosophy* 28 (2).

____. 2015. "Is Junk DNA Bunk? A Critique of ENCODE." *Proceedings of the National Academy of Sciences* 110 (14).

Doolittle, W. Ford, and Norman R. Pace. 1970. "Synthesis of 5S Ribosomal RNA in *Escherichia coli* After Rifampicin Treatment." *Nature* 228 (5267).

____. 1971. "Transcriptional Organization of the Ribosomal RNA Cistrons in *Escherichia coli*." *Proceedings of the National Academy of Sciences* 68 (8).

Doolittle, W. Ford, C. R. Woese, M. L. Sogin, L. Bonen, and D. Stahl. 1975. "Sequence Studies on 16S Ribosomal RNA from a Blue-Green Alga." *Journal of Molecular Evolution* 4 (4).

Doolittle, W. Ford, and Carmen Sapienza. 1980. "Selfish Genes, the Phenotype Paradigm and Genome Evolution." *Nature*

284 (5757).

Doolittle, W. Ford, and Linda Bonen. 1981. "Molecular Sequence Data Indicating an Endosymbiotic Origin for Plastids." *Annals of the New York Academy of Sciences* 361.

Doolittle, W. Ford., and James R. Brown. 1994. "Tempo, Mode, the Progenote, and the Universal Root." *Proceedings of the National Academy of Sciences* 91 (15).

Doolittle, W. Ford, Y. Boucher, C. L. Nesbø, C. J. Douady, J. O. Andersson, and A. J. Roger. 2003. "How Big Is the Iceberg of Which Organellar Genes in Nuclear Genomes Are but the Tip?" *Philosophical Transactions of the Royal Society of London (B)* 358 (1429).

Doolittle, W. Ford, and Eric Bapteste. 2007. "Pattern Pluralism and the Tree of Life Hypothesis." *Proceedings of the National Academy of Sciences* 104 (7).

Doudna, Jennifer A., and Emmanuelle Charpentier. 2014. "The New Frontier of Genome Engineering with CRISPR-Cas9." *Science* 346 (6213).

Dover, Gabriel and W. Ford Doolittle. 1980. "Modes of Genome Evolution." *Nature* 288 (December 18/25).

Downie, A. W. 1972. "Pneumococcal Transformation—A Backward View." *Journal of General Microbiology* 72 (3).

Drews, Gerhart. 1999. "Ferdinand Cohn, a Founder of Modern Microbiology." *ASM News* 65 (8).

____. 2000. "The Roots of Microbiology and the Influence of Ferdinand Cohn on Microbiology of the 19th Century." *FEMS Microbiology Reviews* 24 (3).

Dubos, R. J. 1956. "Oswald Theodore Avery, 1877–1955." *Biographical Memoirs of the Fellows of the Royal Society* 2.

Dubos, René J. 1976. *The Professor, the Institute, and DNA.* New York: Rockefeller University Press.

Dunn, Casey W. 2005. "Complex Colony-Level Organization of the Deep-Sea Siphonophore *Bargmannia elongata* (Cnidaria, Hydrozoa) Is Directionally Asymmetric and Arises by the Subdivision of Pro-Buds." *Developmental Dynamics* 234 (4).

Dunning Hotopp, Julie C. 2011. "Horizontal Gene Transfer Between Bacteria and Animals." *Trends in Genetics* 27 (4).

____. 2013. "Lateral Gene Transfer in Multicellular Organisms." In *Lateral Gene Transfer in Evolution*. Edited by Uri Gophna. New York: Springer.

Dunning Hotopp, Julie C., Michael E. Clark, Deodoro C. S. G. Oliveira, Jeremy M. Foster, Peter Fischer, Mónica C. Muñoz Torres, Jonathan D. Giebel, Nikhil Kumar, Nadeeza Ishmael, Shiliang Wang et al. 2007. "Widespread Lateral Gene Transfer from Intracellular Bacteria to Multicellular Eukaryotes." *Science* 317 (5845).

Dupressoir, Anne, Geoffroy Marceau, Cécile Vernochet, Laurence Bénit, Colette Kanellopoulos, Vincent Sapin, and Thierry Heidmann. 2005. "Syncytin-A and Syncytin-B, Two Fusogenic Placenta-Specific Murine Envelope Genes of Retroviral Origin Conserved in Muridae." *Proceedings of the National Academy of Sciences* 102 (3).

Dupressoir, Anne, Cécile Vernochet, Olivia Bawa, Francis Harper, Gérard Pierron, Paule Opolon, and Thierry Heidmann. 2009. "Syncytin-A Knockout Mice Demonstrate the Critical Role in Placentation of a Fusogenic, Endogenous Retrovirus-Derived, Envelope Gene." *Proceedings of the National Academy of Sciences* 106 (29).

Eck, Richard V., and Margaret O. Dayhoff. 1966. "Evolution of the Structure of Ferredoxin Based on Living Relics of Primitive Amino Acid Sequences." *Science* 152 (3720).

Ehresmann, C., P. Stiegler, P. Carbon, and J. P. Ebel. 1977. "Recent Progress in the Determination of the Primary Sequence of the 16 S RNA of *Escherichia coli*." *FEBS Letters* 84 (2).

Eisen, Jonathan A. 2007. "Environmental Shotgun Sequencing: Its Potential and Challenges for Studying the Hidden World of Microbes." *PLoS Biology* 5 (3).

____. 2009. "Genomic Evolvability and the Origin of Novelty: Studying the Past, Interpreting the Present, and Predicting the Future." In *Microbial Evolution and Co-Adaptation: A Tribute to the Life and Scientific Legacies of Joshua Lederberg*. Washington (DC): National Academies Press. www.nap.edu/read/12586.

Eisen, Jonathan A., and Claire M. Fraser. 2003. "Phylogenomics: Intersection of Evolution and Genomics." *Science* 300 (5626).

Elde, Nels. C., Stephanie J. Child, Michael T. Eickbush, Jacob O. Kitzman, Kelsey S. Rogers, Jay Shendure, Adam P. Geballe, and Harmit S. Malik. 2012. "Poxviruses Deploy Genomic Accordions to Adapt Rapidly Against Host Antiviral Defenses." *Cell* 150 (4).

Eliot, Theodore S. 1971. "Ivan Emmanuel Wallin. 1883–1969." *Anatomical Record* 171 (1).

Embley, T. Martin, and William Martin. 2006. "Eukaryotic Evolution, Changes and Challenges." *Nature* 440 (7084).

Embley, T. Martin, and Tom A. Williams. 2015. "Steps on the Road to Eukaryotes." *Nature* 521 (7551).

Ernster, Lars, and Gottfried Schatz. 1981. "Mitochondria: A Historical Review." *Journal of Cell Biology* 91 (3).

Espinal, P., S. Marti, and J. Vila. 2012. "Effect of Biofilm Formation on the Survival of *Acinetobacter baumannii* on Dry Surfaces." *Journal of Hospital Infection* 80 (1).

Ettema, Thijs J. G. 2016. "Mitochondria in the Second Act." *Nature* 531 (7592).

Eyres, Isobel, Chiara Boschetti, Alastair Crisp, Thomas P. Smith, Diego Fontaneto, Alan Tunnacliffe, and Timothy G. Barraclough. 2015. "Horizontal Gene Transfer in Bdelloid Rotifers Is Ancient, Ongoing and More Frequent in Species from Desiccating Habitats." *BMC Biology* 13 (90).

Fellner, P., and J. P. Ebel. 2017. "Biological Sciences: Observations on the Primary Structure of the 23S Ribosomal RNA from *E. coli.*" *Nature* 225 (5238).

Feschotte, Cedric. 2008. "Transposable Elements and the Evolution of Regulatory Networks." *Nature Reviews Genetics* 9 (5).

____. 2010. "Bornavirus Enters the Genome." *Nature* 463 (7277).

____. 2015. "Transposable Elements." In *Discoveries in Modern Science: Exploration, Invention, Technology.* Edited by James Trefil. Farmington Hills (MI): Macmillan Reference USA.

Feschotte, Cedric, and Ellen J. Pritham. 2007. "DNA Transposons and the Evolution of Eukaryotic Genomes." *Annual Review of Genetics* 41.

Fitch, Walter M., and Emanuel Margoliash. 1967. "Construction of Phylogenetic Trees: A Method Based on Mutation Distances as Estimated from Cytochrome *C* Sequences Is of General Applicability." *Science* 155 (3760).

Fleischmann, Robert D., Mark D. Adams, Owen White, Rebecca A. Clayton, Ewen F.

Kirkness, Anthony R. Kerlavage, Carol J. Bult, Jean-François Tomb, Brian A. Dougherty, Joseph M. Merrick et al. 1995. "Whole-Genome Random Sequencing and Assembly of *Haemophilus inf luenzae* Rd." *Science* 269 (5223).

Flot, Jean-François, Boris Hespeels, Xiang Li, Benjamin Noel, Irina Arkhipova, Etienne G. J. Danchin, Andreas Hejnol, Bernard Henrissat, Romain Koszul, Jean-Marc Aury et al. 2013. "Genomic Evidence for Ameiotic Evolution in the Bdelloid Rotifer *Adineta vaga.*" *Nature* 500 (7463).

Forterre, Patrick, Simonetta Gribaldo, and Celine Brochier-Armanet. 2007. "Natural History of the Archaeal Domain." In

Archaea: Evolution, Physiology, and Molecular Biology. Edited by Roger A. Garnett and Hans-Peter Klenk. Hoboken (NJ): Wiley-Blackwell.

Foster, Peter G., Cymon J. Cox, and T. Martin Embley. 2009. "The Primary Divisions of Life: A Phylogenomic Approach Employing Composition-Heterogeneous Methods." *Philosophical Transactions of the Royal Society of London (B)* 364 (1527).

Fournier, Gregory P., and E. J. Alm. 2015. "Ancestral Reconstruction of a Pre-LUCA Aminoacyl-tRNA Synthetase Ancestor Supports the Late Addition of Trp to the Genetic Code." *Journal of Molecular Evolution* 80 (3–4).

Fournier, Gregory P., Cheryl P. Andam, and Johann Peter Gogarten. 2015. "Ancient Horizontal Gene Transfer and the Last Common Ancestors." *BMC Evolutionary Biology* 15 (70).

Fox, G. E., E. Stackebrandt, R. B. Hespell, J. Gibson, J. Maniloff, T. A. Dyer, R. S. Wolfe, W. E. Balch, R. S. Tanner, L. J. Magrum et al. 1980. "The Phylogeny of Prokaryotes." *Science* 209 (4455).

Fox, George E., Linda J. Magrum, William E. Balch, Ralph S. Wolfe, and Carl R. Woese. 1977. "Classification of Methanogenic Bacteria by 16S Ribosomal RNA Characterization." *Proceedings of the National Academy of Sciences* 74 (10.) Fox, George E., Kenneth R. Pechman, and Carl R. Woese. 1977. "Comparative Cataloging of 16S Ribosomal Ribonucleic Acid: Molecular Approach to Procaryotic Systematics." *International Journal of Systematic Bacteriology* 27 (1).

Fox, George E., Kenneth R. Luehrsen, and Carl R. Woese. 1982. "Archaebacterial 5 S Ribosomal RNA." *Zbl. Bakt. Hyg.* C3.

Fredericks, David N., editor. *The Human Microbiota: How Microbial Communities Affect Health and Disease.* Hoboken

(NJ): John Wiley & Sons.

Friend, Tim. 2007. *The Third Domain: The Untold Story of Archaea and the Future of Biotechnology.* Washington, (DC): Joseph Henry Press.

Gardner, Pierce, David H. Smith, Herman Beer, and Robert C. Moellering Jr. 1969. "Recovery of Resistance (R) Factors from a Drug-Free Community." *Lancet* 2 (7624). Now labeled vol. 294.

Garrett, Roger A. 2014. "A Backward View from 16S rRNA to Archaea to the Universal Tree of Life to Progenotes: Reminiscences of Carl Woese." *RNA Biology* 11 (3).

Garrett, Roger A., and Hans-Peter Klenk, editors. 2007. *Archaea: Evolution, Physiology, and Molecular Biology.* Hoboken (NJ): Wiley-Blackwell.

Gatenby, J. Bronte. 1928. "Nature of Cytoplasmic Inclusions." *Nature* 121 (3040).

Gil, Estel, Assumpcio Bosch, David Lampe, Jose M. Lizcano, Jose C. Perales, Olivier Danos, and Miguel Chillon. 2013. "Functional Characterization of the Human *Mariner* Transposon *Hsmar2.*" *PLoS One* 8 (9).

Gilbert, Clément, John K. Pace II, and Cedric Feschotte. 2009. "Horizontal *SPIN*ing of Transposons." *Communicative & Integrative Biology* 2 (2).

Gilbert, Clément, Sarah Schaack, John K. Pace II, Paul J. Brindley, and Cedric Feschotte. 2010. "A Role for Host-Parasite Interactions in the Horizontal Transfer of Transposons Across Phyla." *Nature* 464 (7293).

Gilbert, Clément, Sharon S. Hernandez, Jaime Flores-Benabib, Eric N. Smith, and Cedric Feschotte. 2011. "Rampant Horizontal Transfer of *SPIN* Transposons in Squamate Reptiles." *Molecular Biology and Evolution* 29 (2).

Gilbert, Clément, Paul Waters, Cedric Feschotte, and Sarah Schaack. 2013. "Horizontal Transfer of OC1 Transposons in the Tasmanian Devil." *BMC Genomics* 14 (134).

Gilbert, Scott F., Jan Sapp, and Alfred I. Tauber. 2012. "A Symbiotic View of Life: We Have Never Been Individuals." *Quarterly Review of Biology* 87 (4).

Gilbert, Walter. 1986. "The RNA World." *Nature* 319 (6055).

Gladyshev, Eugene A., Matthew Meselson and Irina R. Arkhipova. 2008. "Massive Horizontal Gene Transfer in Bdelloid Rotifers." *Science* 320 (5880).

Gliboff, Sander. 2008. *H. G. Bronn, Ernst Haeckel, and the Origins of German Darwinism: A Study in Translation and Transformation.* Cambridge (MA): MIT Press.

Gitschier, Jane. 2015. "The Philosophical Approach: An Interview with Ford Doolittle." *PLoS Genetics* 11 (5).

Goffeau, A., B. G. Barrell, H. Bussey, R. W. Davis, B. Dujon, H. Feldmann, F. Galibert, J. D. Hoheisel, C. Jacq, M. Johnston et al. 1996. "Life with 6000 Genes." *Science* 274 (5287).

Gogarten, J. Peter. 1995. "The Early Evolution of Cellular Life." *TREE* 10 (4).

____. 2003. "Gene Transfer: Gene Swapping Craze Reaches Eukaryotes." *Current Biology* 13 (2).

Gogarten, Johann Peter, Henrik Kibak, Peter Dittrich, Lincoln Taiz, Emma Jean Bowman, Barry J. Bowman, Morris F. Manolson, Ronald J. Poole, Takayasu Date, Tairo Oshima et al. 1989. "Evolution of the Vacuolar H+-ATPase: Implications for the Origin of Eukaryotes." *Proceedings of the National Academy of Sciences* 86.

Gogarten, J. Peter, Elena Hilario, and Lorraine Olendzenski. 1996. "Gene Duplications and Horizontal Gene Transfer During Early Evolution." In *Evaluation of Microbial Life.* Edited by D. McL. Roberts, P. Sharp, G. Alderson, and M.A. Collins. Cambridge: Cambridge University Press.

Gogarten, J. Peter, W. Ford Doolittle, and Jeffrey G. Lawrence. 2002. "Prokaryotic Evolution in Light of Gene Transfer." *Molecular Biology & Evolution* 19 (12).

Gogarten, J. Peter, and Jeffrey P. Townsend. 2005. "Horizontal Gene Transfer, Genome Innovation and Evolution." *Nature Reviews Microbiology* 3 (9).

Gogarten, Maria Boekels, Johann Peter Gogarten, and Lorraine Olendzenski, editors. 2009. *Horizontal Gene Transfer: Genomes in Flux.* New York: Springer/Humana Press.

Gold, Larry. 2013. "The Kingdoms of Carl Woese." *Proceedings of the National Academy of Sciences* 110 (9).

____. 2014. "Carl Woese in Schenectady: The Forgotten Years." *RNA Biology* 11 (3).

Goldenfeld, Nigel. 2014. "Looking in the Right Direction: Carl Woese and Evolutionary Biology." *RNA Biology* 11 (3).

Goldenfeld, Nigel, and Carl Woese. 2007. "Biology's Next Revolution." *Nature* 445 (7126).

Goldman, Jason G. 2012. "Ad Memoriam. Lynn Margulis (May 5, 1938–November 22, 2011)." *Studies in the History of Biology* 4 (2).

Goldner, Morris. 2007. "The Genius of Roger Stanier." *Canadian Journal of Infectious Diseases and Medical Microbiology* 18 (3).

Gontier, Nathalie. 2011. "Depicting the Tree of Life: The Philosophical and Historical Roots of Evolutionary Tree Diagrams." *Evolution: Education and Outreach* 4 (3).

Gontier, Nathalie, editor. 2015. *Reticulate Evolution: Symbiogenesis, Lateral Gene Transfer, Hybridization and Infectious Heredity.* Switzerland: Springer.

Gophna, Uri, editor. 2013. *Lateral Gene Transfer in Evolution.* New York: Springer.

Gordon, Jeffrey I. 2012. "Honor Thy Gut Symbionts Redux." *Science* 336 (6086).

Gradmann, Christoph. 2009. *Laboratory Disease: Robert Koch's Medical Bacteriology.* Translated by Elborg Forster. Baltimore: Johns Hopkins University Press.

Gray, Michael W. 2012. "Mitochondrial Evolution." *Cold Spring Harbor Perspectives in Biology* 4 (9).

____. 2014. "Organelle Evolution, Fragmented rRNAs, and Carl." *RNA Biology* 11 (3).

Gray, Michael W., and W. Ford Doolittle. 1982. "Has the Endosymbiont Hypothesis Been Proven?" *Microbiological Reviews* 46 (1).

Gray, Michael W., Gertraud Burger, and B. Franz Lang. 1999. "Mitochondrial Evolution." *Science* 283 (5407).

Green, Richard E., Johannes Krause, Adrian W. Briggs, Tomislav Maricic, Udo Stenzel, Martin Kircher, Nick Patterson, Heng Li, Weiwei Zhai, Markus His-Yang Fritz et al. 2010. "A Draft Sequence of the Neandertal Genome." *Science* 328 (5979).

Griffith, Fred. 1928. "The Significance of Pneumococcal Types." *Journal of Hygiene* 27 (2).

Groopman, Jerome. 2008. "Superbugs." *New Yorker* (August 11–18).

Grow, Edward J., Ryan A. Flynn, Shawn L. Chávez, Nicholas L. Bayless, Mark Wossidlo, Daniel J. Wesche, Lance Martin, Carol B. Ware, Catherine A. Blish, Howard Y. Chang et al. 2015. "Intrinsic Retroviral Reactivation in Human Preimplantation Embryos and Pluripotent Cells." *Nature* 522 (7555).

Guy, Lionel, and Thijs J. G. Ettema. 2011. "The Archaeal 'TACK' Superphylum and the Origin of Eukaryotes." *Trends in Microbiology* 19 (12).

Haeckel, Ernst. 2005. *Art Forms from the Ocean: The Radiolarian Atlas of 1862.* With an Introductory Essay by Olaf

Breidbach. Reproduction. Munich, London, New York: Prestal.

Haeckel, Ernst Heinrich Philipp August. 2015. *The History of Creation: Or the Development of the Earth and Its Inhabitants by the Action of Natural Causes.* Translated by E. Ray Lankester. Reproduction. San Bernardino (CA): Ulan Press. First published in 1880 by New York: D. Appleton.

Hagen, Joel B. 2012. "Five Kingdoms, More or Less: Robert Whittaker and the Broad Classification of Organisms." *BioScience* 62 (1).

Hall, Ruth M., and Christina M. Collis. 1995. "Mobile Gene Cassettes and Integrons: Capture and Spread of Genes by Site-Specific Recombination." *Molecular Microbiology* 15 (4).

Handelsman, Jo. 2004. "Metagenomics: Application of Genomics to Uncultured Microorganisms." *Microbiology and Molecular Biology Review* 68 (4).

Harris, J. R. 1991. "The Evolution of Placental Mammals." *FEBS Letters* 295 (1–3).

Harris, J. Robin. 1998. "Placental Endogenous Retrovirus (ERV): Structural, Functional, and Evolutionary Significance." *BioEssays* 20 (4).

Hart, Michael W., and Richard K. Grosberg. 2009. "Caterpillars Did Not Evolve from Onychophorans by Hybridogenesis." *Proceedings of the National Academy of Sciences* 106 (47).

Hartl, Daniel L. 2001. "Discovery of the Transposable Element *Mariner.*" *Genetics* 157 (2).

Hayes, W. 1966. "Genetic Transformation: A Retrospective Appreciation." *Journal of General Microbiology* 45 (2).

Hecht, Mariana M., Nadjar Nitz, Perla F. Araujo, Alessandro O. Sousa, Ana de Cassia Rosa, Dawidson A. Gomes, Eduardo Leonardecz, and Antonio R. L. Teixeira. 2010. "Inheritance of DNA Transferred from American

Trypanosomes to Human Hosts." *PLoS ONE* 5 (2).

Hedges, R. W. 1972. "The Pattern of Evolutionary Change in Bacteria." *Heredity* 28.

Hehemann, Jan-Hendrik, Gaëlle Correc, Tristan Barbeyron, William Helbert, Mirjam Czjzek, and Gurvan Michel. 2010. "Transfer of Carbohydrate-Active Enzymes from Marine Bacteria to Japanese Gut Microbiota." *Nature* 464 (7290).

Heidmann, Odile, Cécile Vernochet, Anne Dupressoir, and Thierry Heidmann. 2009. "Identification of an Endogenous Retroviral Envelope Gene with Fusogenic Activity and Placenta-Specific Expression in the Rabbit: A New 'Syncytin' in a Third Order of Mammals." *Retrovirology* 6 (107).

Heinemann, Jack A., and George F. Sprague Jr. 1989. "Bacterial Conjugative Plasmids Mobilize DNA Transfer Between Bacteria and Yeast." *Nature* 340 (6230).

Hensel, Michael, and Herbert Schmidt, editors. 2008. *Horizontal Gene Transfer in the Evolution of Pathogenesis*. New York: Cambridge University Press.

Hilario, Elena, and Johann Peter Gogarten. 1993. "Horizontal Transfer of ATPase Genes— The Tree of Life Becomes a Net of Life." *BioSystems* 31 (2–3).

Hinegardner, Ralph T., and Joseph Engelberg. 1963. "Rationale for a Universal Genetic Code." *Science* 142 (3595).

Hirt, Robert P., Cecilia Alsmark, and T. Martin Embley. 2015. "Lateral Gene Transfers and the Origins of the Eukaryote Proteome: A View from Microbial Parasites." *Current Opinion in Microbiology* 23.

Hitchcock, Edward. 1858. "Ichnology of New England. A Report of the Sandstone of the Connecticut Valley. Especially Its Fossil Footmarks." Boston: William White, Printer to the State.

____. 1863. *Reminiscences of Amherst College, Historical, Scientific, Biographical and Autobiographical: Also, of Other and Wider Life Experiences*. Northampton (MA): Bridgman & Childs.

Hohn, Oliver, Kirsten Hanke, and Norbert Bannert. 2013. "HERV-K(HML-2), the Best Preserved Family of HERVs: Endogenization, Expression, and Implications in Health and Disease." *Frontiers in Oncology* 3 (246).

Holmes, Edward C. 2011. "The Evolution of Endogenous Viral Elements." *Cell Host & Microbe* 10 (4).

Hooper, Lora V., and Jeffrey I. Gordon. 2001. "Commensal Host-Bacterial Relationships in the Gut." *Science* 292 (5519).

Horikoshi, Koki. 1998. "Barophiles: Deep-Sea Microorganisms Adapted to an Extreme Environment." *Current Opinion in Microbiology* 1 (3).

Horvath, Philippe, and Rodolphe Barrangou. 2010. "CRISPR/Cas, the Immune System of Bacteria and Archaea." *Science* 327 (5962).

Hotchkiss, Rollin D. 1979. "The Identification of Nucleic Acids as Genetic Determinants." *Annals of the New York Academy of Sciences* 325.

Huang, Jinling. 2013. "Horizontal Gene Transfer in Eukaryotes: The Weak-Link Model." *BioEssays* 35 (10).

Huang, Jinling, Nandita Mullapudi, Cheryl A. Lancto, Marla Scott, Mitchell S. Abrahamsen, and Jessica C. Kissinger. 2004. "Phylogenomic Evidence Supports Past Endosymbiosis, Intracellular and Horizontal Gene Transfer in *Cryptosporidium parvum*." *Genome Biology* 5 (11).

Huang, Jinling, and J. Peter Gogarten. 2008. "Concerted Gene Recruitment in Early Plant Evolution." *Genome Biology* 9 (7).

Hublin, J. J. 2009. "The Origin of Neandertals." *Proceedings of the National Academy of Sciences* 106 (38).

Hug, Laura A., Brett J. Baker, Karthik Anantharaman, Christopher T. Brown, Alexander J. Probst, Cindy J. Castelle,

Cristina N. Butterfield, Alex W. Hernsdorf, Yuki Amano, Kotaro Ise et al. 2016. "A New View of the Tree of Life." *Nature Microbiology* 1 (article no. 16048).

Hull, David L. 1988. *Science as a Process: An Evolutionary Account of the Social and Conceptual Development of Science.* Chicago and London: University of Chicago Press.

Hunt, Lois T. 1983. "Margaret O. Dayhoff, 1925–1983." *DNA and Cell Biology* 2 (2).

Husnik, Filip, Naruo Nikoh, Ryuichi Koga, Laura Ross, Rebecca P. Duncan, Manabu Fujie, Makiko Tanaka, Nori Satoh, Doris Bachtrog, Alex C. C. Wilson et al. 2013. "Horizontal Gene Transfer from Diverse Bacteria to an Insect Genome Enables a Tripartite Nested Mealybug Symbiosis." *Cell* 153 (7).

Ioannidis, Panagiotis, Kelly L. Johnston, David R. Riley, Nikhil Kumar, James R. White, Karen T. Olarte, Sandra Ott, Luke J. Tallon, Jeremy M. Foster, Mark J. Taylor, and Julie Dunning Hotopp. 2013. "Extensively Duplicated and Transcriptionally Active Recent Lateral Gene Transfer from a Bacterial *Wolbachia* Endosymbiont to Its Host Filarial Nematode *Brugia malayi.*" *BMC Genomics* 14 (639).

Ishino, Yoshizumi, Hideo Shinagawa, Kozo Makino, Mitsuko Amemura, and Atsuo Nakata. 1987. "Nucleotide Sequence of the *iap* Gene, Responsible for Alkaline Phosphatase Isozyme Conversion in *Escherichia coli*, and Identification of the Gene Product." *Journal of Bacteriology* 169 (12).

Ivancevic, Atma M., Ali M. Walsh, R. Daniel Kortschak, and David L. Adelson. 2013. "Jumping the Fine LINE Between Species: Horizontal Transfer of Transposable Elements in Animals Catalyses Genome Evolution." *BioEssays* 35 (12).

Iwabe, Naoyuki, Kei-ichi Kuma, Masami Hasegawa, Syozo Osawa, and Takashi Miyata. 1989. "Evolutionary Relationship of Archaebacteria, Eubacteria, and Eukaryotes Inferred from Phylogenetic Trees of Duplicated Genes."

Proceedings of the National Academy of Sciences 86 (23).

Jain, Ravi, Maria C. Rivera, and James A. Lake. 1999. "Horizontal Gene Transfer Among Genomes: The Complexity Hypothesis." *Proceedings of the National Academy of Sciences* 96 (7).

Jansen, Rudd, Jan D. A. Embden, Wim Gaastra, and Leo M. Schouls. 2002. "Identification of Genes That Are Associated with DNA." *Molecular Microbiology* 43 (6).

Jennison, A. V., and N. K. Verma. 2004. "*Shigella f lexneri* Infection: Pathogenesis and Vaccine Development." *FEMS Microbiology Review* 28 (10).

Jinek, Martin, Krzysztof Chylinski, Ines Fonfara, Michael Hauer, Jennifer A. Doudna, and Emmanuelle Charpentier. 2012. "A Programmable Dual-RNA-Guided DNA Endonuclease in Adaptive Bacterial Immunity." *Science* 337 (6096).

Jones, Dorothy, and P. H. A. Sneath. 1970. "Genetic Transfer and Bacterial Taxonomy." *Bacteriological Reviews* 34 (1).

Judson, Horace Freeland. 1979. *The Eighth Day of Creation: The Makers of the Revolution in Biology.* New York: Simon & Schuster.

Kandler, Otto, and Hans Hippe. 1977. "Lack of Peptidoglycan in the Cell Walls of *Methanosarcina barkeri.*" *Archives of Microbiology* 113 (1–2).

Kandler, Otto, editor 1982. *Archaebacteria.* Stuttgart (Ger.): Gustav Fischer.

Kapusta, Aurélie, Zev Kronenberg, Vincent J. Lynch, Xiaoyu Zhuo, LeeAnn Ramsay, Guillaume Bourque, Mark Yandell, and Cedric Feschotte. 2013. "Transposable Elements Are Major Contributors to the Origin, Diversification, and Regulation of Vertebrate Long Noncoding RNAs." *PLOS Genetics* 9 (4).

Katzourakis, Aris, and Robert J. Gifford. 2010. "Endogenous Viral Elements in Animal Genomes." *PLoS Genetics* 6 (11).

Kauffman, Stuart. 1993. *The Origins of Order: Self-Organization and Selection in Evolution.* New York: Oxford University Press.

____. 1995. *At Home in the Universe: The Search for the Laws of Self-Organization and Complexity.* New York: Oxford University Press.

Kay, Lily E. (2001) "Biopower: Reflections on the Rise of Molecular Biology." In *Science, History and Social Activism: A Tribute to Everett Mendelsohn.* Edited by Garland E. Allen and Roy M. MacLeod. Boston Studies in the Philosophy of Science. Vol. 228. Dordrecht (Neth.): Springer.

Keeling, Patrick J., Gertraud Burger, Dion G. Durnford, B. Franz Lang, Robert W. Lee, Ronald E. Pearlman, Andrew J. Roger, and Michael W. Gray. 2005. "The Tree of Eukaryotes." *Trends in Ecology and Evolution* 20 (12).

Keeling, Patrick J., and Jeffrey D. Palmer. 2008. "Horizontal Gene Transfer in Eukaryotic Evolution." *Nature Reviews Genetics* 9 (8).

Keeling, Patrick J., John P. McCutcheon, and W. Ford Doolittle. 2015. "Symbiosis Becoming Permanent: Survival of the Luckiest." *Proceedings of the National Academy of Sciences* 112 (33).

Keller, Evelyn Fox. 1983. *A Feeling for the Organism: The Life and Work of Barbara McClintock.* New York: W. H. Freeman/Holt Paperback.

____. 1986. "One Woman and Her Theory." *New Scientist* (July 3).

Keynes, R. D., editor. 1988. *Charles Darwin's Beagle Diary.* Cambridge: Cambridge University Press.

Khakhina, Liya Nikolaevna. 1992. *Concepts of Symbiogenesis: A Historical and Critical Study of the Research of Russian Botanists.* Edited by Lynn Margulis and Mark McMenamin. Translated by Stephanie Merkel and Robert Coalson. New

Haven (CT): Yale University Press.

Koning, Audrey P. de, Fiona S. L. Brinkman, Steven J. M. Jones, and Patrick J. Keeling. 2000. "Lateral Gene Transfer and Metabolic Adaptation in the Human Parasite *Trichomonas vaginalis.*" *Molecular Biology & Evolution* 17 (11).

Koonin, Eugene V. 2003. "Horizontal Gene Transfer: The Path to Maturity." *Molecular Microbiology* 50 (3).

____. 2009. "On the Origin of Cells and Viruses: Primordial Virus World Scenario." *Annual Review of the New York Academy of Sciences* 1178.

____. 2009. "Darwinian Evolution in the Light of Genomics." *Nucleic Acids Research* 37 (4).

____. 2012. *The Logic of Chance: The Nature and Origin of Biological Evolution.* Upper Saddle River (NJ): Pearson Education.

____. 2014. "Carl Woese's Vision of Cellular Evolution and the Domains of Life." *RNA Biology* 11 (3).

____. 2015. "Origin of Eukaryotes from Within Archaea, Archaeal Eukaryome and Bursts of Gene Gain: Eukaryogenesis Just Made Easier?" *Philosophical Transactions of the Royal Society of London (B)* 370 (1678).

____. 2015. "Why the Central Dogma: On the Nature of the Great Biological Exclusion Principle." *Biology Direct* 10 (52).

Koonin, Eugene V., Kira S. Makarova, and L. Aravind. 2001. "Horizontal Gene Transfer in Prokaryotes: Quantification and Classification." *Annual Review of Microbiology* 55.

Koonin, Eugene V., Tatiana G. Senkevich, and Valerian V. Dolja. 2006. "The Ancient Virus World and Evolution of Cells." *Biology Direct* 1 (29).

Koonin, Eugene V., and Yuri I. Wolf. 2009. "Is Evolution Darwinian or/and Lamarckian?" *Biology Direct* 4 (42).

____. 2012. "Evolution of Microbes and Viruses: A Paradigm Shift in Evolutionary Biology?" *Frontiers in Cellular and*

Infection Microbiology 2 (119).

Kordis, Dušan, and Franc Gubenšek. 1998. “Unusual Horizontal Transfer of a Long Interspersed Nuclear Element Between Distant Vertebrate Classes.” *Proceedings of the National Academy of Sciences* 95 (18).

Kozo-Polyansky, Boris Mikhaylovich. 2010. *Symbiogenesis: A New Principle of Evolution.* Edited by Victor Fet and Lynn Margulis. Translated by Victor Fet. Introduction by Peter H. Raven. Cambridge (MA): Harvard University Press.

Kresge, Nicole, Robert D. Simoni, and Robert L. Hill. 2011. “The Molecular Genetics of Bacteriophage: The Work of Norton Zinder.” In a paper series, “JBC Centennial 1905– 2005, 100 Years of Biochemistry and Molecular Biology.” *Journal of Biological Chemistry* 286 (25).

Kruif, Paul de. 1940. *Microbe Hunters.* New York: Pocket Books. First published in 1926.

Ku, Chuan, Shijulal Nelson-Sathi, Mayo Roettger, Sriram Garg, Einat Hazkani-Covo, and William F. Martin. 2015. “Endosymbiotic Gene Transfer from Prokaryotic Pangenomes: Inherited Chimaerism in Eukaryotes.” *Proceedings of the National Academy of Sciences* 112 (33).

Kurland, Charles G. 2005. “What Tangled Web: Barriers to Rampant Horizontal Gene Transfer.” *BioEssays* 27 (7).

Lacroix, Benoît, and Vitaly Citovsky. 2016. “Transfer of DNA from Bacteria to Eukaryotes.” *mBio* 7 (4).

Lake, James A. 1990. “Origin of the Metazoa.” *Proceedings of the National Academy of Sciences* 87 (2).

____. 1994. “Reconstructing Evolutionary Trees from DNA and Protein Sequences: Paralinear Distances.” *Proceedings of the National Academy of Sciences* 91 (4).

____. 2015. “Eukaryotic Origins.” *Philosophical Transactions of the Royal Society of London (B)* 370 (1678).

Lake, James A., Eric Henderson, Melanie Oakes, and Michael W. Clark. 1984. “Eocytes: A New Ribosome Structure

Indicates a Kingdom with a Close Relationship to Eukaryotes." *Proceedings of the National Academy of Sciences* 81 (12).

Lake, James A., and Maria C. Rivera. 2004. "Deriving the Genomic Tree of Life in the Presence of Horizontal Gene Transfer: Conditioned Reconstruction." *Molecular Biology and Evolution* 21 (4).

Lake, James A., and Janet S. Sinsheimer. 2013. "The Deep Roots of the Rings of Life." *Genome Biology and Evolution* 5 (12).

Land, Miriam, Loren Hauser, Se-Ran Jun, Intawat Nookaew, Michael R. Leuze, Tae-Hyuk Ahn, Tatiana Karpinets, Ole Lund, Guruprased Kora, Trudy Wassenaar, Suresh Poudel, and David W. Ussery. 2015. "Insights from 20 Years of Bacterial Genome Sequencing." *Functional & Integrative Genomics* 15 (2).

Lander, Eric S. 2016. "The Heroes of CRISPR." *Cell* 164 (1–2).

Lander, Eric S., Lauren M. Linton, Bruce Birren, Chad Nusbaum, Michael C. Zody, Jennifer Baldwin, Keri Devon, Ken Dewar, Michael Doyle, William FitzHugh et al. 2001. "Initial Sequencing and Analysis of the Human Genome." *Nature* 409 (6822).

Lane, David J., David A. Stahl, Gary J. Olsen, Debra J. Heller, and Norman R. Pace. 1985. "Phylogenetic Analysis of the Genera *Thiobacillus* and *Thiomicrospira* by 5S rRNA Sequences." *Journal of Bacteriology* 163 (1).

Lane, David J., Bernadette Pace, Gary J. Olsen, David A. Stahl, Mitchell L. Sogin, and Norman R. Pace. 1985. "Rapid Determination of 16S Ribosomal RNA Sequences for Phylogenetic Analyses." *Proceedings of the National Academy of Sciences* 82 (20).

Lane, Nick. 2015. *The Vital Question: Energy, Evolution, and the Origins of Complex Life.* New York: W. W. Norton.

____. 2015. "The Unseen World: Reflections on Leeuwenhoek (1677) 'Concerning Little Animals.'" *Philosophical Transactions of the Royal Society of London (B)* 370 (1666).

Lane, Nick, and William Martin. 2010. "The Energetics of Genome Complexity." *Nature* 467 (7318).

Lang, B. Franz, Gertraud Burger, Charles J. O'Kelly, Robert Cedergren, G. Brian Golding, Claude Lemieux, David Sankoff, Monique Turmel, and Michael W. Gray. 1997. "An Ancestral Mitochondrial DNA Resembling a Eubacterial Genome in Miniature." *Nature* 387 (6632).

Lapierre, Pascal, Erica Lasek-Nesselquist, and Johann Peter Gogarten. 2012. "The Impact of HGT on Phylogenomic Reconstruction Methods." *Briefings in Bioinformatics* 15 (1).

Lavialle, Christian, Guillaume Cornelis, Anne Dupressoir, Cécile Esnault, Odile Heidmann, Cécile Vernochet, and Thierry Heidmann. 2013. "Paleovirology of *'Syncytins,'* Retroviral *Env* Genes Exapted for a Role in Placentation." *Philosophical Transactions of the Royal Society of London (B)* 368 (1626).

Lawrence, Jeffrey G. 2004. "Why Genomics Is More Than Genomes." *Genome Biology* 5 (12).

Lawrence, Jeffrey G., and John R. Roth. 1996. "Selfish Operons: Horizontal Transfer May Drive the Evolution of Gene Clusters." *Genetics* 143 (4).

Lawrence, Jeffrey G., and Howard Ochman. 1997. "Amelioration of Bacterial Genomes: Rates of Change and Exchange." *Journal of Molecular Evolution* 44 (4).

____. 1998. "Molecular Archaeology of the *Escherichia coli* Genome." *Proceedings of the National Academy of Sciences* 95 (16).

Lawrence, Jeffrey G., and Heather Hendrickson. 2003. "Lateral Gene Transfer: When Will Adolescence End?" *Molecular*

Microbiology 50 (3).

Lawrence, Jeffery G., and Adam C. Retchless. 2009. "The Interplay of Homologous Recombination and Horizontal Gene Transfer in Bacterial Speciation." In *Horizontal Gene Transfer: Genomes in Flux.* Edited by Maria Boekels Gogarten, Johann Peter Gogarten, and Lorraine Olendzenski. New York: Springer/Humanz Press.

Lawrence, Jeffrey G., and Adam C. Retchless. 2010. "The Myth of Bacterial Species and Speciation." *Biology & Philosophy* 25 (4).

Lawrence, Philip J. 1972. "Edward Hitchcock: The Christian Geologist." *Proceedings of the American Philosophical Society* 116 (1).

Leahy, Sinead C., William J. Kelly, Eric Altermann, Ron S. Ronimus, Carl J. Yeoman, Diana M. Pacheco, Dong Li, Zhanhao Kong, Sharla McTavish, Carrie Sang et al. 2010. "The Genome Sequence of the Rumen Methanogen *Methanobrevibacter ruminantium* Reveals New Possibilities for Controlling Ruminant Methane Emissions." *PLoS ONE* 5 (1).

Lederberg, Joshua. 1952. "Cell Genetics and Hereditary Symbiosis." *Physiological Reviews* 32 (4).

____. 1987. "Genetic Recombination in Bacteria: A Discovery Account." *Annual Review of Genetics* 21.

____. 1992. "Bacterial Variation Since Pasteur: Rummaging in the Attic: Antiquarian Ideas of Transmissible Heredity, 1880–1940." *ASM News* 58 (5).

____. 1994. "The Transformation of Genetics by DNA: An Anniversary Celebration of Avery, MacLeod and McCarty (1944)." *Genetics* 136 (2).

Lederberg, Joshua, and E. L. Tatum. 1946a. "Gene Recombination in *Escherichia coli.*" *Nature* 158 (4016).

____. 1946b. "Novel Genotypes in Mixed Cultures of Biochemical Mutants of Bacteria." *Cold Spring Harbor Symposia on Quantitative Biology* 11.

Lederberg, Joshua, and Norton Zinder. 1948. "Concentration of Biochemical Mutants of Bacteria with Penicillin." *Journal of the American Chemical Society* 70 (12).

Lederberg, Joshua, Luigi L. Cavalli, and Esther M. Lederberg. 1952. "Sex Compatibility in *Escherichia coli.*" *Genetics* 37 (6).

Lederberg, Joshua, and E. L. Tatum. 1953. "Sex in Bacteria: Genetic Studies, 1945–1952." *Science* 118 (3059).

Lederberg, Joshua, and Esther M. Lederberg. 1956. "V. Infection and Heredity." In *Cellular Mechanisms in Differentiation and Growth.* Edited by Dorothea Rudnick. Princeton (NJ): Princeton University Press.

Levine, Donald P. 2006. "Vancomycin: A History." *Clinical Infectious Diseases* 42 (Suppl. 1).

Levy, Stuart B., MD. 2002. *The Antibiotic Paradox: How the Misuse of Antibiotics Destroys Their Curative Powers.* 2nd ed.: Cambridge (MA): Perseus. First published 2001.

Levy, Stuart B., and Paula Norman. 1970. "Segregation of Transferable R Factors into *Escherichia coli* Minicells." *Nature* 227 (5258).

Levy, Stuart B., George B. FitzGerald, and Ann B. Macone. 1976a. "Changes in Intestinal Flora of Farm Personnel After Introduction of a Tetracycline-Supplemented Feed on a Farm." *New England Journal of Medicine* 295 (11).

____. 1976b. "Spread of Antibiotic-Resistant Plasmids from Chicken to Chicken and from Chicken to Man." *Nature* 260 (5546).

Levy, Stuart B., and Laura McMurry. 1978. "Plasmid-Determined Tetracycline Resistance Involves New Transport

Systems for Tetracycline." *Nature* 276 (5683).

Lewin, Harris A. 2014. "Memories of Carl from an Improbable Friend." *RNA Biology* 11 (3).

Lewin, Roger. 1982. "Can Genes Jump Between Eukaryotic Species?" *Science* 217 (4554).

Ley, Ruth E., Peter J. Turnbaugh, Samuel Klein, and Jeffrey I. Gordon. 2006. "Human Gut Microbes Associated with Obesity." *Nature* 444 (7122).

Liu, Li, Xiaowei Chen, Geir Skogerbø, Peng Zhang, Runsheng Chen, Shunmin He, and Da-Wei Huang. 2012. "The Human Microbiome: A Hot Spot for Microbial Horizontal Gene Transfer." *Genomics* 100 (5).

Liu, Yi-Yun, Yang Wang, Timothy R. Walsh, Ling-Xian Yi, Rong Zhang, James Spencer, Yohei Doi, Guobao Tian, Baolei Dong, Xianhui Huang et al. 2015. "Emergence of Plasmid-Mediated Colistin Resistance Mechanism MCR-1 in Animals and Human Beings in China: A Microbiological and Molecular Biological Study." *Lancet Infectious Diseases* 16 (2).

Löwer, Roswitha, Johannes Löwer, and Reinhard Kurth. 1996. "The Viruses in All of Us: Characteristics and Biological Significance of Human Endogenous Retrovirus Sequences." *Proceedings of the National Academy of Sciences* 93 (11).

Luehrsen, Kenneth R. 2014. "Remembering Carl Woese." *RNA Biology* 11 (3).

Lynch, Vincent J. 2016. "A Copy-and-Paste Gene Regulatory Network." *Science* 351 (6277).

Lynch, Vincent J., Robert D. Leclerc, Gemma May, and Günter P. Wagner. 2011. "Transposon-Mediated Rewiring of Gene Regulatory Networks Contributed to the Evolution of Pregnancy in Mammals." *Nature Genetics* 43 (11).

Ma, Hong, Nuria Marti-Gutierrez, Sang-Wook Park, Jun Wu, Yeonmi Lee, Keiichiro Suzuki, Amy Koski, Dongmei Ji, Tomonari Hayama, Riffat Ahmed et al. 2017. "Correction of a Pathogenic Gene Mutation in Human Embryos." *Nature*

548 (7668).

Ma, Li-Jun, H. Charlotte van der Does, Katherine A. Borkovich, Jeffrey L. Coleman, Marie-Josee Daboussi, Antonio Di Pietro, Marie Dufresne, Michael Freitag, Manfred Grabherr, Bernard Henrissat et al. 2010. "Comparative Genomics Reveals Mobile Pathogenicity Chromosomes in *Fusarium.*" *Nature* 464 (7287).

Magiorkinis, Gkikas, Robert J. Gifford, Aris Katzourakis, Joris De Ranter, and Robert Belshaw. 2012. "*Env*-less Endogenous Retroviruses Are Genomic Superspreaders." *Proceedings of the National Academy of Sciences* 109 (19).

Makarova, Kira S., L. Aravind, Nick V. Grishin, Igor B. Rogozin, and Eugene V. Koonin. 2002. "A DNA Repair System Specific for Thermophilic Archaea and Bacteria Predicted by Genomic Context Analysis." *Nucleic Acids Research* 30 (2).

Mallet, James, Nora Besansky, and Matthew W. Hahn. 2016. "How Reticulated Are Species?" *BioEssays* 37.

Mangeney, Marianne, Martial Renard, Geraldine Schlecht-Louf, Isabelle Bouallaga, Odile Heidmann, Claire Letzelter, Aurélien Richaud, Bertrand Ducos, and Thierry Heidmann. 2007. "Placental Syncytins: Genetic Disjunction Between the Fusogenic and Immunosuppressive Activity of Retroviral Envelope Proteins." *Proceedings of the National Academy of Sciences* 104 (51).

Margulis, Lynn. 1970. *Origin of Eukaryotic Cells: Evidence and Research Implications for a Theory of Origin and Evolution of Microbial, Plant, and Animal Cells on the Precambrian Earth.* New Haven (CT): Yale University Press.

____. 1980. "Undulipodia, Flagella and Cilia." *BioSystems* 12 (1–2).

____. 1993. *Symbiosis in Cell Evolution: Microbial Communities in the Archean and Proterozoic Eons.* 2nd ed.: New York: W. H. Freeman. First published 1981.

____. 1998. *Symbiotic Planet: A New Look at Evolution.* New York: Basic Books.

Margulis, Lynn, and Dorion Sagan. 1986. *Micro-Cosmos: Four Billion Years of Microbial Evolution.* Foreword by Dr. Lewis Thomas. New York: Summit Books.

____. 2003. *Acquiring Genomes: A Theory of the Origins of Species.* New York: Basic Books.

Margulis, Lynn, and Karlene V. Schwartz. 1988. *Five Kingdoms: An Illustrated Guide to the Phyla of Life on Earth.* Foreword by Stephen Jay Gould. 2nd ed. New York: W. H. Freeman. First published 1982.

Marraffini, Luciano A. 2013. "CRISPR-Cas Immunity Against Phages: Its Effects on the Evolution and Survival of Bacterial Pathogens." *PLOS Pathogens* 9 (12).

Marraffini, Luciano A., and Erik J. Sontheimer. 2008. "CRISPR Interference Limits Horizontal Gene Transfer in *Staphylococci* by Targeting DNA." *Science* 322 (5909).

Marshall, K. C., editor. 1986. *Advances in Microbial Ecology.* vol. 9. New York: Plenum Press.

Martin, Joseph P., Jr., and Irwin Fridovich. 1981. "Evidence for a Natural Gene Transfer from the Ponyfish to Its Bioluminescent Bacterial Symbiont *Photobacter leiognathi.*" *Journal of Biological Chemistry* 256 (12).

Martin, Mark. 2014. "Casting a Long Shadow in the Classroom: An Educator's Perspective of the Contributions of Carl Woese." *RNA Biology* 11 (3).

Martin, William. 1999. "Mosaic Bacterial Chromosomes: A Challenge En Route to a Tree of Genomes." *BioEssays* 21.

____. 2005. "Archaebacteria (Archaea) and the Origin of the Eukaryotic Nucleus." *Current Opinion in Microbiology* 8 (6).

Martin, William F. 1996. "Is Something Wrong with the Tree of Life?" *BioEssays* 18 (7).

Martin, William, and Rüdiger Cerff. 1986. "Prokaryotic Features of a Nucleus-Encoded Enzyme: cDNA Sequences for

Chloroplast and Cystosolic Glyceraldehyde-3-Phosphate Dehydrogenases from Mustard (*Sinapis alba*)." *European Journal of Biochemistry* 159 (2).

Martin, William, and Reinhold G. Herrmann. 1998. "Gene Transfer from Organelles to the Nucleus: How Much, What Happens, and Why?" *Plant Physiology* 118 (1).

Martin, William, and Miklos Muller. 1998. "The Hydrogen Hypothesis for the First Eukaryote." *Nature* 392 (6671).

Martin, William, and Klaus V. Kowallik. 1999. "Annotated English Translation of Mereschkowsky's 1905 Paper 'Uber Natur und Ursprung der Chromatophoren im Pflanzenreiche.'" *European Journal of Phycology*, 34.

Martin, William, and Eugene V. Koonin. 2006. "Introns and the Origin of Nucleus-Cytosol Compartmentalization." *Nature* 440 (7080).

Martin, William, John Baross, Deborah Kelley, and Michael J. Russell. 2008. "Hydrothermal Vents and the Origin of Life." *Nature Reviews Microbiology* 6 (11).

Martin, William, Mayo Roettger, Thorsten Kloesges, Thorsten Thiergart, Christian Woehle, Sven Gould, and Tal Dagan. 2012. "Modern Endosymbiotic Theory: Getting Lateral Gene Transfer into the Equation." *Journal of Endocytobiosis and Cell Research* 23.

Marx, Jean. 2007. "New Bacterial Defense Against Phage Invaders Identified." *Science* 315 (5819).

Mather, Alison E., Kate S. Baker, Hannah McGregor, Paul Coupland, Pamela L. Mather, Ana Deheer-Graham, Julian Parkhill, Philippa Bracegirdle, Julie E. Russell, and Nicholas R. Thomson. 2014. "Bacillary Dysentery from World War 1 and NCTC1, the First Bacterial Isolate in the National Collection." *Lancet* 384 (9955).

Mayr, Ernst. 1982. *The Growth of Biological Thought: Diversity, Evolution, and Inheritance.* Cambridge (MA): Belknap

Press of Harvard University Press.

McCarroll, Robert, Gary J. Olsen, Yvonne D. Stahl, Carl R. Woese, and Mitchell L. Sogin. 1983. "Nucleotide Sequence of the *Dictyostelium discoideum* Small-Subunit Ribosomal Ribonucleic Acid Inferred from the Gene Sequence: Evolutionary Implications." *Biochemistry* 22 (25).

McCarty, Maclyn. 1985. *The Transforming Principle: Discovering That Genes Are Made of DNA*. New York: W. W. Norton.

McCutcheon, John P. 2013. "Genome Evolution: A Bacterium with a Napoleon Complex." *Current Biology* 23 (15).

McCutcheon, John P., and Nancy A. Moran. 2007. "Parallel Genomic Evolution and Metabolic Interdependence in an Ancient Symbiosis." *Proceedings of the National Academy of Sciences* 104 (49).

____. 2010. "Functional Convergence in Reduced Genomes of Bacterial Symbionts Spanning 200 My of Evolution." *Genome Biology and Evolution* 2.

____. 2012. "Extreme Genome Reduction in Symbiotic Bacteria." *Nature Reviews Microbiology* 10 (1).

McCutcheon, John P., and Carol D. von Dohlen. 2011. "An Interdependent Metabolic Patchwork in the Nested Symbiosis of Mealybugs." *Current Biology* 21 (16).

McCutcheon, John P., and Patrick J. Keeling. 2014. "Endosymbiosis: Protein Targeting Further Erodes the Organelle/Symbiont Distinction." *Current Biology* 24 (14).

McInerney, James O. 2016. "A Four Billion Year Old Metabolism." *Nature Microbiology* 1 (9).

McInerney, James O., Mary J. O'Connell, and Davide Pisani. 2014. "The Hybrid Nature of the Eukaryota and a Consilient View of Life on Earth." *Nature Reviews Microbiology* 12 (6).

McInerney, James O., Davide Pisani, and Mary J. O'Connell. 2015. "The Ring of Life Hypothesis for Eukaryote Origins Is Supported by Multiple Kinds of Data." *Philosophical Transactions of the Royal Society of London (B)* 370 (1678).

McKenna, Maryn. 2010. *Superbug: The Fatal Menace of MRSA.* New York: Free Press.

Merejkovsky, Const. de, Prof. Dr. 1920. "La Plante Consideree Comme Un Complexe Symbiotique." *Bull. Soc. Sc. Nat. Ouest.* Series 3 (6).

Mereschkowsky, M. C. 1878. "On a New Genus of Sponge." *Annals and Magazine of Natural History*, Series 5, 1 (1).

Metcalf, Jason A., Lisa J. Funkhouser-Jones, Kristen Brileya, Anna-Louise Reysenbach, and Seth R. Bordenstein. 2014. "Antibacterial Gene Transfer Across the Tree of Life." *eLife.* https://elifesciences.org/articles/04266.

Mi, Sha, Xinhua Lee, Xiang-ping Li, Geertruida M. Veldman, Heather Finnerty, Lisa Racie, Edward LaVallie, Xiang-Yang Tang, Philippe Edouard, Steve Howes et al. 2000. "Syncytin Is a Captive Retroviral Envelope Protein Involved in Human Placental Morphogenesis." *Nature* 403 (6771).

Miller, D., V. Urdaneta, and A. Weltman. 2002. "Vancomycin-Resistant *Staphylococcus aureus*— Pennsylvania, 2002." *Morbidity and Mortality Weekly Report* 51 (40).

Mirsky, Alfred E. 1968. "The Discovery of DNA." *Scientific American* 218 (6).

Modi, Sheetal R., James J. Collins, and David A. Relman. 2014. "Antibiotics and the Gut Microbiota." *Journal of Clinical Investigation* 124 (10).

Mojica, Francisco J. M., César Díez-Villaseñor, Elena Soria, and Guadalupe Juez. 2000. "MicroCorrespondence." *Molecular Microbiology* 36 (1).

Mojica, Francisco J. M., César Díez-Villaseñor, Jesús García-Martínez, and Elena Soria. 2005. "Intervening Sequences of

Regularly Spaced Prokaryotic Repeats Derive from Foreign Genetic Elements." *Journal of Molecular Evolution* 60 (2).

Moore, Peter B. 2014. "Carl Woese: A Structural Biologist's Perspective." *RNA Biology* 11 (3).

Moran, Nancy A., and Paul Baumann. 2000. "Bacterial Endosymbionts in Animals." *Current Opinion in Microbiology* 3 (3).

Moran, Nancy A., John P. McCutcheon, and Atsushi Nakabachi. 2008. "Genomics and Evolution of Heritable Bacterial Symbionts." *Annual Review of Genetics* 42.

Moran, Nancy A., and Tyler Jarvik. 2010. "Lateral Transfer of Genes from Fungi Underlies Carotenoid Production in Aphids." *Science* 328 (5978).

Morange, Michel. 2015. "CRISPR-Cas: The Discovery of an Immune System in Prokaryotes." *Journal of Biosciences* 40 (2).

Morell, Virginia. 1996. "Life's Last Domain." *Science* 273 (5278).

____. 1997. "Microbiology's Scarred Revolutionary." *Science* 276 (5313).

Morens, David M., Jeffery K. Taubenberger, and Anthony S. Fauci. 2008. "Predominant Role of Bacterial Pneumonia as a Cause of Death in Pandemic Influenza: Implications for Pandemic Influenza Preparedness." *Journal of Infectious Diseases* 198 (7).

Morgan, Gregory J. 1998. "Emile Zuckerkandl, Linus Pauling, and the Molecular Evolutionary Clock, 1959–1965." *Journal of the History of Biology* 31 (2).

Morris, J. Gareth. 1983. "Roger Yate Stanier, 1916–1982." *Journal of General Microbiology* 129.

Mukherjee, Siddhartha. 2016. *The Gene: An Intimate History.* New York: Scribner.

Nair, Prashant. 2012. "Woese and Fox: Life, Rearranged." *Proceedings of the National Academy of Sciences* 109 (4).

Nelson, Karen E., Rebecca A. Clayton, Steven R. Gill, Michelle L. Gwinn, Robert J. Dodson, Daniel H. Haft, Erin K. Hickey, Jeremy D. Peterson, William C. Nelson, Karen A. Ketchum et al. 1999. "Evidence for Lateral Gene Transfer Between Archaea and Bacteria from Genome Sequence of *Thermotoga maritima*." *Nature* 399 (6734).

Nelson-Sathi, Shijulal, Filipa L. Sousa, Mayo Roettger, Nabor Lozada-Chávez, Thorsten Thiergart, Arnold Janssen, David Bryant, Giddy Landan, Peter Schonheit, Bettina Siebers, James O. McInerney, and William F. Martin. 2015. "Origins of Major Archaeal Clades Correspond to Gene Acquisitions from Bacteria." *Nature* 517 (7532).

Ng, Hooi Jun, Mario López-Pérez, Hayden K. Webb, Daniela Gomez, Tomoo Sawabe, Jason Ryan, Mikhail Vyssotski, Chantal Bizet, François Malherbe, Valery V. Mikhailov, Russell J. Crawford, and Elena P. Ivanova. 2014. "*Marinobacter salarius* sp. nov. and *Marinobacter similis* sp. nov., Isolated from Sea Water." *PLoS One* 9 (9).

Nikoh, Naruo, Kohjiro Tanaka, Fukashi Shibata, Natsuko Kondo, Masahiro Hizume, Masakazu Shimada, and Takema Fukatsu. 2008. "*Wolbachia* Genome Integrated in an Insect Chromosome: Evolution and Fate of Laterally Transferred Endosymbiont Genes." *Genome Research* 18 (2).

Noble, W. D., Zarina Virani, and Rosemary G. A. Cree. 1992. "Co-Transfer of Vancomycin and Other Resistance Genes from *Enterococcus faecalis* NCTC 12201 to *Staphylococcus aureus*." *FEMS Microbiology Letters* 72 (2).

Noller, Harry F. 2013. "By Ribosome Possessed." *Journal of Biological Chemistry* 288 (34).

____. 2013. "Carl Woese (1928–2012): Discoverer of Life's Third Domain, the Archaea." *Nature* 493 (7434).

____. 2014. "Secondary Structure Adventures with Carl Woese." *RNA Biology* 11 (3).

Nowak, Rachel. 1995. "Bacterial Genome Sequence Bagged." *Science* 269 (5223).

Ochman, Howard, Jeffrey G. Lawrence, and Eduardo A. Groisman. 2000. "Lateral Gene Transfer and the Nature of Bacterial Innovation." *Nature* 405 (6784).

Olby, Robert. 1994. *The Path to the Double Helix: The Discovery of DNA*. Seattle: University of Washington Press.

Olby, Robert, and Erich Posner. 1967. "An Early Reference to Genetic Coding." *Nature* 215 (5100).

Olsen, Gary J., David J. Lane, Stephen J. Giovannoni, and Norman R. Pace. 1986. "Microbial Ecology and Evolution: A Ribosomal RNA Approach." *Annual Review of Microbiology* 40.

Olsen, Gary J., Carl R. Woese, and Ross Overbeek. 1994. "The Winds of (Evolutionary) Change: Breathing New Life into Microbiology." *Journal of Bacteriology* 176 (1).

Olsen, Gary J., and Carl R. Woese. 1997. "Archaeal Genomics: An Overview." *Cell* 89 (7).

O'Malley, Maureen A. 2009. "What *Did* Darwin Say About Microbes, and How Did Microbiology Respond?" *Trends in Microbiology* 17 (8).

O'Malley, Maureen A., and John Dupré. 2007. "Size Doesn't Matter: Towards a More Inclusive Philosophy of Biology." *Biology & Philosophy* 22 (2).

O'Malley, Maureen A., William Martin, and John Dupré. 2010. "The Tree of Life: Introduction to an Evolutionary Debate." *Biology & Philosophy* 25 (4).

O'Malley, Maureen A., and Eugene V. Koonin. 2011. "How Stands the Tree of Life a Century and a Half After *The Origin*?" *Biology Direct* 6 (32).

Orgel, L. E., and F. H. C. Crick. 1980. "Selfish DNA: The Ultimate Parasite." *Nature* 284 (5757).

Orgel, L. E., F. H. C. Crick, and C. Sapienza. 1980. "Selfish DNA." *Nature* 288 (5792).

Pääbo, Svante. 2003. "The Mosaic That Is Our Genome." *Nature* 421 (6921).

____. 2014. *Neanderthal Man: In Search of Lost Genomes*. New York: Basic Books.

Pace, John K., II, and Cedric Feschotte. 2007. "The Evolutionary History of Human DNA Transposons: Evidence for Intense Activity in the Primate Lineage." *Genome Research* 17 (4).

Pace, John K., II, Clément Gilbert, Marlene S. Clark, and Cedric Feschotte. 2008. "Repeated Horizontal Transfer of a DNA Transposon in Mammals and Other Tetrapods." *Proceedings of the National Academy of Sciences* 105 (44).

Pace, N. R., D. H. L. Bishop, and S. Spiegelman. 1967. "The Kinetics of Product Appearance and Template Involvement in the *In Vitro* Replication of Viral RNA." *Proceedings of the National Academy of Sciences* 58 (2).

Pace, Norman R. 1997. "A Molecular View of Microbial Diversity and the Biosphere." *Science* 276 (5313).

____. 2006. "Time For a Change." *Nature* 441 (7091).

____. 2008. "The Molecular Tree of Life Changes How We See, Teach Microbial Diversity." *Microbe* (1).

____. 2009. "Mapping the Tree of Life: Progress and Prospects." *Microbiology and Molecular Biology Reviews* 73 (4).

Pace, Norman R., Gary J. Olsen, and Carl R. Woese. 1986. "Ribosomal RNA Phylogeny and the Primary Lines of Evolutionary Descent." *Cell* 45 (3).

Pace, Norman R., David A. Stahl, David J. Lane, and Gary J. Olsen. 1986. "The Analysis of Natural Microbial Populations by Ribosomal RNA Sequences." In *Advances of Microbial Ecology.* Vol. 9. Edited by K. C. Marshall. New York: Plenum Press.

Pace, Norman, Jan Sapp, and Nigel Goldenfeld. 2012. "Phylogeny and Beyond: Scientific, Historical, and Conceptual Significance of the First Tree of Life." *Proceedings of the National Academy of Sciences* 109 (4).

Packard, Alpheus S., M.S., LL.D. 2009. *Lamarck, the Founder of Evolution: His Life and Work.* With translations of his writings on Organic Evolution. Repr. ed. LaVergne (TN): Kessinger. First published in 1901 by London: Longmans, Green.

Palmer, Kelli L., and Michael S. Gilmore. 2010. "Multidrug-Resistant *Enterococci* Lack CRISPR-cas." *mBio* 1 (4).

Panchen, Alec L. 1992. *Classification, Evolution, and the Nature of Biology.* Cambridge: Cambridge University Press.

Papagianni, Dimitra, and Michael A. Morse. 2013. *The Neanderthals Rediscovered: How Modern Science Is Rewriting Their Story.* London: Thames & Hudson.

Parker, Philip M., editor. 2009. *Bacteriology: Webster's Timeline History 1812–2006.* San Diego: ICON Group International.

Patterson, Nick, Daniel J. Richter, Sante Gnerre, Eric S. Lander, and David Reich. 2006. "Genetic Evidence for Complex Speciation of Humans and Chimpanzees." *Nature* 441 (7097).

Pedersen, Rolf B., Hans Tore Rapp, Ingunn H. Thorseth, Marvin D. Lilley, Fernando J. A. S. Barriga, Tamara Baumberger, Kristin Flesland, Rita Fonseca, Gretchen L. Fruh-Green, and Steffen L. Jorgensen. 2010. "Discovery of a Black Smoker Vent Field and Vent Fauna at the Arctic Mid-Ocean Ridge." *Nature Communications* 1 (126).

Pennings, Jeroen L. A., Jan T. Keltjens, and Godfried D. Vogels. 1998. "Isolation and Characterization of *Methanobacterium thermoautotrohpicum* ΔH Mutants Unable to Grow Under Hydrogen-Deprived Conditions." *Journal of Bacteriology* 180 (10).

Pennisi, Elizabeth. 1998. "Genome Data Shake Tree of Life." *Science* 280 (5364).

____. 1999. "Is It Time to Uproot the Tree of Life?" *Science* 284 (5418).

____. 2002. "Bacteria Shared Photosynthesis Genes." *Science* 298 (5598).

____. 2004. "The Birth of the Nucleus." *Science* 305 (5685).

Peterson, Jane, Susan Garges, Maria Giovanni, Pamela McInnes, Lu Wang, Jeffrey A. Schloss, Vivien Bonazzi, Jean E. McEwen, Kris A. Wetterstrand, Carolyn Deal et al. 2009. "The NIH Human Microbiome Project." *Genome Research* 19 (12).

Pietsch, Theodore W. 2012. *Trees of Life: A Visual History of Evolution.* Baltimore: Johns Hopkins University Press.

Pisani, Davide, James A. Cotton, and James O. McInerney. 2007. "Supertrees Disentangle the Chimerical Origin of Eukaryotic Genomes." *Molecular Biology and Evolution* 24 (8).

Piskurek, Oliver, and Norihiro Okada. 2007. "Poxviruses as Possible Vectors for Horizontal Transfer of Retroposons from Reptiles to Mammals." *Proceedings of the National Academy of Sciences* 104 (29).

Pittis, Alexandros A., and Toni Gabaldón. 2016. "Late Acquisition of Mitochondria by a Host with Chimaeric Prokaryotic Ancestry." *Nature* 531 (7592).

Pollock, M. R. 1970. "The Discovery of DNA: An Ironic Tale of Chance, Prejudice and Insight." *Journal of General Microbiology* 63.

Pollock, Robert. 2015. "Eugenics Lurk in the Shadow of CRISPR." *Science* 348 (6237).

Poundstone, William. 1999. *Carl Sagan: A Life in the Cosmos.* New York: Henry Holt.

Pourcel, C., G. Salvignol, and G. Vergnaud. 2005. "CRISPR Elements in *Yersinia pestis* Acquire New Repeats by Preferential Uptake of Bacteriophage DNA, and Provide Additional Tools for Evolutionary Studies." *Microbiology* 151 (Pt. 3).

Proctor, Lita M., Shaila Chhibba, Jean McEwen, Jane Peterson, Chris Wellington, Carl Baker, Maria Giovanni, Pamela McInnes, and R. Dwayne Lunsford. 2013. "The NIH Human Microbiome Project." In *The Human Microbiota: How Microbial Communities Affect Health and Disease.* Edited by David N. Fredricks. Hoboken (NJ): John Wiley & Sons.

Ragan, Mark A. 2009. "Trees and Networks Before and After Darwin." *Biology Direct* 4 (43).

Ragan, Mark A., James O. McInerney, and James A. Lake. 2009. "The Network of Life: Genome Beginnings and Evolution." *Philosophical Transactions of the Royal Society of London (B)* 364 (1527).

Raoult, Didier, and Eugene V. Koonin. 2012. "Microbial Genomics Challenge Darwin." *Frontiers in Cellular and Infection Microbiology* 2 (127).

Raven, Peter H. 1970. "A Multiple Origin for Plastids and Mitochondria." *Science* 169 (3946).

Reames, Richard. 2007. *Arborsculpture: Solutions for a Small Planet.* Williams (OR): Arborsmith Studios.

Reames, Richard, and Barbara Hahn Delbol. 1995. *How to Grow a Chair: The Art of Tree Trunk Topiary.* Williams (OR): Arborsmith Studios.

Reanney, Darryl. 1976. "Extrachromosomal Elements as Possible Agents of Adaptation and Development." *Bacteriological Reviews* 40 (3).

Redelsperger, François, Guillaume Cornelis, Cécile Vernochet, Bud C. Tennant, François Catzeflis, Baptiste Mulot, Odile Heidmann, Thierry Heidmann, and Anne Dupressoir. 2014. "Capture of *syncytin-Mar1*, a Fusogenic Endogenous Retroviral Envelope Gene Involved in Placentation in the Rodentia Squirrel-Related Clade." *Journal of Virology* 88 (14).

Relman, David A., MD. 2011. "Microbial Genomics and Infectious Diseases." *New England Journal of Medicine* 365 (4).

Relman, David A. 2012. "Learning About Who We Are." *Nature* 486 (7402).

____. 2013. "Metagenomics, Infectious Disease Diagnostics, and Outbreak Investigations: Sequence First, Ask Questions Later?" *Journal of the American Medical Association* 309 (14).

____. 2015. "The Human Microbiome and the Future Practice of Medicine." *Journal of the American Medical Association* 314 (11).

Retchless, Adam C., and Jeffrey G. Lawrence. 2007. "Temporal Fragmentation of Speciation in Bacteria." *Science* 317 (5841).

____. 2012. "Ecological Adaptation in Bacteria: Speciation Driven by Codon Selection." *Molecular Biology and Evolution* 29 (12).

Richards, Robert J. 2008. *The Tragic Sense of Life: Ernst Haeckel and the Struggle over Evolutionary Thought.* Chicago and London: University of Chicago Press.

Ridley, Matt. 2000. *Genome: The Autobiography of a Species in 23 Chapters.* New York: HarperCollins. First published 1999.

____. 2006. *Francis Crick: Discoverer of the Genetic Code.* New York: Atlas Books/Harper-Collins.

Riley, David B., Karsten B. Sieber, Kelly M. Robinson, James Robert White, Ashwinkumar Ganesan, Syrus Nourbakhsh and Julie C. Dunning Hotopp. 2013. "Bacteria-Human Somatic Cell Lateral Gene Transfer Is Enriched in Cancer Samples." *PLoS Computational Biology* 9 (6).

Ris, Hans, and Walter Plaut. 1962. "Ultrastructure of DNA-Containing Areas in the Chloroplast of *Chlamydomonas.*" *Journal of Cell Biology* 13 (3).

Rivera, Maria C., Ravi Jain, Jonathan E. Moore, and James A. Lake. 1998. "Genomic Evidence for Two Functionally

Distinct Gene Classes." *Proceedings of the National Academy of Sciences* 95 (11).

Rivera, Maria C., and James A. Lake. 2004. "The Ring of Life Provides Evidence for a Genome Fusion Origin of Eukaryotes." *Nature* 431 (7005).

Roberts, D. McL., P. Sharp, G. Alderson, and M.A. Collins, editors. 1996. *Evolution of Microbial Life.* Cambridge: Cambridge University Press.

Roberts, Elijah, Anurag Sethi, Jonathan Montoya, Carl R. Woese, and Zaida Luthey-Schulten. 2008. "Molecular Signatures of Ribosomal Evolution." *Proceedings of the National Academy of Sciences* 105 (37).

Robinson, Kelly M., Karsten B. Sieber, and Julie C. Dunning Hotopp. 2013. "A Review of Bacteria-Animal Lateral Gene Transfer May Inform Our Understanding of Diseases Like Cancer." *PLOS Genetics* 9 (10).

Rogers, Matthew B., Russell F. Watkins, James T. Harper, Dion G. Durnford, Michael W. Gray, and Patrick J. Keeling. 2007. "A Complex and Punctate Distribution of Three Eukaryotic Genes Derived by Lateral Gene Transfer." *BMC Evolutionary Biology* 7 (89).

Rokas, Antonis, and Peter W. H. Holland. 2000. "Rare Genomic Changes as a Tool for Phylogenetics." *Trends in Ecology & Evolution* 15 (11).

Rokas, Antonis, and Sean B. Carroll. 2006. "Bushes in the Tree of Life." *PLoS Biology* 4 (11).

Romer, Alfred Sherwood. 1966. *Vertebrate Paleontology.* 3rd ed.: Chicago and London: University of Chicago Press. First published 1933.

Sagan, Dorion, editor. 2012. *Lynn Margulis: The Life and Legacy of a Scientific Rebel.* White River Junction (VT): Chelsea Green.

Sagan, Lynn. 1967. "On the Origin of Mitosing Cells." *Journal of Theoretical Biology* 14 (3).

Salzberg, Steven L., Owen White, Jeremy Peterson, and Jonathan A. Eisen. 2001. "Microbial Genes in the Human Genome: Lateral Transfer or Gene Loss?" *Science* 292 (5523).

Sanger, Fred. 2001. "The Early Days of DNA Sequences." *Nature Medicine* 7 (3).

Sanger, F., G. G. Brownlee, and B. G. Barrell. 1965. "A Two-Dimensional Fractionation Procedure for Radioactive Nucleotides." *Journal of Molecular Biology* 13 (2).

Sankararaman, Sriram, Swapan Mallick, Michael Dannemann, Kay Prufer, Janet Kelso, Svante Pääbo, Nick Patterson, and David Reich. 2014. "The Genomic Landscape of Neanderthal Ancestry in Present-Day Humans." *Nature* 507 (7492).

Sapp, Jan. 1994. *Evolution by Association: A History of Symbiosis.* New York: Oxford University Press.

____. 2002. "Paul Buchner (1886–1978) and Hereditary Symbiosis in Insects." *International Microbiology* 5 (3).

____. 2003. *Genesis: The Evolution of Biology.* New York: Oxford University Press.

____. 2005. "The Prokaryote-Eukaryote Dichotomy: Meanings and Mythology." *Microbiology and Molecular Biology Reviews* 69 (2).

____. 2009. *The New Foundations of Evolution: On the Tree of Life.* New York: Oxford University Press.

Sapp, Jan, editor. 2005. *Microbial Phylogeny and Evolution: Concepts and Controversies.* New York: Oxford University Press.

Sapp, Jan, Francisco Carrapiço, and Mikhail Zolotonosov. 2002. "Symbiogenesis: The Hidden Face of Constantin Merezhkowsky." *History and Philosophy of the Life Sciences* 24 (3–4).

Sapp, Jan, and George E. Fox. 2013. "The Singular Quest for a Universal Tree of Life." *Microbiology and Molecular*

Biology Reviews 77 (4).

Sarkar, Sahotra. 2014. "Woese on the Received View of Evolution." *RNA Biology* 11 (3).

Schaack, Sarah, Clément Gilbert, and Cedric Feschotte. 2010. "Promiscuous DNA: Horizontal Transfer of Transposable Elements and Why It Matters for Eukaryotic Evolution." *Trends in Ecology and Evolution* 25 (9).

Schulz, Heide N., and Bo Barker Jorgensen. 2001. "Big Bacteria." *Annual Review of Microbiology* 55.

Schwartz, Robert M., and Margaret O. Dayhoff. 1978. "Origins of Prokaryotes, Eukaryotes, Mitochondria, and Chloroplasts." *Science* 199 (4327).

Sears, Cynthia L. 2005. "A Dynamic Partnership: Celebrating Our Gut Flora." *Anaerobe* 11 (5).

Sheridan, Cormac. 2015. "CRISPR Germline Editing Reverberates Through Biotech Industry." *Nature Biotechnology* 33 (5).

Shreeve, James. 2004. *The Genome War.* New York: Alfred A. Knopf.

Sievert, D. M., M. L. Boulton, G. Stoltman, D. Johnson, M. G. Stobierski, F. P. Downes, P. A. Somsel, J. T. Rudrik, W. Brown, W. Hafeez et al. 2002. "*Staphylococcus aureus* Resistant to Vancomycin—United States, 2002." *Morbidity and Mortality Weekly Report* 51 (26).

Silva, Joana C., Elgion L. Loreto, and Jonathan B. Clark. 2004. "Factors That Affect the Horizontal Transfer of Transposable Elements." *Current Issues in Molecular Biology* 6 (1).

Smillie, Chris S., Mark B. Smith, Jonathan Friedman, Otto X. Cordero, Lawrence A. David, and Eric J. Alm. 2011. "Ecology Drives a Global Network of Gene Exchange Connecting the Human Microbiome." *Nature* 480 (7376).

Smith, David Roy, and Patrick J. Keeling. 2015. "Mitochondrial and Plastid Genome Architecture: Reoccurring Themes, but Significant Differences at the Extremes." *Proceedings of the National Academy of Sciences* 112 (33).

Smith, Michael, Da-Fei Feng, and Russell F. Doolittle. 1992. "Evolution by Acquisition: The Case for Horizontal Gene Transfers." *Trends in Biochemical Science* 17 (12).

Smith, Myron L., Johann N. Bruhn, and James B. Anderson. 1992. "The Fungus *Armillaria bulbosa* Is Among the Largest and Oldest Living Organisms." *Nature* 356 (6368).

Sogin, M., B. Pace, N. R. Pace, and C. R. Woese. 1971. "Primary Structural Relationship of p16 to m16 Ribosomal RNA." *Nature New Biology* 232 (28).

Sogin, Mitchell L., Hilary G. Morrison, Julie A. Huber, David Mark Welch, Susan M. Huse, Phillip R. Neal, Jesus M. Arrieta, and Gerhard J. Herndl. 2006. "Microbial Diversity in the Deep Sea and the Underexplored 'Rare Biosphere.'" *Proceedings of the National Academy of Sciences* 103 (32).

Sogin, S. J., M. L. Sogin, and C. R. Woese. 1972. "Phylogenetic Measurement in Procaryotes by Primary Structural Characterization." *Journal of Molecular Evolution* 1 (1).

Sonea, Sorin, and Maurice Panisset. 1983. *A New Bacteriology.* Boston: Jones and Bartlett. First published as *Introduction a la Nouvelle Bacteriologie* in 1980 by Les Presses de L'Universite de Montreal.

Sonea, Sorin. 1988. "The Global Organism: A New View of Bacteria." *Sciences* 28 (4).

Sonnenburg, Justin L. 2010. "Genetic Pot Luck." *Nature* 464 (7290).

Sorek, Rotem, C. Martin Lawrence, and Blake Wiedenheft. 2013. "CRISPR-Mediated Adaptive Immune Systems in Bacteria and Archaea." *Annual Review of Biochemistry* 82.

Soucy, Shannon M., Jinling Huang, and Johann Peter Gogarten. 2015. "Horizontal Gene Transfer: Building the Web of

Life." *Nature Reviews Genetics* 16 (8).

Spang, Anja, Jimmy H. Saw, Steffen L. Jorgensen, Katarzyna Zaremba-Niedzwiedzka, Joran Martijn, Anders E. Lind, Roel van Eijk, Christa Schleper, Lionel Guy, and Thijs J. G. Ettema. 2015. "Complex Archaea That Bridge the Gap Between Prokaryotes and Eukaryotes." *Nature* 521 (7551).

Spangenburg, Ray, and Kit Moser. 2009. *Carl Sagan: A Biography.* New York: Prometheus Books.

Specter, Michael. 2007. "Darwin's Surprise." *New Yorker* (December 3).

_____. 2015. "The Gene Hackers." *New Yorker* (November 16).

_____. 2017. "Rewriting the Code of Life." *New Yorker* (January 2).

Stahl, David A., David J. Lane, Gary J. Olsen, and Norman R. Pace. 1984. "Analysis of Hydrothermal Vent-Associated Symbionts by Ribosomal RNA Sequences." *Science* 224 (4647).

Stahl, David A., David J. Lane, Gary J. Olsen, and Norman R. Pace. 1985. "Characterization of a Yellowstone Hot Spring Microbial Community by 5S rRNA Sequences." *Applied and Environmental Microbiology* 49 (6).

Stanier, Roger Y., and C. B. van Niel. 1941. "The Main Outlines of Bacterial Classification." *Journal of Bacteriology* 42 (4).

Stanier, Roger Y., and C. B. van Niel. 1962. "The Concept of a Bacterium." *Archiv. fur Mikrobiologie*, 42.

Stanier, Roger Y. 1980. "The Journey, Not the Arrival, Matters." *Annual Review of Microbiology* 34.

Stanier, Roger Y., John L. Ingraham, Mark L. Wheelis, and Paige R. Painter. 1986. *The Microbial World.* 5th ed.: Englewood Cliffs (NJ): Prentice-Hall.

Stevens, P. F. 1983. "Augustin Augier's 'Arbre Botanique' (1801), a Remarkable Early Botanical Representation of the Natural System." *Taxon* 32 (2).

Stoye, Jonathan P. 2012. "Studies of Endogenous Retroviruses Reveal a Continuing Evolutionary Saga." *Nature Reviews Microbiology* 10 (6).

Stringer, Chris. 2012. *Lone Survivors: How We Came to Be the Only Humans on Earth.* New York: St. Martin's Press.

Swithers, Kristen S., Shannon M. Soucy, and J. Peter Gogarten. 2012. "The Role of Reticulate Evolution in Creating Innovation and Complexity." *International Journal of Evolutionary Biology* 2012 (418964).

Syvanen, Michael, and Clarence I. Kado, editors. 2002. *Horizontal Gene Transfer.* 2nd ed.

San Diego: Academic Press, a Division of Harcourt.

Syvanen, Michael, and Jonathan Ducore. 2010. "Whole Genome Comparisons Reveals a Possible Chimeric Origin for a Major Metazoan Assemblage." *Journal of Biological Systems* 18 (2).

Taylor, F. J. R. "Max." 2003. "The Collapse of the Two-Kingdom System, the Rise of Protistology and the Founding of the International Society for Evolutionary Protistology (ISEP)." *International Journal of Systematic and Evolutionary Biology* 53 (Pt. 6).

Thomas, Christopher M., and Kaare M. Nielsen. 2005. "Mechanisms of, and Barriers to, Horizontal Gene Transfer Between Bacteria." *Nature Reviews Microbiology* 3 (9).

Timmis, Jeremy N., Michael A. Ayliffe, Chun Y. Huang, and William Martin. 2004. "Endosymbiotic Gene Transfer: Organelle Genomes Forge Eukaryotic Chromosomes." *Nature Reviews Genetics* 5 (2).

Tranter, Martyn. 2014. "Microbes Eat Rock Under Ice." *Nature* 512 (7514).

Turnbaugh, Peter J., Ruth E. Ley, Michael A. Mahowald, Vincent Magrini, Elaine R. Mardis, and Jeffrey I. Gordon. 2006. "An Obesity-Associated Gut Microbiome with Increased Capacity for Energy Harvest." *Nature* 444 (7122).

Van Boeckel, Thomas P., Charles Brower, Marius Gilbert, Bryan T. Grenfell, Simon A.
Levin, Timothy P. Robinson, Aude Teillant, and Ramanan Laxminarayan. 2015. "Global Trends in Antimicrobial Use in Food Animals." *Proceedings of the National Academy of Sciences* 112 (18).

Van der Oost, John. 2013. "New Tool for Genome Surgery." *Science* 339 (6121).

Van Leuven, James T., Russell C. Meister, Chris Simon, and John P. McCutcheon. 2014. "Sympatric Speciation in a Bacterial Endosymbiont Results in Two Genomes with the Functionality of One." *Cell* 158 (6).

Van Niel, C. B. 1946. "The Classification and Natural Relationships of Bacteria." *Cold Spring Harbor Symposia on Quantitative Biology* 11.

____. 1949. "The 'Delft School' and the Rise of General Microbiology." *Bacteriological Reviews* 13 (3).

Venter, J. Craig. 2008. *A Life Decoded, My Genome: My Life.* London: Penguin Books.

Venter, J. Craig, Mark D. Adams, Eugene W. Myers, Peter W. Li, Richard J. Mural, Granger G. Sutton, Hamilton O. Smith, Mark Yandell, Cheryl A. Evans, Robert A. Holt et al. 2001. "The Sequence of the Human Genome." *Science* 291 (5507).

Vernot, Benjamin, and Joshua M. Akey. 2014. "Resurrecting Surviving Neandertal Lineages from Modern Human Genomes." *Science* 343 (6174).

Vetsigian, Kalin, Carl Woese, and Nigel Goldenfeld. 2006. "Collective Evolution and the Genetic Code." *Proceedings of the National Academy of Sciences* 103 (28).

Vogan, Aaron A., and Paul G. Higgs. 2011. "The Advantages and Disadvantages of Horizontal Gene Transfer and the Emergence of the First Species." *Biology Direct* 6 (1).

Wallace, Alfred Russel. 1969. *Natural Selection and Tropical Nature: Essays on Descriptive and Theoretical Biology.* Facsimile ed. Westmead (UK): Gregg International. *Natural Selection* was first published in 1870. *Tropical Nature* was first published in 1878.

Wallin, Ivan E. 1917. "The Relationships and Histogenesis of Thymus-like Structures in *Ammocoetes.*" *American Journal of Anatomy* 22 (1).

____. 1922. "On the Nature of Mitochondria: I. Observations on Mitochondria Staining Methods Applied to Bacteria. II. Reactions of Bacteria to Chemical Treatment." *American Journal of Anatomy* 30 (2).

____. 1923a. "The Mitochondria Problem." *American Naturalist* 57 (650).

____. 1923b. "On the Nature of Mitochondria: III. The Demonstration of Mitochondria by Bacteriological Methods. IV. A Comparative Study of the Morphogenesis of Root-Nodule Bacteria and Chloroplasts." *American Journal of Anatomy* 30 (4).

____. 1923c. "On the Nature of Mitochondria: V. A Critical Analysis of Portier's 'Les Symbiotes.'" *Anatomical Record* 25 (1).

____. 1923d. "Symbionticism and Prototaxis, Two Fundamental Biological Principles." *Anatomical Record* 26 (1).

____. 1924. "On the Nature of Mitochondria: VII. The Independent Growth of Mitochondria in Culture Media." *American Journal of Anatomy* 33 (1).

____. 1925. "On the Nature of Mitochondria: IX. Demonstration of the Bacterial Nature of Mitochondria." *American Journal of Anatomy* 36 (1).

Wallin, Ivan Emmanuel. 1927. *Symbionticism and the Origin of Species.* Reproduction. Baltimore: Waverly Press for

Williams & Wilkins.

Walsh, Ali Morton, R. Daniel Kortschak, Michael G. Gardner, Terry Bertozzi, and David L. Adelson. 2013. "Widespread Horizontal Transfer of Retrotransposons." *Proceedings of the National Academy of Sciences* 110 (3).

Walsh, David A., and W. Ford Doolittle. 2005. "The Real 'Domains' of Life." *Current Biology* 15 (7).

Walsh, David A., Mary Ellen Boudreau, Eric Bapteste, and W. Ford Doolittle. 2007. "The Root of the Tree: Lateral Gene Transfer and the Nature of the Domains." In *Archaea: Evolution, Physiology, and Molecular Biology.* Edited by Roger A. Garrett and Hans-Peter Klenk. Hoboken (NJ): Wiley-Blackwell.

Wanger, G., T. C. Onstott, and G. Southam. 2008. "Stars of the Terrestrial Deep Subsurface: A Novel 'Star-Shaped' Bacterial Morphotype from a South African Platinum Mine." *Geobiology* 6 (3).

Watanabe, Tsutomu. 1963. "Infective Heredity of Multiple Drug Resistance in Bacteria." *Bacteriological Reviews* 27 (1).

Watanabe, Tsutomu, and Toshio Fukasawa. 1961. "Episome-Mediated Transfer of Drug Resistance in *Enterobacteriaceae.* I. Transfer of Resistance Factors by Conjugation." *Journal of Bacteriology* 81 (5).

Watanabe, Tsutomu, Chizuko Ogata, and Sachiko Sato. 1964. "Episome-Mediated Transfer of Drug Resistance in *Enterobacteriaceae.* VIII. Six-Drug-Resistance R Factor." *Journal of Bacteriology* 88 (4).

Watase, S. 1894. "On the Nature of Cell-Organization." In *Biological Lectures Delivered at the Marine Biological Laboratory of Woods Hole, in the Summer Session of 1893.* Boston: Ginn.

Watson, J. D., and F. H. C. Crick. 1953. "Molecular Structure of Nucleic Acids." *Nature* 171 (4356).

Watson, James D. 1968. *The Double Helix: A Personal Account of the Discovery of the Structure of DNA.* New York: New American Library.

Weigel, Robert D., editor. 1970. "On the Tendency of Species to Form Varieties; and On the Perpetuation of Varieties & Species by Natural Means of Selection," by Charles Darwin and A. R. Wallace. Bloomington (IN): Scarlet Ibis Press.

Weismann, August. 2014. *The Germ-Plasm: A Theory of Heredity.* Translated by W. Newton Parker, PhD, and Harriet Ronnfeldt, BSc. Reproduction. San Bernardino (CA): Ulan Press. First published 1893 by New York: Charles Scribner's Sons.

Weismann, August. 1883. "On Heredity." In *Essays Upon Heredity.* Oxford: Clarendon Press. 1889. Electronic Scholarly Publishing, www.esp.org/books/weismann/essays /facsimile.

____. 1885. "The Continuity of the Germ-Plasm as the Foundation of a Theory of Heredity." *In Essays Upon Heredity.* Oxford: Clarendon Press. 1889. Electronic Scholarly Publishing, www.esp.org/books/weismann/essays/facsimile.

____. 2015. *The Effect of External Inf luences upon Development.* Romanes lecture, 1894. Reprint from University of Michigan Library. San Bernardino (CA): Google Books. First published 1894 by London: Oxford.

Weiss, Madeline C., Filipa L. Sousa, Natalia Mrnjavac, Sinje Neukirchen, Mayo Roettger, Shijulal Nelson-Sathi, and William F. Martin. 2016. "The Physiology and Habitat of the Last Universal Common Ancestor." *Nature Microbiology* 1 (9).

Weiss, Robin A. 2006. "The Discovery of Endogenous Retroviruses." *Retrovirology* 3 (67).

Werren, John H. 1997. "Biology of *Wolbachia.*" *Annual Review of Entomology* 42.

____. 2005. "Heritable Microorganisms and Reproductive Parasitism." In *Microbial Phylogeny and Evolution: Concepts and Controversies.* Edited by Jan Sapp. New York: Oxford University Press.

Westman, W. E., and R. K. Peet. 1985. "Robert H. Whittaker (1920–1980): The Man and His Work." In *Plant Community*

Ecology: Papers in Honor of Robert H. Whittaker. Edited by R. K. Peet. Dordrecht, Netherlands: Springer.

Whittaker, R. H. 1957. "The Kingdoms of the Living World." *Ecology* 38 (3).

____. 1959. "On The Broad Classification of Organisms." *Quarterly Review of Biology* 34.

____. 1969. "New Concepts of Kingdoms of Organisms." *Science* 163 (3863).

Whittaker, R. H., and Lynn Margulis. 1978. "Protist Classification and the Kingdoms of Organisms." *BioSystems* 10 (1–2).

White, David G., Michael N. Alekshun, and Patrick F. McDermott, editors. 2006. *Frontiers in Antimicrobial Resistance: A Tribute to Stuart B. Levy.* Washington (DC): ASM Press.

Wiedenheft, Blake, Samuel H. Sternberg, and Jennifer A. Doudna. 2012. "RNA-Guided Genetic Silencing Systems in Bacteria and Archaea." *Nature* 482 (7385).

Wilding, E. Imogen, James R. Brown, Alexander P. Bryant, Alison F. Chalker, David J. Holmes, Karen A. Ingraham, Serban Iordanescu, Chi Y. So, Martin Rosenberg, and Michael N. Gwynn. 2000. "Identification, Evolution, and Essentiality of the Mevalonate Pathway for Isopentenyl Diphosphate Biosynthesis in Gram-Positive Cocci." *Journal of Bacteriology* 182 (15).

Williams, Tom A., Peter G. Foster, Tom M. W. Nye, Cymon J. Cox, and T. Martin Embley. 2012. "A Congruent Phylogenomic Signal Places Eukaryotes Within the Archaea." *Philosophical Transactions of the Royal Society of London (B)* 279 (1749).

Williams, Tom A., and T. Martin Embley. 2014. "Archaeal 'Dark Matter' and the Origin of Eukaryotes." *Genome Biology and Evolution* 6 (3).

____. 2015. "Changing Ideas About Eukaryotic Origins." *Philosophical Transactions of the Royal Society of London (B)*

370 (1678).

Williams, Tom A., Sarah E. Heaps, Svetlana Cherlin, Tom M. W. Nye, Richard J. Boys, and T. Martin Embley. 2015. "New Substitution Models for Rooting Phylogenetic Trees." *Philosophical Transactions of the Royal Society of London (B)* 370 (1678).

Williamson, Donald I. 2009. "Caterpillars Evolved from Onychophorans by Hybridogenesis." *Proceedings of the National Academy of Sciences* 106 (47).

Wilson, Edmund B. 1925. *The Cell in Development and Heredity.* New York: Macmillan.

Wilson, Katherine L., and Scott C. Dawson. 2011. "Functional Evolution of Nuclear Structure." *Journal of Cell Biology* 195 (2).

Wilson, Robert A. 2013. "The Biological Notion of Individual." In *The Stanford Encyclopedia of Philosophy.* Edited by Edward N. Zalta, https://plato.stanford.edu/entries/biology -individual.

Winther, Rasmus G. 2001. "August Weismann on Germ-Plasm Variation." *Journal of the History of Biology* 34 (3).

Witzany, *Günther*. 2009. "Introduction: A Perspective on Natural Genetic Engineering and Natural Genome Editing." *Annals of the New York Academy of Sciences* 1178.

Woese, C. R. 1961. "Coding Ratio for the Ribonucleic Acid Viruses." *Nature* 190 (4777).

Woese, C. R. 1965a. "On the Evolution of the Genetic Code." *Proceedings of the National Academy of Sciences* 54 (6).

____. 1965b. "Order in the Genetic Code." *Proceedings of the National Academy of Sciences* 54 (1).

Woese, Carl. 1970. "Molecular Mechanics of Translation: A Reciprocating Ratchet Mechanism." *Nature* 226 (May 30).

____. 1998. "The Universal Ancestor." *Proceedings of the National Academy of Sciences* 95 (12).

Woese, Carl R. 1964. "Universality in the Genetic Code." *Science* 144 (22 May).

____. 1967. *The Genetic Code.* New York: Harper & Row.

____. 1977. "Endosymbionts and Mitochondrial Origins." *Journal of Molecular Evolution* 10 (2).

____. 1981. "Archaebacteria." *Scientific American* 244 (6).

____. 1982. "Archaebacteria and Cellular Origins: An Overview." In *Archaebacteria.* Edited by Otto Kandler. Stuttgart (Ger.): Gustav Fischer.

____. 1983. "The Primary Lines of Descent and the Universal Ancestor." In *Evolution from Molecules to Man.* Edited by D. S. Bendall. Cambridge: Cambridge University Press.

____. 1987. "Bacterial Evolution." *Microbiological Reviews* 51 (2).

____. 1994. "Microbiology in Transition." *Proceedings of the National Academy of Sciences* 91 (5).

____. 1998. "Default Taxonomy: Ernst Mayr's View of the Microbial World." *Proceedings of the National Academy of Sciences* 95 (19).

____. 1998. "A Manifesto for Microbial Genomics." *Current Biology* 8 (22).

____. 2000. "Interpreting the Universal Phylogenetic Tree." *Proceedings of the National Academy of Sciences* 97 (15).

____. 2002. "On the Evolution of Cells." *Proceedings of the National Academy of Sciences* 99 (13).

____. 2004. "A New Biology for a New Century." *Microbiology and Molecular Biology Reviews* 68 (2).

____. 2005. "Q&A: Carl R. Woese." *Current Biology* 15 (4).

____. 2007. "The Birth of the Archaea: A Personal Retrospective." In *Archaea: Evolution, Physiology, and Molecular Biology.* Edited by Roger A. Garnett and Hans-Peter Klenk. Hoboken (NJ): Wiley-Blackwell.

Woese, Dr. Carl R. 1962. “Nature of the Biological Code.” *Nature* 194 (4834).

Woese, C. R., D. H. Dugre, W. C. Saxinger, and S. A. Dugre. 1966. “The Molecular Basis for the Genetic Code.” *Proceedings of the National Academy of Sciences* 55 (4).

Woese, Carl R., George E. Fox, Lawrence Zablen, Tsuneko Uchida, Linda Bonen, Kenneth Pechman, Bobby J. Lewis, and David Stahl. 1975. “Conservation of Primary Structure in 16S Ribosomal RNA.” *Nature* 254 (5495).

Woese, Carl R., and George E. Fox. 1977a. “Phylogenetic Structure of the Prokaryotic Domain: The Primary Kingdoms.” *Proceedings of the National Academy of Sciences* 74 (11).

____. 1977b. “The Concept of Cellular Evolution.” *Journal of Molecular Evolution* 10 (1).

Woese, Carl R., Otto Kandler, and Mark L. Wheelis. 1990. “Towards a Natural System of Organisms: Proposal for the Domains Archaea, Bacteria, and Eucarya.” *Proceedings of the National Academy of Sciences* 87 (12).

Woese, Carl R., and Nigel Goldenfeld. 2009. “How the Microbial World Saved Evolution from the Scylla of Molecular Biology and the Charybdis of the Modern Synthesis.” *Microbiology and Molecular Biology Reviews* 73 (1).

Wolf, Yuri I., L. Aravind, Nick V. Grishin, and Eugene V. Koonin. 1999. “Evolution of Aminoacyl-tRNA Synthetases—Analysis of Unique Domain Architectures and Phylogenetic Trees Reveals a Complex History of Horizontal Gene Transfer Events.” *Genome Research* 9 (8).

Wolfe, Ralph. 2014. “Early Days with Carl.” *RNA Biology* 11 (3).

Wolfe, Ralph S. 1991. “My Kind of Biology.” *Annual Review of Microbiology* 45.

____. 2006. “The Archaea: A Personal Overview of the Formative Years.” In *The Prokaryotes*. Edited by E. Rosenberg, E. F. DeLong, S. Lory, E. Stackebrandt, and F. Thompson. Berlin/Heidelberg: Springer.

Wright, H. D. 1941. "Obituary. William McDonald Scott, M.D., B.S.C. Edin., D.T.M.&H." *Lancet* 237 (6140).

Wu, Dongying, Sean C. Daugherty, Susan E. Van Aken, Grace H. Pai, Kisha L. Watkins, Hoda Khouri, Luke J. Tallon, Jennifer M. Zaborsky, Helen E. Dunbar, Phat L. Tran et al. 2006. "Metabolic Complementarity and Genomics of the Dual Bacterial Symbiosis of Sharpshooters." *PLoS Biology* 4 (6).

Xue, Katherine. 2014. "Superbug: An Epidemic Begins." *Harvard* (May/June).

Yang, D., Y. Oyaizu, H. Oyaizu, G. J. Olsen, and C. R. Woese. 1985. "Mitochondrial Origins." *Proceedings of the National Academy of Sciences* 82 (13).

Yarus, Michael. 2010. *Life from an RNA World: The Ancestor Within.* Cambridge (MA): Harvard University Press.

Yong, Ed. 2008. "Human Gut Bacteria Linked to Obesity." *Not Exactly Rocket Science* (blog), October 6, 2008. http://phenomena.nationalgeographic.com /2008/10/06/human-gut-bacteria-linked-to-obesity.

____. "Genes from Chagas Parasite Can Transfer to Humans and Be Passed on to Children." *Not Exactly Rocket Science* (blog). February 14, 2010. http://phenomena.nationalgeographic.com/2010/02/14/genes-from-chagas-parasite-can-transfer -to -humans-and-be-passed-on-to-children.

____. "Meet Your Viral Ancestors—How Bornaviruses Have Been Infiltrating Our Genomes for 40 Million Years." *Not Exactly Rocket Science* (blog). January 6, 2010. http://blogs.discovermagazine.com/notrocketscience/2010/01/06/meet-your-viral-ancestors -how-bornaviruses-have-been-infiltrating-our-genomes-for-40-million-years/#.Wir PW7aZM0o.

____. "Dormant Viruses Can Hide in Our DNA and Be Passed from Parent to Child." *Not Exactly Rocket Science* (blog). March 27, 2010. http://blogs.discover magazine.com/notrocketscience/2010/03/27/dormant-viruses-can-hide-in-our-dna -and-be-passed-from-parent-to-child/#.WirZdLaZM0o.

____. "Tree or Ring: The Origin of Complex Cells." *Not Exactly Rocket Science* (blog). September 13, 2010. http://blogs.discovermagazine.com/notrocketscience/2010/09/13 /tree-or-ring-the-origin-of-complex-cells/#.WiraN7aZM0o.

____. (2016). *I Contain Multitudes: The Microbes Within Us and a Grander View of Life.* New York: HarperCollins.

Yoshida, Shosuke, Kazumi Hiraga, Toshihiko Takehana, Ikuo Taniguchi, Hironao Yamaji, Yasuhito Maeda, Kiyotsuna Toyohara, Kenji Miyamoto, Yoshiharu Kimura, and Kohei Oda. 2016. "A Bacterium That Degrades and Assimilates Poly(ethylene terephthalate)." *Science* 351 (6278).

Zablen, L. B., M. S. Kissil, C. R. Woese, and D. E. Buetow. 1975. "Phylogenetic Origin of the Chloroplast and Prokaryotic Nature of Its Ribosomal RNA." *Proceedings of the National Academy of Sciences* 72 (6).

Zambryski, P., J. Tempe, and J. Schell. 1989. "Transfer and Function of T-DNA Genes from *Agrobacterium* Ti and Ri Plasmids in Plants." *Cell* 56 (2).

Zamecnik, P. C., E. B. Keller, J. W. Littlefield, M. B. Hoagland, and R. B. Loftfield. 1956. "Mechanism of Incorporation of Labeled Amino Acids into Protein." *Journal of Cellular and Comparative Physiology* 47 (Suppl. 1).

Zaremba-Niedzwiedzka, Katarzyna, Eva F. Caceres, Jimmy H. Saw, Disa Backstrom, Lina Juzokaite, Emmelien Vancaester, Kiley W. Seitz, Karthik Anantharaman, Piotr Starnawski, Kasper U. Kjeldsen et al. 2017. "Asgard Archaea Illuminate the Origin of Eukaryotic Cellular Complexity." *Nature* 541 (7637).

Zhaxybayeva, Olga, and J. Peter Gogarten. 2004. "Cladogenesis, Coalescence, and the Evolution of the Three Domains of Life." *Trends in Genetics* 20 (4).

Zhaxybayeva, Olga, and W. Ford Doolittle. 2011. "Lateral Gene Transfer." *Current Biology* 21 (7).

Zhuo, Xiaoyu, Cedric Feschotte. 2015. "Cross-Species Transmission and Differential Fate of an Endogenous Retrovirus in Three Mammal Lineages." *PLoS Pathogens* 11 (11).

Zimmer, Carl. 2008. *Microcosm: E. Coli and the New Science of Life.* New York: Pantheon Books.

____. 2010. "Hunting Fossil Viruses in Human DNA." *New York Times* (January 12).

Zinder, Norton D. 1953. "Infective Heredity in Bacteria." *Cold Spring Harbor Symposia in Quantitative Biology* 18.

Zinder, Norton D., and Joshua Lederberg. 1952. "Genetic Exchange in *Salmonella.*" *Journal of Bacteriology* 64 (5).

Zuckerkandl, Emile, and Linus Pauling. 1965a. "Evolutionary Divergence and Convergence in Proteins." In *Evolving Genes and Proteins: A Symposium.*" Edited by Vernon Bryson and Henry J. Vogel. New York: Academic Press.

____. 1965b. "Molecules as Documents of Evolutionary History." *Journal of Theoretical Biology* 8 (2).

索引

人物

一至五畫

六至十畫

十一至十五畫

十六至二十畫

文獻

一至五畫

六至十畫

十一至十五畫

十六至二十畫

機構

一至五畫

六至十畫

十一至十五畫

十六至二十畫

物種

一至五畫

六至十畫

十一畫以上

其他

貓頭鷹書房 277

纏結的演化樹：分子生物學如何翻新了演化論

作　　者　大衛・逵曼
譯　　者　梅麦仁
專業審定　陳振暐
責任副主編　王正緯
編輯協力　沈如瑩
專業校對　童霈文
版面構成　張靜怡
封面設計　廖勁智
行銷統籌　張瑞芳
行銷專員　段人涵
出版協力　劉衿妤
總 編 輯　謝宜英
出 版 者　貓頭鷹出版

發 行 人　凃玉雲
發　　行　英屬蓋曼群島商家庭傳媒股份有限公司城邦分公司
104 台北市中山區民生東路二段 141 號 11 樓
劃撥帳號：19863813；戶名：書虫股份有限公司
城邦讀書花園：www.cite.com.tw　購書服務信箱：service@readingclub.com.tw
購書服務專線：02-2500-7718~9（周一至周五上午 09:30-12:00；下午 13:30-17:00）
24 小時傳真專線：02-2500-1990~1
香港發行所　城邦（香港）出版集團／電話：852-2877-8606 ／傳真：852-2578-9337
馬新發行所　城邦（馬新）出版集團／電話：603-9056-3833 ／傳真：603-9057-6622
印 製 廠　中原造像股份有限公司
初　　版　2022 年 7 月
定　　價　新台幣 840 元／港幣 280 元（紙本書）
新台幣 588（電子書 初版 2022 年 7 月）
I S B N　978-986-262-558-3（紙本平裝）
978-986-262-560-6（電子書 EPUB）

讀者意見信箱　owl@cph.com.tw
投稿信箱　owl.book@gmail.com
貓頭鷹臉書　facebook.com/owlpublishing

【大量採購，請洽專線】(02) 2500-1919

城邦讀書花園
www.cite.com.tw

國家圖書館出版品預行編目資料

纏結的演化樹：分子生物學如何翻新了演化論／大衛・逵曼（David Quammen）著；梅麦仁譯．-- 初版．-- 臺北市：貓頭鷹出版：英屬蓋曼群島商家庭傳媒股份有限公司城邦分公司發行，2022.07
面；　公分．--
譯自：The tangled tree: a radical new history of life
ISBN 978-986-262-558-3（平裝）

1. CST：系統樹　2. CST：演化論

362　　111007636